実用設計製図

# 幾何公差の使い方・表し方

小池忠男【著】

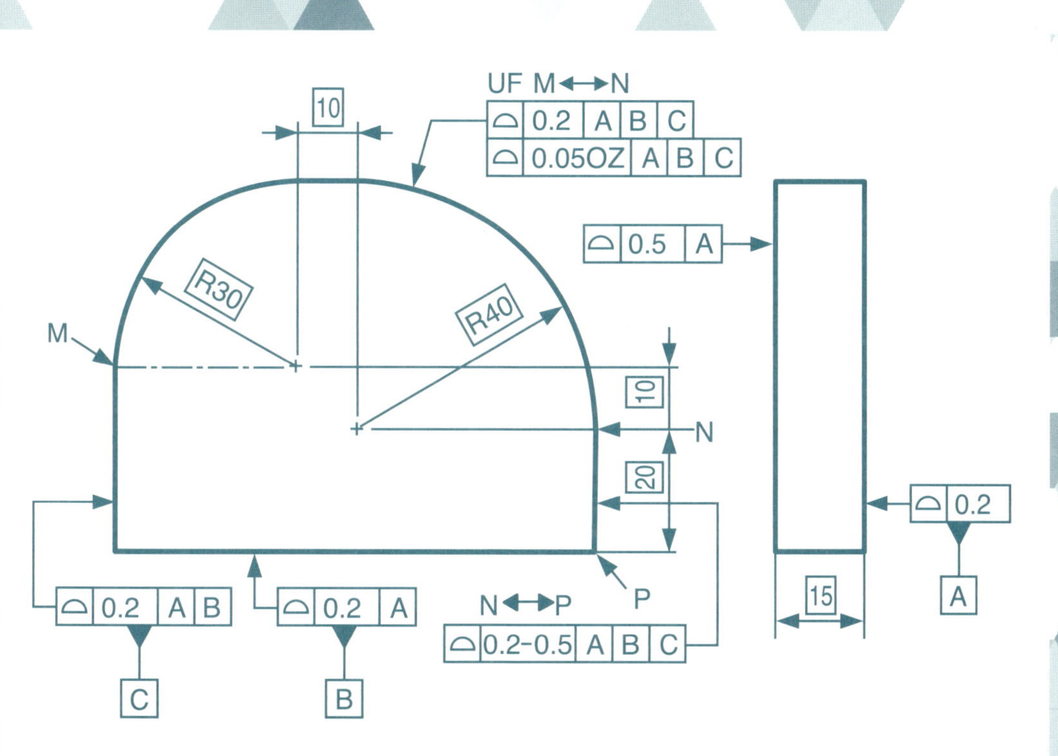


世界に通用する図面づくり

日刊工業新聞社

# はじめに

時の過ぎるのは早いもので、本書も初版を出してから、10年が経ってしまった。初版の冒頭で、「日本のものづくりの良さは、世界的に定評がある」と書いた。

では、現在の製造業の実情はどうだろうか。ここ数年、製造各社における「不祥事」がニュースになることが多い。そこには、どのような背景があるのだろうか。原因は1つではないだろうが、次のことは言えるのではないか。

社内の技術標準を厳しい目で見ると、まだまだ「あいまい」な決まりになっていることがあったり、製品に直結する「製図規則」についても、いくつかの「あいまい」な規定内容になっているものがあったりするのではないか。守るべき基準が明確になっていないのではないだろうか。

ISOにしても、ASMEにしても、世界の図面に関する規格は、「指示内容の明確な定義、その指示の記号化」の歴史だといえる。製品機能の高度化、複雑化にともなって、その規格の変更と拡充は避けられない。それは技術規格・技術標準の宿命である。常に、改善を図っていかなければならない性格のものである。

ここ10数年における図面規則に関するISO規格の内容変更は大きいものがある。それを代表する規格が、ISO 1101, ISO 5459, ISO 1660 などであろう。記号で14種類ある「幾何公差」の数は変わらないが、「輪郭度」公差については大きな変更があった。また、形体の基準に関する「データム」についての定義もかなり拡張された。ただし、まだまだ世間一般に認知されているとは言い難い。特に、日本においては、知っている人はごく限られた人たちではないだろうか。

そもそも機械製品に関わる産業界においても、図面表記の主体が「幾何公差」を中心としたものに、なかなかなっていない。「支障なく仕事ができている」ことを理由に、仕事の仕方は変わろうとしていない。一方、その産業界に「新たな人材」として送り込む教育関係の現場でも、きちんと正しく「幾何公差」を教えられる先生方もあまり多くいないのが実情のようだ。

若い人たちの人口が減っていく日本にとって、製造業に携わっていく若者、さらに、その中で機械関係の仕事に従事する青年は、極端に減っていくことだろう。そのような中にあって、機械図面において「幾何公差」が採り入れた方法になっていないというのは、国際的にも大きな後れをとってしまう。

「幾何公差」を主体として「明確な指示の図面」にするための取り組みを今からしても、決して遅くはない。かっての日本のように「追いつけ、追い越せ」の意気込みで臨めば、できないことではない。

例えば、ISO 14405-1,-2,-3 のシリーズ規格は、寸法とサイズの関係を明らかにし、指示が明確な図面とはどのようなものかを示した規格だといえる。このシリーズ規格の制定意図を推測すれば、「サイズの正しい使い方と指示を明確にした図面についての理解」が、世界的には、まだまだ進んでいない、ということがいえるということではないのだろうか。だから、日本にとって今からでも遅くない、と思うのである。

初版において、幾つか「寸法公差」と「幾何公差」について関連した記述があったが、この第2版では、このような背景から、かなり手を加え、より正確な記述になるように心がけた。

コラムで触れているように、新たなISO規格の発行により、幾何公差の中の「輪郭度公差」の実用性が、今まで以上に増してきたと感じている。極端なことをいえば、「輪郭度公差ひとつあれば幾何公差は全て指示できる」と思っているくらいである。それもあって、第5章の「輪郭度公差の使い方・表し方」は、大きく見直し、変更させてもらった。

制定されて間もないISO規格もいくつか参考にしているが、個々の規定について、正確な解釈を試みるものの、確かな結論に至らない部分もいくつか見出された。今回は、そのようなところは、あえて盛り込んではいない。少なくとも私自身において、きちんと説明できるものに限ったつもりである。それでも、記載した内容に不十分な点や不備があるかも知れない。その点については、読者各氏のご指摘をお受けし、できるだけ良書にしていく所存である。

最後になりましたが、本書の作成にあたって、幾つか貴重な指摘をしていただいた亀田幸德さんと三瓶敦史さんのお二人には感謝いたします。また、出版に際していろいろとお世話いただいた日刊工業新聞社の鈴木徹さんと日刊工業出版プロダクションの北川元さんにはお礼を申し上げます。

2019年2月

小池 忠男

# CONTENTS

Geometrical Tolerance

# 第1章 幾何公差の基本事項



図面で対象部品の幾何特性（形状がどうあって欲しいか）の要求事項を表す場合、基本的に図中にて個々の部位に対して、必要な幾何公差を図示記号と数値にて指示する。図示して指示することなので、それなりの約束事がある。また、特有の用語もある。したがって、図面で幾何公差を正しく使うためには、用語の意味や記号の意味、そして、その使い方と表し方の基本をきちんと知ることが第１歩である。

ここでは、幾何公差の指示で用いる図示記号には、どのようなものがあり、それは何を表すのか、また、幾何公差で対象とする「形体」とは何か、その正しい図示方法等について説明する。
さらに、幾何公差の中には対象の部位自体で規定できるもののほかに、ある基準があって初めて規定できるものがある。そのために用いるのが「データム」である。これらについても、いくつかの観点から説明する。

図面では、ある特定の幾何公差を「数値」をもって最終的に指示するが、この数値が「公差域」である。この公差域の正しい理解と適切な指示が欠かせない。どのような公差域が用意されているか、通常のもの、また、特殊なものを含めて、その公差域にはどのようなものがあるかを説明する。

# 1-1 幾何公差

## （1）幾何公差の図示記号と定義

**Point**

- 設計者は対象物の幾何学的特性（あって欲しい形状）を、幾何偏差の許容値、つまり幾何公差を用いて指示する。
- 形の規制は“幾何公差”で行い、サイズの規制は“サイズ公差”で行う。
- 幾何偏差には、形状・姿勢・位置の偏差と振れがあり、それらのうち適切なものを選んで指示する。
- “サイズ公差”と同様に、幾何偏差の許容値である“幾何公差”を図面に指示する役割は設計者自身にある。

幾何偏差の種類

| | |
|---|---|
| 形状偏差 | 真直度<br>平面度<br>真円度<br>円筒度 |
| | 線の輪郭度<br>面の輪郭度 |
| 姿勢偏差 | 平行度<br>直角度<br>傾斜度 |
| | 線の輪郭度<br>面の輪郭度 |
| 位置偏差 | 位置度<br>同心度、同軸度<br>対称度 |
| | 線の輪郭度<br>面の輪郭度 |
| 振れ | 円周振れ<br>全振れ |

幾何偏差の許容値を与えることが幾何公差の指示である

幾何公差の種類

| | | 記号 | |
|---|---|---|---|
| 形状公差 | 真直度 | ⏤ | ① |
| | 平面度 | ▱ | ② |
| | 真円度 | ○ | ③ |
| | 円筒度 | ⌭ | ④ |
| | 線の輪郭度 | ⌒ | ⑤ |
| | 面の輪郭度 | ⌓ | ⑥ |
| 姿勢公差 | 平行度 | // | ⑦ |
| | 直角度 | ⊥ | ⑧ |
| | 傾斜度 | ∠ | ⑨ |
| | 線の輪郭度 | ⌒ | ⑩ |
| | 面の輪郭度 | ⌓ | ⑪ |
| 位置公差 | 位置度 | ⌖ | ⑫ |
| | 同心度、同軸度 | ◎ | ⑬、⑭ |
| | 対称度 | ⌯ | ⑮ |
| | 線の輪郭度 | ⌒ | ⑯ |
| | 面の輪郭度 | ⌓ | ⑰ |
| 振れ公差 | 円周振れ | ↗ | ⑱ |
| | 全振れ | ⌰ | ⑲ |

### ① 真直度

・真っ直ぐであるべき線がどれだけ直線と隔たってもよいか

### ② 平面度

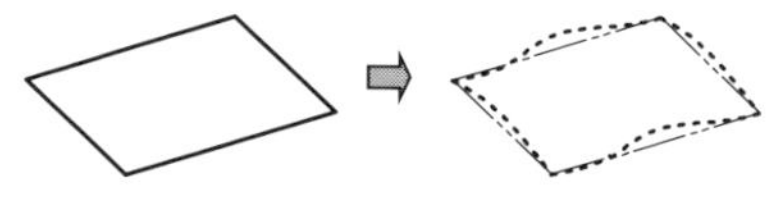

・真っ平らであるべき面がどれだけ平面と隔たってもよいか

### ③ 真円度

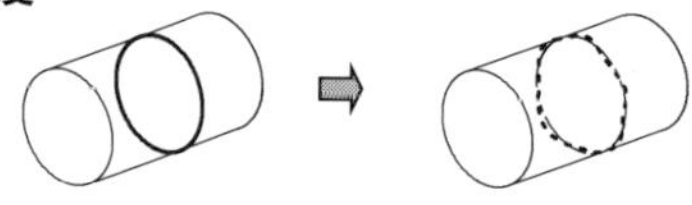

・円形であるべき輪郭がどれだけ真円と隔たってもよいか

### ④ 円筒度

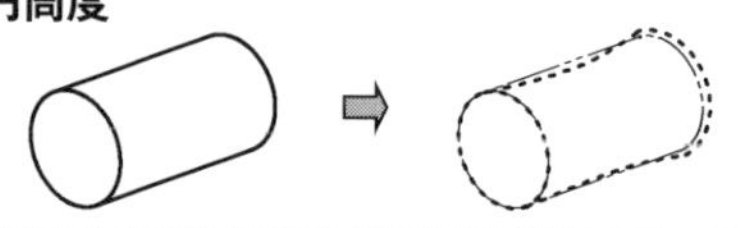

・円筒であるべき形状がどれだけ正確な円筒と隔たってもよいか

### ⑤ 線の輪郭度（形状公差）

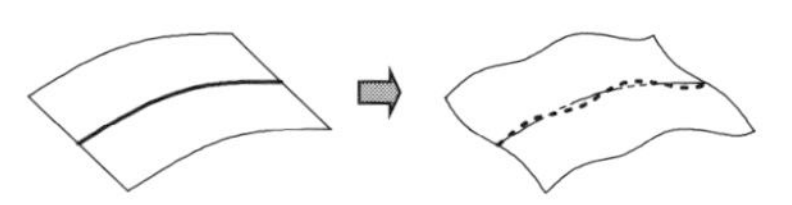

・輪郭線が目標の正しい輪郭線とどれだけ隔たってもよいか

### ⑥ 面の輪郭度（形状公差）

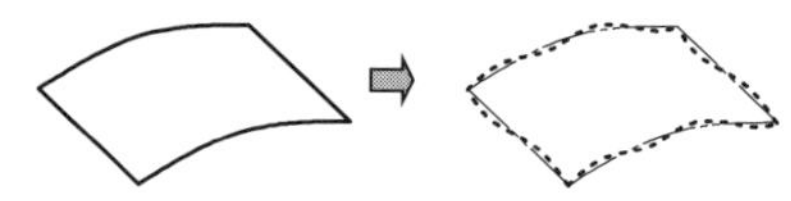

・輪郭面が目標の正しい輪郭面とどれだけ隔たってもよいか

**Keyword**

幾何特性（geometric characteristics）：形状、姿勢、位置、振れを規制する特性
幾何偏差（geometrical deviation）：対象物の形状偏差、姿勢偏差、位置偏差、振れの総称
幾何公差（geometrical tolerance）：幾何偏差の許容値

### ⑦ 平行度

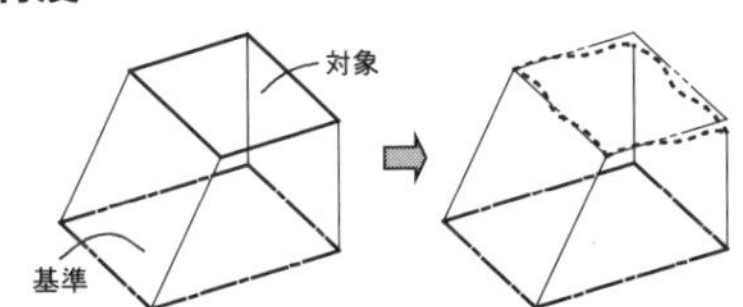


・基準の平面に対して平行であるべき表面がどれだけ隔たってもよいか

### ⑧ 直角度

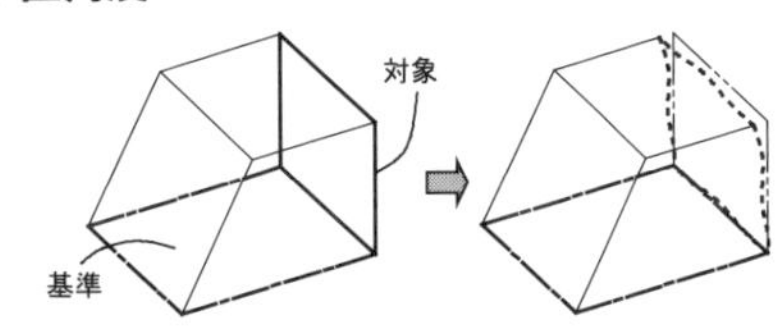


・基準の平面に対して直角であるべき表面がどれだけ隔たってもよいか

### ⑨ 傾斜度

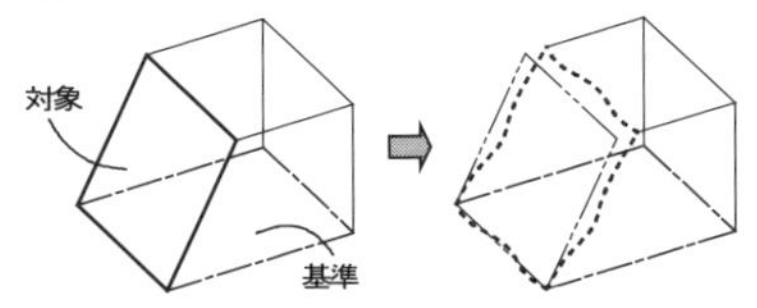


・基準の平面に対してある角度であるべき表面がどれだけ隔たってもよいか

### ⑩ 線の輪郭度（姿勢公差）

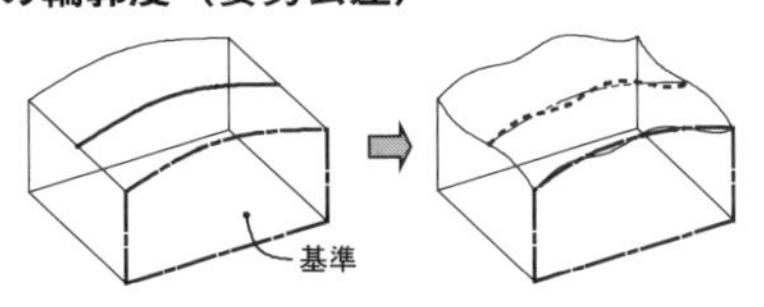


・輪郭線が基準に対して正しい姿勢の輪郭線とどれだけ隔たってもよいか

### ⑪ 面の輪郭度（姿勢公差）

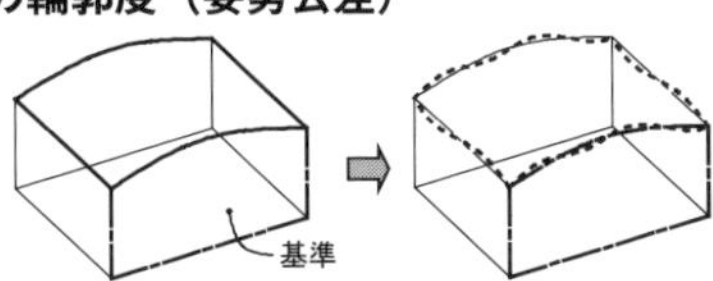


・輪郭面が基準に対して正しい姿勢の輪郭面とどれだけ隔たってもよいか

### ⑫ 位置度

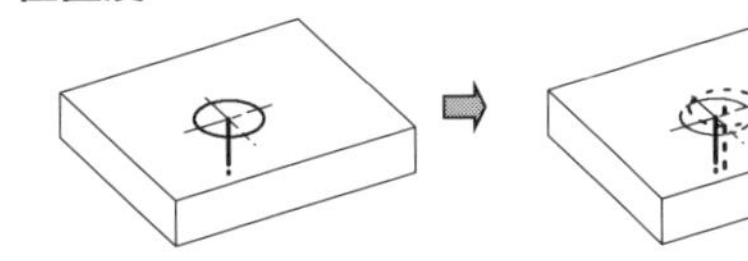

・対象の線が基準に対して正しい位置からどれだけ隔たってもよいか

### ⑬ 同心度

・対象の中心が基準の中心に対してどれだけ隔たってもよいか

### ⑭ 同軸度

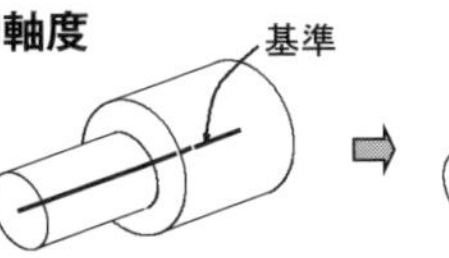

・対象の軸線が基準の軸線に対してどれだけ隔たってもよいか

### ⑮ 対称度

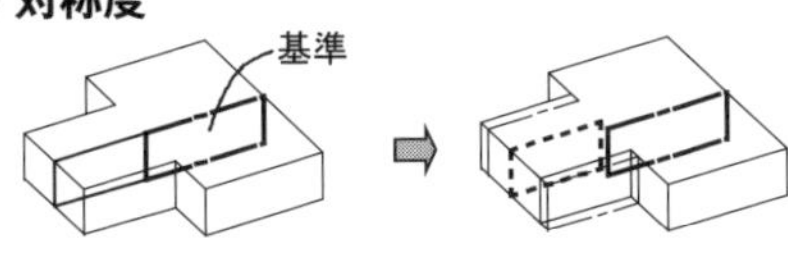


・対象の中心面が基準の中心面からどれだけ隔たってもよいか

### ⑯ 線の輪郭度（位置公差）

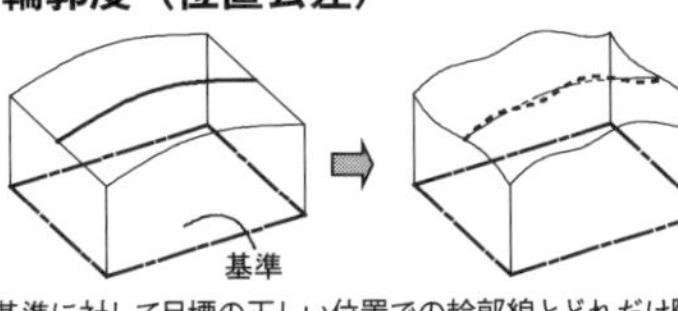


・輪郭線が基準に対して目標の正しい位置での輪郭線とどれだけ隔たってもよいか

### ⑰ 面の輪郭度（位置公差）

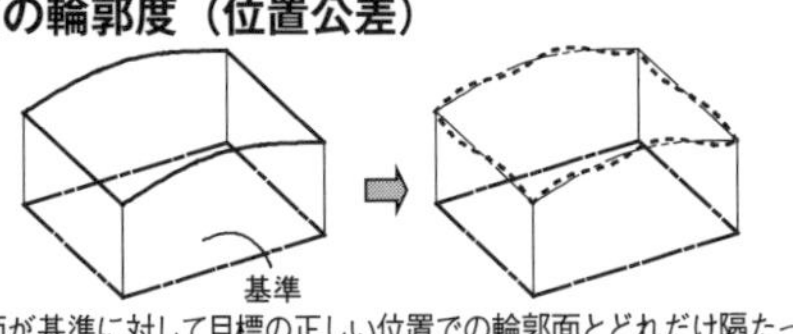


・輪郭面が基準に対して目標の正しい位置での輪郭面とどれだけ隔たってもよいか

### ⑱ 円周振れ

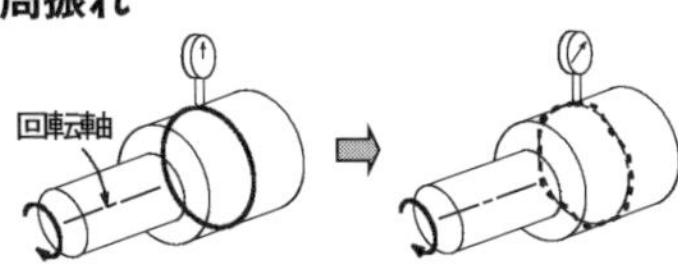


・対象の表面の一部が対象物を1回転させたときにどれだけ変動してもよいか

### ⑲ 全振れ

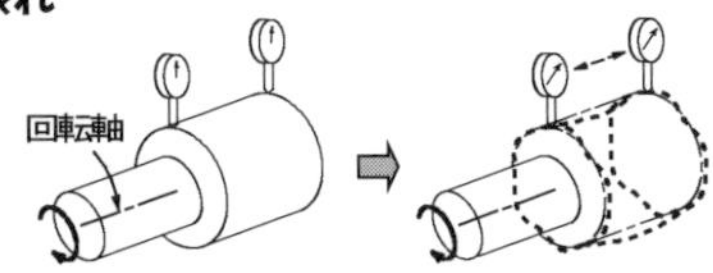


・対象の表面全体が対象物を１回転させたときにどれだけ変動してもよいか

# 1-1 幾何公差
# (2) 形体とはなにか

**Point**

- 対象物（部品）に必要な幾何特性は、幾何公差を用いて指示する。
- 実際に規制するのは、対象物（部品）の各部にある「形体」に対してである。
- 幾何公差とは、形体に対して必要な規制を施す方法である。
  これを用いて、設計者はそれぞれの形体のあるべき姿の許容域を示す。

**1．直方体をした対象物（部品）**

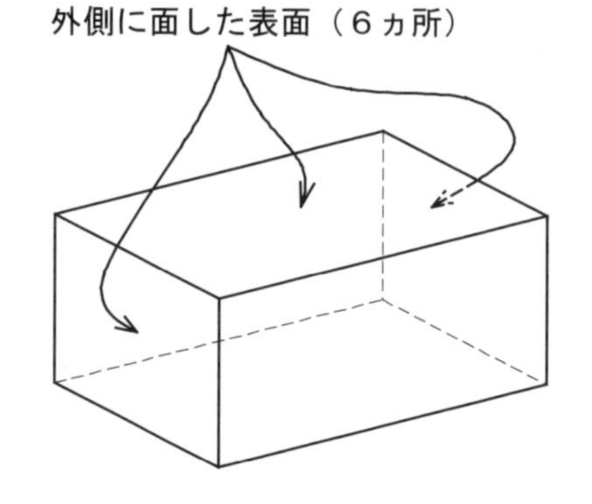


直方体の対象物のなかには6つの平坦な表面が実在している。

図1　直方体における外殻形体

**2．円筒形をした対象物（部品）**

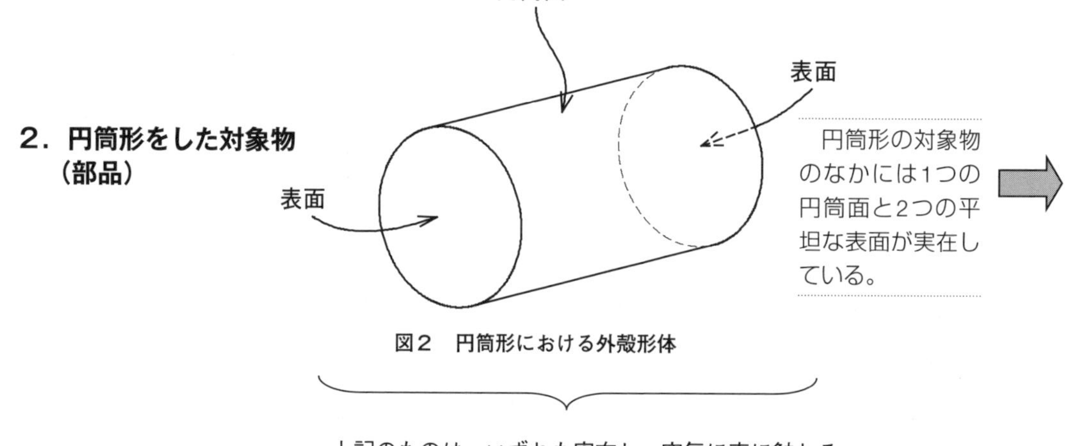


円筒形の対象物のなかには1つの円筒面と2つの平坦な表面が実在している。

図2　円筒形における外殻形体

上記のものは、いずれも実在し、空気に直に触れる表面である。これらを「外殻形体」と総称する。

14種類の幾何公差は、これら「外殻形体」と「誘導形体」

**Keyword**

形体（feature）：幾何公差の対象となる点、線、軸線、面および中心面
外殻形体（integral feature）：表面または表面上の線
誘導形体（derived feature）：１つ以上の外殻形体から導かれた中心点、中心線、または中心面
外側形体（external feature）：対象物の外側を形作る形体。例えば、軸の外径面
内側形体（internal feature）：対象物の内側を形作る形体。例えば、穴の内径面

左の「外殻形体」の存在により定義できる「形体」がある：それが「誘導形体」である。

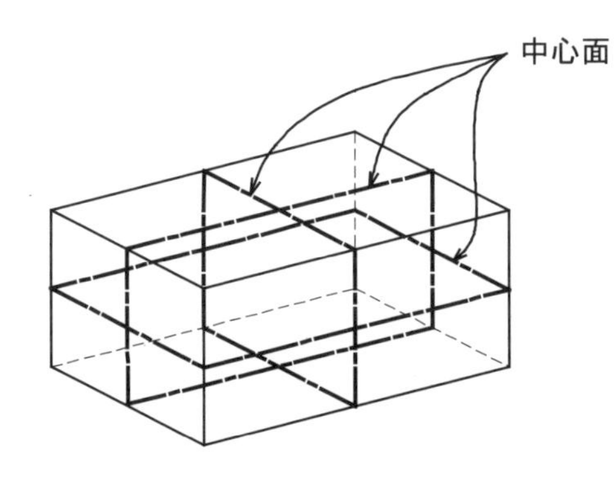


図３　直方体における誘導形体

平行な2つの表面の中間に平面形体が想定できる。これが中心面で、この場合3つある。

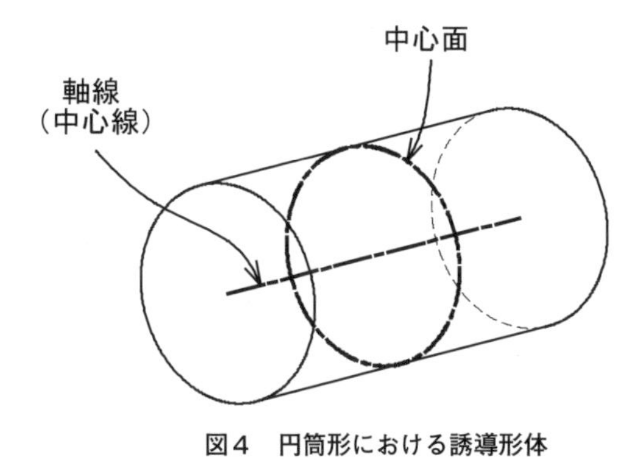


図４　円筒形における誘導形体

・円筒の任意の横断面の円形中心をすべて結んだ線ができる。これが軸線（中心線）である。

・両側の平行な2つの表面の中間に平面形体が想定できる。これが中心面である。

上記のものは、いずれも実在するものではないが、実在するものから導かれるものである。これらを「誘導形体」と総称する。

の規制を行うものである。

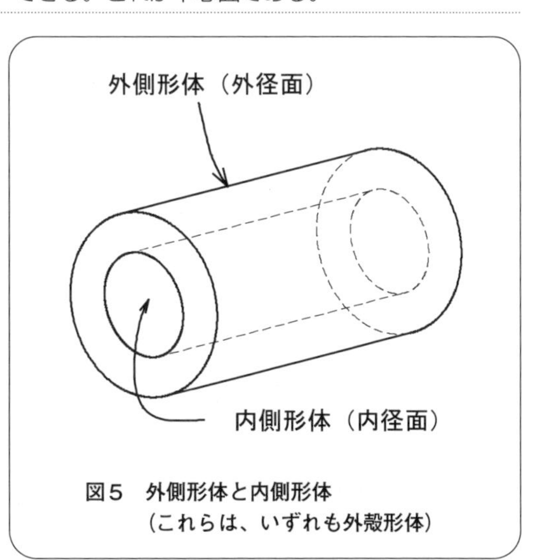


図５　外側形体と内側形体
（これらは、いずれも外殻形体）

# 1-1 幾何公差

## （3）図示方法の基本（その1）

**Point**

- 幾何公差の指示は、決められた方法にしたがって図示記号を用いて行う。
- 幾何公差の指示は、他に指示がない限り、1つの完全な単一形体に対して行う。複数の形体を、単一形体と見なす場合は、記号“UF”を公差記入枠の上部に指示して明確にする。

### 1. 単独形体への指示　対象の形体自体で幾何公差が定義できるものの指示

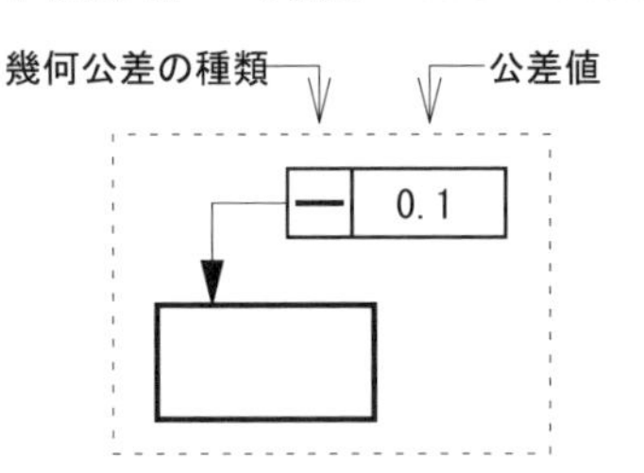


・枠の第1区画に幾何公差の種類を表す図示記号。
・枠の第2区画に公差値の数値を記入する。

※　公差記入枠から出た矢印が指している対象が公差付き形体である。

### 2. 関連形体への指示　別に設けた基準との関係から対象の形体の幾何公差が定義できるものの指示

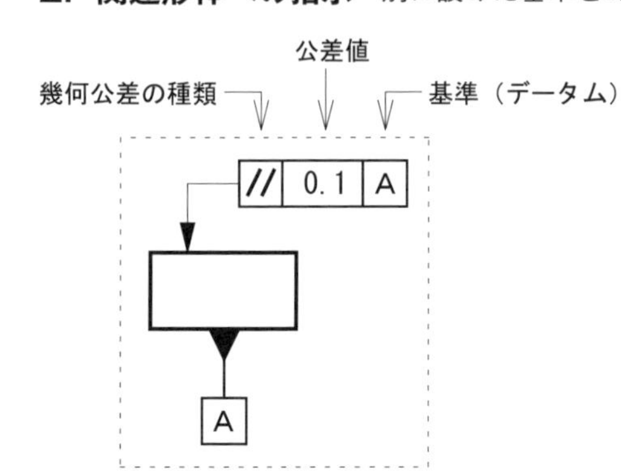


・枠の第1区画に幾何公差の種類を表す図示記号。
・枠の第2区画に公差値の数値。
・枠の第3区画以降に基準（データム）を表す識別記号を記入する。
・データムの取り方によっては、下記の指示をする場合もある。

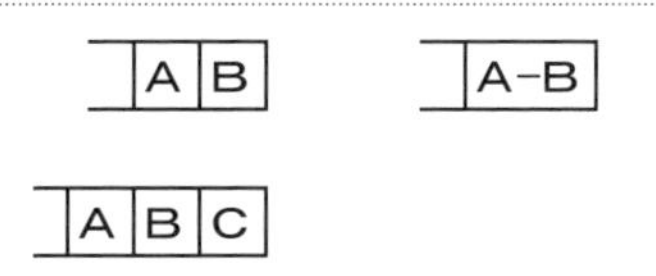


### 3. 公差値に特別の意味を持たせる場合の指示

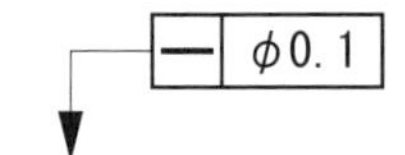


公差値の前に記号“φ”が付いていると、公差域が公差値を直径とする円筒内であることを表す。

公差値の後に記号“Ⓜ”（マルM）が付いていると、形体に指示したサイズ公差との間に、相互依存関係があることを表す。

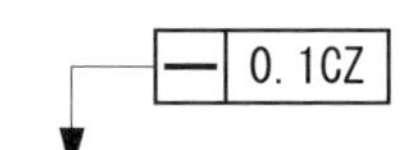


公差値の後に記号“CZ”が付いていると、複数の形体を1つと見なした共通の公差域にあることを表す。

### 4. 形体の限定した部分に公差を適用させる場合の指示

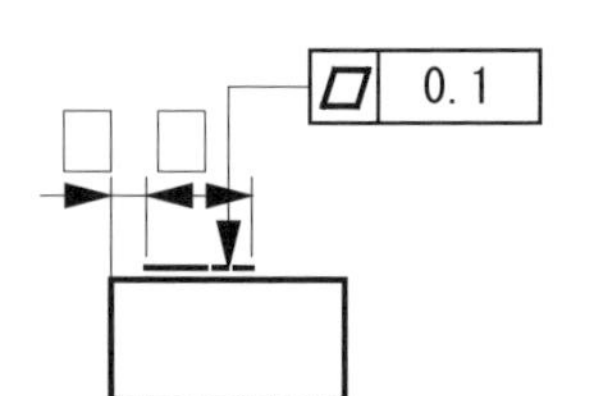


・指示した幾何公差を形体全体でなく一部分に適用させる場合は、特殊指定線（太い一点鎖線）を引き、それに直接、指示線の矢を当てる。

※　指定範囲の寸法指示は別に指示する。

**Keyword**

公差付き形体（toleranced feature）：幾何公差を直接指示した形体
表面性状（surface texture）：主に、機械部分、構造部材などの表面における表面粗さ、筋目方向、表面うねり、きず、圧こんなどの総称
UF（結合形体）（united feature）：連続、または不連続の複合させた形体で、単一形体とみなす形体

## 5. 同一の形体への複数の幾何公差の指示

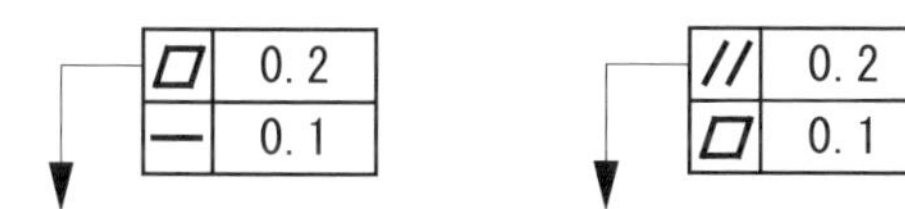


・公差記入枠を上下に重ねて指示する。
・公差値の大きい幾何公差を上位にもってくる。
・引出線は、上の枠に付けるのがよい。

## 6. 形体全体のなかの任意の範囲について公差を適用する場合の指示

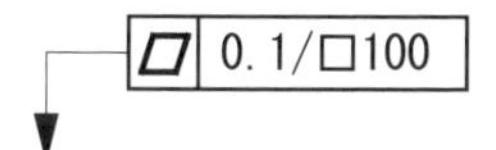


・公差値の後に“／”を入れ、範囲を示す数値を示す。左記の図示は、範囲が一辺100mmの正方形を表す。

## 7. 形体全体と任意の範囲の両方に異なる公差を適用する場合の指示

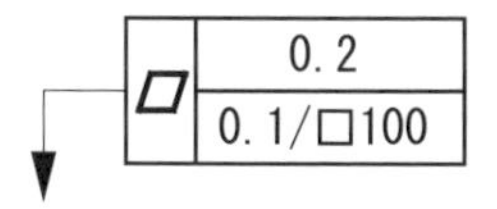


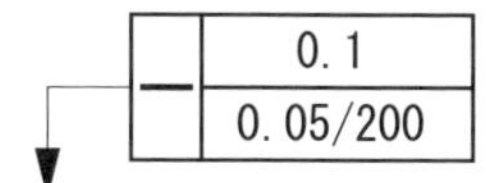


・公差値の枠を2段にとり、上段に全体の公差値を、下段に任意の範囲の公差値を記入する。
・右側下段の図示は、“形体全体の任意の長さ200mmあたりの公差値を0.05mmとする”を表す。

## 8. 離れた複数の形体に対する同一の幾何公差の指示（省略指示）

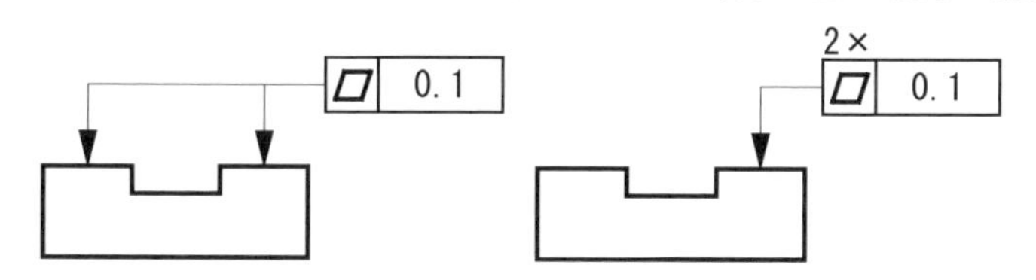


・公差記入枠は1つにし、指示線をつなげて指示する（左側の図）。
・公差記入枠の左上に、“2×”のように個数を表記する（右側の図）。

※　指示している形体がどれかが明確な左側の図示が望ましい。

## 9. 指示した全周にわたって同一公差を適用する指示

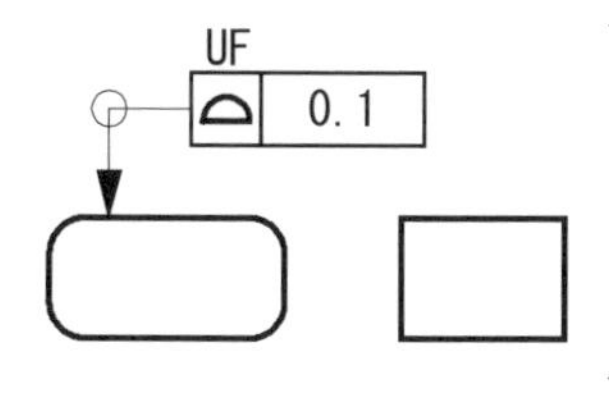


・指示線の角に小さな円（全周記号）を表記する。
・複数の形体が対象なので、記号UFを枠の上に付ける。

※　指示している全周とは、上図の線を施した部分。両側の2つの表面は含まれない。

## 10. 部品の外形全面にわたって同一公差を適用する指示

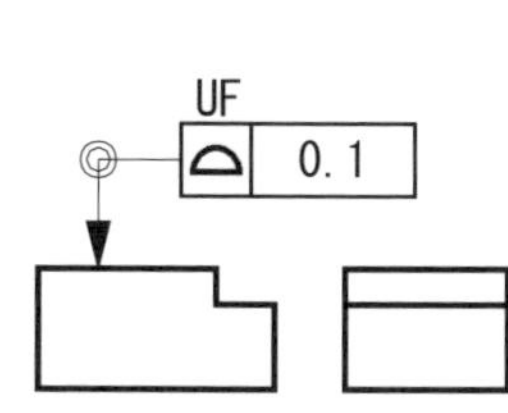


・部品の一部に、指示線の角に二重丸（全面記号）を付けて指示する。
・これも対象が複数の形体なので、記号UFを付ける。

## 11. 幾何公差と表面性状の両方の指示

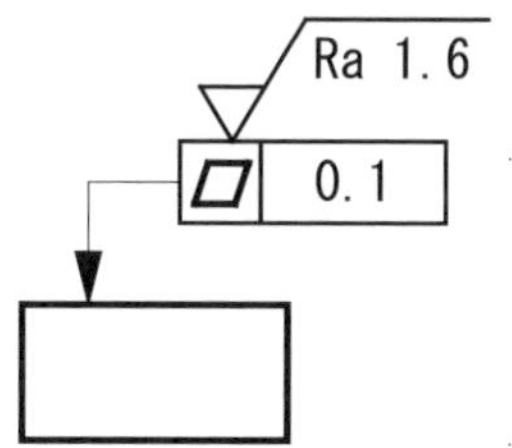


・公差記入枠の上部に直接、表面性状の指示記号を当てる。

# 1-1 幾何公差
# (3) 図示方法の基本（その2）

**Point**

・公差を指示する形体が、外殻形体か誘導形体かによって指示が異なるので注意が必要である。
・回転体の誘導形体の指示に対して、新たに記号“Ⓐ”を用いる方法が加わった。

## 1. 外殻形体に公差を指示する場合の指示方法

(1) 表面自体に公差を指示する場合

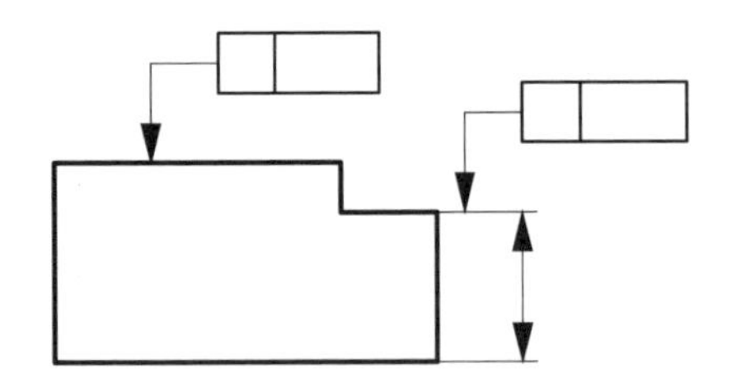

・形体の外形線上に指示線の矢を当てる。
・または、引出線（寸法補助線）上に指示線の矢を当てる。

**・寸法線の延長上からは明瞭に離すこと。**

(2) 線要素自体に公差を指示する場合

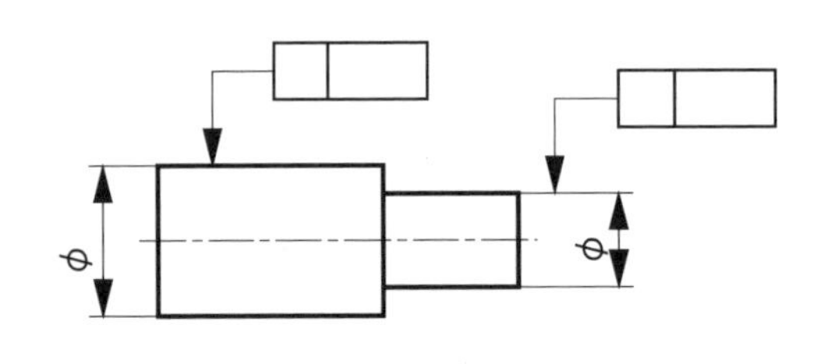


・（円筒の母線への指示は）形体の外形線上に指示線の矢を当てる。
・または、引出線（寸法補助線）上に指示線の矢を当てる。

**・寸法線の延長上からは明瞭に離すこと。**

(3) 限定した部分だけに公差を指示する場合

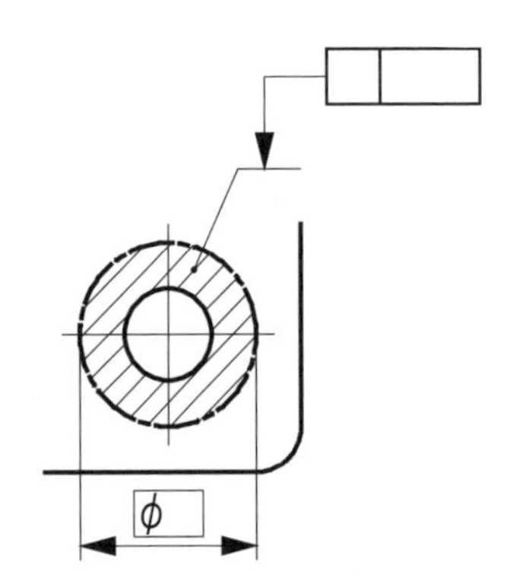


・限定した部分の表面に点（黒丸）を付けて引き出した参照線の上に指示線の矢を当てる。
・限定した範囲を示す直径は、“理論的に正確な寸法”（TED）で指示する。また、限定した範囲には、ハッチングを施す。

**Keyword**

記号“Ⓐ”（マルA）（derived feature）：指示した対象が誘導形体であることを表す記号。主に回転体に用いる

## 2. 誘導形体に公差を指示する場合の指示方法

### (1) 中心面に公差を指示する場合

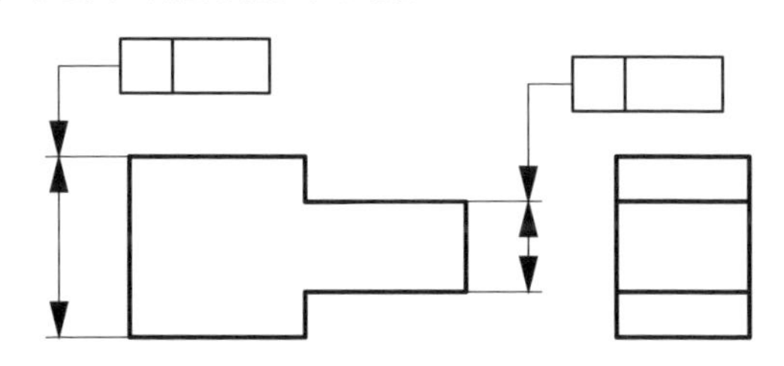

・寸法線の延長上に一致するように、指示線の矢を当てる。

注意

**・寸法線の延長上から離したり、線上か否か紛らわしい位置に矢を置かないこと。**

### (2) 軸線に公差を指示する場合

(2)-1

・寸法線の延長上に一致するように、指示線の矢を当てる。

注意

**・寸法線の延長上から離したり、線上か否か紛らわしい位置に矢を置かない。**

(2)-2

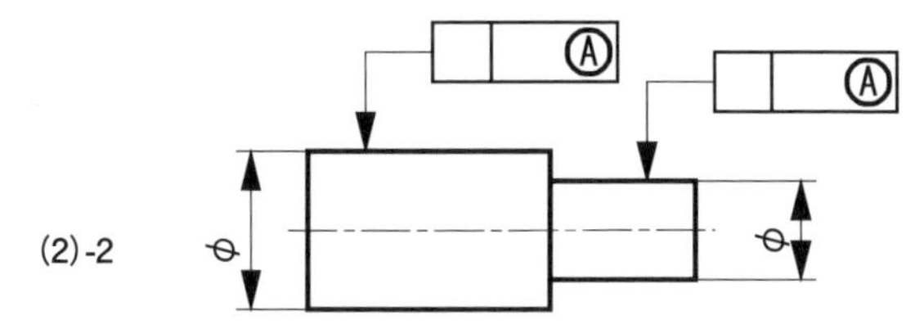

・形体の外形線上、または寸法線の延長上を外した引出線上に、指示線の矢を当て、公差値の後に記号“Ⓐ”を付ける。

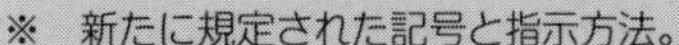

※　新たに規定された記号と指示方法。

(2)-3

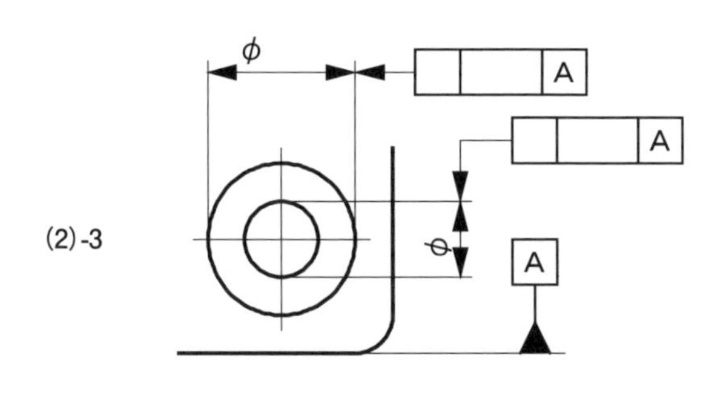


・水平方向、または垂直方向の寸法線を指示し、その寸法線の延長上に一致するように、指示線の矢を当てる。

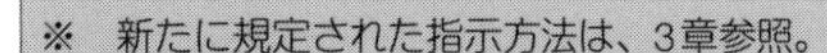

※　新たに規定された指示方法は、3章参照。

注意

**・寸法線の延長上から離したり、線上か否か紛らわしい位置に矢を置かない。**

(2)-4

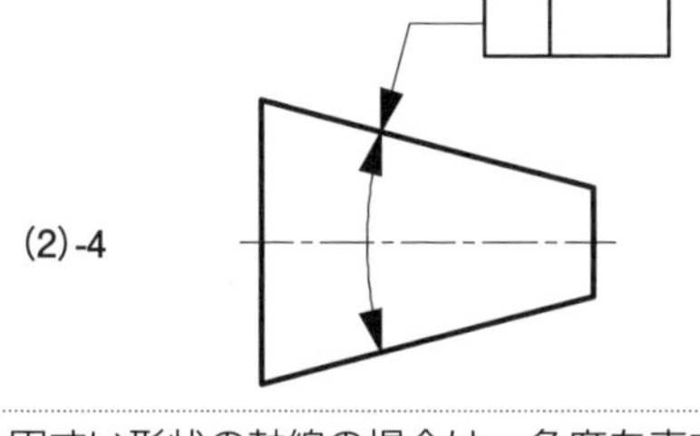

・円すい形状の軸線の場合は、角度を表す寸法線の延長上に一致するように、指示線の矢を当てる。

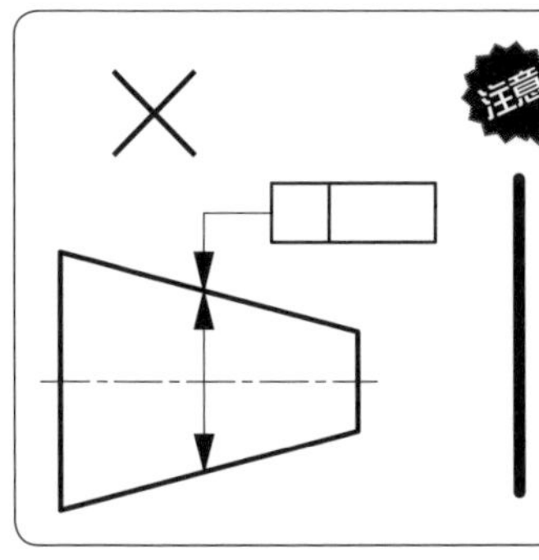

注意

**軸線の規制を意図している場合、このように直径を表す寸法線の延長上に一致した指示では、中心点を表すことになり、誤りである。**

# 1-1 幾何公差

## (4) 誤った表し方の例

**Point**

・公差記入枠の矢が指している形体が、明確かどうかに注意を払う。
・公差域をイメージして、公差記入枠の矢を当てる。

### 1. 中心線や軸線には、直接に矢を当てることは許されない

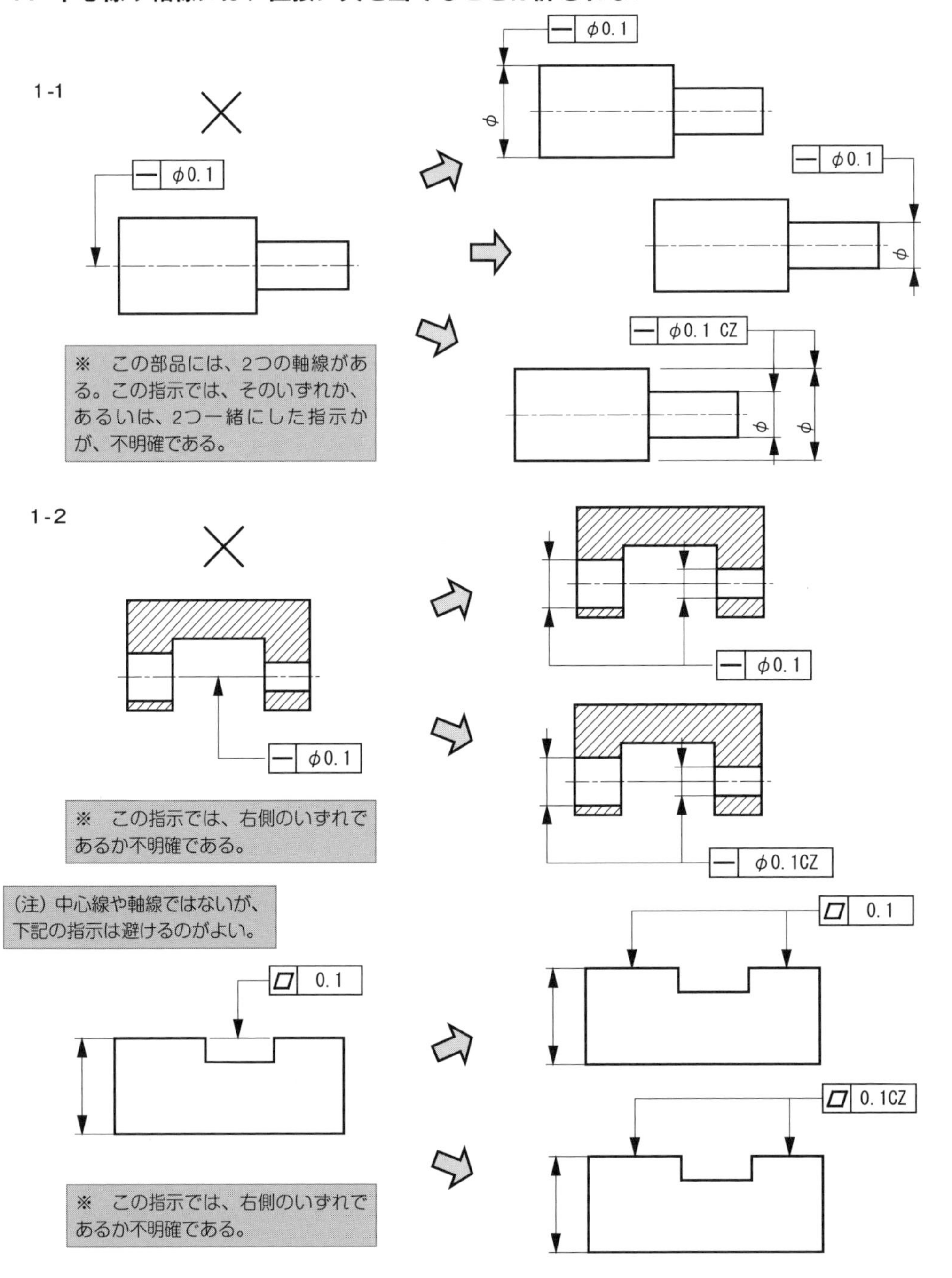

## 2. 公差記入枠は、図面の下辺から読めるように配置しなければならない

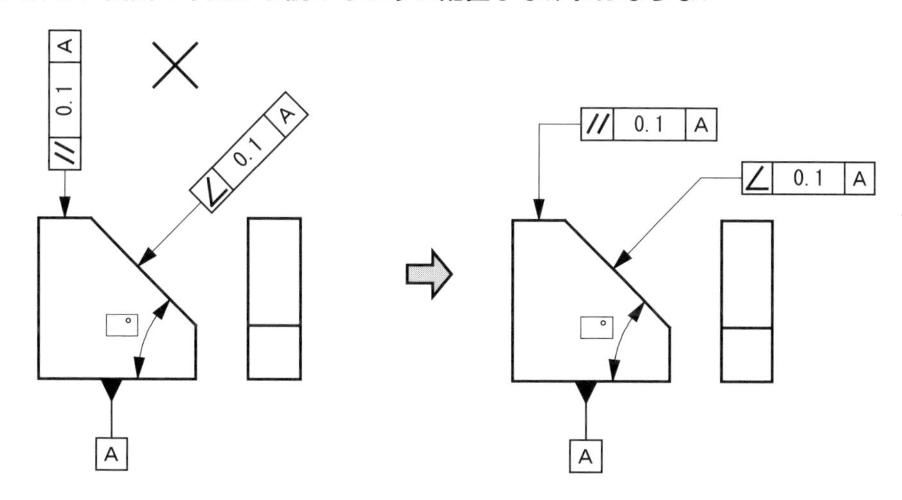


## 3. 公差域に応じて、正しい指示方法を採らなければならない

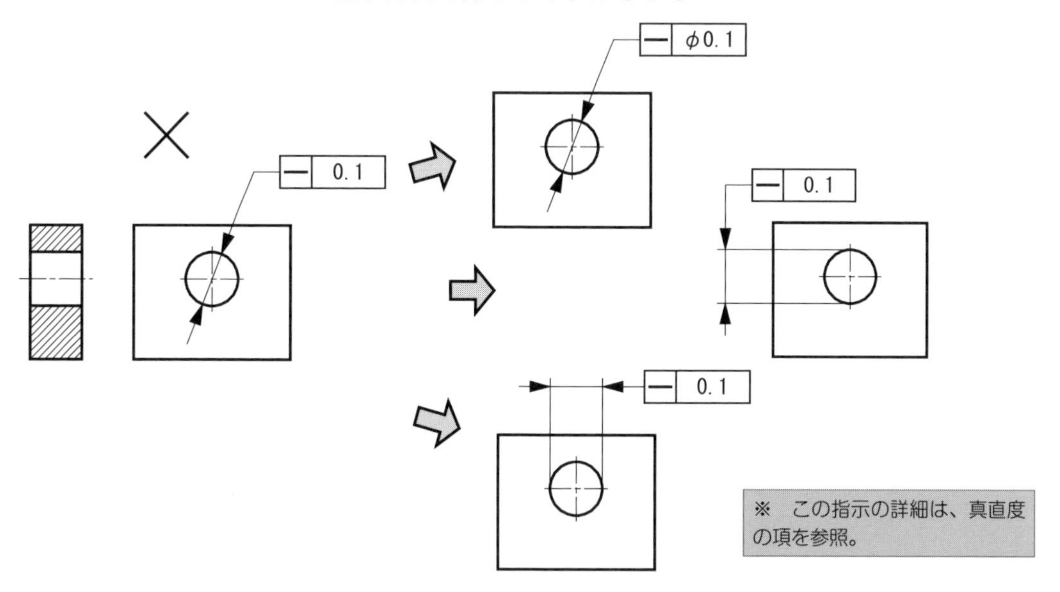


## 4. 幾何特性によっては、公差域の方向を明確にすべき指示がある

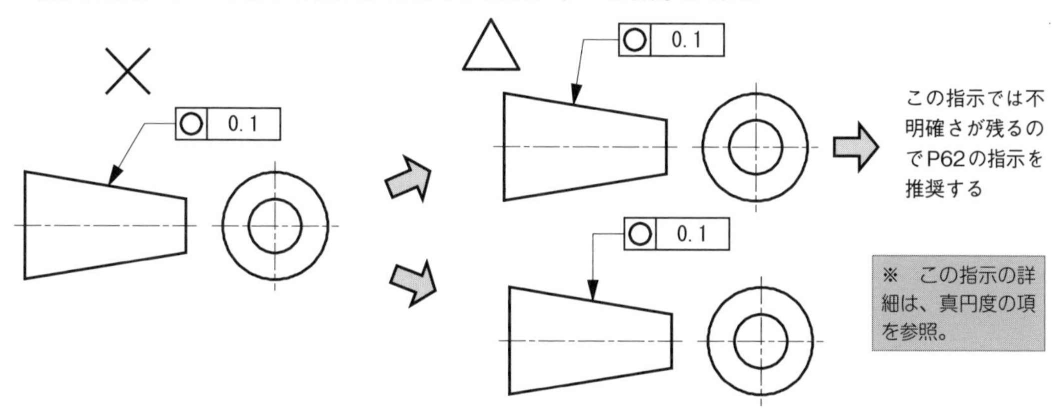

# 1-2 データム
## （1）データムの定義と関連する形体

**Point**

・幾何公差の中には、ある形体を基準として、他の形体を規制するものがある。そのとき用いる「基準」が「データム」である。
・データムは実在するものではなく、対象部品の指定部であるデータム形体と、そのデータム形体と直接に接触する（より精度のよい）実用データム形体とによって導かれる理想的な基準である。

### ①データム平面の場合

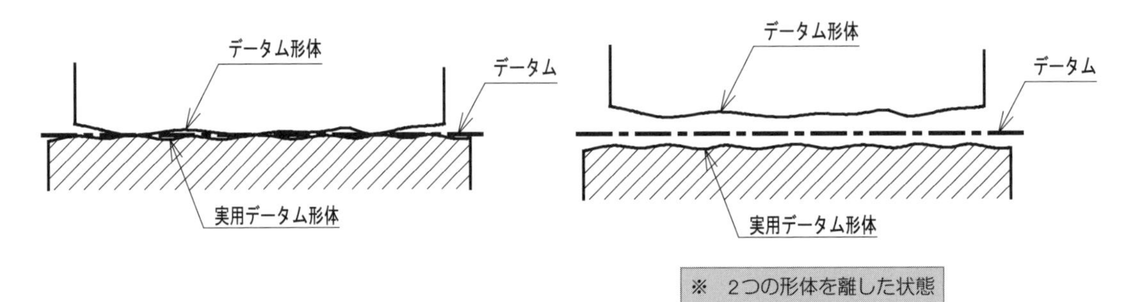


図1　データムとは

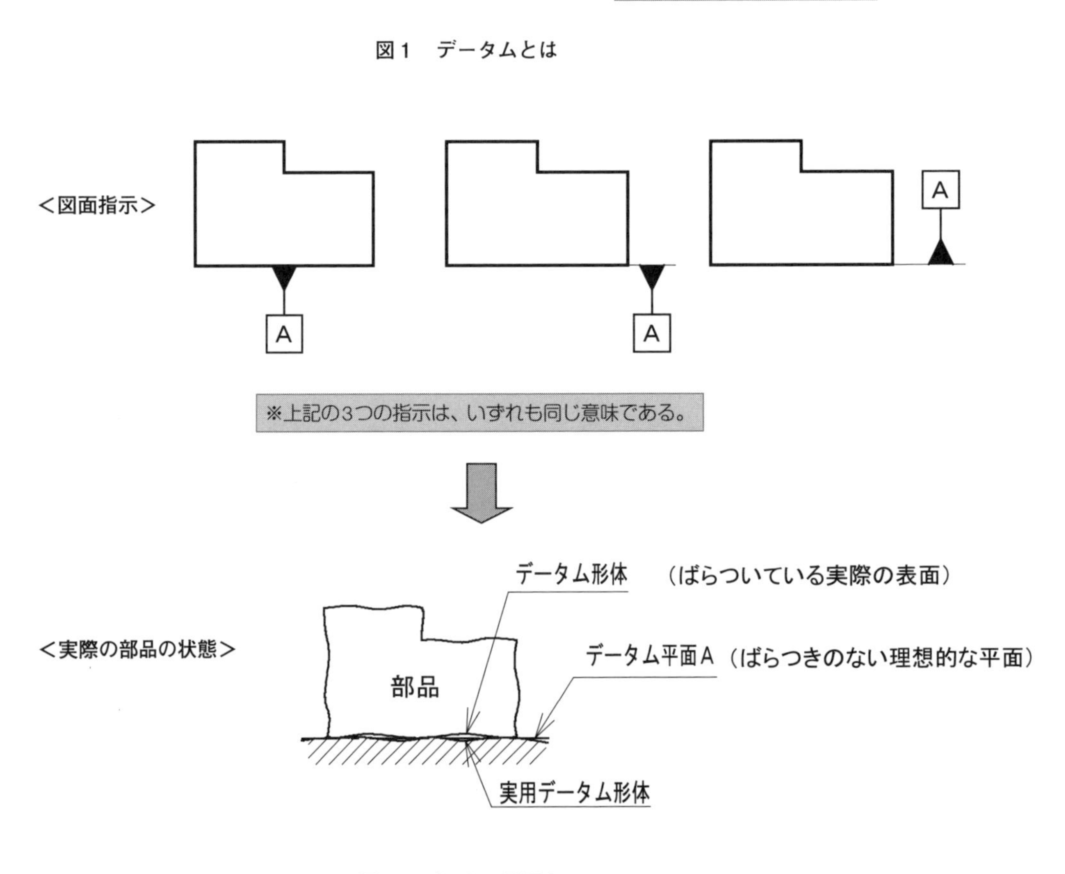


図2　データム平面とは

**Keyword**

データム（datum）：関連形体に幾何公差を指示するときに、その公差域を規制するために設定した理論的に正確な幾何学的基準
データム形体（datum feature）：データムを設定するために用いる対象物の実際の形体（部品の表面、穴など）
実用データム形体（simulated datum feature）：データム形体に接してデータムの設定を行う場合に用いる、十分に精密な形状をもつ実際の表面（定盤、軸受、マンドレルなど）

**②データム軸直線の場合**

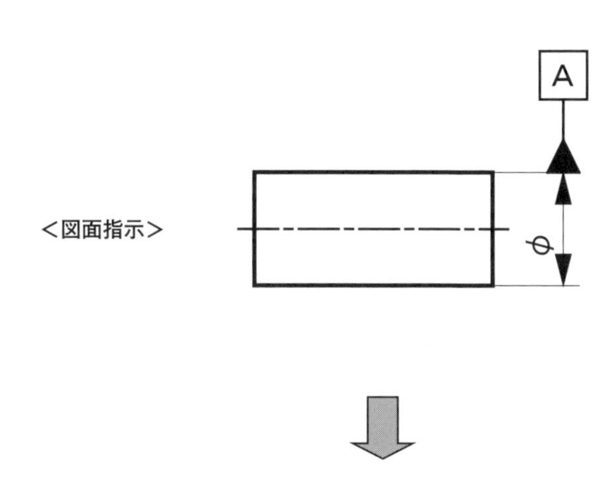


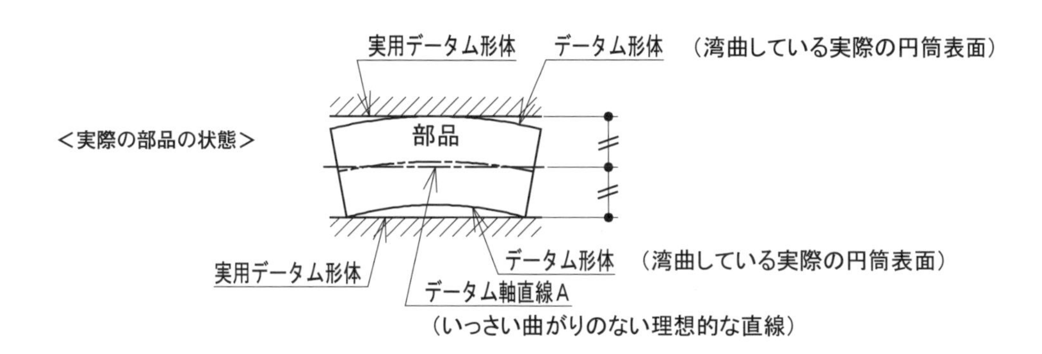


図3　データム軸直線とは

# (2) データム設定の基本

**Point**

・「データム」が、「外殻形体」なのか、あるいは「誘導形体」なのか、はっきり区別した指示にすること。

## 1. 外殻形体にデータムを設定する場合の指示方法（対象：表面、線（稜線）など）

### 1-1 データム平面の設定

(1) 下の表面にデータム平面 A を設定する

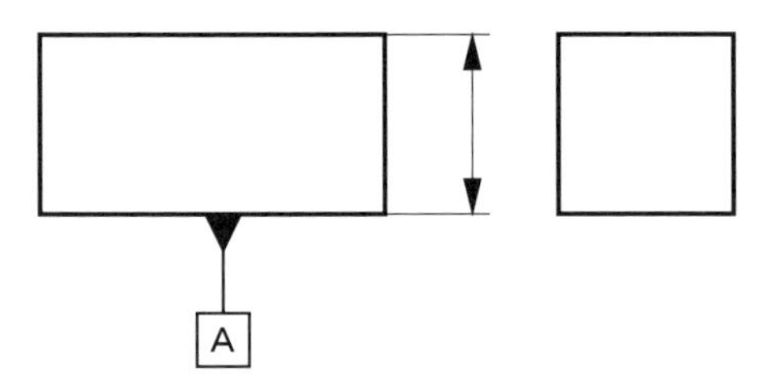


図1 形体に直接指示する場合

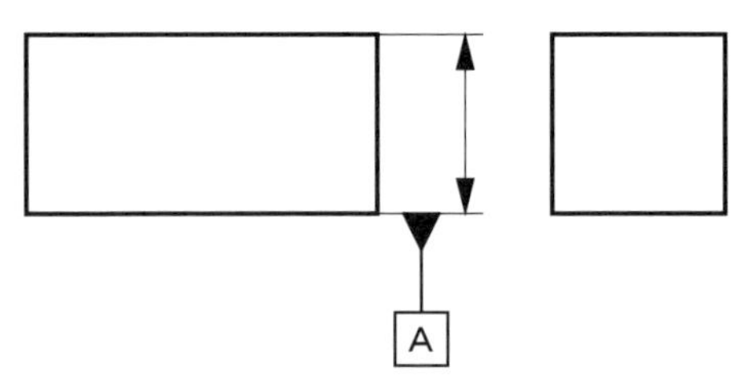


図2 寸法補助線に指示する場合

(2) φ14 の座面にデータム平面 A を設定する

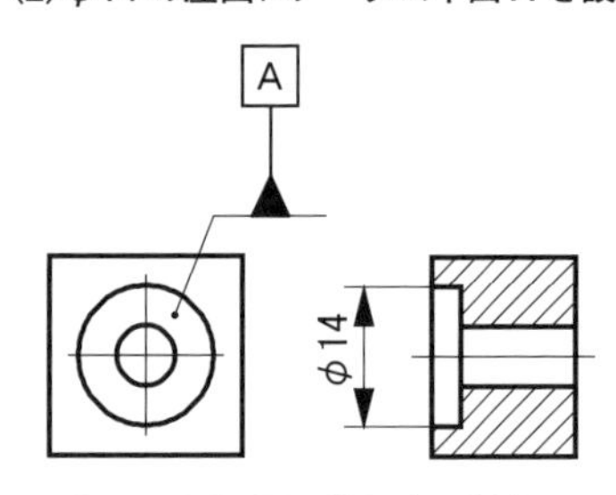


図3 平面図で指示する場合

### 1-2 データム直線の設定

・φ10 の軸の母線にデータム直線 A を設定する

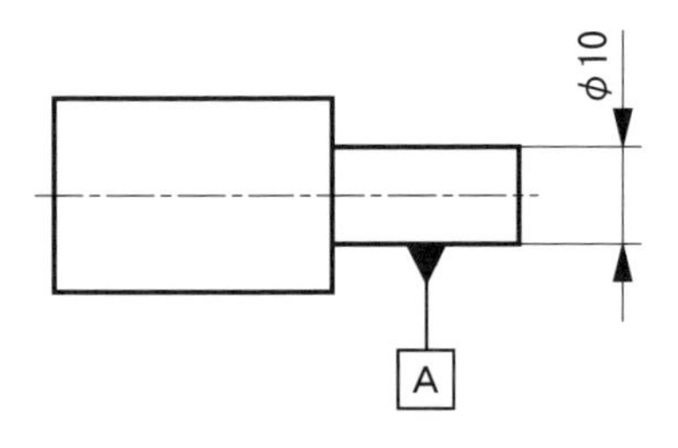


図4 形体に直接指示する場合

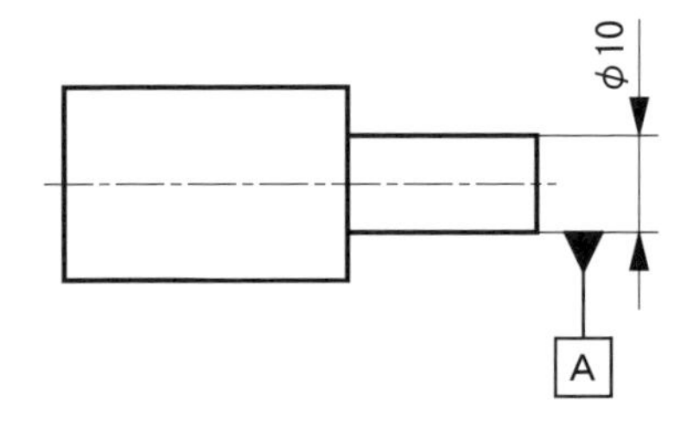


図5 寸法補助線に指示する場合

**図2や図5のように、寸法補助線にデータム三角記号を指示する場合は、寸法線の近くや寸法線の延長線上には決して指示しないこと。**

**次頁に示す「誘導形体」にデータムを設定している場合との区別がつかなくなり、誤解の元となるので注意する。**

## ２．誘導形体にデータムを設定する場合の指示方法（対象：軸線、中心面など）

### 2-1　データム中心平面の設定

・右側の凸部の中心面にデータム中心平面 A を設定する

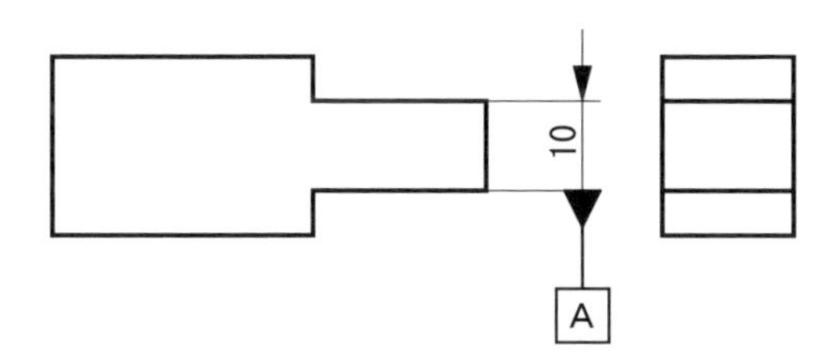


図６　指示寸法の寸法線の延長上に指示する場合

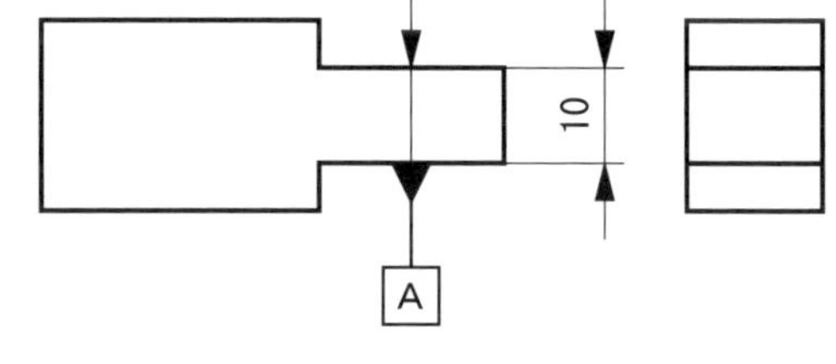


図７　指示寸法とは別に寸法線を設けて指示する場合

### 2-2　データム軸直線の設定

(1) φ10 の軸の軸線にデータム軸直線 A を設定する

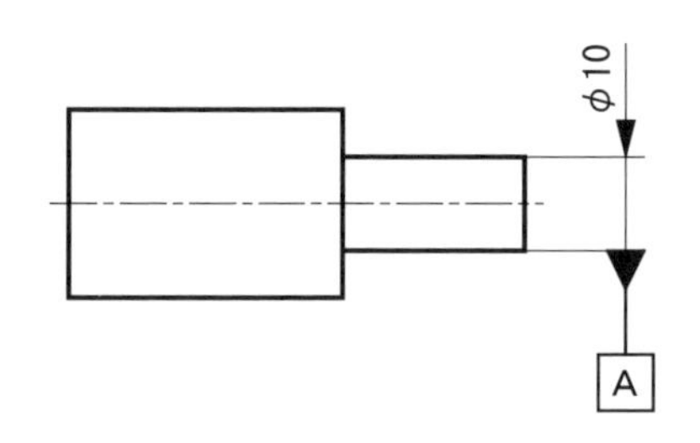


図８　指示寸法の寸法線の延長上に指示する場合

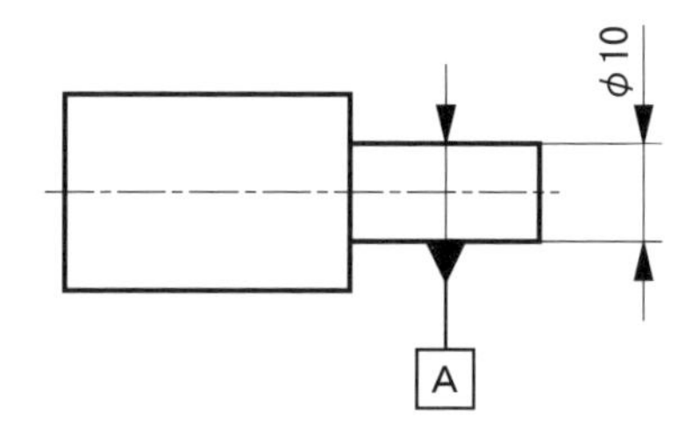


図９　指示寸法とは別に寸法線を設けて指示する場合

(2) 円すい形状の軸線にデータム軸直線 A、B を設定する

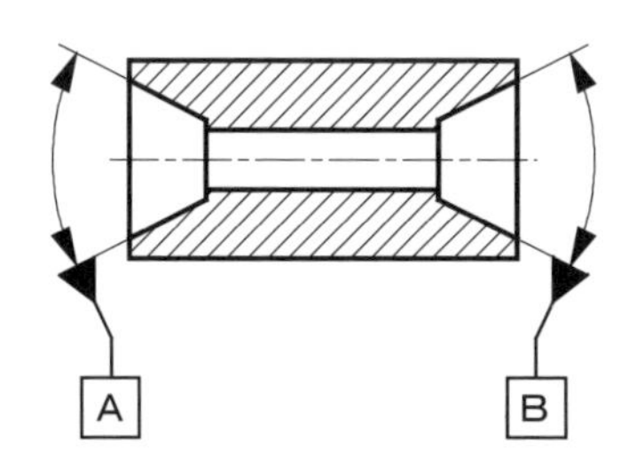


図 10　角度寸法の寸法線の延長上に指示する

**「誘導形体」にデータムを設定する場合は、データム三角記号を中心面や軸線を形成する寸法の寸法線の延長上にきちんと合わせて指示すること。**

# (3) データムの使い方と表し方

**Point**

・データムは、関連形体の幾何公差を指示するとき、つまり、姿勢公差、位置公差、振れ公差などの指示に用いる。
・データムの設定方法には、形体全体への設定、限定した範囲への設定、ターゲットを決めて設定する方法がある。
・指示方法には、単一データムとして指示する場合と、複数のデータムを1つのデータムとして扱う共通データムとして指示する場合の2つがある。

## 1．単一データムの場合

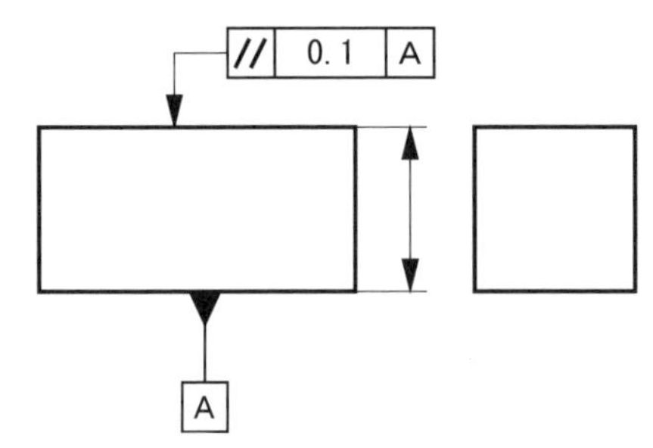


図1 形体全体をデータムとする場合の指示

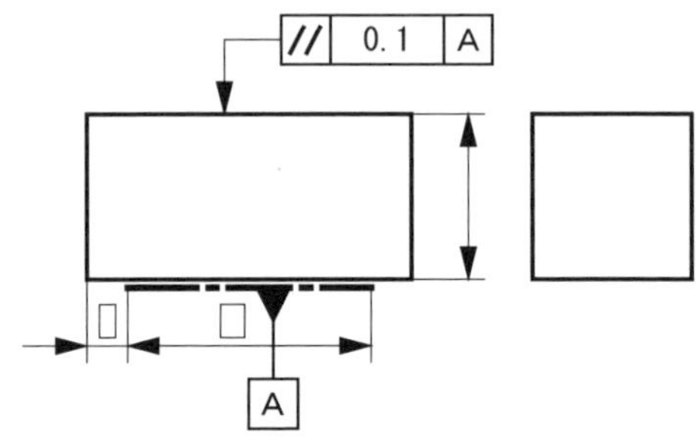


図2 限定した指定範囲をデータムとする場合の指示

直径にばらつきのある円筒が有する中心線が「軸線」であり、それをデータムに採用すると「軸直線」となる。したがって、「データム軸直線」とは言うが、「データム軸線」という言い方はしない。

また、ほぼ平行のばらつきのある2つの表面の中心が形成する面が「中心面」であり、それをデータムに採用すると「中心平面」となる。こちらも「データム中心平面」とは言うが、「データム中心面」という言い方はしない。

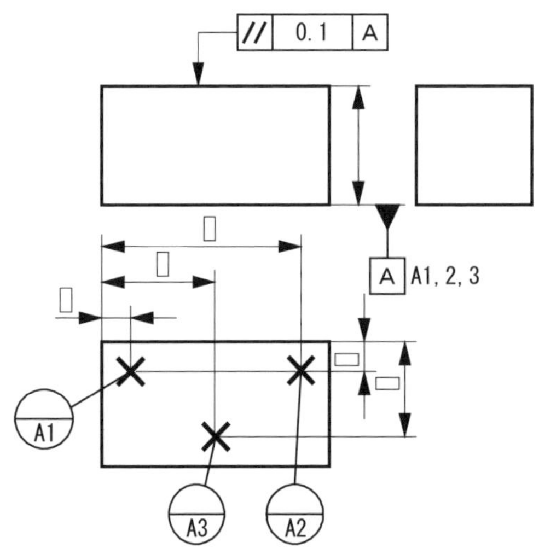


図3 データムターゲットを設けてデータムとする場合の指示

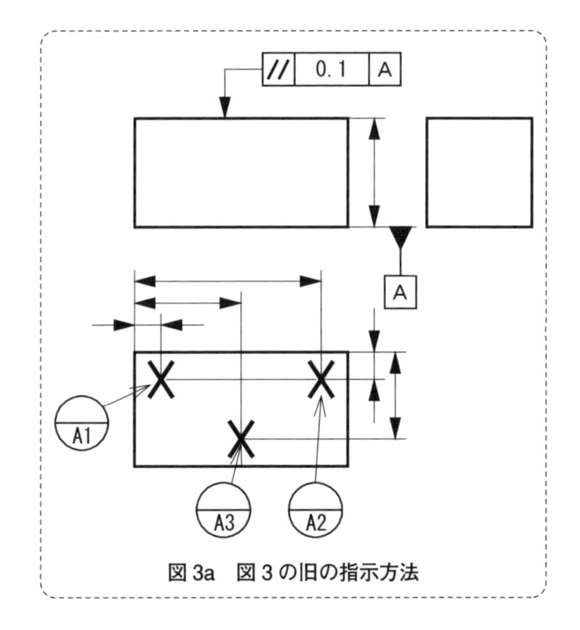


図3a 図3の旧の指示方法

**Keyword**

共通データム（common datum）：2つのデータム形体によって設定される単一のデータム
データムターゲット（datum target）：データムを設定するために、加工、測定および検査用の装置、器具などに接触させる対象物上の点、線、または限定した領域

## 2．共通データムの場合

共通データムには、①共通データム軸直線、②共通データム平面、③共通データム中心平面 の3つがある。

① 共通データム軸直線の場合

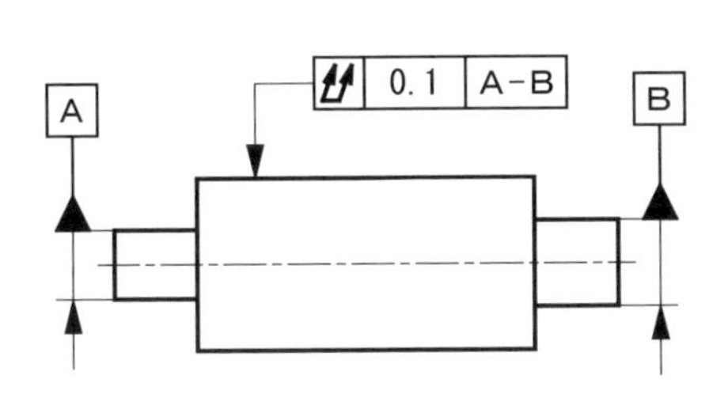


図4　左右の2つの円筒の軸線がデータム

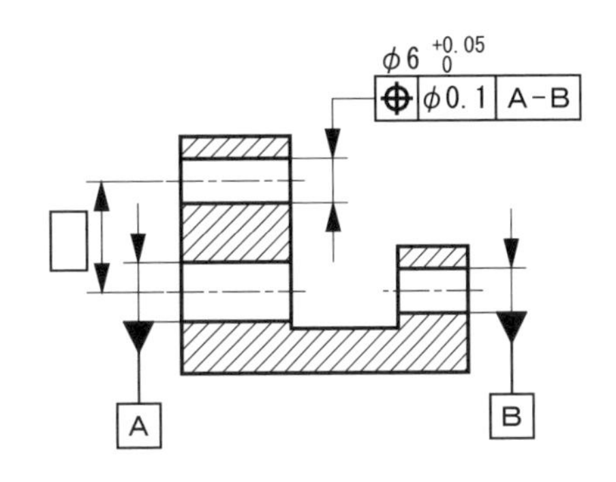


図5　左右の2つの円筒の軸線がデータム

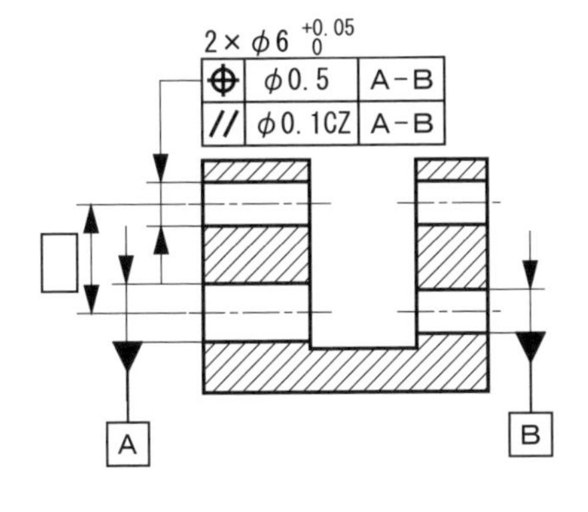


図6　左右の2つの円筒の軸線がデータム

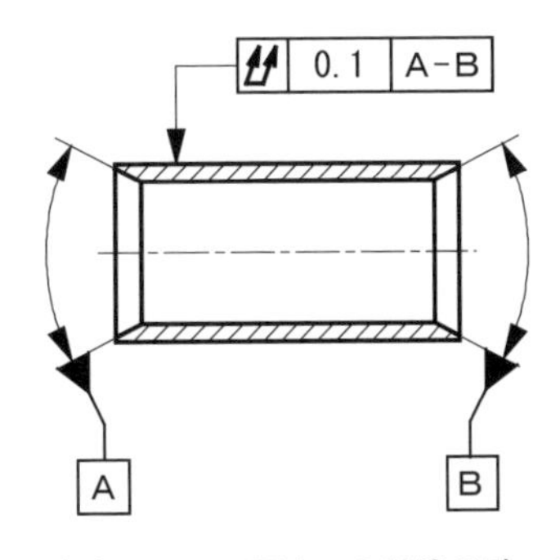


図7　左右の2つの円すいの軸線がデータム

② 共通データム平面の場合

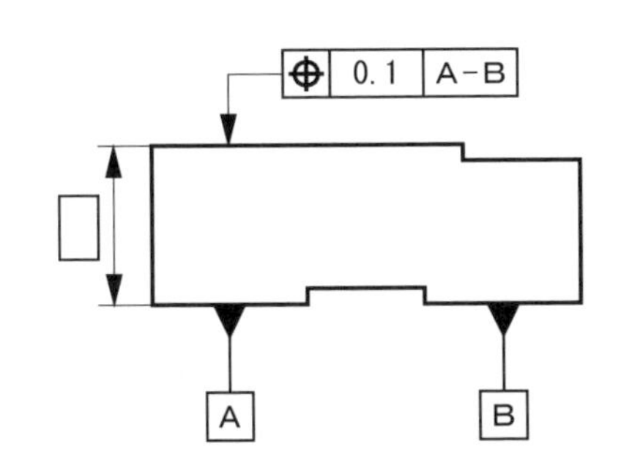


図8　左右の同位置にある2つの表面がデータム

③ 共通データム中心平面の場合

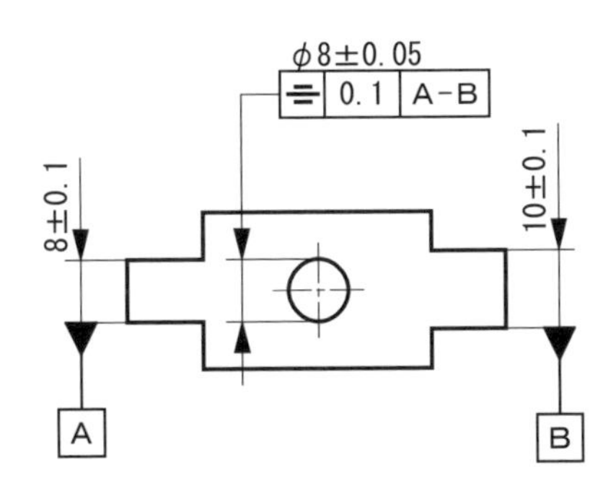


図9　左右の同位置にある2つの中心面がデータム

# (4) データムターゲットの使い方と表し方

**Point**

- 何らかの理由で、表面全体にデータムを設定できない場合がある。その場合には、表面上の点、線、領域を選定してデータムを設定する。これがデータムターゲットである。
- データムターゲットは、それぞれ決められたデータムターゲット記入枠を使って図示する。
- データムターゲットの位置は、理論的に正確な寸法で指示する。

| 種類 | 記号と表し方 |
| --- | --- |
| 「点」を<br>1. データムターゲットとする場合 | ・ターゲットの点の位置を「太い実線」のX印で示す<br>・データムターゲット記入枠の上半分には何も記載しない |
| 「線」を<br>2. データムターゲットとする場合 | ・ターゲットの線の位置を2つのX印を「細い二点鎖線」で結んで示し、先端に矢印付きの引出線で、データムターゲット記入枠と結ぶ<br>・データムターゲット記入枠の上半分には何も記載しない |
| 「領域」を<br>3. データムターゲットとする場合 | ・ターゲットの領域の位置を「細い二点鎖線とハッチング」で示し、領域内から先端が黒丸付きの引出線で、データムターゲット記入枠と結ぶ<br>・データムターゲット記入枠の上半分に領域の大きさを記載する・領域が円内に記載できない場合は、「黒丸付き引出線」を使って指示する |

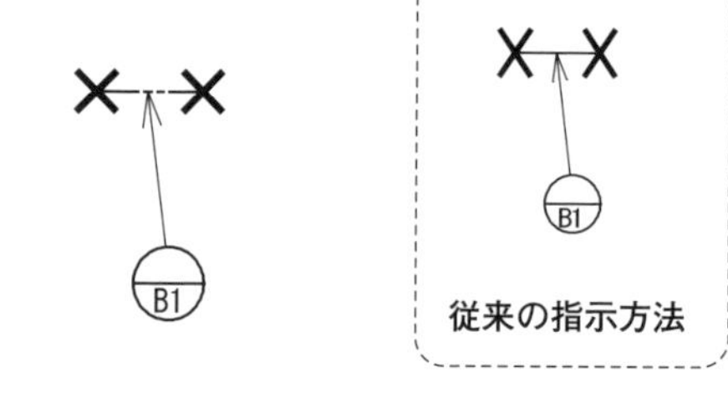


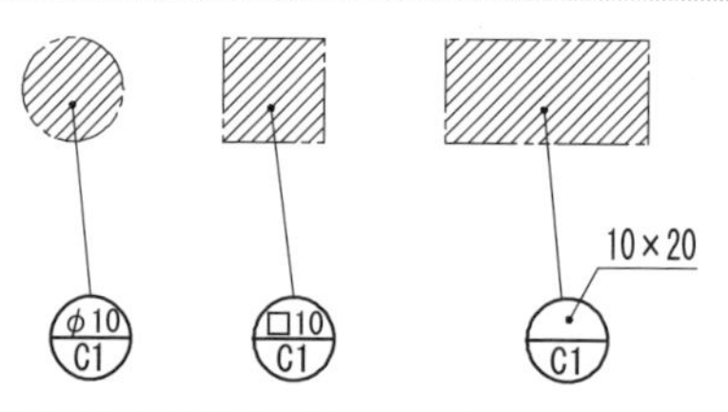


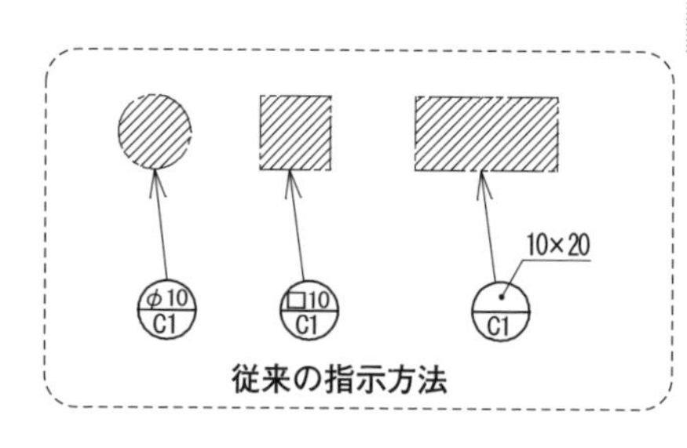

**Keyword**

データムターゲット点：表面の特定の点を指定してデータムターゲットとしたもの
データムターゲット線：表面の特定の線を指定してデータムターゲットとしたもの(注)
データムターゲット領域：表面の特定の領域を指定してデータムターゲットとしたもの
データムターゲット記号：×印、円または矩形にハッチングを施したものによる記号
データムターゲット記入枠：横線で2つに区切った円形の枠

(注) ISO 5459：2011 では、直線のほかに、円または任意の形状の線も規定している。

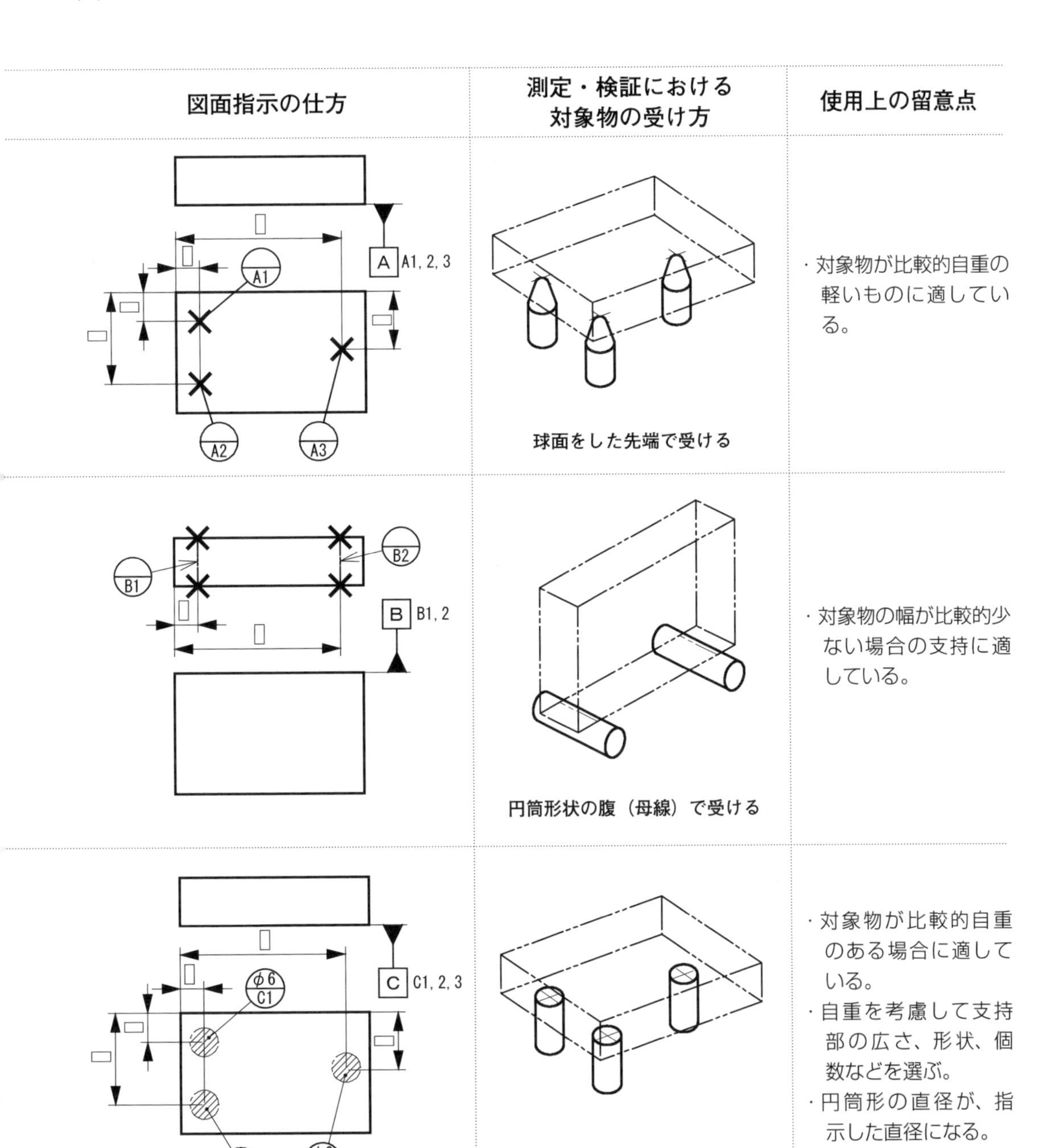


| 図面指示の仕方 | 測定・検証における対象物の受け方 | 使用上の留意点 |
|---|---|---|
| | 球面をした先端で受ける | ・対象物が比較的自重の軽いものに適している。 |
| | 円筒形状の腹（母線）で受ける | ・対象物の幅が比較的少ない場合の支持に適している。 |
| | 円筒形状の端部平面で受ける | ・対象物が比較的自重のある場合に適している。<br>・自重を考慮して支持部の広さ、形状、個数などを選ぶ。<br>・円筒形の直径が、指示した直径になる。 |

# (5) データム系と三平面データム系

**Point**

・部品の各部を測定するためには、その部品をどのように固定し、どこを測定基準とするか決めなければならない。
部品の固定は、一般に2つ以上のデータムを用いることで、基準に対する位置が固定される。
・このとき複数の互いに直交するデータムをデータム系という。
直交する三平面で構成されるものを、三平面データム系という。
・これら複数のデータムは、設計要求に応じて、優先順位を明らかにして用いることになる。

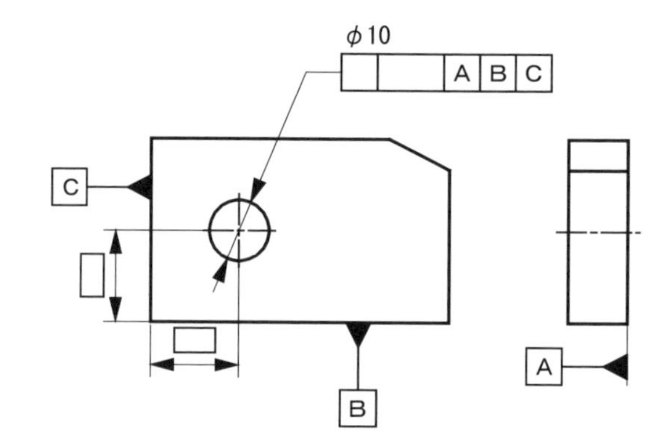


図1 三平面データム系の図面指示例(1)

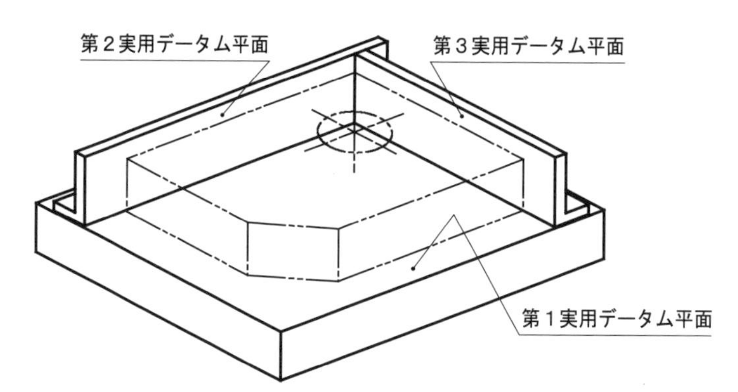


図2 図1の指示による実用データム形体の設定例

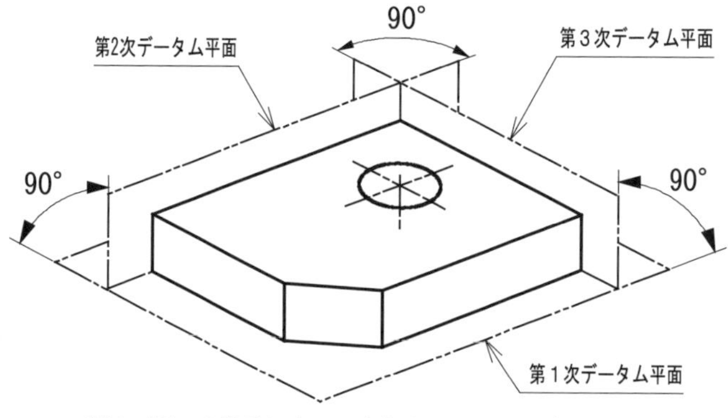


図3 図1の指示によって確立される三平面データム系

**Keyword**

データム系（datum system）：公差付き形体の基準とするために、個別の2つ以上のデータムを組み合わせて用いる場合のデータムのグループ
三平面データム系（three plane datum system）：互いに直交する3つのデータム平面によって構成されるデータム系

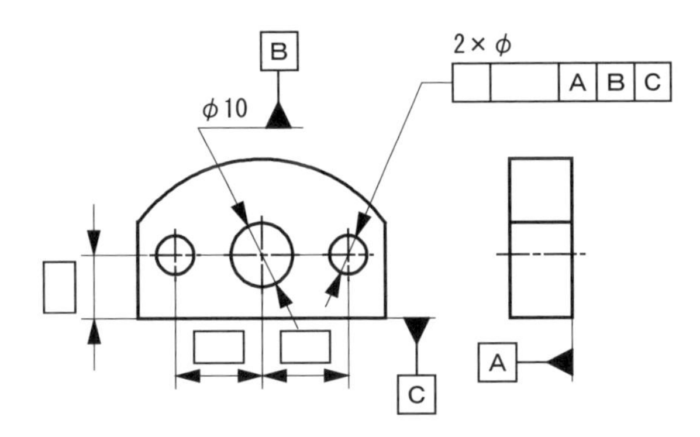


図4　三平面データム系の図面指示例（2）

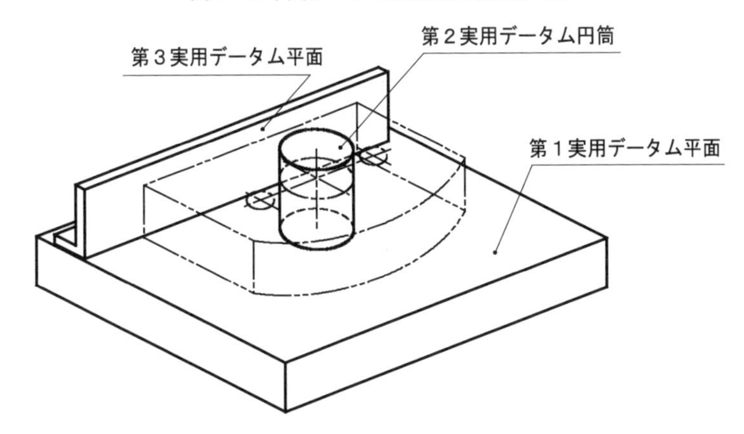


図5　図4の指示による実用データム形体の設定例

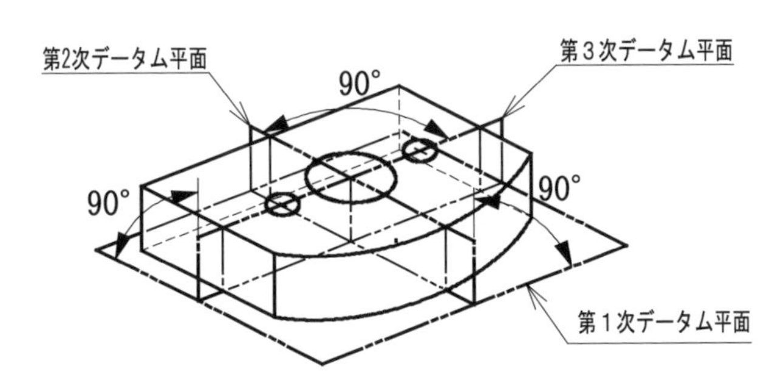


図6　図4の指示によって確立される三平面データム系

**第3次データム平面は、データム平面Cと平行で、第2次データムBの軸直線を通る平面である。データム平面C自体ではないので注意する。**

# (6) 6自由度の拘束とデータム指示との関係

**Point**

- 対象物（部品）は、3次元空間で、6つの自由度をもっている。
- 優先順位を付けたデータム指示によって、部品の6自由度は拘束され、基準（データム）に対する位置と姿勢が固定される。

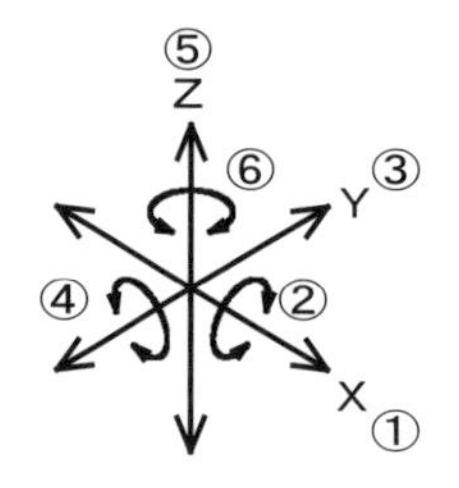


① X軸方向の並進
② X軸中心の回転
③ Y軸方向の並進
④ Y軸中心の回転
⑤ Z軸方向の並進
⑥ Z軸中心の回転

図1　部品の6自由度

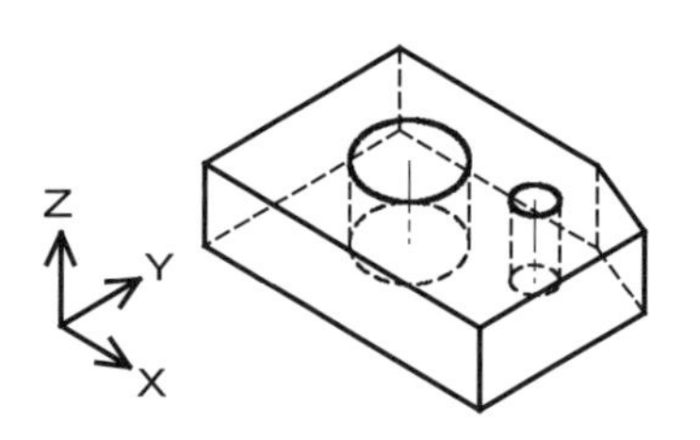


図2　対象の部品

例として、上記のような部品を対象に、大きな円筒形体に関して小さい円筒形体の位置を規制したい場合を考える。

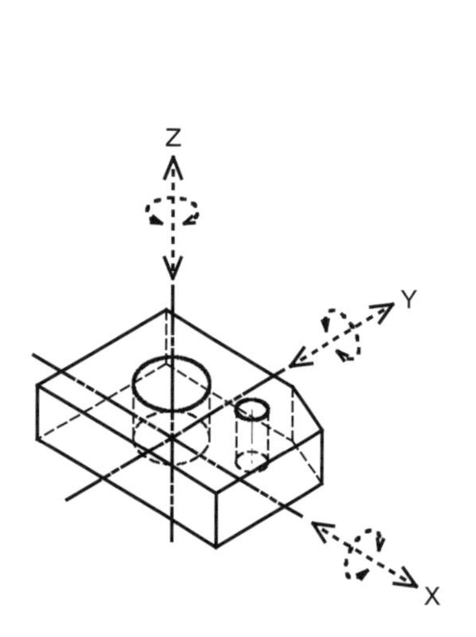


図8　6つの自由度はすべて拘束される

A B C

第1次データム平面
X
A
Z
第2次データム平面
Y
C
X
第3次データム平面
B
データム平面C

図7　更に1つの表面にデータム平面を追加設定する

データム平面Cの設定により、この部品の6自由度はすべて拘束され、位置と姿勢が固定される。

【注記】 従来、"移動"としていた用語は"並進"に変更した。

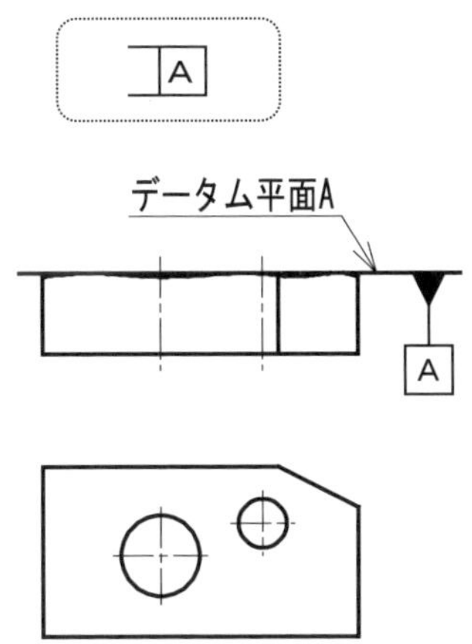

図3　1つの表面にデータム平面を設定する

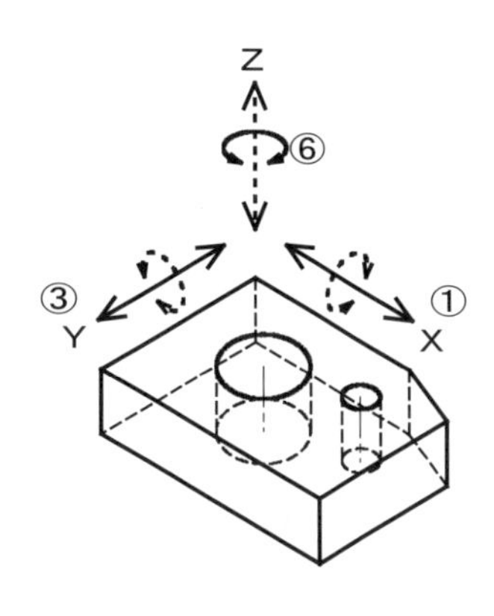


図4　3つの自由度が残っている

この状態では、Z軸方向の並進とX軸、Y軸回りの回転は規制されるが、X軸、Y軸方向の並進とZ軸回りの回転がまだ許されている。

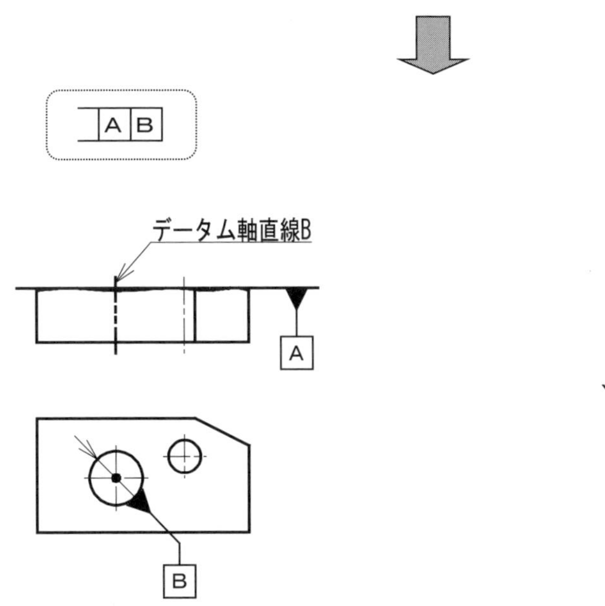


図5　さらに1つの円筒穴にデータム軸直線を追加設定する

図6　1つの自由度が残る

この状態では、X軸、Y軸方向の並進は規制されるが、円筒穴の軸線中心の回転がまだ許されている。

# 1-2 データム
## (7) データムの優先順位の付け方

**Point**

・データムの優先順位は、設計意図の組立て要求によって決まる。
・それは、主に、相手部品に対して、対象部品のどこで位置決めするかによって決定される。

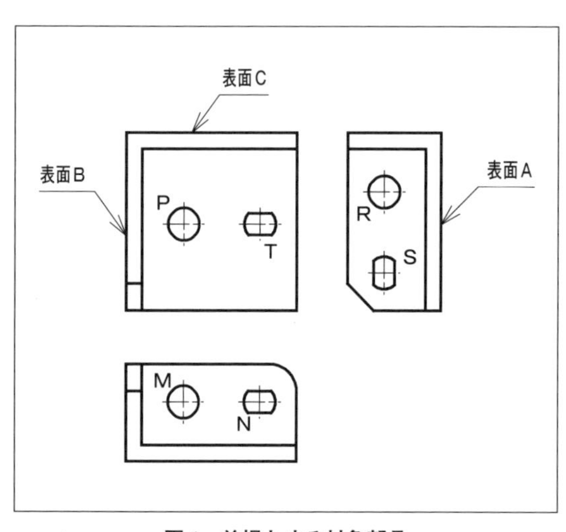


図１　前提とする対象部品

【設問】
表面Cを相手部品に密着させ、形体M、形体Nで位置決めして形体Rと形体Sの位置度を規制したい場合の図面指示はどうなるか。

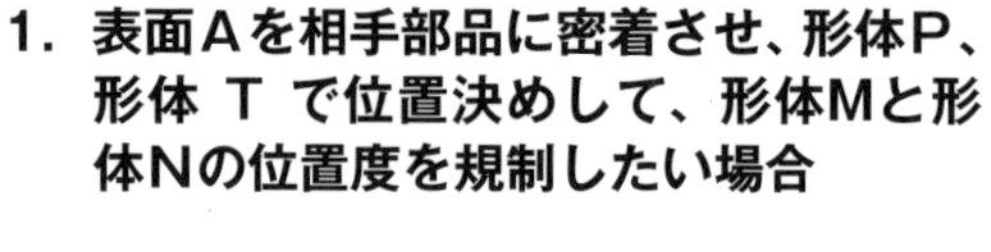

**1. 表面Aを相手部品に密着させ、形体P、形体 T で位置決めして、形体Mと形体Nの位置度を規制したい場合**

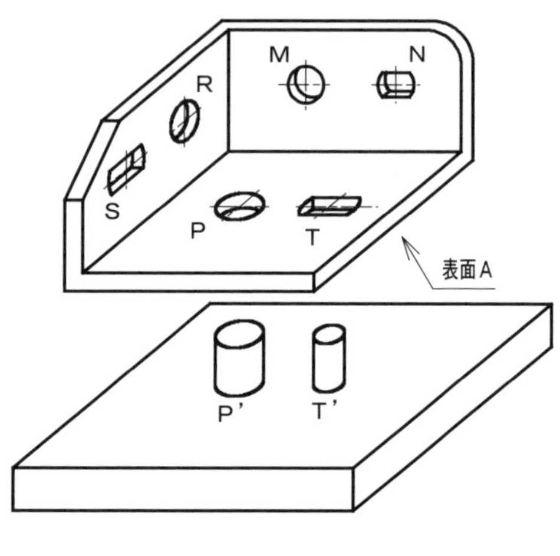


図２　相手部品との関係

**2. 表面Bを相手部品に密着させ、形体R、形体Sで位置決めして形体Pと形体 T の位置度を規制したい場合**

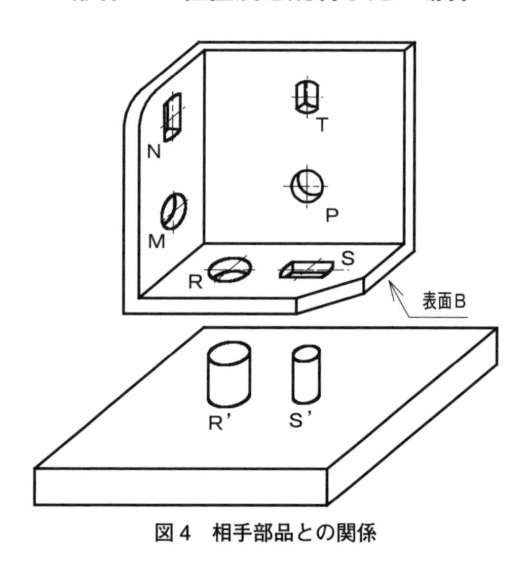


図４　相手部品との関係

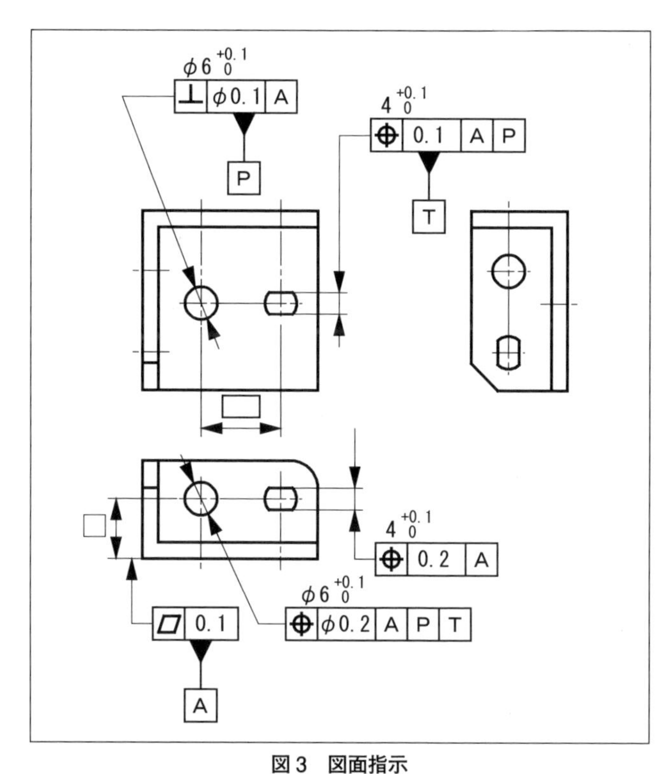


・第1次データムA
・第2次データムP
・第3次データムT
・データム系
（三平面データム系）

| A | P | T |
|---|---|---|

図３　図面指示

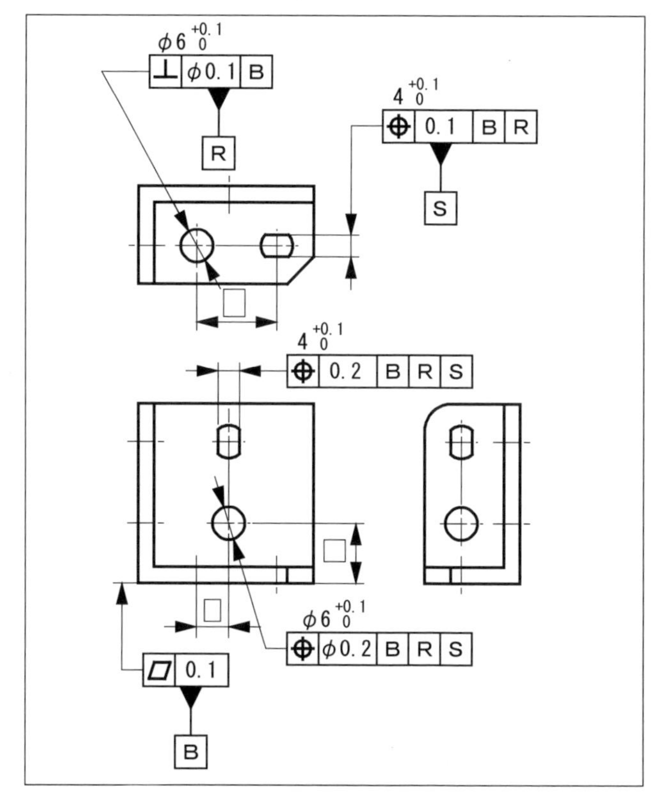


・第1次データムB
・第2次データムR
・第3次データムS
・データム系
（三平面データム系）

| B | R | S |
|---|---|---|

図５　図面指示

# 1-2 データム

## (8) 三平面データム系による形体の規制方法

**Point**

・部品をどのように位置決めするのかの設計要求から、データムの優先順位は決まる。
・部品の外形表面をデータムに設定する場合は、それが「データム平面」となる。
・部品内部の円筒形の軸線をデータムに設定する場合は、その軸線を通る平面が「データム平面」となる。

### (1) 部品の3カ所の平面形体をデータムに設定し、部品内部の7つの形体を規制する指示例

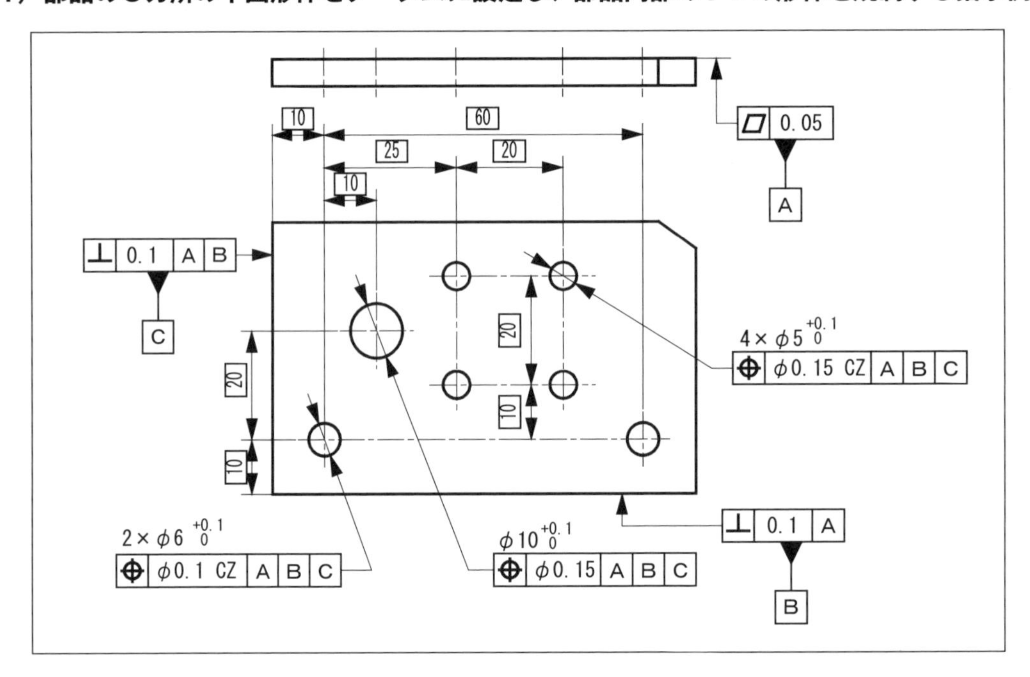


図1 図面指示

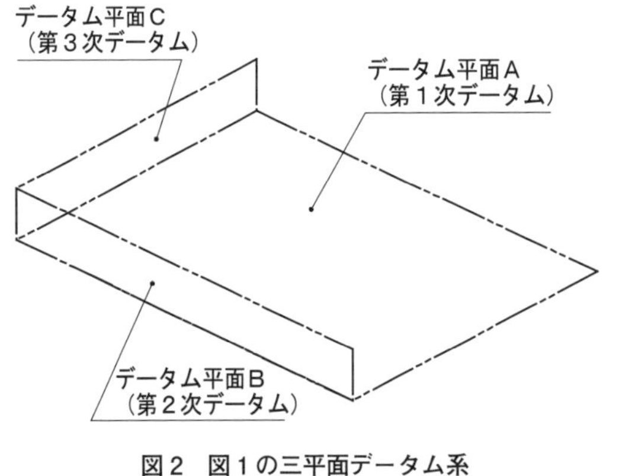


図2 図1の三平面データム系

・第1次データム平面は
データム平面A。

・第2次データム平面は
データム平面Aと直角の
データム平面B。

・第3次データム平面は
データム平面Aとデータム平面Bに、
それぞれ直角の
データム平面C。

(注) 記号"CZ"は、ISO規格のCombined zone(組合せ公差域)の意味である。

### （2）部品の１つの平面形体と部品内部の２つの形体をデータムに設定し、部品内部の５つの形体を規制する指示例

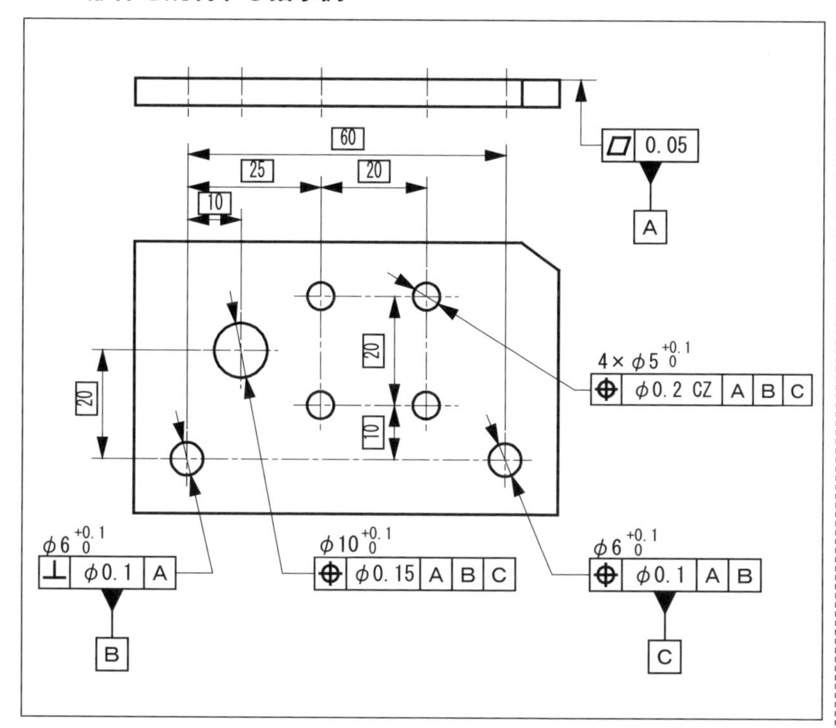

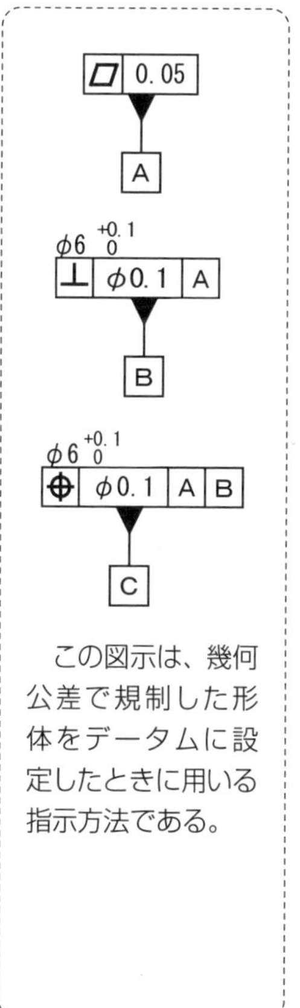

この図示は、幾何公差で規制した形体をデータムに設定したときに用いる指示方法である。

図3　図面指示

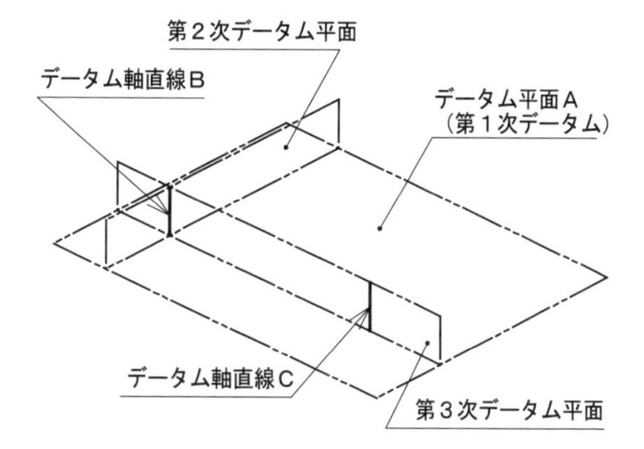


図4　図3の三平面データム系

・第1次データム平面は
データム平面A。

・第2次データム平面は
第1次データム平面に直角で
データム軸直線Bを通る平面。

・第3次データム平面は
第1次データム平面と第2次データム平面に直角で
データム軸直線Bとデータム軸直線Cを通る平面。

**重要**

**部品の外形表面が相手部品と接触して組み立てられる場合は（1）の方法を、部品内の円筒形体（穴）を介して相手部品と係合して組み立てられる場合が（2）の方法を採ることになる。**

※　位置度指示の詳細については、第4章、4-1「位置度」を参照のこと。

# (9) 特別なデータムの指示方法

**Point**

・離れた複数の形体をデータムに設定する場合は、形体相互の姿勢公差や位置公差を明確にする。

## 1. 離れた2カ所の限定した範囲をデータムに設定する指示方法

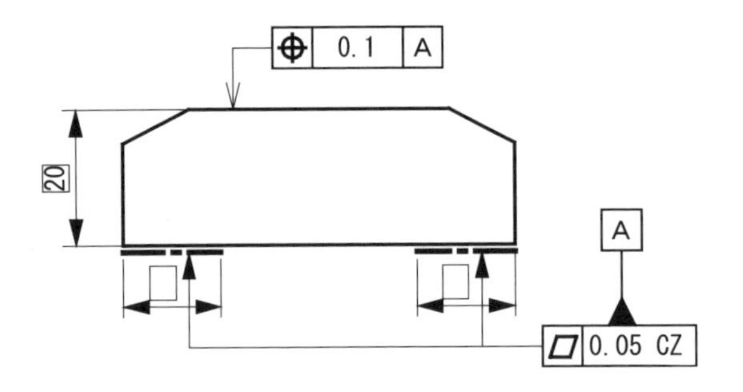


離れた位置にある2つの限定した平坦部を共通の公差域0.05とする平面度で規制し、その表面を単一データム平面Aとする指示方法。

図1 1つの平坦部の離れた2つの領域をデータムとする場合

## 2. 位置の異なる2カ所の平坦部を共通データムに設定する指示方法

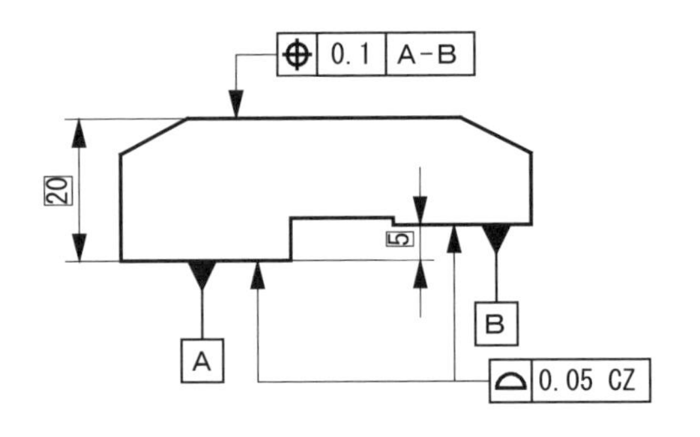

**段差のある2つの平坦部をデータムに設定する場合、図2～図4のように、2つの平面形体の位置公差の指示を忘れないようにする。**

図2 2つのデータム平面を共通データムとする場合

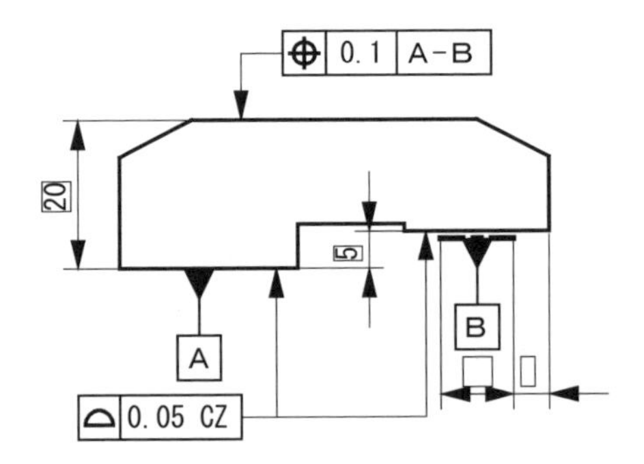


図3 2つのデータム平面のうち一方の範囲を限定する場合

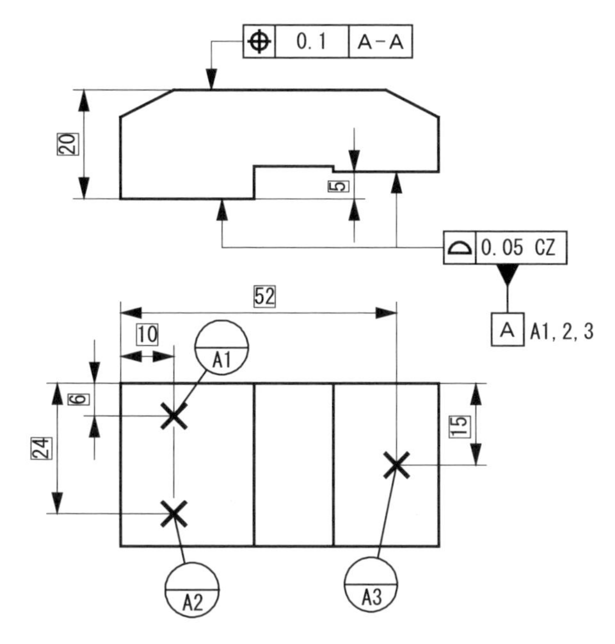


図4　２つのデータム平面にデータムターゲット（点）を設定する場合

図2の指示に比べて、図3や図4のように、データム形体の範囲を限定する指示が、検証にとっては好都合な場合が多い。

※　データムターゲットの位置は、TEDになっているが、検査では、当然、所定の公差を設定して、測定検査することになる。
製品（部品）に比べて、十分に高精度で製作される治具・ゲージの製作側を考慮して、TEDで表す指示に代わった。

## 3. 形体グループをデータムに設定する指示方法

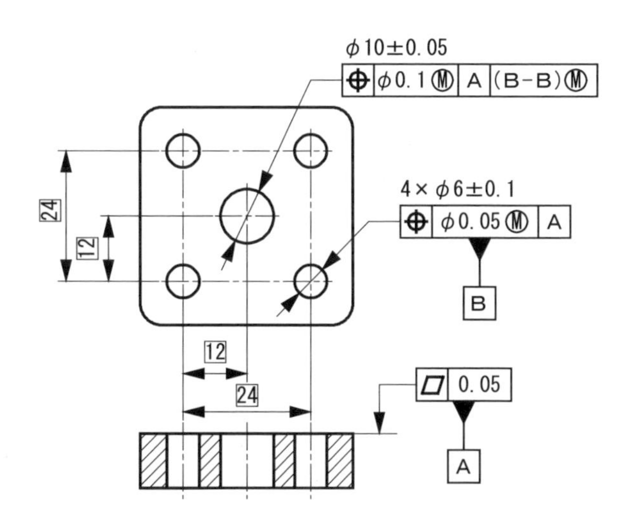


図5　4つの穴をグループとしてデータムとする場合

記号Ⓜ（マルM）について
最大実体公差方式（MMR）の指示を表す。
詳細は、第7章を参照。

※　図5では、理論的に正確な寸法（TED）を並列寸法記入法で指示しているが、直列寸法記入法で指示しても、TEDには公差の累積はないので、それが意味するところは同じである。

【注記】　図2～図4で用いている記号“CZ”は、combined zone（組合せ公差域）の意味で用いている。

# （10）データムの設定

**Point**

・データム形体として指定した形体も、加工工程において一定の製作誤差は避けられない。
・その形体は、凸面状、凹面状、円すい状など様々な形状となることがある。したがって、そのような形状に対して、どのようにデータムを設定するのか、その方法を知っておく必要がある。

## 1. 直線、平面のデータム

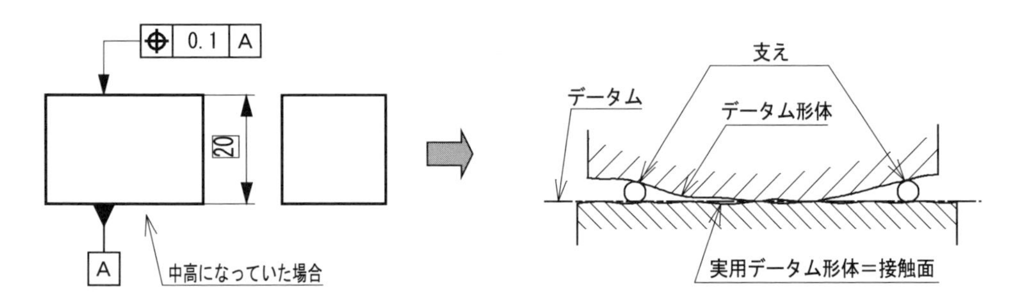


・データム形体は、実用データム形体との最大間隔をできるだけ小さくなるように置いて、データムを設定する。
・データム形体が、実用データム形体に対して、安定しているときは、そのまま設定する。
・データム形体が、実用データム形体に対して、安定していないときは、上図のように、“支え”を使って安定させて、データムを設定する。

## 2. 円筒軸線のデータム

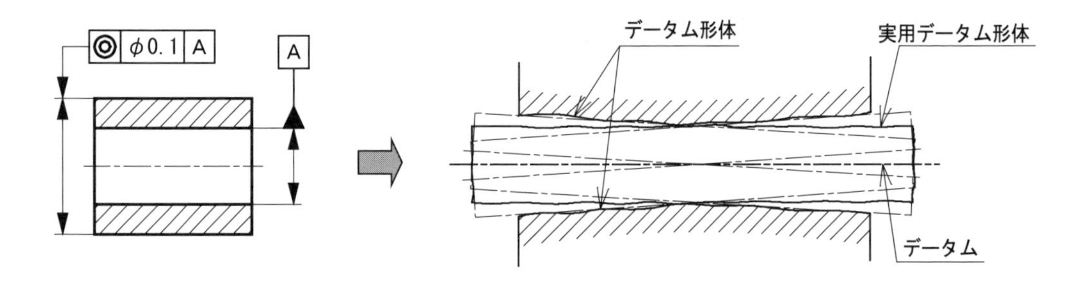


・データム形体が、実用データム形体に対して、不安定な場合は、この円筒をどの方向に傾けても変化が等しくなるように姿勢を安定させて、データムを設定する。

※ この場合、データムは、最大内接円筒の軸直線である。

## 3. 共通データム

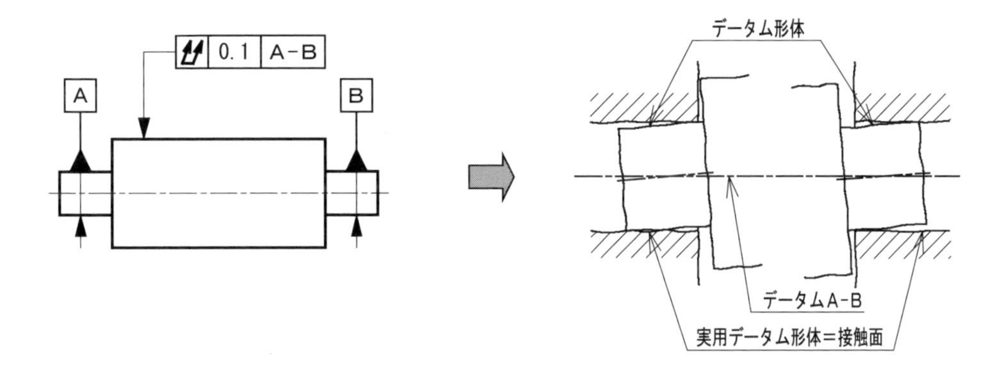


・別々のデータム形体に対して、共通の実用データム形体によって、データムを設定する。
・共通軸直線の場合は、最小外接同軸円筒の軸直線によって、共通軸直線のデータムを設定する。
・共通中心平面の場合は、最小外接平行平面の中心平面によって、共通中心平面のデータムを設定する。

## 4. 平面に垂直なデータム

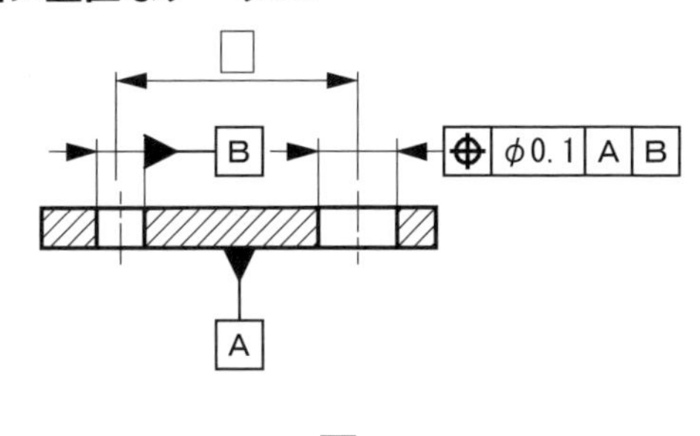


・データムAは、データム形体Aに接する平らな平面によって設定する。
・データムBは、データムAに垂直でデータム形体Bの最大内接円筒の軸直線によって設定する。

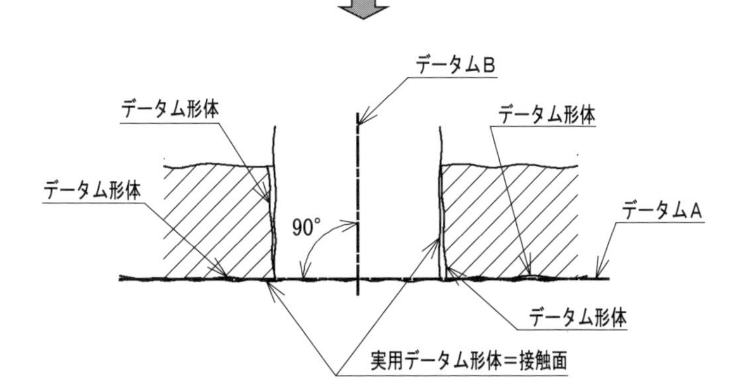


データムA：第1次データム
データムB：第2次データム

1-2 データム

# (11) 誤ったデータム指示例

**Point**

- データムの指示方法には、一定のルールがあるのでそれに従う。
- 従来のJIS表記のうち、現在のJISでは許されなくなった表記があるので注意する。
  また、現在のISOにあって、JISにないものもあるので注意する。
- データム記号は、つねに下辺から読めるように指示するのが原則。

## 1. データム記号は下辺から読めるように指示

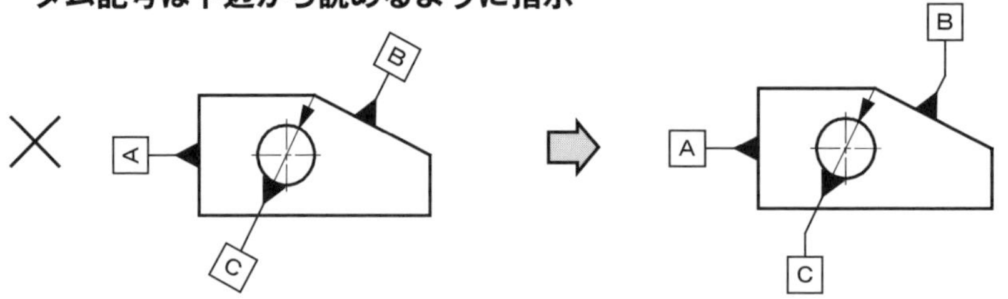


## 2. 軸線にデータムを設定する場合は直径を表す寸法線の延長上に指示

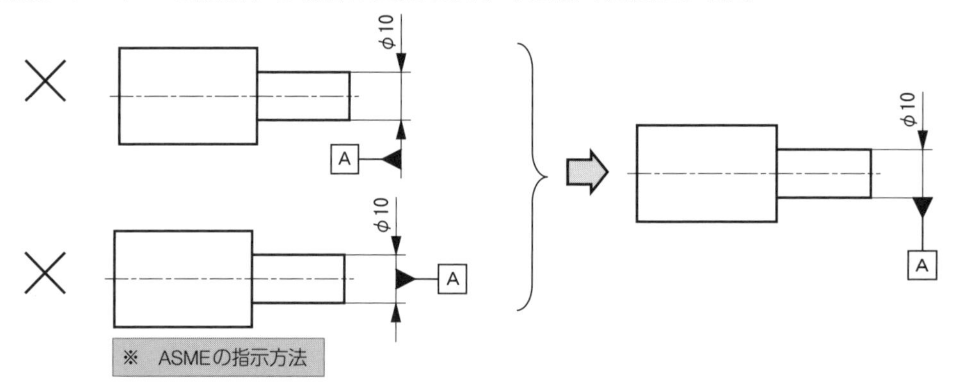


## 3. 軸線に直接データムを設定することはできない。直径を表す寸法線の延長上に指示

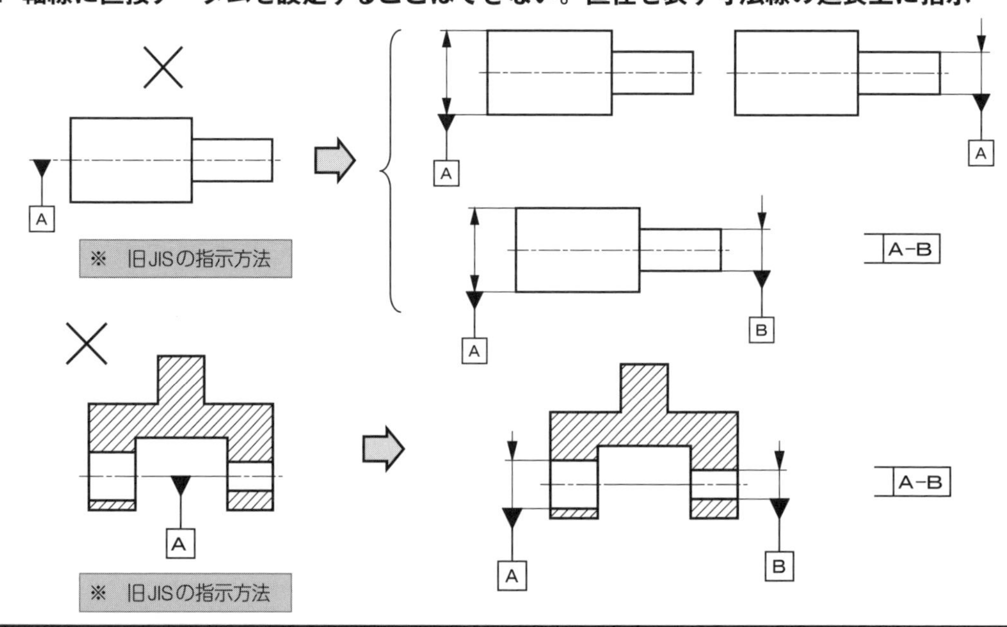

**4. データムの記号を省略することはできない（データム文字記号を指示し、参照データムも明示する）**

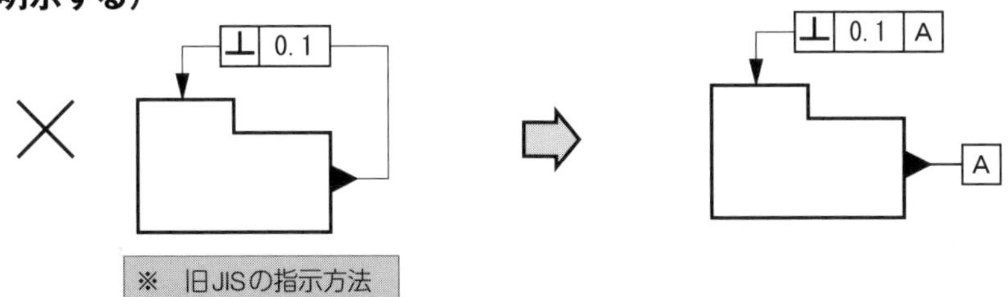


**5. 中心線に直接データム記号を設定することはできない**

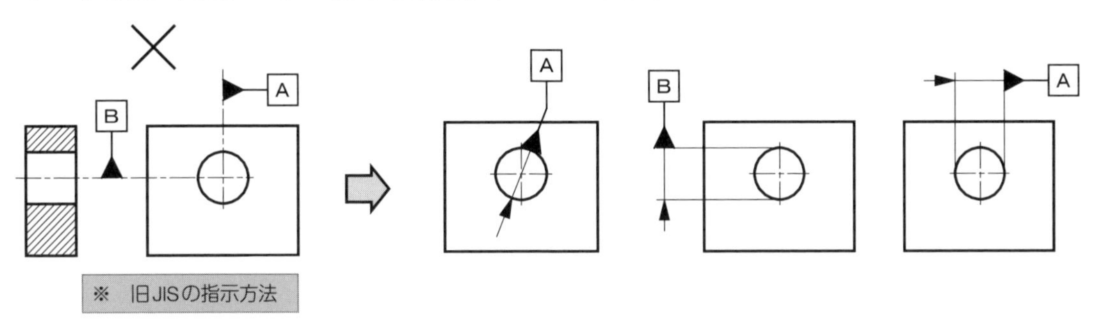


**6. データム記号からの直線は必ず四角の枠から直角に引き出す**

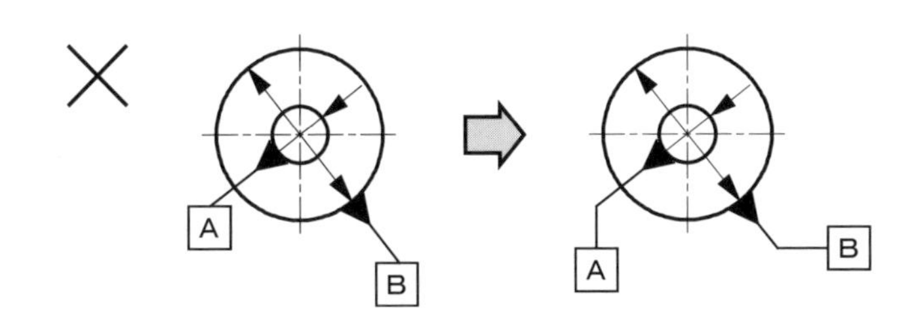


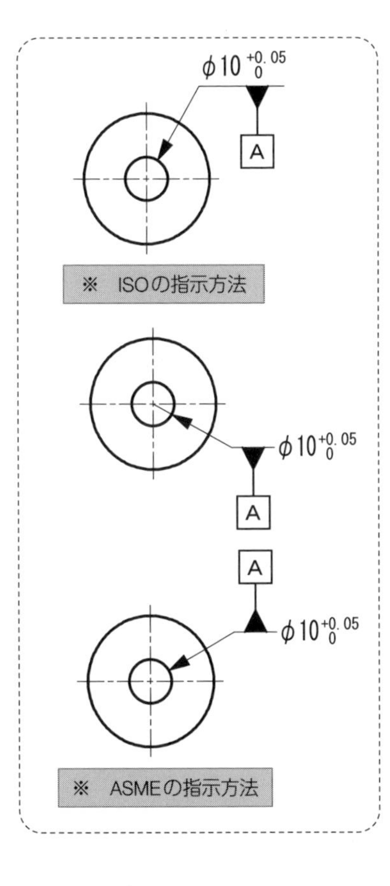


**7. 円すい形状の軸線にデータム設定する場合**

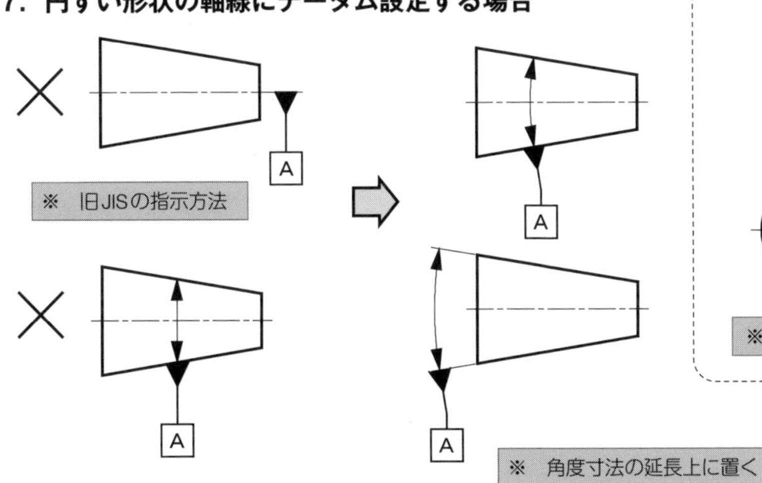

# 1-3 公差域
## （1）幾何公差の公差域

**Point**

- 規制したい形体を、幾何学的に正しい形状、姿勢、あるいは位置からどれだけ離れてもよいかの領域が公差域である。
- 公差域は、用いる幾何公差の種類によって決まる。
- 設計意図を図面で正しく表現するためには、この公差域を正しく理解し、設計要求に照らして適切な公差域を選ばなければならない。

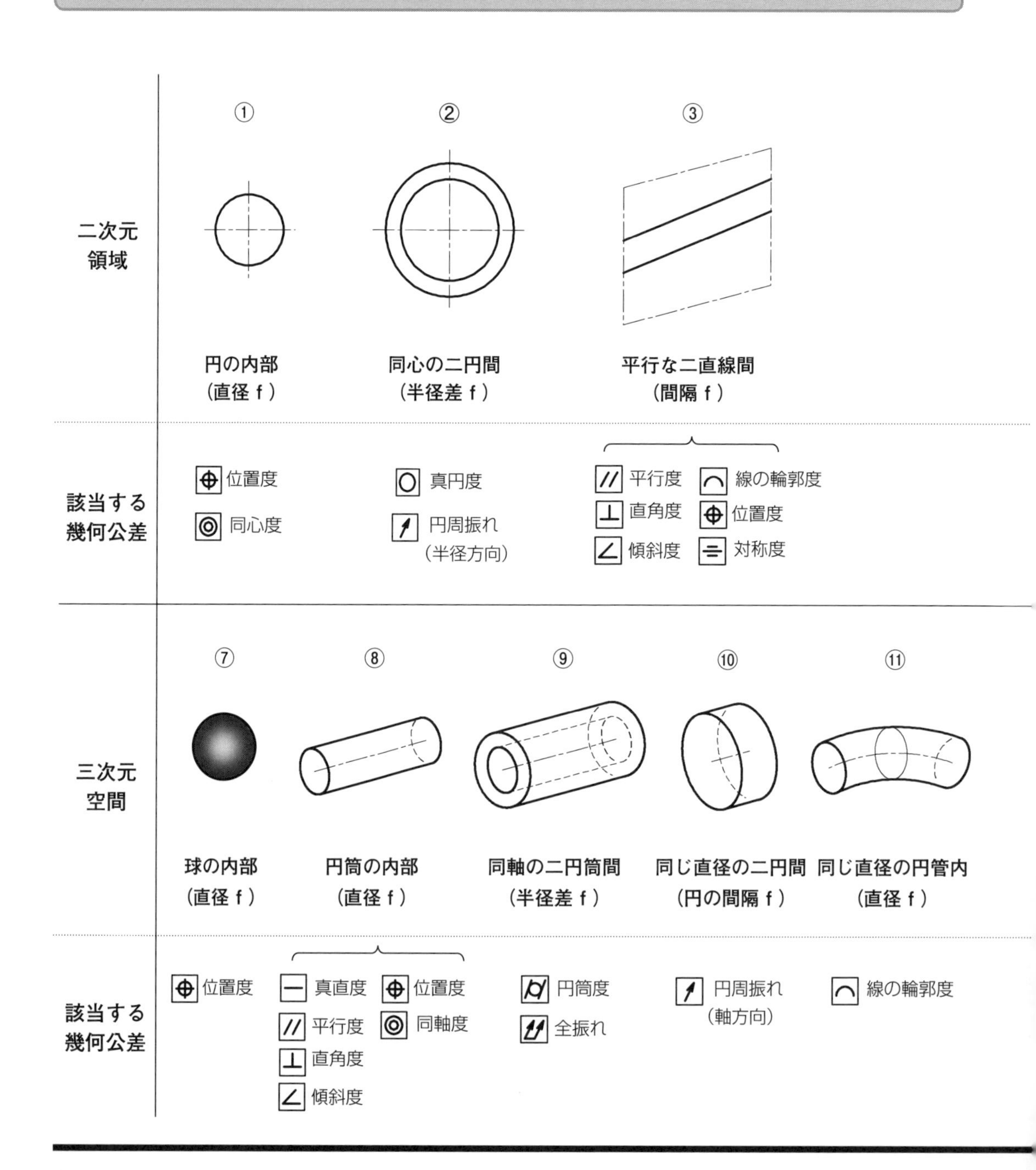

**Keyword**

公差域（tolerance zone）：1つ以上の幾何学的に完全な直線、または表面によって規制される領域であり、公差（長さの単位）が指示される領域のこと

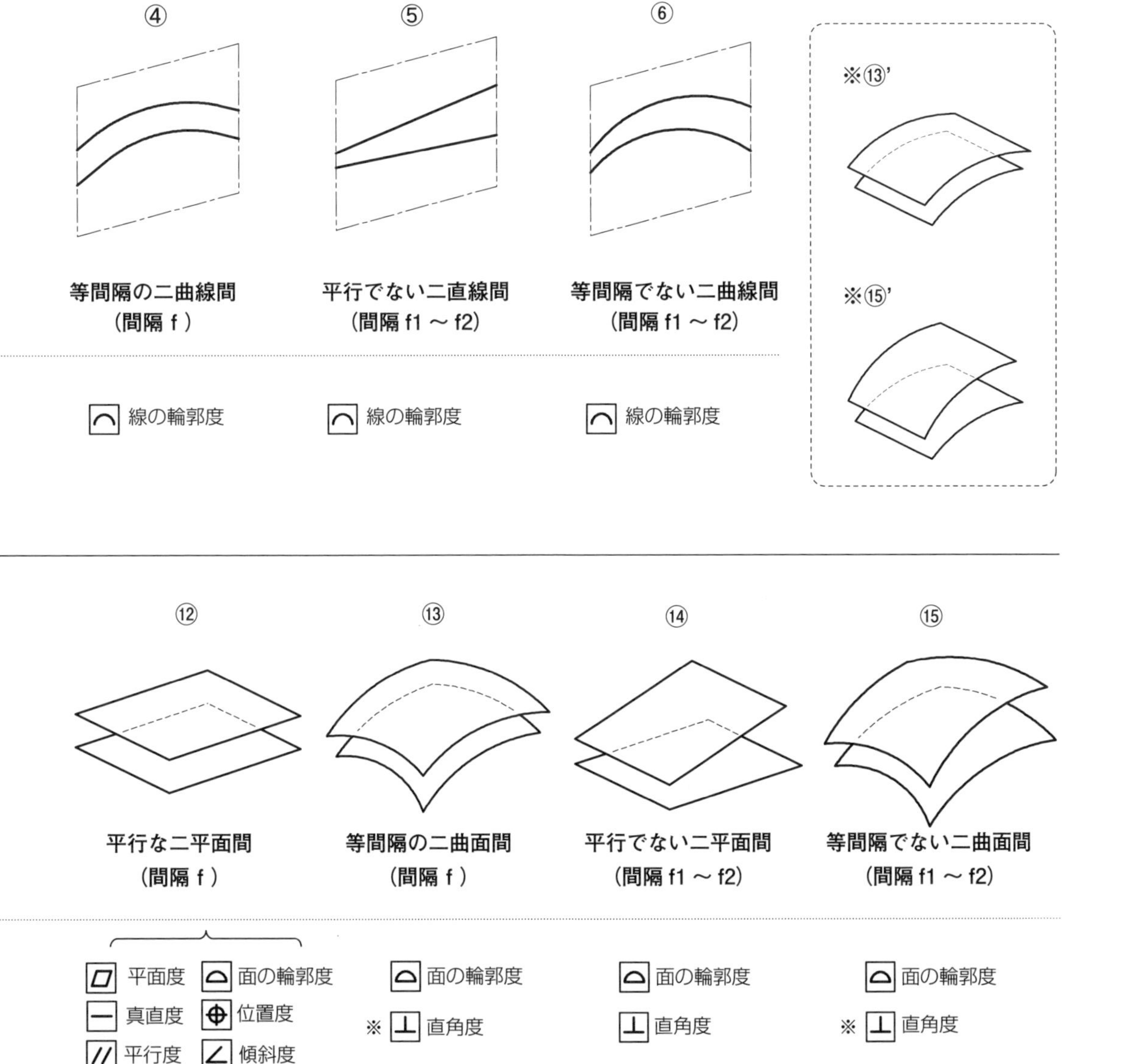

# (2) 公差域の方向性（その1）

**Point**

- 公差域の幅は、特別な場合を除いて、指定した形体に垂直に適用される。
- 公差値の前に直径の記号“φ”が付くか否かで、公差域は大きく異なる。
- 公差記入枠の矢を水平に指示するか、垂直に指示するかで、公差域は大きく異なる。

## 1. どの方向に対しても一様の公差域の場合（公差域に方向性のない場合）

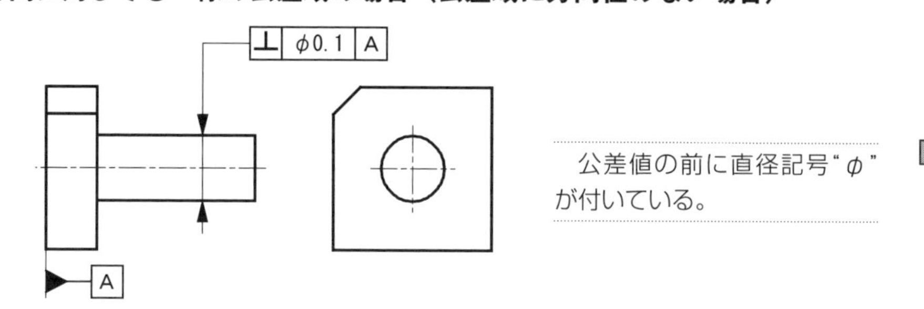


## 2. （図面上で）水平方向にのみ公差域がある場合

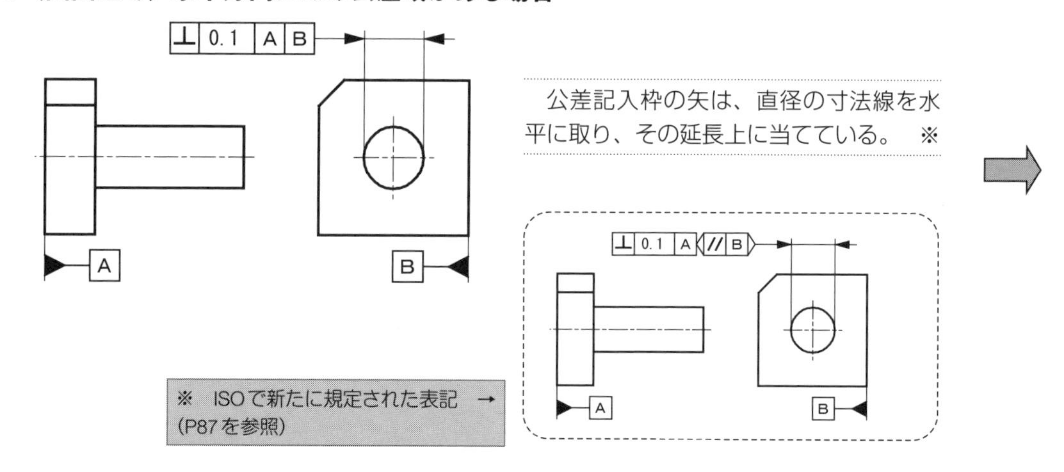


## 3. （図面上で）垂直方向にのみ公差域がある場合

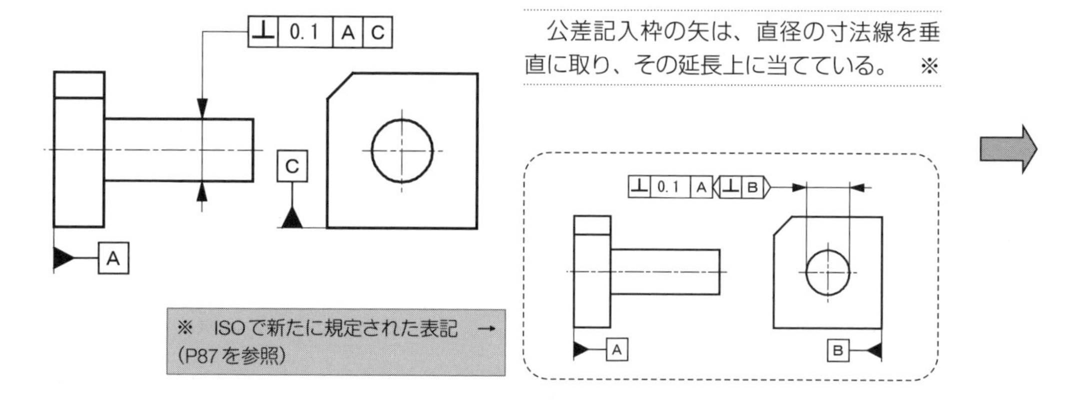

**公差域の状態**（左側の図面指示の解釈）

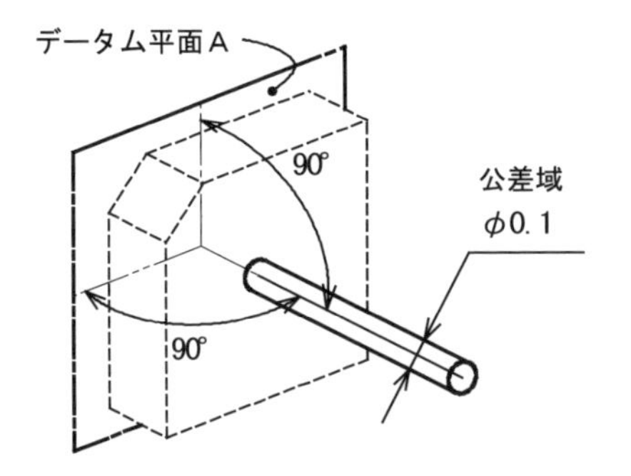


公差域は直径0.1mmの円筒内である。
この円筒の中心線はデータム平面Aに対して垂直である。

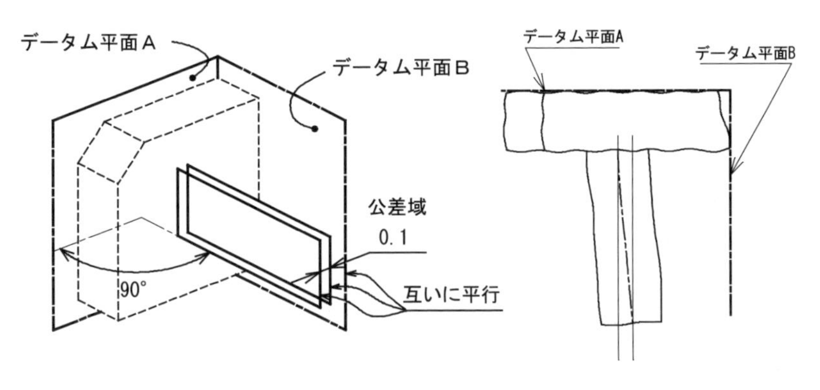


公差域は間隔0.1mmの平行二平面間である。
この平行二平面はデータム平面Aに対して直角であるとともに、データム平面Bに平行である。
ただし、軸線はデータム平面Bに沿った方向には何ら規制されていないことに注意。

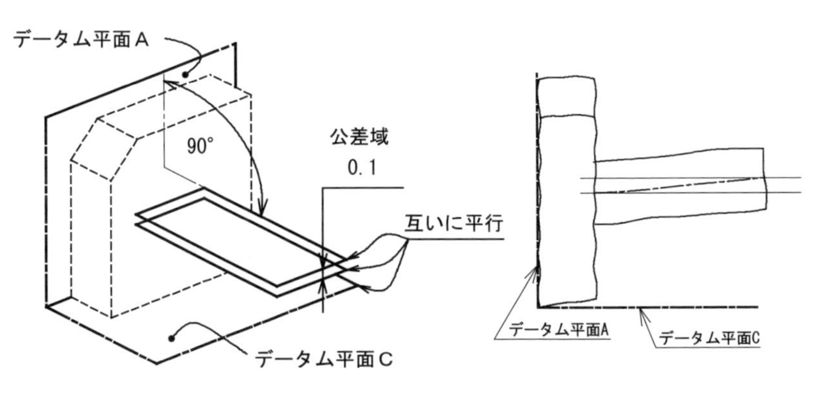


公差域は間隔0.1mmの平行二平面間である。
この平行二平面はデータム平面Aに対して直角であるとともに、データム平面Cに平行である。
ただし、軸線はデータム平面Cに沿った方向には何ら規制されていないことに注意。

# 1-3 公差域

## (2) 公差域の方向性（その2）

**Point**

- 幾何公差の種類によっては、公差域の方向が複数存在するものがある。
- 特に、「円周振れ」では、公差域の方向が4種類定義されているので注意が必要である。

### 回転曲面を持つ形体の「円周振れ」の場合（※1）

(1) 曲面の法線方向に公差域を要求する場合（「斜め法線方向の円周振れ」）

<図面指示>

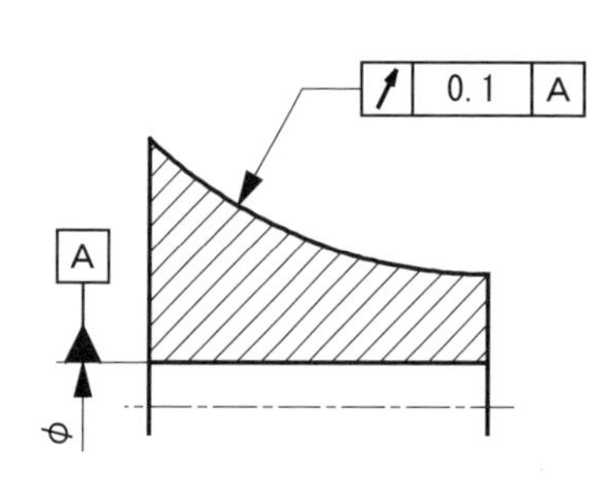


<公差域の方向>

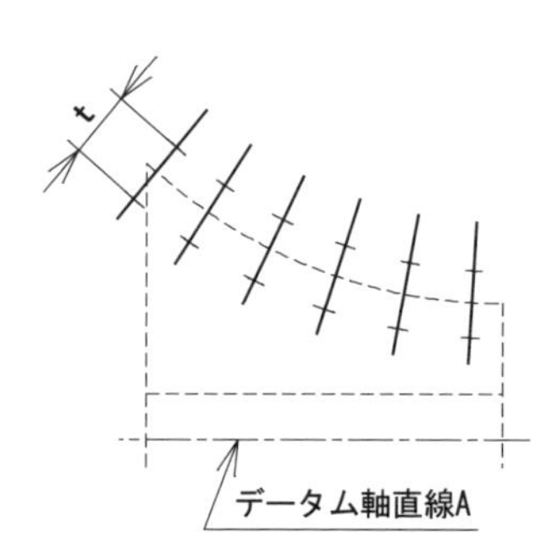


- 公差記入枠の矢は、曲線に対して直角に当てる。
- この場合の公差域は、曲面のどの位置にあっても法線方向に存在する。
- この検証には相応の配慮が必要となる。

(2) 曲面の指定角度方向に公差域を要求する場合（「斜め指定方向の円周振れ」）

<図面指示>

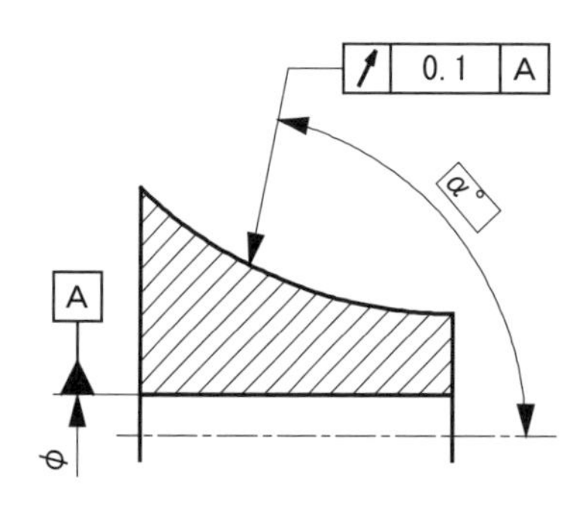


<公差域の方向>

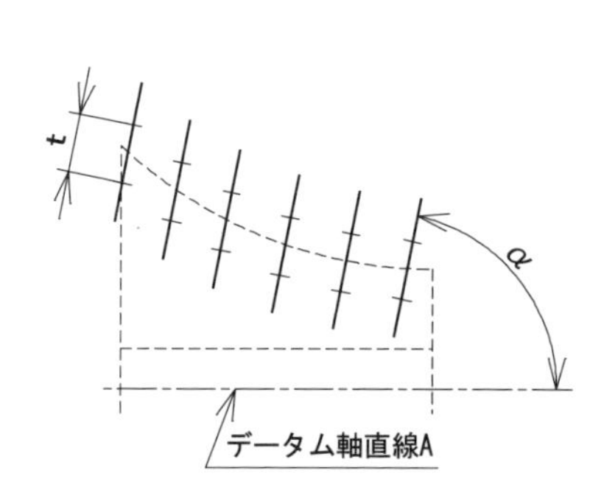


- 公差記入枠の矢は、曲線に対して要求する角度で当て、その角度を数値で指示する。
- この場合の公差域は、曲面のどの位置にあっても指定した角度の方向に存在する。
- これも検証には相応の配慮が必要となる。

（※1）「円周振れ」には、この外に「半径方向」、「軸方向」の2つがある。第6章、6-1「円周振れ」の項を参照のこと。

## ＜同一公差域の省略方法＞

下図の表面A、B、Cに、いずれも0.1mmの公差域の平面度を指示する場合、右図のように表面のそれぞれに幾何公差を指示するのは、煩雑であり、効率的でない。

下に示す<指示方法1>または<指示方法2>を用いる。

＜説明図＞

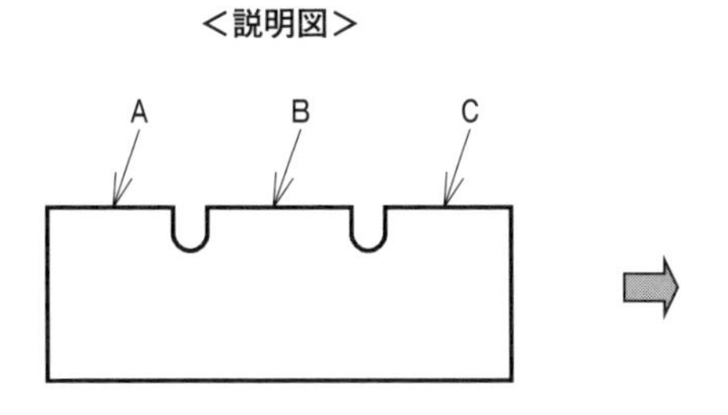


＜３つの表面 ABC に平面度 0.1 を指示したい＞

＜指示方法＞

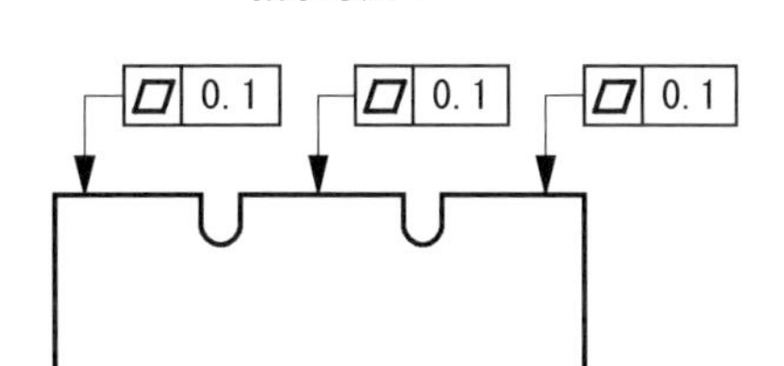


＜指示方法１＞

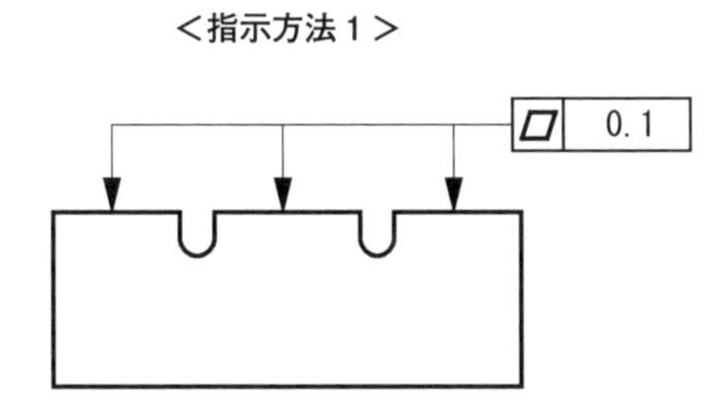


＜指示方法２＞

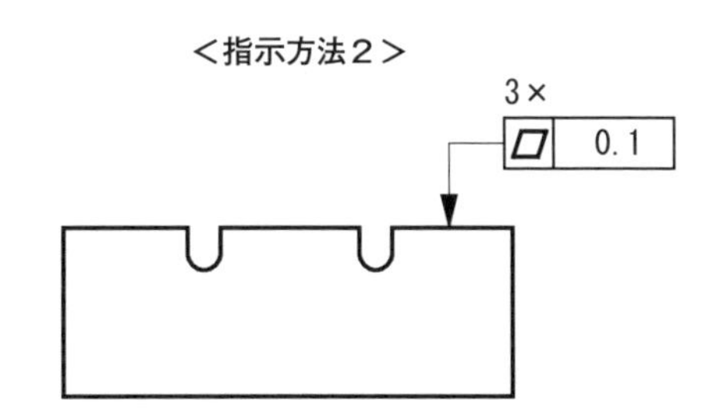

**下図のように、平坦な表面が多数ある場合、指示している表面が明確であるという点で、①の指示方法を推奨する。②の指示方法は、どの表面を指しているのか、紛らわしい場合があるので、できるだけ避けるのがよい。**

＜説明図＞

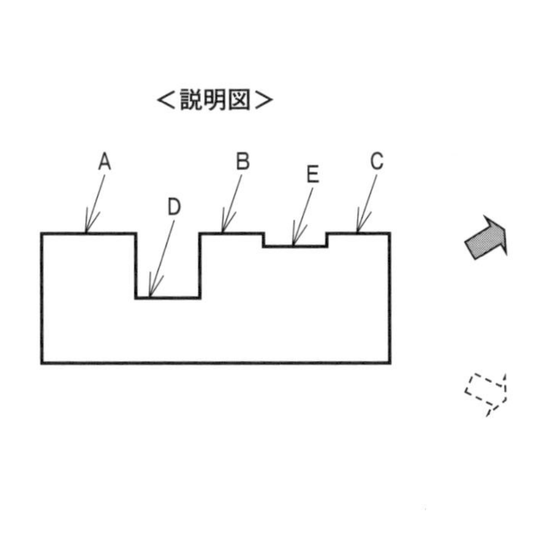


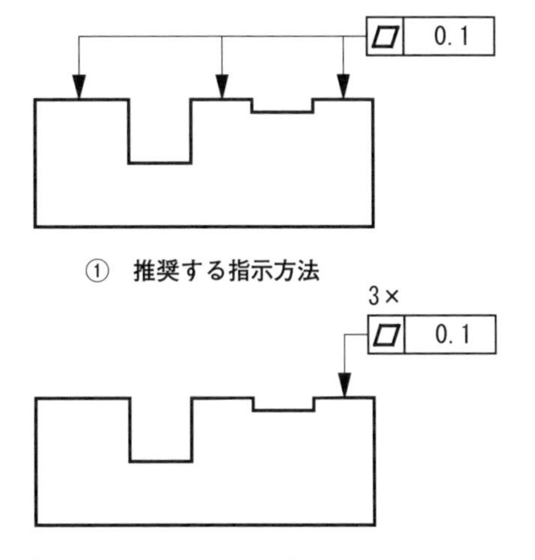


①　推奨する指示方法

②　できるだけ避けたい指示方法

# (3) 共通公差域

**Point**

・それぞれの真位置にあり離れている複数の形体の規制に、「共通公差域」は用いられる。
・指示は、共通公差域を意味するCommon Zoneの頭文字からの記号“CZ”を公差値の後に付ける。

## 1. 離れた3つの表面の規制の例(その1)

<図面の要求内容>

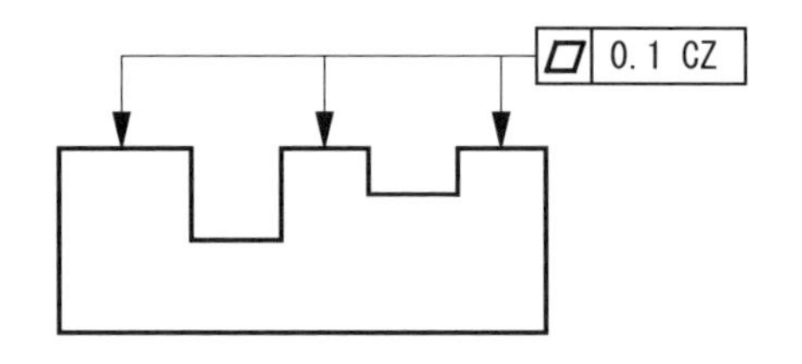


指示した3つの表面は、間隔0.1mmの1つの平行二平面間にあること。

## 2. 離れた3つの表面の規制の例(その2)

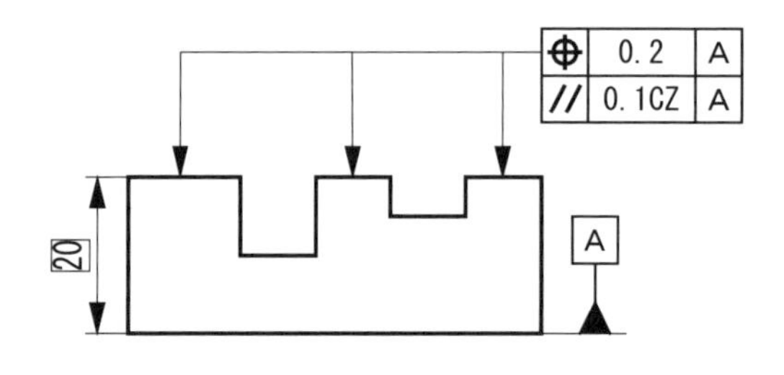


指示した3つの表面は、データム平面Aを設定した下の表面からの位置度公差を満たしつつ、データム平面に平行な間隔0.1mmの1つの平行二平面間にあること。

## 3. 離れた3つの軸線の規制の例

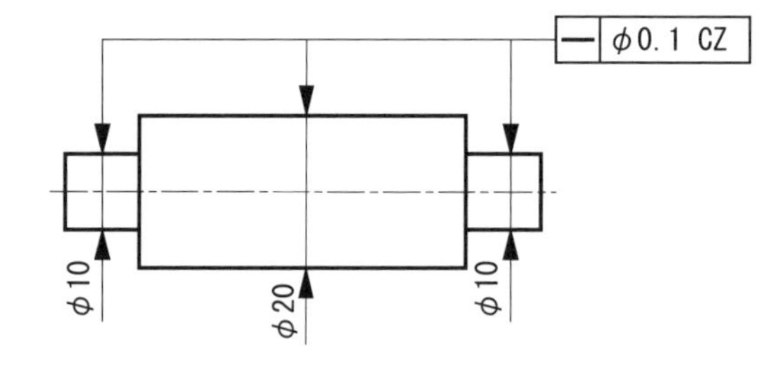


指示した3つの軸線は、直径が0.1mmの1つの円筒内にあること。

## 4. 離れた3つの円筒表面の規制の例

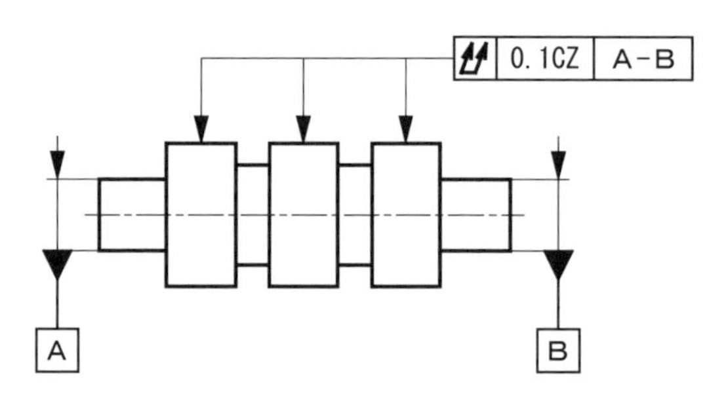


指示した3つの円筒の表面は、あたかも1つの円筒の表面のごとく、共通データム軸直線A-B周りの1回転の変動の最大と最小の差が0.1mm以内のこと。

**Keyword**

共通公差域（common zone）：複数の離れた形体に適用される同じ数値の公差域のこと。指示記号は“CZ”

【特記】従来、JISでは、記号“CZ”は「共通公差域」として使われてきた。新しいISOでは、同じ記号“CZ”を、“combined zone”（組合せ公差域）に代わった。本書では、記号“CZ”は、P28～P29の図2～図4を除いて、従来通りの「共通公差域」の意味で用いている。

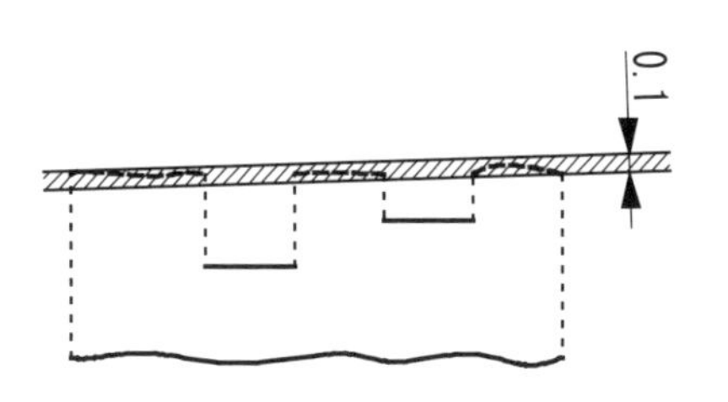


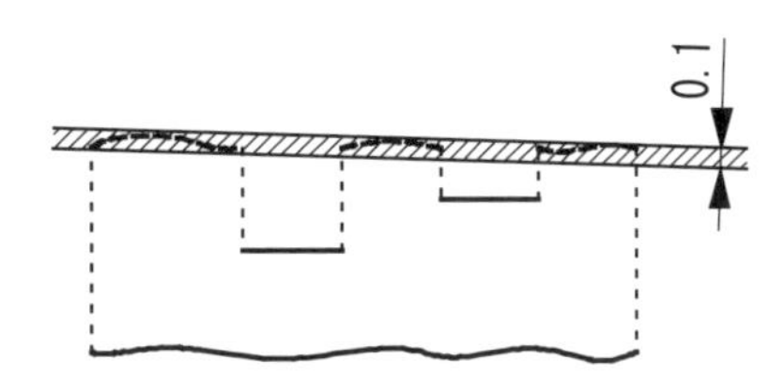


（注）下の表面と公差域は必ずしも平行であるとは限らない。

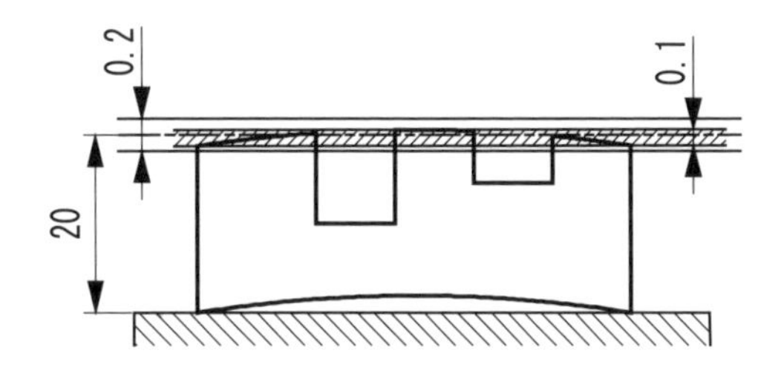


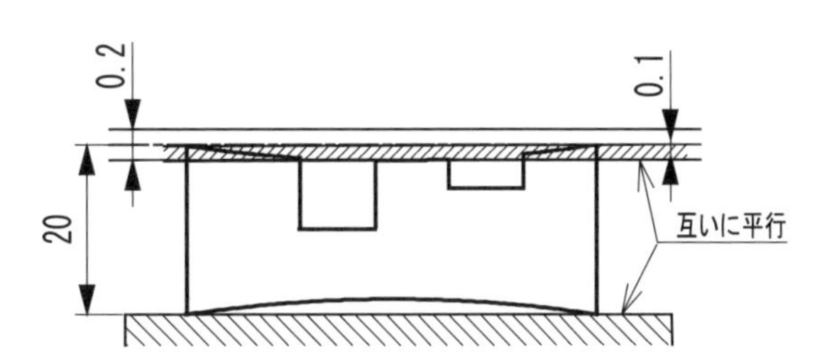


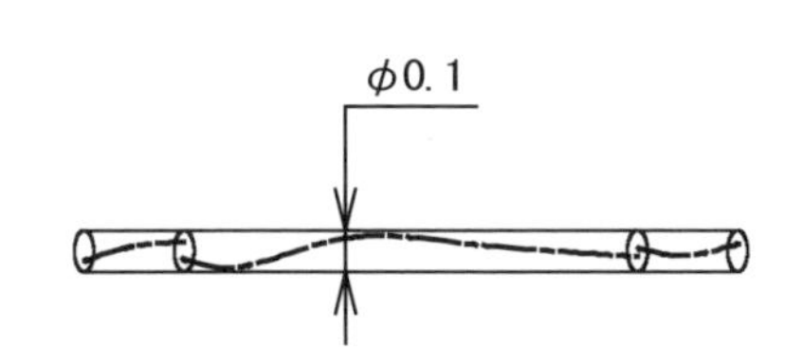


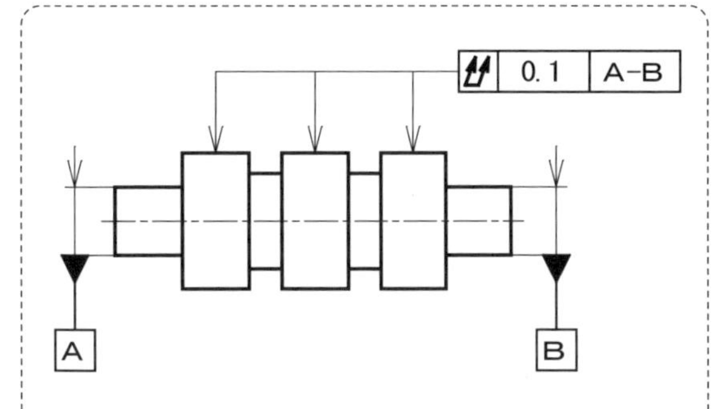


・上図のように公差値にCZが付いていない場合、その解釈は下図のように、3つの形体が個別にそれぞれ公差値を満たしていればよい。

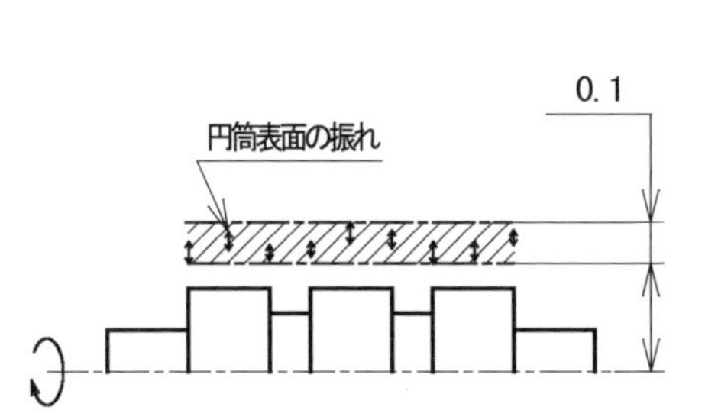


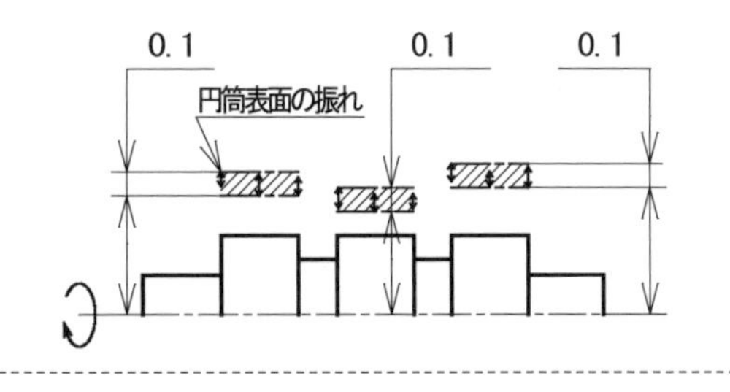

# 1-3 公差域
## (4) 通常の公差域と特別な公差域「突出公差域」

**Point**
- 通常の公差域は規制形体の内部に存在する。
- これに対して、特別な公差域である「突出公差域」の場合は、形体の外に公差域が存在する。

### 1. 通常の公差域の例

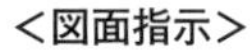


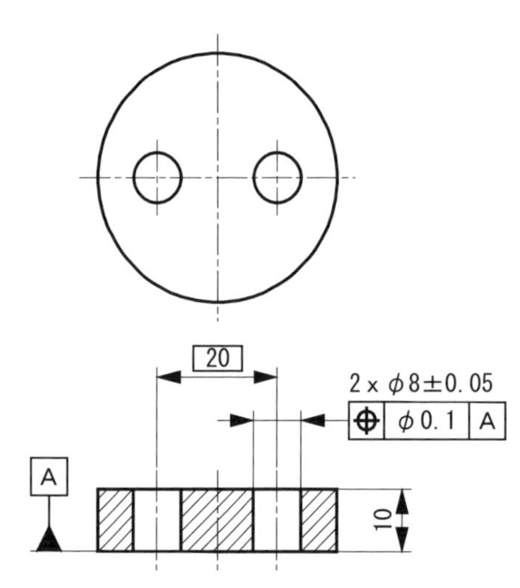


左図のように通常指示した幾何公差（位置度公差）の公差域は、下図に示すように、直径0.1mmの円筒は、幅10の形体の内部に存在する。

<公差域>

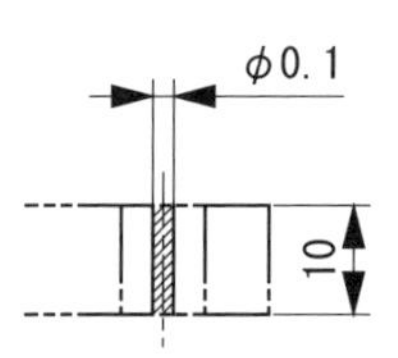


### 2. 特別な公差域の例「突出公差域」

<図面指示①>

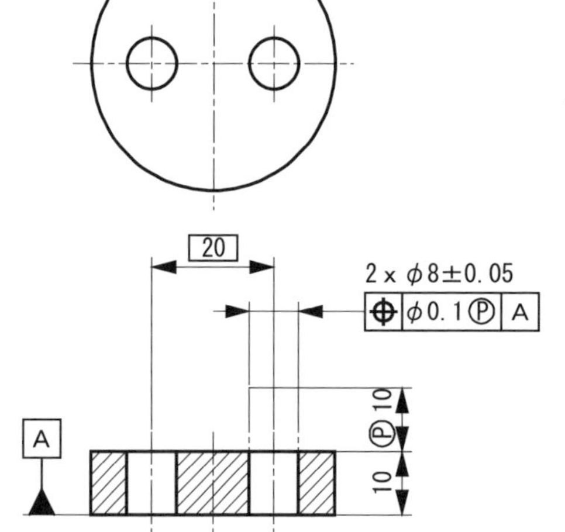


左図のように記号Ⓟを用いた「突出公差域」として指示した幾何公差（位置度公差）の公差域は、下図に示すように、形体の上部のⓅ寸法で示した範囲での直径0.1mmの円筒内となる。

<公差域>

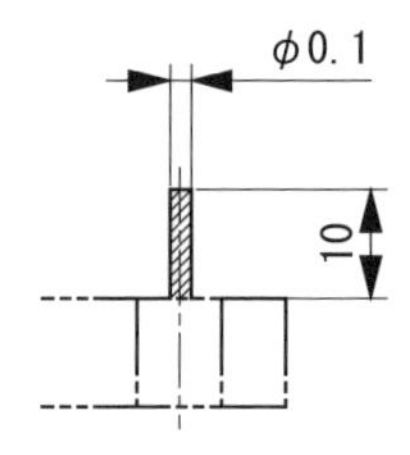

**Keyword**

突出公差域（projected tolerance zone）：図面に指示された形体の突出部に公差域がある公差表示方式

## ■「突出公差域」はどんな場合に必要となるか

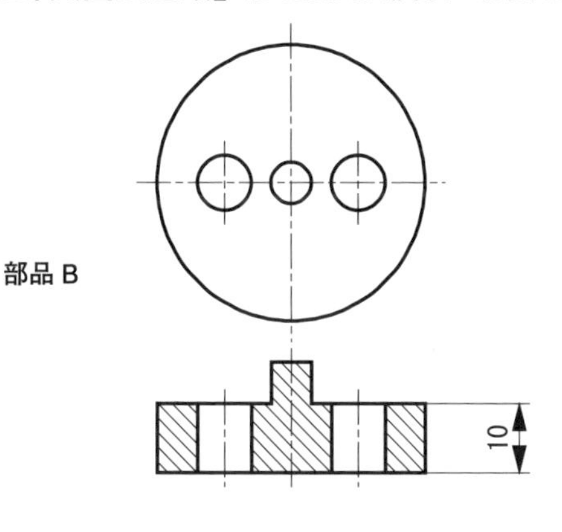


左図に示すように、ピンが2本埋め込まれた部品Aと、2つの穴をもつ部品Bを組み立てる場合、部品Aのピンの倒れ具合によって組立の成否が左右される。

このピンはあくまで部品Aの穴の位置と姿勢によって変動する。どのように変動しても、部品Bの実際にはまり合う穴部に相当する箇所で、ピンの倒れが、ある範囲であれば、部品Aと部品Bの組立は達成する。

このように、実際に相手部品の形体と接触する部分での規制形体の許容できる公差域を明示するのが、この「突出公差域」という方法である。

なお、検証は外殻形体の測定から得られる誘導形体を、さらに演算して公差内か否かを必要とするので、多少やっかいである。通常は、機能ゲージを用いて行う。

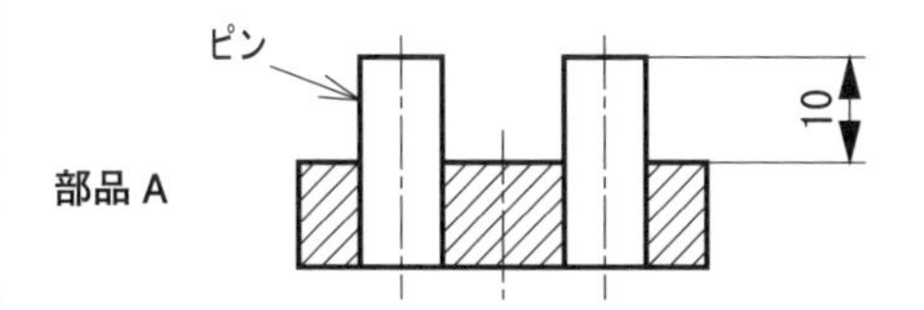


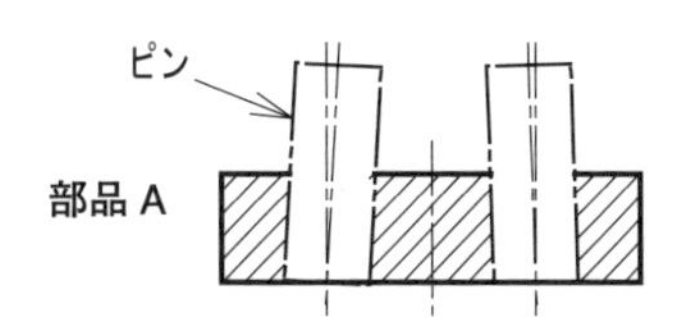


<図面指示②>

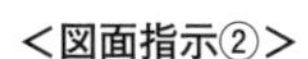

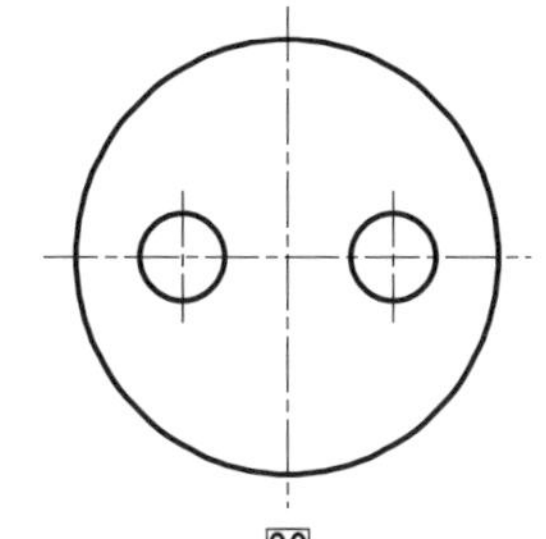

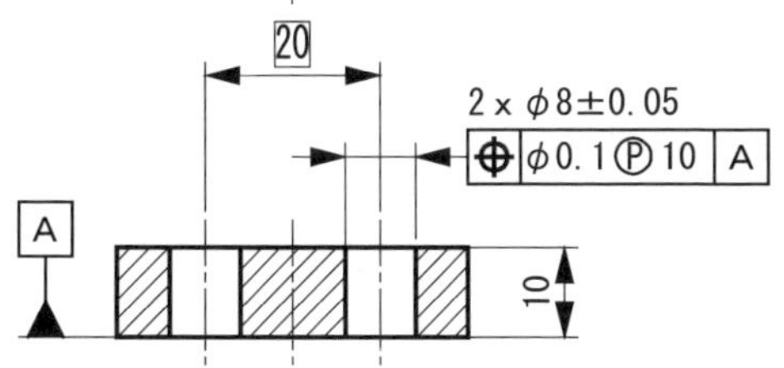


※　ISOで新たに規定された指示方法

公差記入枠の記号Ⓟの後に、突出量を指示する方法

（注）ISOでは、この突出した部分の形体を、突出公差付き形体（projected toleranced feature）としている。

<公差域>

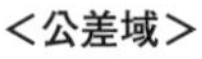

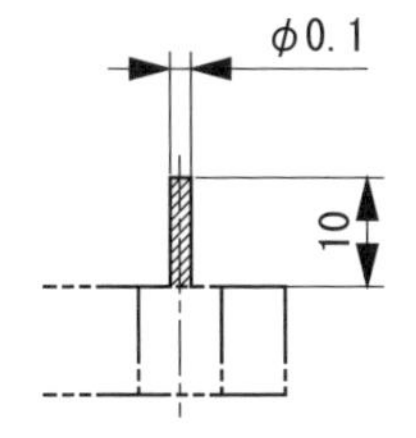


**重要**

**★「突出公差域」指示のポイント**
- **突出する長さの寸法値の前に、記号Ⓟ（マルP）を記入する。**
- **その突出部の範囲を、細い二点鎖線で表す。**
- **公差記入枠の公差値の後に、記号Ⓟを続けて記入する。**
  **この場合、Ⓟ寸法は係合する相手部品のはまり合う幅に対応した長さとすること。**

## COLUMN ①

### 〈寸法指示のあいまいさ（その1）〉

まず、図aを見ていただこう。上下方向の寸法指示には、一見なんの問題もなさそうにみえる。しかし、よく考えると、どちらを基準に測るかで、その数値は大きく変わる。それを避けるには、どちら側を基準に採るのかはっきりさせる必要がある。

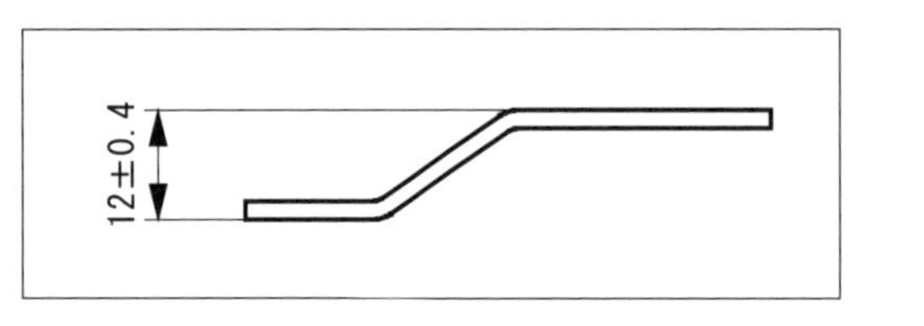




図a　図面指示

その方法を起点記号を使って表すと、図b、図cのようになる。では、この寸法指示で、測り方は明確になったであろうか。

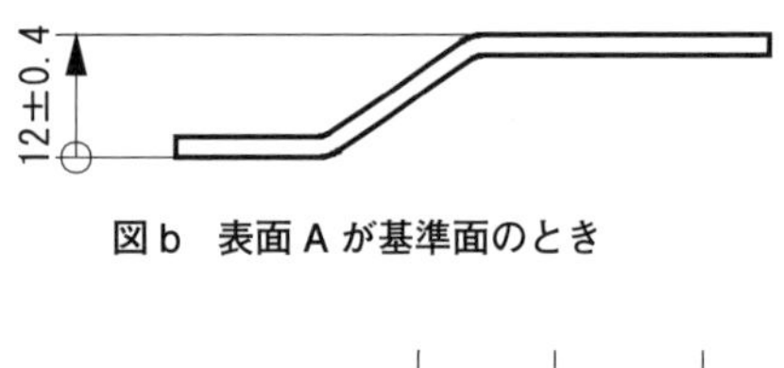


図b　表面Aが基準面のとき

図c　表面Bが基準面のとき

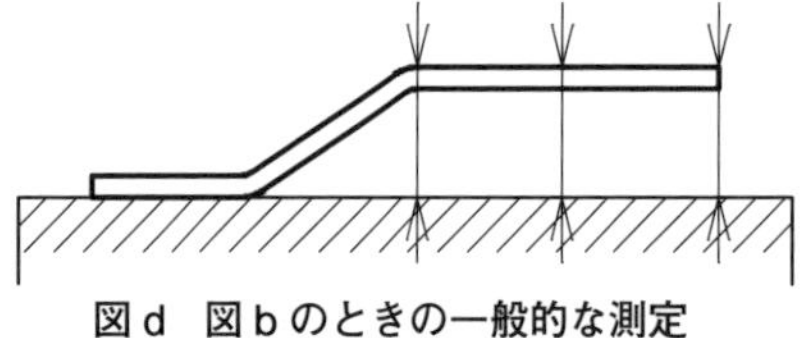

図d　図bのときの一般的な測定

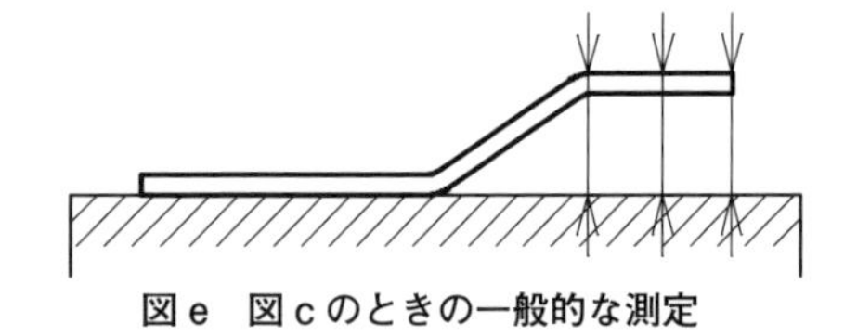

図e　図cのときの一般的な測定

ASME規格では、図bの指示のときは図dのように、図cの指示のときは図eのように、部品を定盤等に設置してハイトゲージなどを使って測るとしている。

しかし、ISO規格では、曖昧さのある寸法指示としており、明確な指示は、“データム”と“幾何公差”を用いた指示となる。それが、図fと図gである。

こうすることで、世界に通用する図面指示となる。

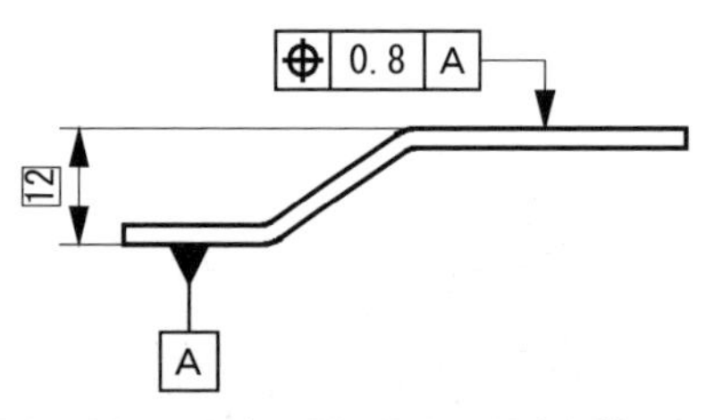


図f　図dのように測るときの明確な指示

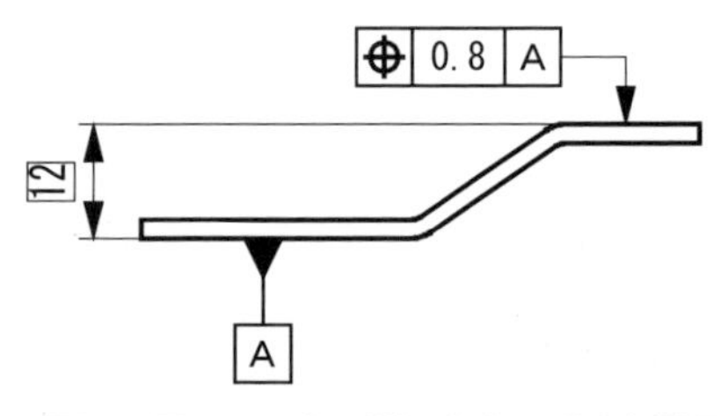


図g　図eのように測るときの明確な指示

Geometrical Tolerance

# 第2章 形状公差の使い方・表し方



形状公差は、部品の機能を左右する、最も重要かつ基本的な特性である。この公差は、対象の形体が理想とする形状からどこまで偏ってよいかを規制する。形状公差は、規制する対象の形体自体で公差域が決まる性質の幾何公差であり、通常、単独形体の形状偏差の規制となり、データムを必要としない。

また、形状公差は、データム形体の形状偏差が姿勢公差や位置公差を規制するのに不十分なときにも用いる。その形体がデータム形体となる場合には、それに相応しい形状公差を持たせることがだいじである。形体をデータム形体に採ったからといって、形状公差を厳しく規制しているわけではないことに注意する。

形状公差には、真直度公差、平面度公差、真円度公差、円筒度公差、および線と面の輪郭度公差の合計、6つが含まれる。形状の狂いは、基本的に、この6つの形状公差によって規制することができる。使用頻度でいえば、平面度、真直度、真円度、円筒度、輪郭度の順になる。

なお、輪郭度については、単独形体の形状偏差の規制の場合は形状公差に属するが、データムを必要とする関連形体の形状偏差の規制が可能という特殊な性質の幾何公差なので、第5章でまとめて扱うことにする。

# 2-1 真直度

## （1）真直度で規制できる形体と公差域

**Point**

- 真直度で規制できる形体は、「直線形体」のみである。
- 真直度には、4つの公差域のタイプがある。
  ①一方向　②互いに直角な二方向　③方向を定めない　④表面の要素としての直線形体
- （2D図面では）直線形体が現れていない投影図への真直度の公差指示は、極力避ける。
- （3D図面では）直線形体の方向を明確にする指示方法が、特に必要である。

### 1. 真直度で規制できる形体は直線形体のみ

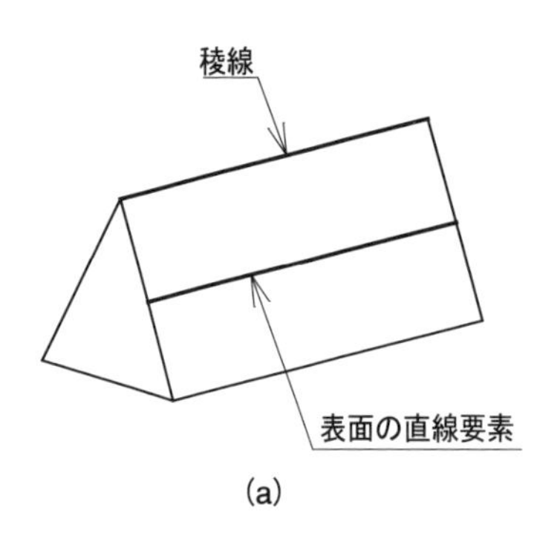


(a)

- 稜線、母線、軸線は、明らかに直線形体であり、「真直度」で規制できる形体である。
- 平面の表面、あるいは曲面の表面であっても、ある方向に直線要素があれば、それも「真直度」で規制できる形体である。

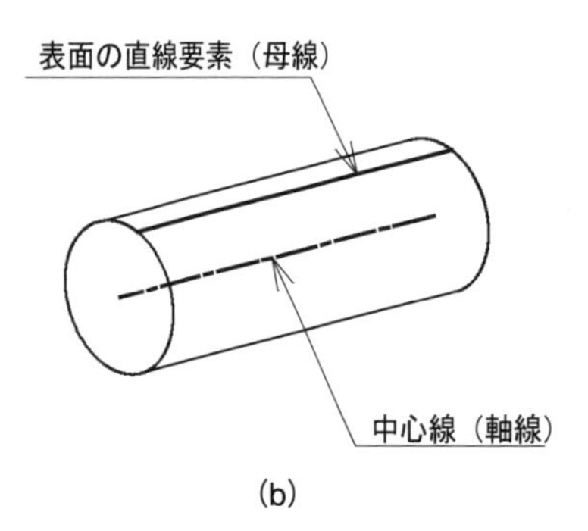


(b)

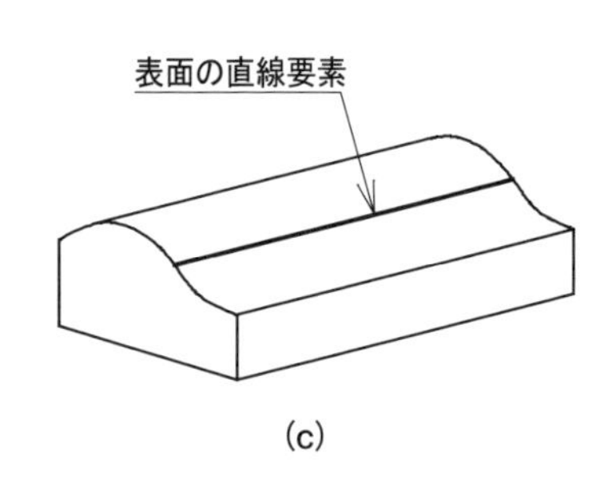


(c)

**（2D図面では）一方向の真直度指示は、下に示す2通りの図面指示ができるが、できるだけ直線形体が現れている投影図に指示する左の方法を推奨する。**

A）推奨する指示方法

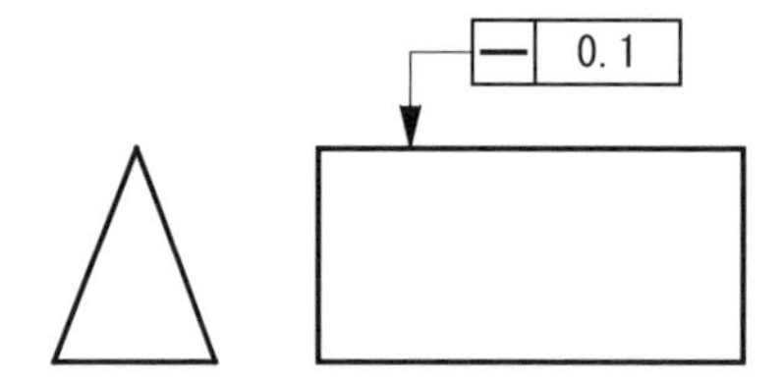


B）できたら避けたい指示方法

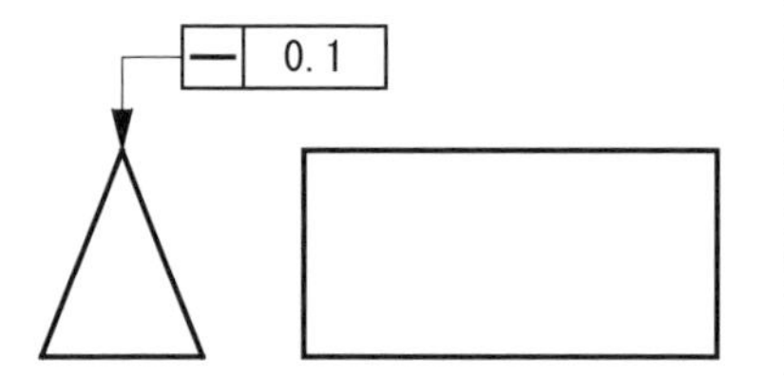

**Keyword**

真直度（straightness）：指示した直線形体の幾何学的に正しい直線（幾何学的直線）からの隔たりの大きさ

## 2．真直度の公差域には４つのタイプがある

### (1) 一方向の真直度

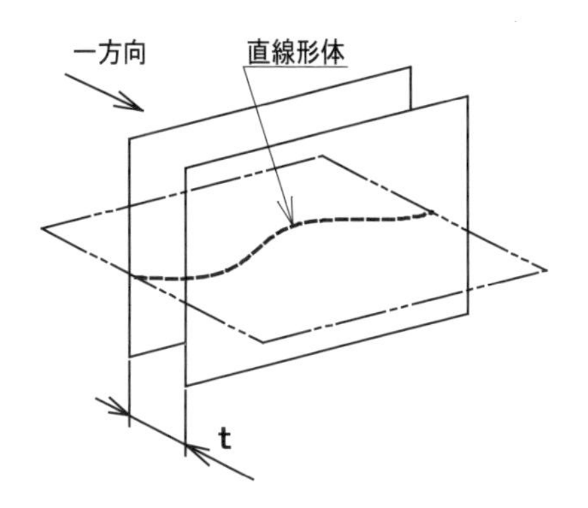


一方向の真直度は、その方向に垂直な幾何学的に正しい平行な二平面（＊1）で、その直線形体を挟んだとき、その平行二平面の間隔が最小となる二平面の間隔（t）で表す。

（＊1）これを「幾何学的平行二平面」という。

### (2) 互いに直角な二方向の真直度

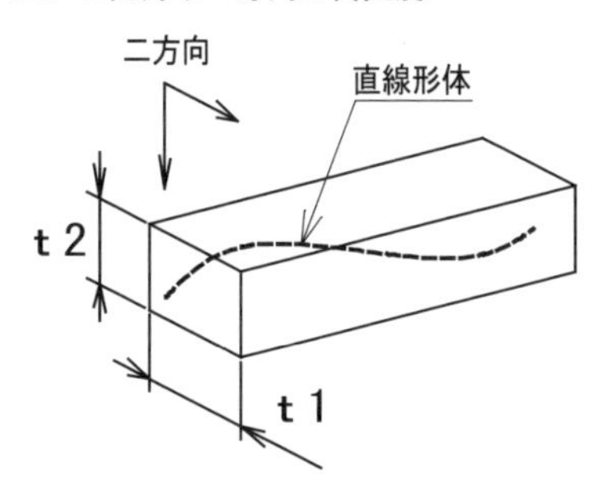


互いに直角な二方向の真直度は、その二方向にそれぞれ垂直な二組の幾何学的平行二平面で、その直線形体を挟んだとき、その二組の平行二平面の各々の間隔が最小となる二平面の間隔（t1、t2）である。

つまり、二組の平行二平面で区切られる直方体の二辺の長さで表す。

### (3) 方向を定めない場合の真直度

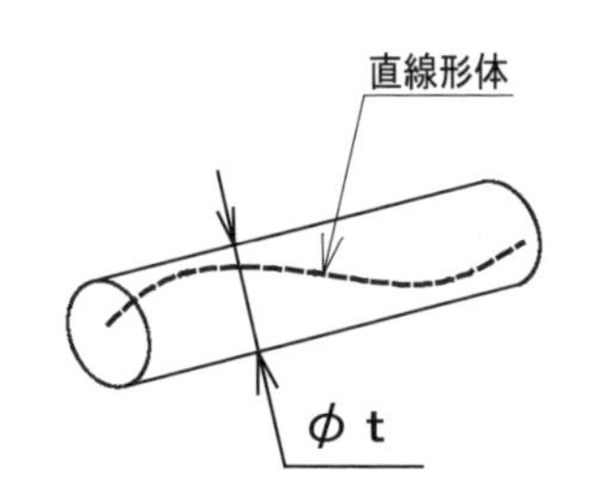


方向を定めない場合の真直度は、その直線形体をすべて含む幾何学的円筒のうち、最も径の小さい円筒の直径tで表す。

この場合は、公差値の前に直径を表す記号“φ”を付ける。

### (4) 表面の要素としての直線形体の真直度

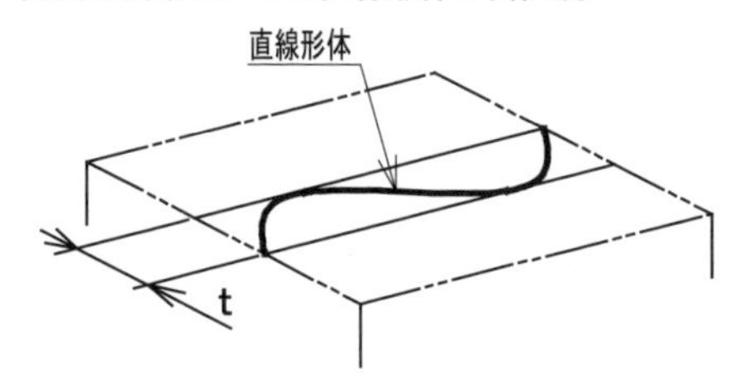


表面の要素としての直線形体の真直度は、幾何学的に正しい平行な二直線（＊2）で、その直線形体を挟んだとき、平行二直線の間隔が最小になる二直線の間隔（t）で表す。

（＊2）これを「幾何学的平行二直線」という。

## 2-1 真直度

# (2) 一方向の真直度指示（その1）

**Point**

- 真直度は、直線形体の「形状」の規制であり、「姿勢」や「位置」の規制はできない。
  つまり、真直度指示では、直線要素間の平行度、その直線と他の平面との平行度などは要求していない。
- 一方向の真直度の規制では、それに直角な方向の真直度は規制していない。
- 平坦部に対する規制では、いずれの投影図に公差を（公差記入枠を）指示するかで、意味する内容が異なるので注意が必要である。

《 図面指示 》

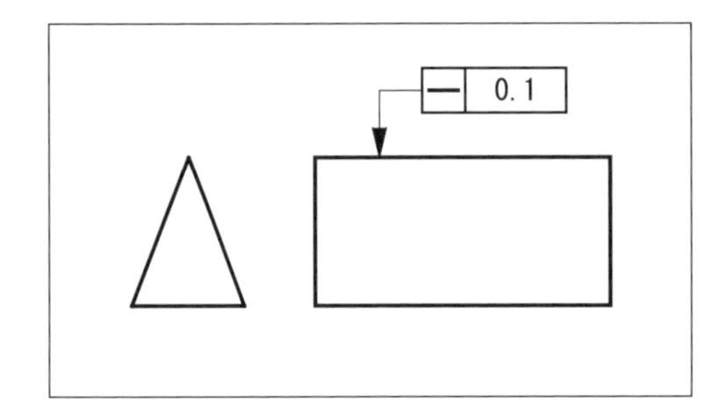


《 対象部品 》

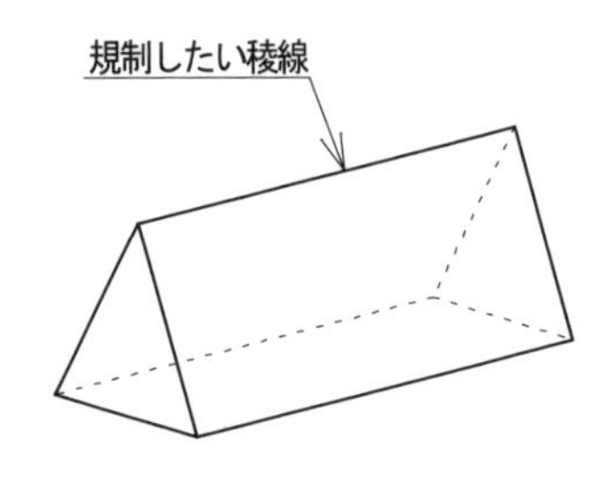


《 公差域 》

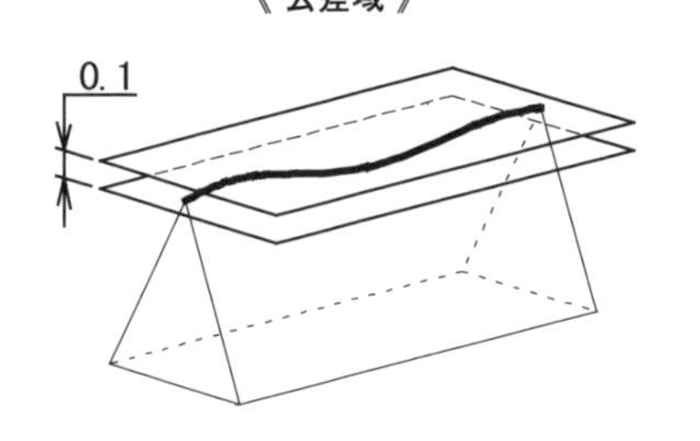


この場合、規制したい形体は部品上部の稜線である。

投影図でこの稜線が線として表されている正面図に公差記入枠の矢を当てる。

この図面指示による公差域は、左図に示すように、間隔0.1mmの平行二平面間である。

この図面指示で留意すべきは、左下図に示すように、稜線Aという直線形体単独に対する指示だということである。

この真直度指示をしたとしても、稜線Bや稜線Cに関する稜線Aの平行度、あるいは下の平面Dに関する稜線の平行度などを規制しているわけではない。

稜線Aはあくまで単独に、それが矢で示す方向の0.1mmの平行二平面間にあるか否かが問題となる。

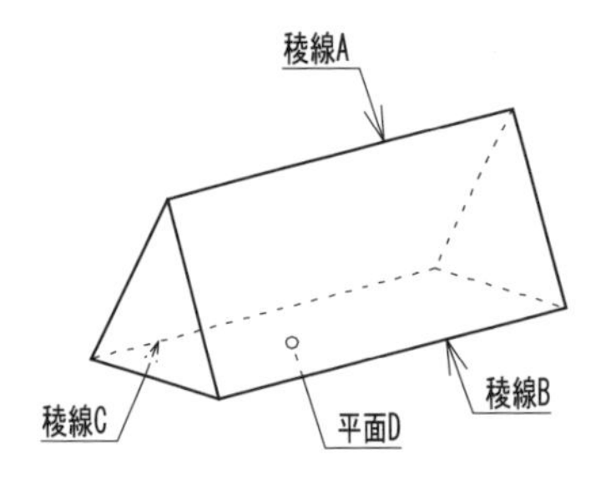


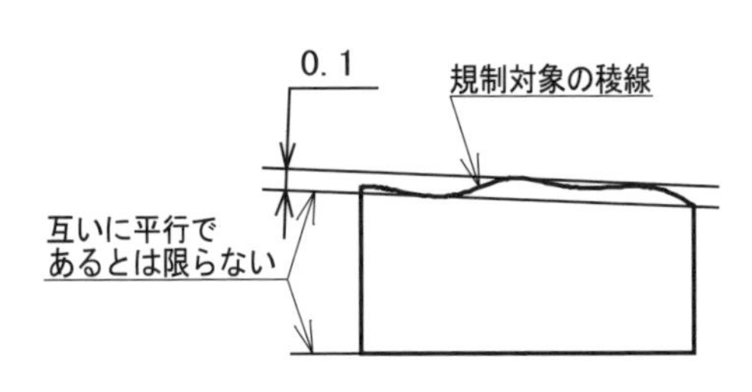

**Keyword**

交差平面指示記号（intersection plane indicator）：線の姿勢を指定する指示において、参照するデータムとの姿勢関係を明確にするための指示記号

◁// | A ← 記号の意味：「規制対象の形体の公差域はデータムAに対して平行な平面上に存在する」

◁⊥ | A ← 記号の意味：「規制対象の形体の公差域はデータムAに対して直角な平面上に存在する」

真直度指示で注意すべきことの1つに、どの投影図の直線に公差記入枠の矢を当てるか、がある。
下に示す部品で、正面図に指示した《図面指示A①》と、側面図に指示した《図面指示B①》があるとする。

《 図面指示 A ① 》

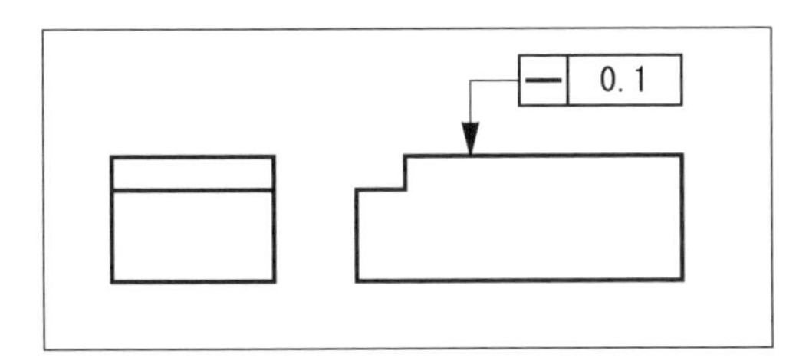


《 図面指示 A ② 》

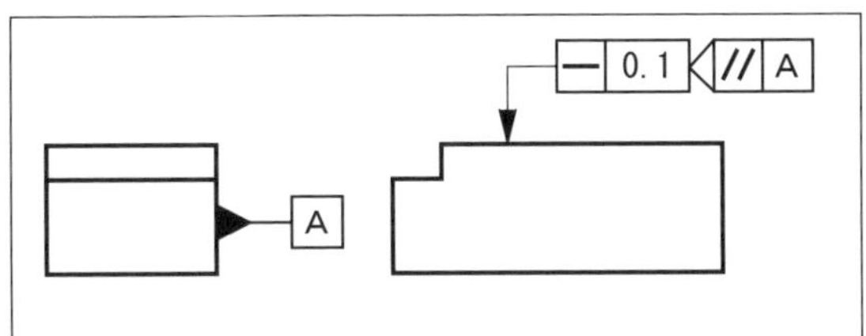


※　直線形体の方向を記号にて明確にした指示

この指示の場合、規制したい形体は上部平坦部の長手方向の直線要素である。
したがって、公差域はこの長手方向に関して間隔0.1mmの平行二直線間である。
短手方向に関しては、位置公差内であることとなる。

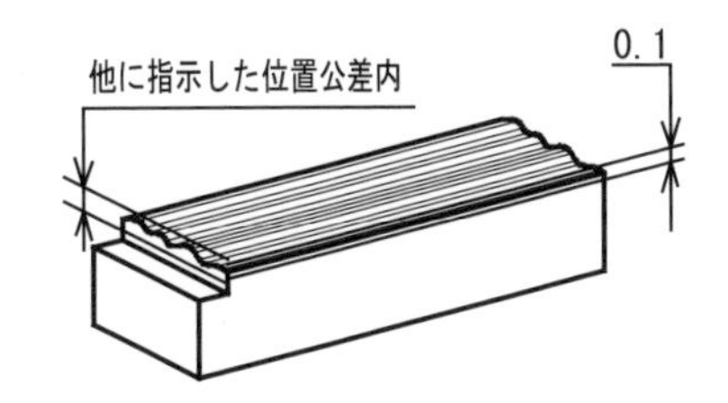


《 図面指示 B ① 》

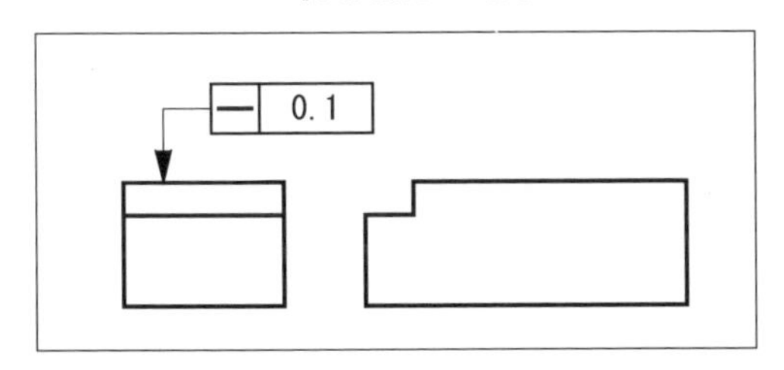


《 図面指示 B ② 》

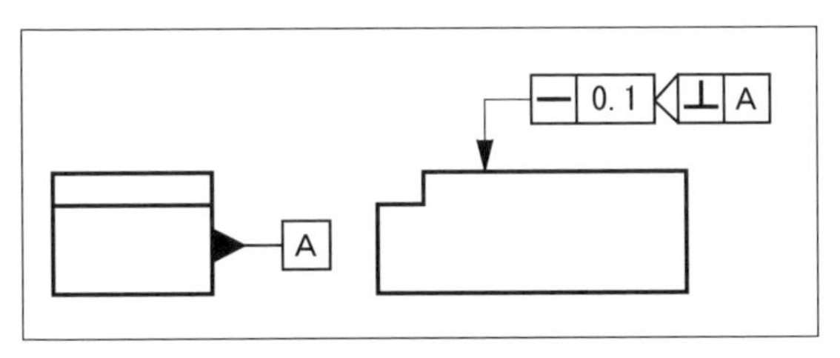


※　直線形体の方向を記号にて明確にした指示

こちらの指示の場合は、規制したい形体は上部平坦部の短手方向の直線要素になる。
したがって、公差域はこの短手方向に関して間隔0.1mmの平行二直線間である。
一方、長手方向に関しては、位置公差内であればよい。

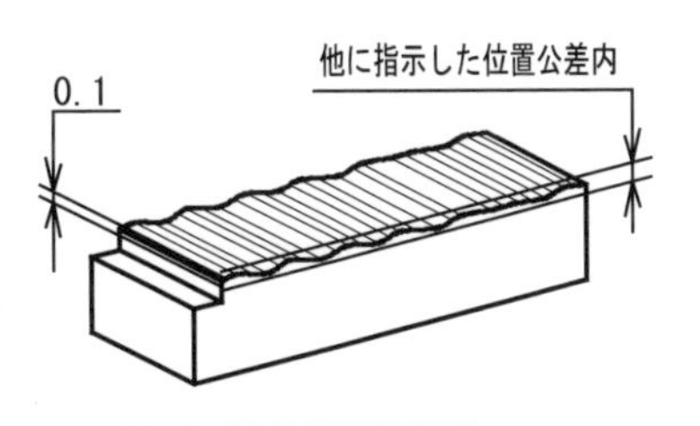


※　指示A②、指示B②は、いずれも"3D図面"で有効な指示方法である。

## 2-1 真直度

# （2）一方向の真直度指示（その2）

**Point**

- 円筒の母線に対する真直度指示では、対向する母線同士の平行度、あるいは母線と軸線の平行度などは規制できない。
  つまり、真直度指示では、直線要素間の平行度、その直線と他の平面との平行度などは要求していない。
- 直線形体に対する一方向の真直度の規制では、隣り合う直線形体との間にはなんら規制ははたらかない。

《 図面指示 》

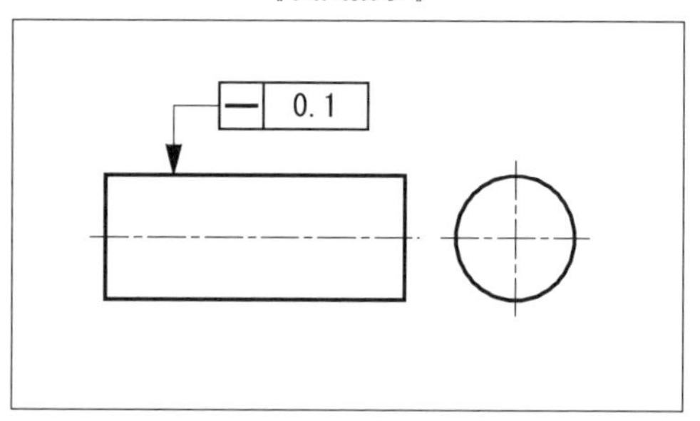


この図面指示の場合、規制したい形体は円筒の母線の真直度である。

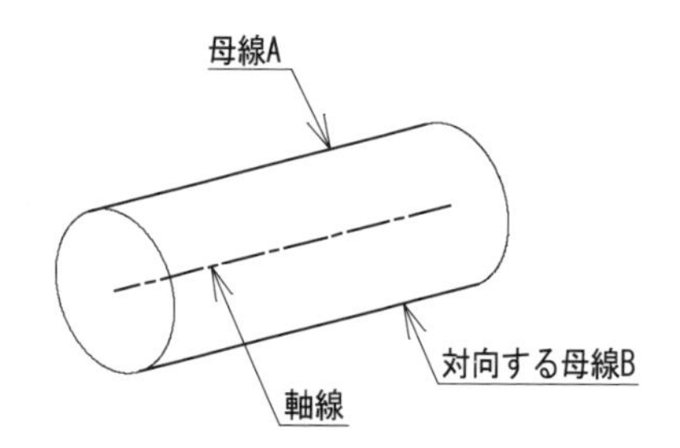


この指示の場合も、規制できるのは母線A自体であり、対向する母線Bや軸線との関係ではない。

つまり、母線Aと対向する母線Bとの平行度、母線Aと軸線との平行度は規制していない。

《 公差域 》

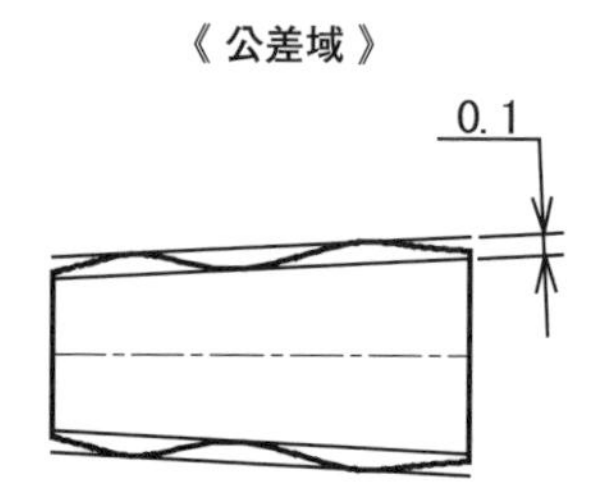


公差域を図示すると、左図のように直線要素である母線が、指示した公差値0.1mmの平行二直線間にあることだけが要求されている。

つまり、円筒はテーパ状になることがあるが、真直度では、円筒自体の形状を規制することはできない。

《 図面指示 》

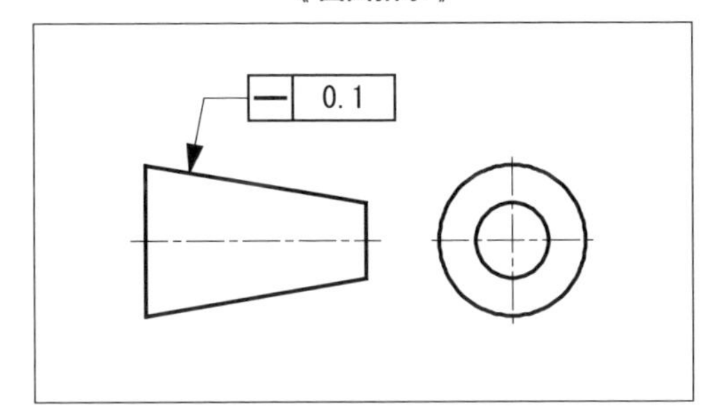


これは円すいの外形線に、一方向の真直度を指示した図面である。

《 公差域 》

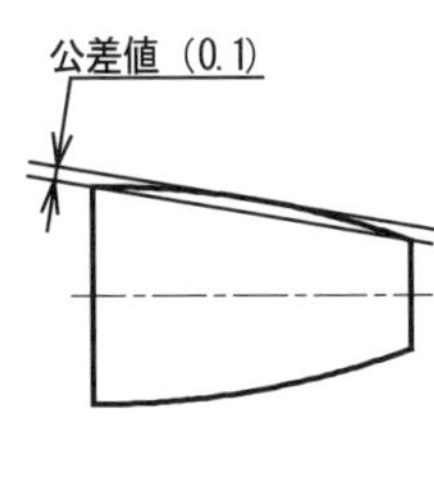


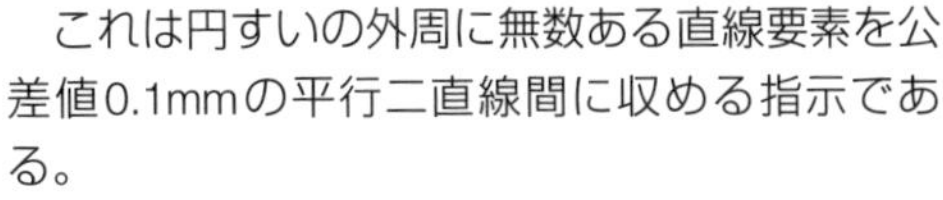

これは円すいの外周に無数ある直線要素を公差値0.1mmの平行二直線間に収める指示である。

したがって、左図にみるように、公差値内であれば、中央部が外側に膨らんだ形状であっても、また、下のように中央部が凹んだ形状であっても、その形状の特徴まで規制しているものではない。

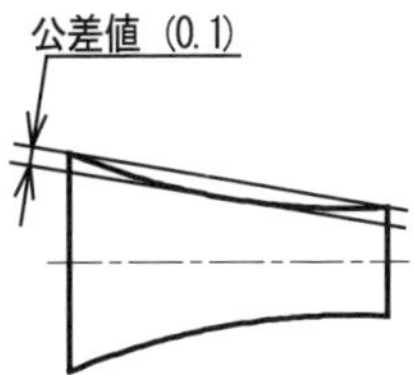


このような形状を要求する、あるいは形状を避けたい場合は、公差記入枠の近くに注記して指示する。

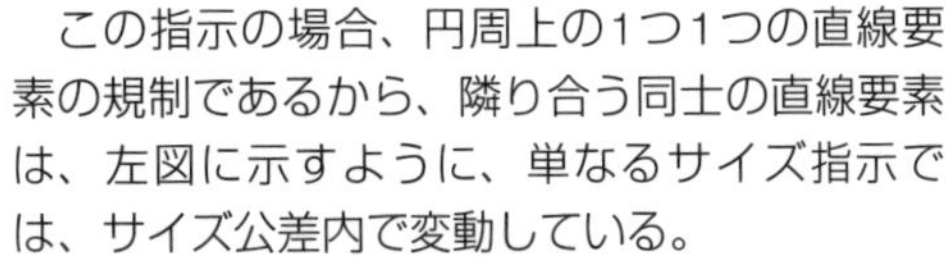

この指示の場合、円周上の1つ1つの直線要素の規制であるから、隣り合う同士の直線要素は、左図に示すように、単なるサイズ指示では、サイズ公差内で変動している。

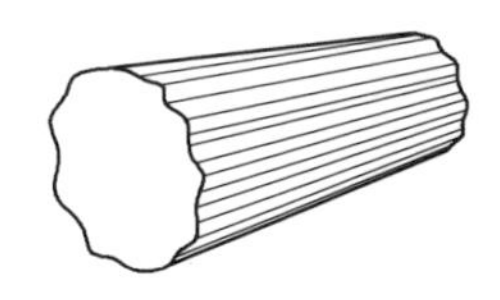

したがって、図面指示した部品が、左下図の右のような相手部品と組み合わされて、栓などとして気密性を要求する場合には不適切であることがわかる。

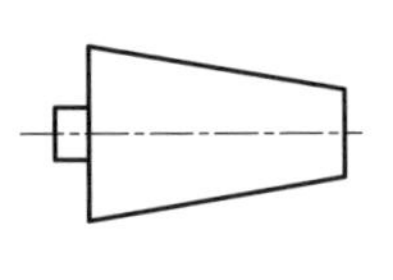

対象部品

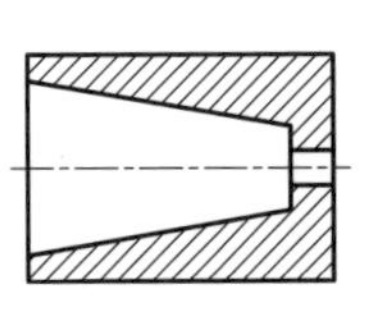

相手部品

**円すい形状の外側形体と内側形体とで気密性を要求する場合には、「面の輪郭度」などを用いて規制することになる。**

2-1 真直度

# (3) 直角二方向への異なる真直度指示

**Point**

・互いに直角な二方向の真直度指示では、一般に異なる公差値を指示することが多い。
これは、機能上、二方向のうち一方の公差値が緩くてもよい場合に用いるのがよい。

《図面指示》

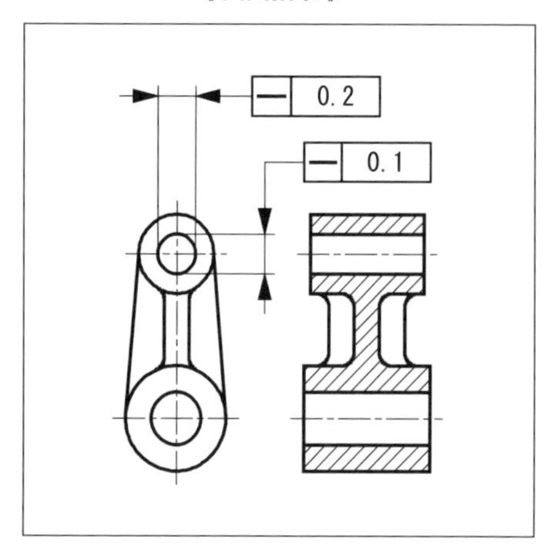


この図面指示は、投影図で示した姿勢で、上側の円筒穴の軸線の真直度を、図の鉛直方向に0.1mmまで、図の水平方向には0.2mmまでを要求している。

このように、直角の二方向に異なる公差値を指示するのは主に、機能的に見て一方の公差値が緩くてもよい場合である。

《公差域》

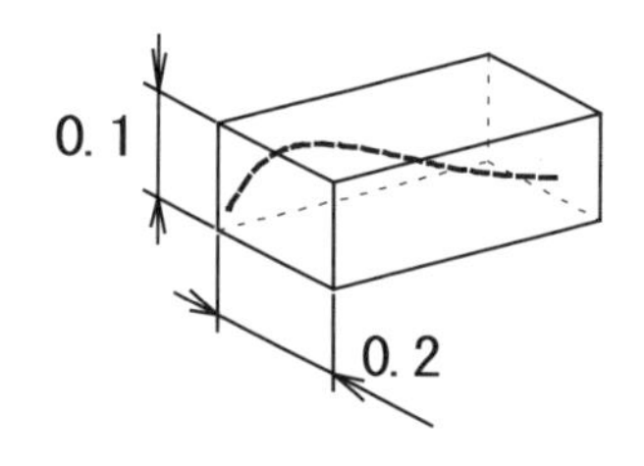

**P46の一方向の真直度指示では、直線形体が現れている投影図に指示するのを推奨しているが、この場合のように、直角二方向の真直度指示の場合は、1つの投影図にまとめて指示できるので、この方法を採るのがよい。**

# 2-1 真直度

## （4）方向を定めない真直度指示

**Point**

・方向を定めない真直度は、公差値の前に記号“φ”を付けて指示する。
この場合の検証方法は、互いに直角な二方向に同じ公差値を指示する真直度指示に比べて、多少やっかいである。

《 図面指示① 》

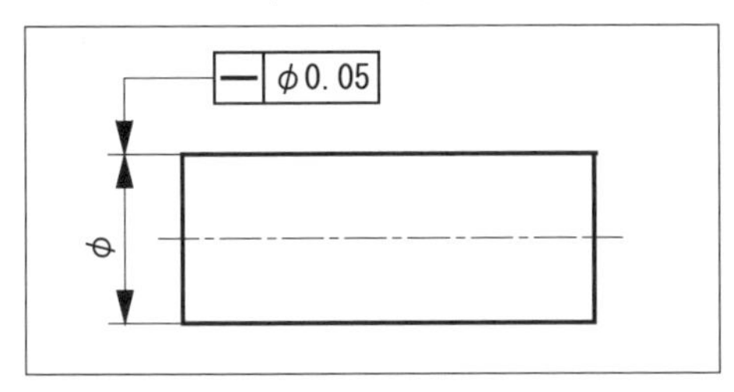


《 公差域 》

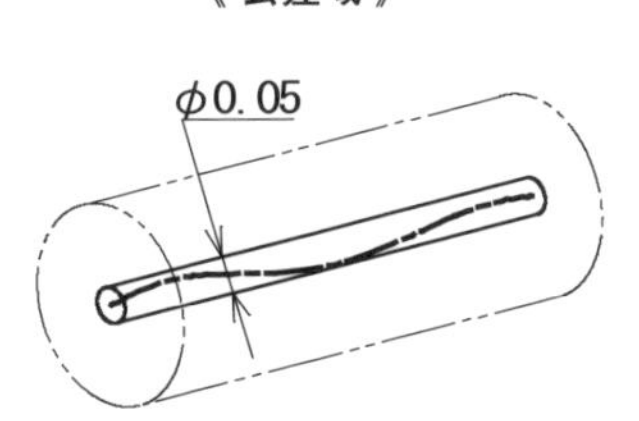


《 図面指示② 》

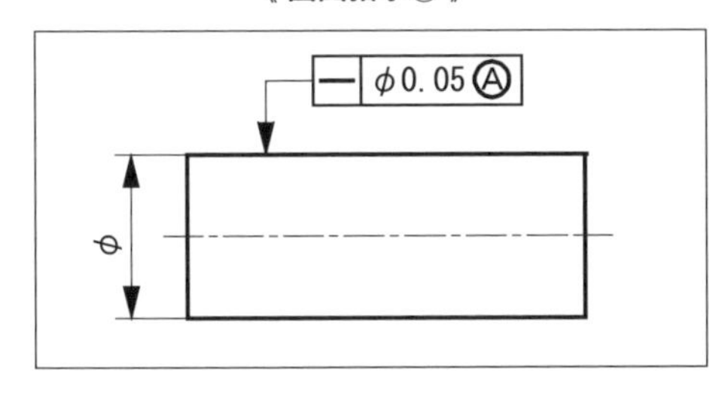


上のように円筒の軸線の真直度は、方向性を問わない真直度を要求することが多い。この場合、公差値の前に記号“φ”を付けることで、公差域が指示した直径の円筒内であることを要求する。

図面指示②は、新たに規定された指示方法である。

なお、記号“Ⓐ”は、指示対象が「誘導形体」であることを表す。対象が、円筒形体など回転体の誘導形体（軸線）を指示するときに用いるのがよい。

《 図面指示 》

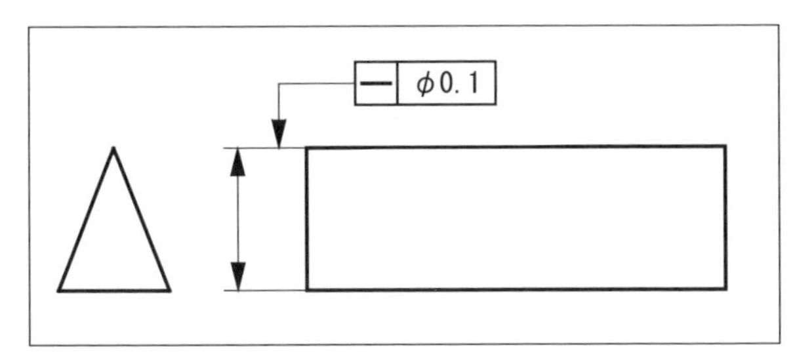


《 公差域 》

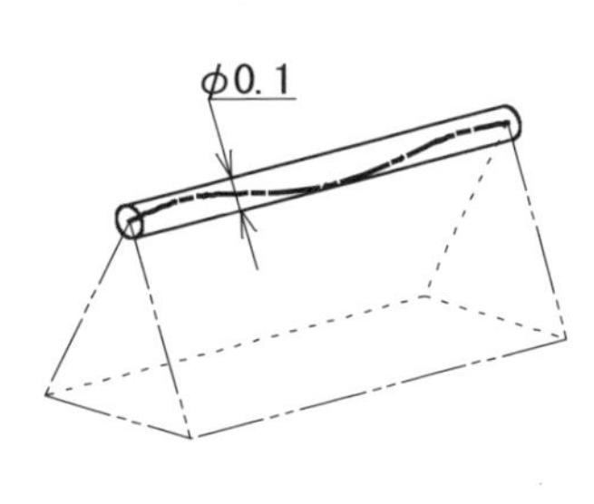

この図面指示は、部品の上部の稜線の真直度を直径0.1mmの円筒内に収めたい場合の指示である。

先のP48の指示は一方向の真直度であったのに対して、こちらはいかなる方向に対しても一様な公差域を要求していて、その点が異なる。

# 2-1 真直度

## (5) 離れた複数の直線形体への真直度指示〈多段軸などの場合〉

**Point**

・いくつかの異なる直径からなる多段軸部品の場合の軸線の真直度指示では、主に2通りの指示がある。

(1) それぞれの直径の軸について軸線の真直度を要求する場合

(2) 複数あってもあたかも1つの軸のごとくに軸線の真直度を要求する場合

特に、(2) を要求する場合に、(1) の指示をしてしまうと、不具合の原因になるので注意が必要である。

また、(1) でよい場合に (2) の指示をしてしまうと、過剰に厳しい品質を要求することになるので、これまた注意が必要である。

### 1. それぞれの直径の軸について軸線の真直度を要求する場合

《 図面指示 A 》

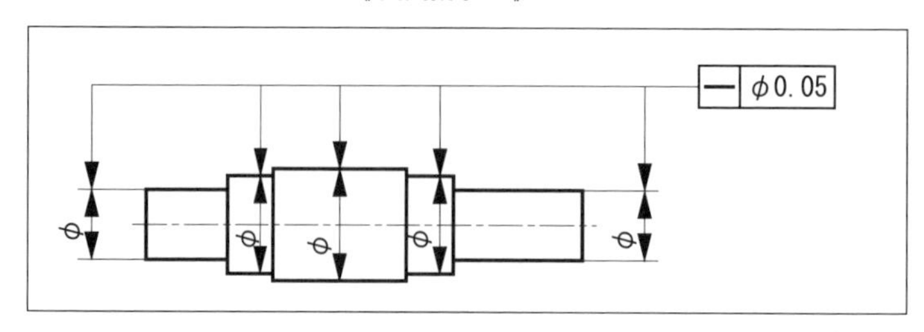


この場合には、下の図面指示Bのように1カ所に公差記入枠の矢を当て、枠の左上部に"5×"と表記する別の表記法もある。

《 公差域 》

φ0.05　φ0.05　φ0.05

φ0.05　φ0.05

《 図面指示 B 》

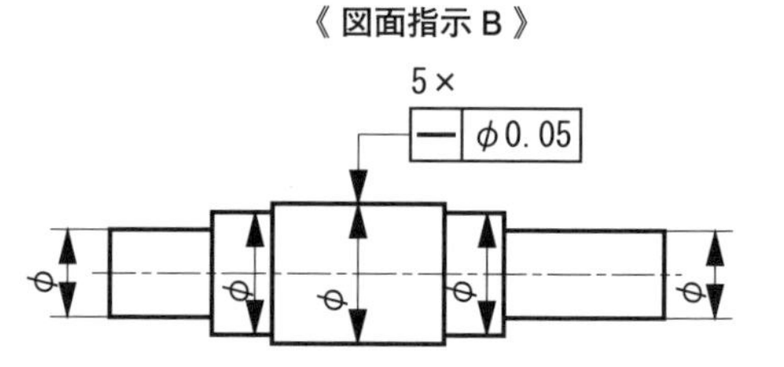


### 2. 複数あってもあたかも1つの軸のごとくに軸線の真直度を要求する場合

《 図面指示 C 》

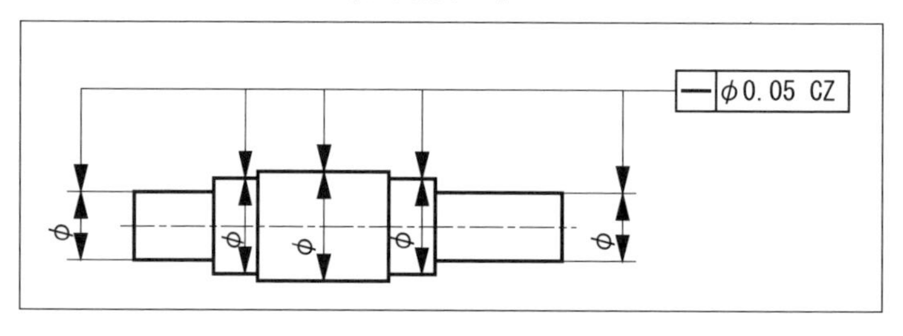


この場合には、公差値の後に共通公差域を示す記号CZを追記する。

下に示すような別の表記方法もある。

《 公差域 》

φ0.05

《 図面指示 D 》

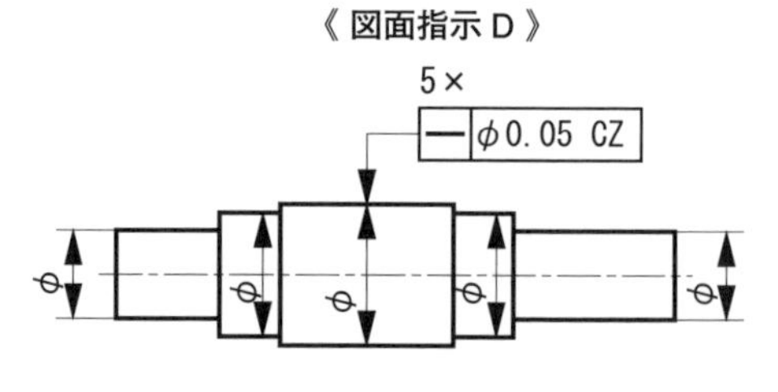


**★ 指示している形体がいずれであるか明確であるという点で、図面指示 A や図面指示 C を推奨する。**

# 2-1 真直度
## （6）部分と全体への異なる真直度指示

**Point**
- 形体全体でなく任意の限られた範囲に真直度公差を指示する場合、または形体全体と任意の限定部分の両方に真直度を指示する場合がある。
- それらの図示方法は規定されているので、それに従って指示する。

### 1. 任意の限定したある範囲にだけ軸線の真直度を要求する場合

《 図面指示 》

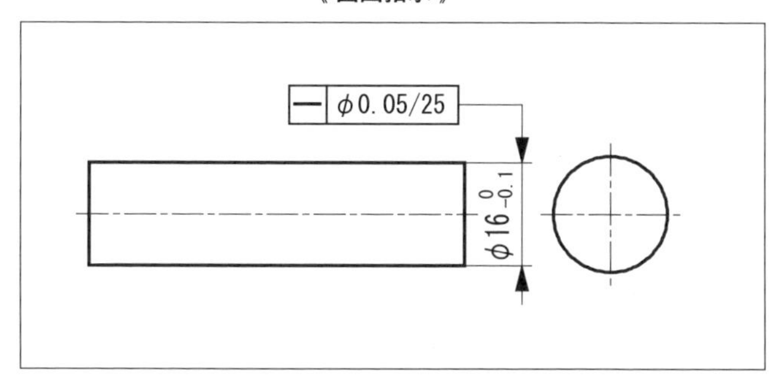


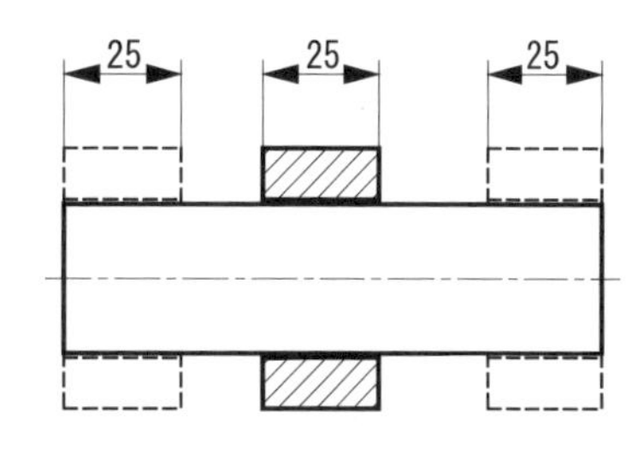


この場合は、公差値の後にスラッシュ“/”を入れ、限定する範囲の長さ寸法の数値を記入する。

設計要求例としては、上図のようにある幅のスリーブなどが摺動するような場合の例があげられる。

### 2. 軸線全体と任意の限定したある範囲の両方に真直度を要求する場合

《 図面指示 》

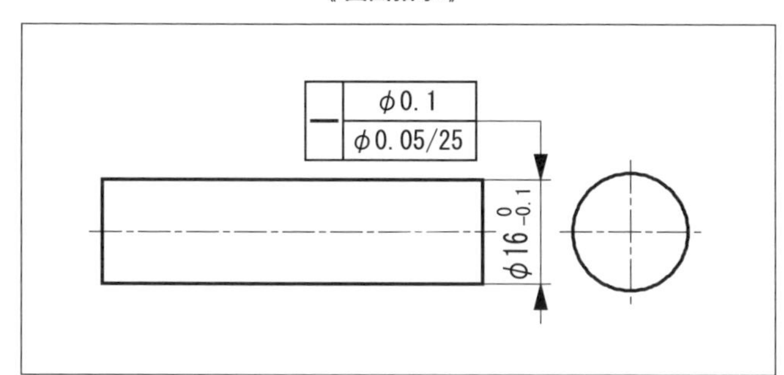


この場合には、公差値の枠を上下2段設けて、上段に軸全体の公差値を、下段に限定した範囲の公差値を記入する。

《 公差域 》

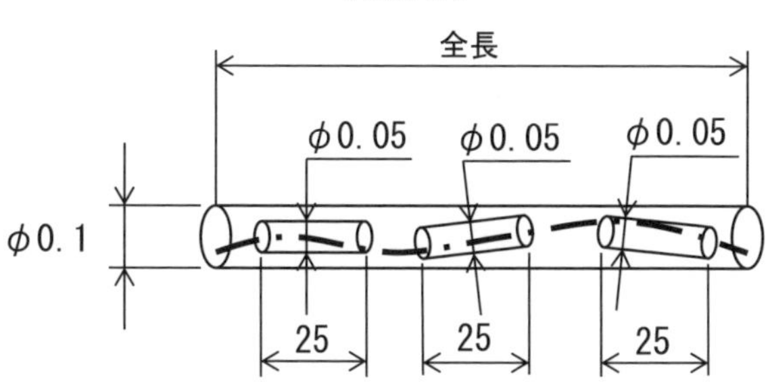


この場合の公差域は、左図のようになり、全体は直径0.1mmの円筒内にあって、部分的には長さ25mmに付き、直径0.05mmの円筒内にあること、となる。

## 2-2 平面度

# (1) 平面度指示の基本

**Point**

- 規制する対象は、「平坦な形体」であり、“外殻形体”の場合と、“誘導形体”の場合がある。
- 平坦な表面には、表面の線も含まれる。
- 平面度は形体自体で定まる特性なので、データムを参照することはない。

《 規制できる形体・規制できない形体 》

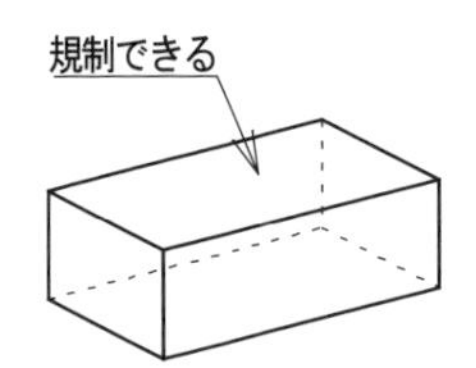


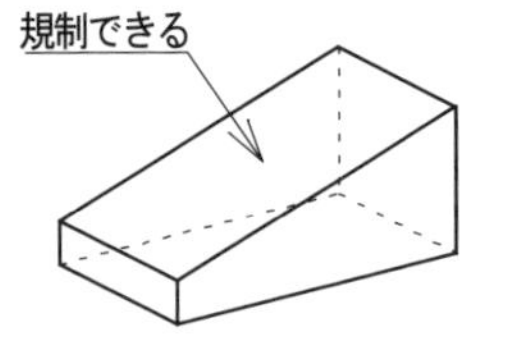


平坦な表面ならば、水平な表面でも、傾斜した表面でも平面度で規制できる形体である。

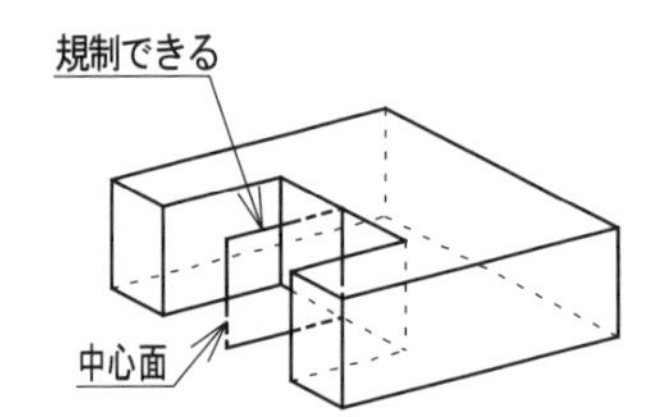


中心面（誘導形体）であっても、平坦な形体なので、平面度は適用できる。

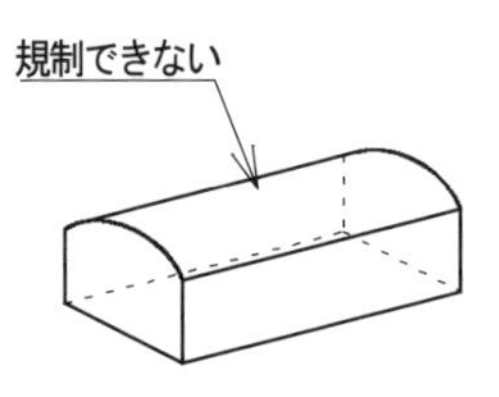


表面の形体（外殻形体）でも、上図のような曲面には平面度は適用できない。

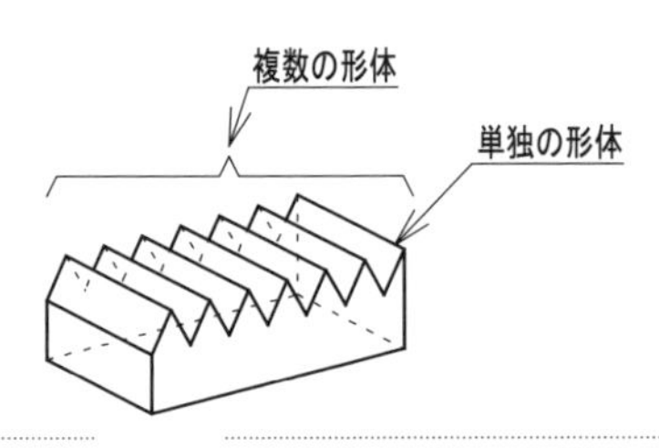


上図のような形状の先端部の1つの形体（直線＝稜線）は、平面度による規制ではなく、真直度による規制が一般的である。

上図の複数の先端部全体を対象にした場合は、平面度の適用ができる。その場合は共通公差域“CZ”を用いる。

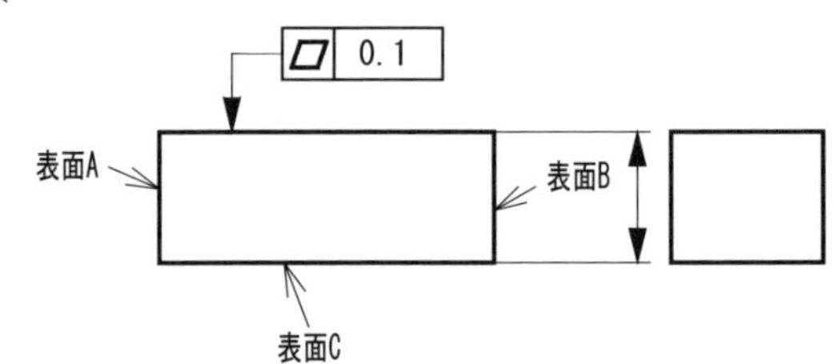


**平面度は単独形体の幾何公差である。**

**左図において、上の表面に平面度が指示されていても、表面Aや表面Bとの直角度、あるいは表面Cとの平行度などを規制しているわけではない。**

**Keyword**

**平面度（flatness）：指示した平面形体の幾何学的に正しい平面（幾何学的平面）からの隔たりの大きさ**

《 図面指示 》

0. 1

15±0. 1

※　上下の表面間にサイズ公差が指示されているケース

《 公差域 》

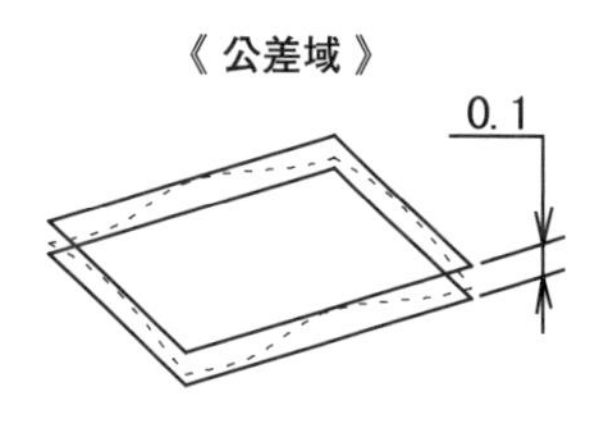


平面度の指示は左図のようになる。

この公差域は、公差値の0.1を間隔とする平行二平面間である。

《 サイズ公差との関係 》

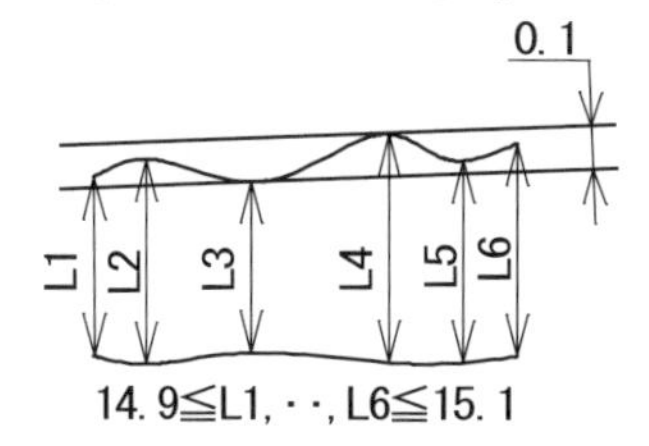


指示されているサイズ公差15±0.1は、上下の表面間の二点測定の距離である。

したがって、この図面指示は、上下表面間のいずれを測っても長さサイズは14.9から15.1の間にあって、上の表面の平面度が0.1であることとなる。

《 サイズ公差と平面度の両方を満たす状態 》

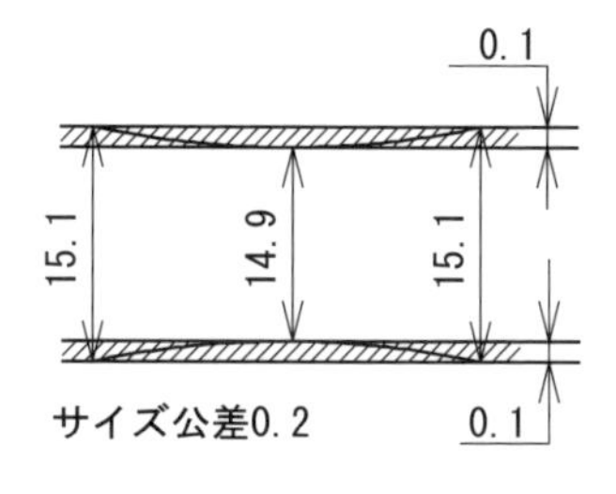


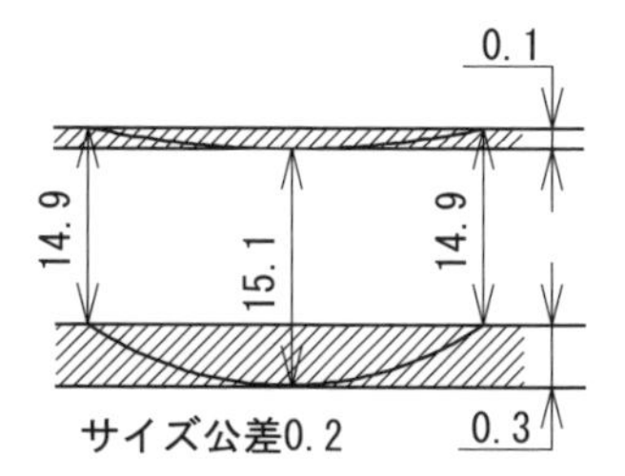


上の表面が、中央が凹んでいて、平面度0.1とすると、サイズ公差により、下の表面の変化は、左の図の状態をとり得る。

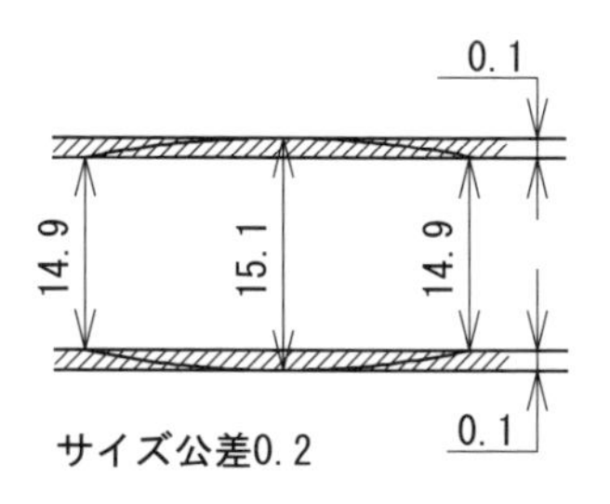


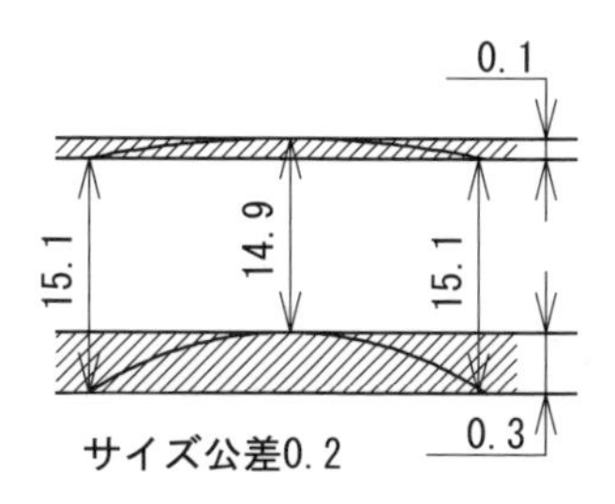


上の表面が、中央が凸になっていて、平面度0.1とすると、サイズ公差により、下の表面の変化は、左の図の状態をとり得る。

# 2-2 平面度

## (2) 離れたところに複数ある表面への平面度指示

**Point**

・離れたところにある複数の表面に対する平面度指示には、2通りある。
1. それぞれの表面を同一の公差値にする場合　⇒　この場合、公差値のみの指示
2. いずれの表面についても、1つの共通の公差域に規制する場合
　⇒　この場合、公差値と記号CZの指示　(共通公差域の指示)

・離れた複数の表面でも、位置が異なる場合には、CZ指示はできない。
　⇒　この場合は、記号CZを用いた「面の輪郭度」による指示になる。

### 1. それぞれの表面を同一の公差値にする場合

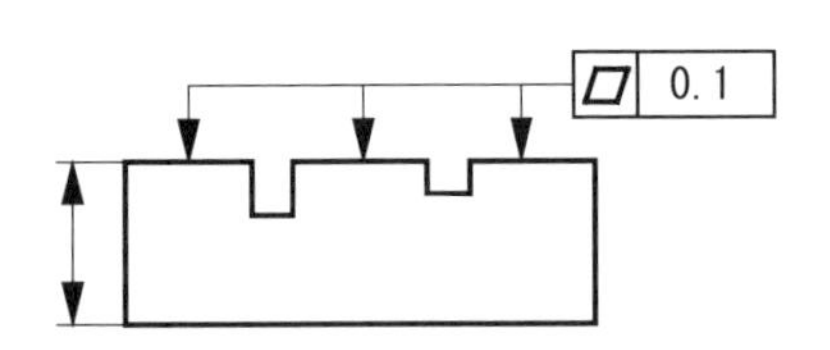


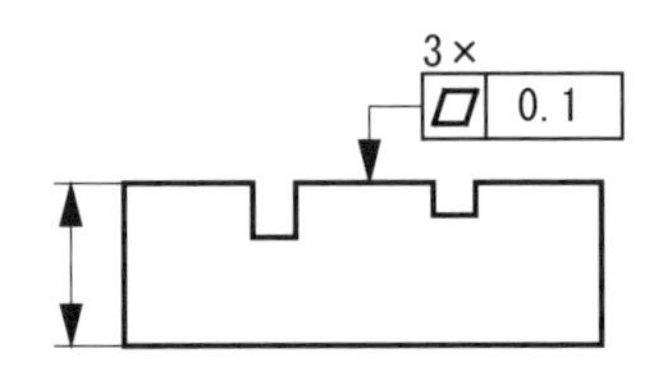


上の3カ所の表面の外に、2カ所の溝の底にも表面があり、あいまいさがあるので、この指示は避けるのがよい。

### 2. いずれの表面についても、1つの共通の公差域に規制する場合

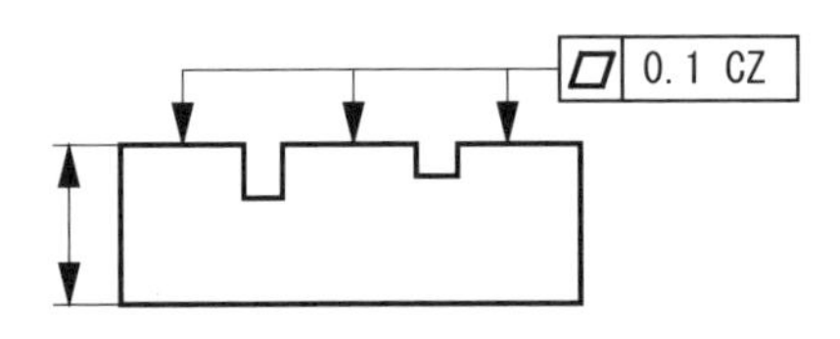


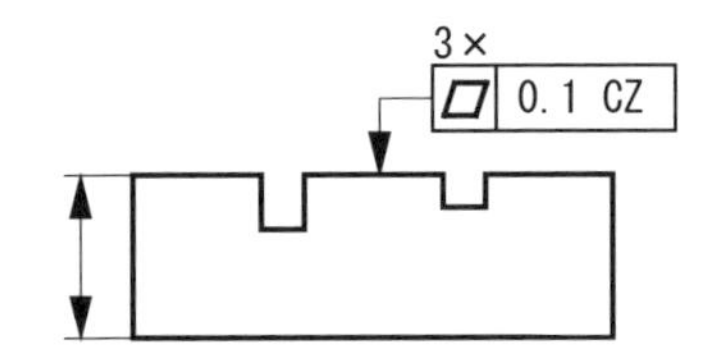


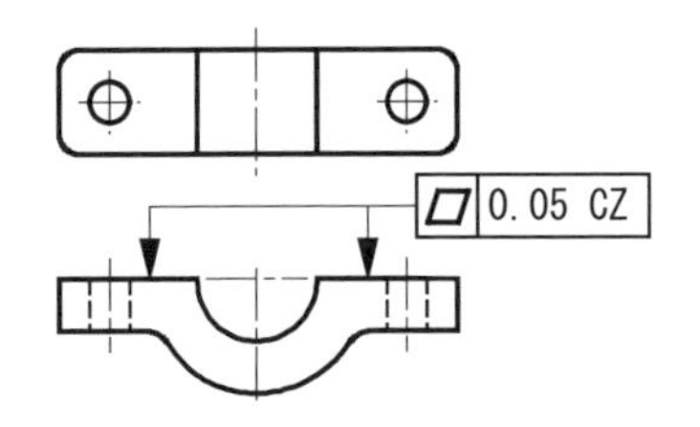


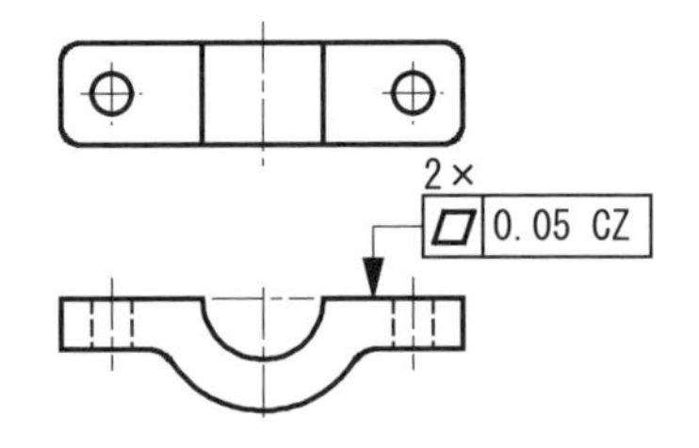


★　位置の異なる複数の表面への平面度指示

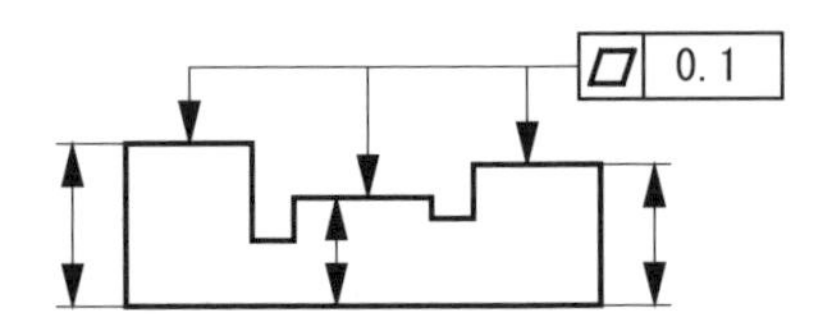

# 2-2 平面度
## (3) 同一表面への平面度指示とデータム指示の方法

**Point**
・同一の表面に対して、平面度指示するとともに、データム平面に設定する場合、データム三角記号を公差記入枠に直接、接触させて指示する方法がある。

### 1. 平面度指示がある場合のデータム平面Aの指示

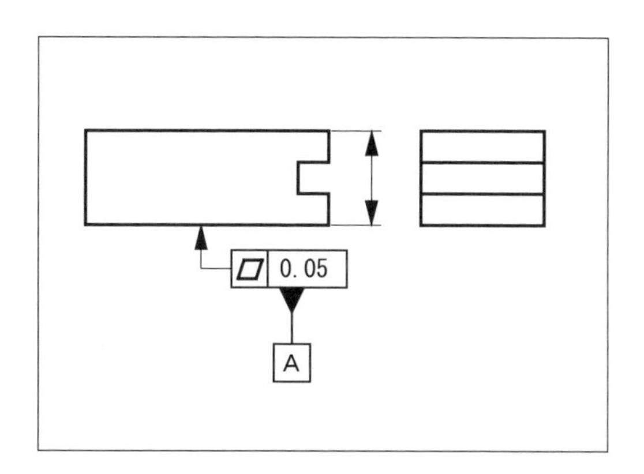


この図面指示は、データムを設定した表面が平面度0.05を満たすことを要求している。

### 2. 範囲指定の平面度指示がある場合のデータム平面Aの指示

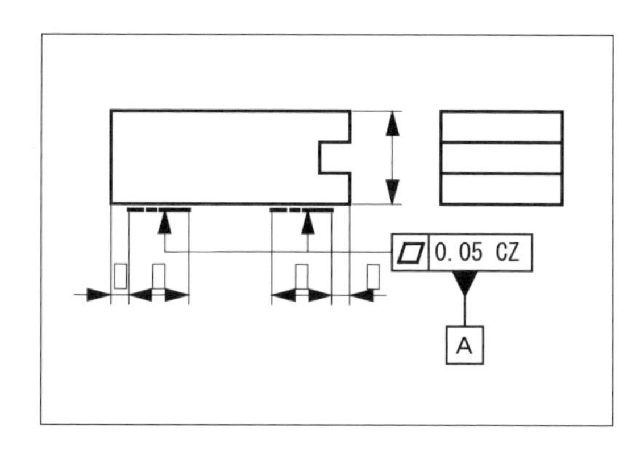


データム平面に設定したい表面の平面性が出難い場合や機能的に要求していない場合などは、このように範囲指定して、そこに必要な平面度を指示することになる。

離れた2カ所の表面が、1つの共通の間隔0.05の平行二平面間に含まれることを要求している。

それがデータム平面Aである。

※　データム三角記号を公差記入枠の上側に付けても、下側に付けても本質的な違いはない。

**2-2** 平面度

# (4) 部分と全体への異なる平面度指示

**Point**

- 形状全体でなく任意の限られた範囲に平面度を指示する場合、または形状全体と任意の限定部分の両方に平面度を指示する場合がある。
- これらの図示方法は規定されているので、それに従って指示する。

## 1. ある限られた領域に対してだけ平面度を指示する方法

《 図面指示 》

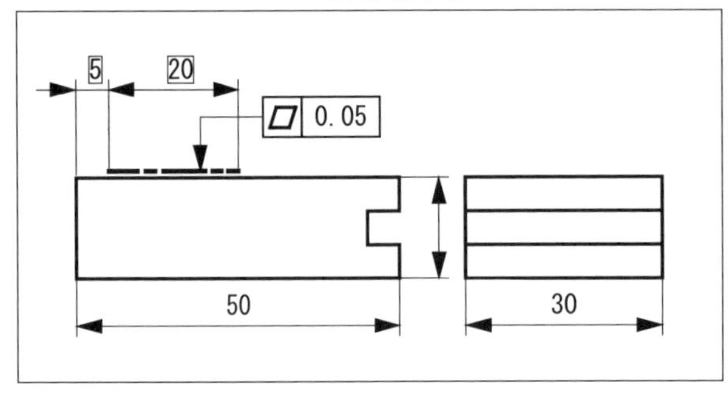


《 公差域 》

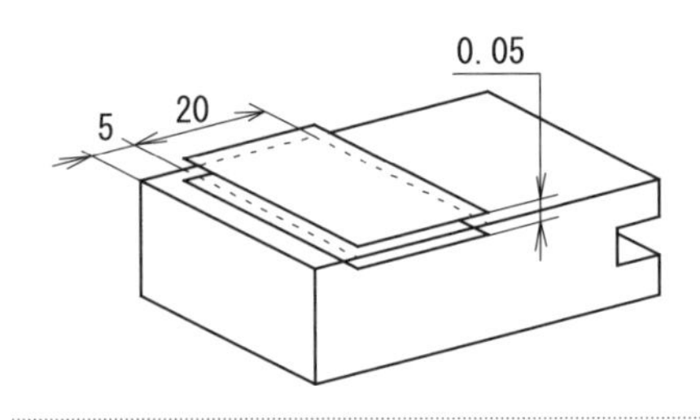


領域を特殊指定線（太い一点鎖線）で範囲を示す。

この場合、奥行きは対象物の幅全域となる。

## 2. ある限られた任意の矩形領域に対してだけ平面度を指示する方法

《 図面指示 》

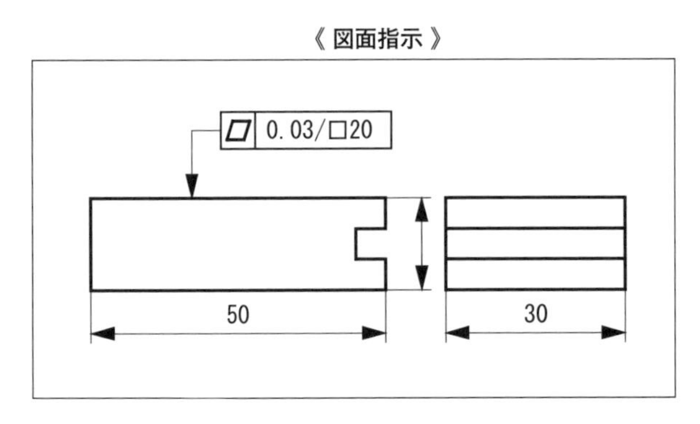


《 公差域 》



任意の領域を公差値の後にスラッシュ"/"を入れて表す。この場合は一辺20mmの正方形を表している。

## 3. ある限られた任意の矩形領域と表面全体に異なる公差値の平面度を指示する方法

《 図面指示 》

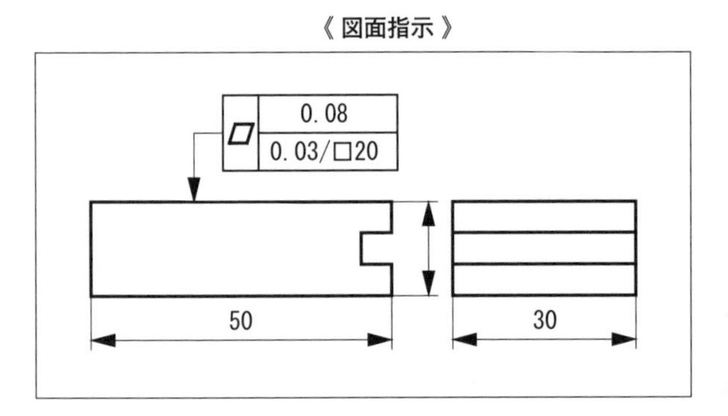


《 公差域 》

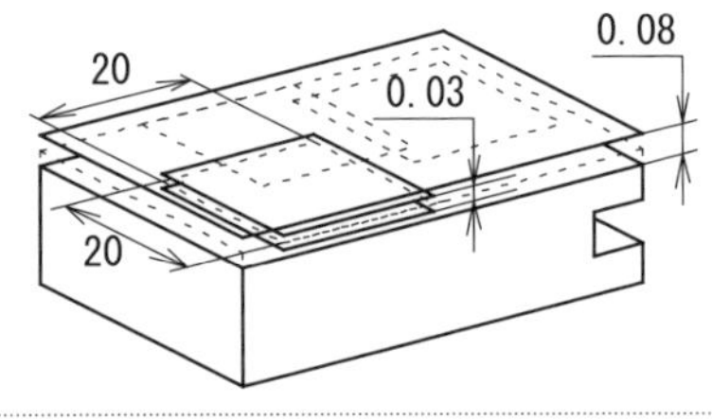


任意の一辺20mmの正方形の領域は平面度0.03を、表面全体については平面度0.08を満たすことを要求している。

# 2-2 平面度
## (5) 平面度指示における留意点

**Point**
- 対象の平坦な表面に平面度指示したとしても、その表面の形状特徴までは規制していない。
- 対象の表面の形状特徴を指示する場合は、公差記入枠の上部（あるいは下部）に、注記によってその旨を表記する。

《図面指示》

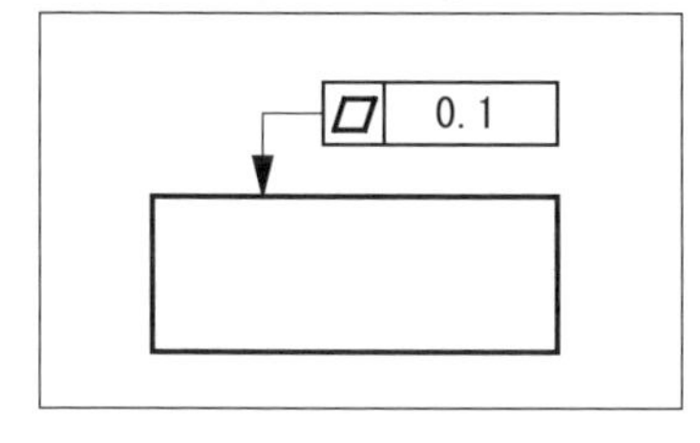

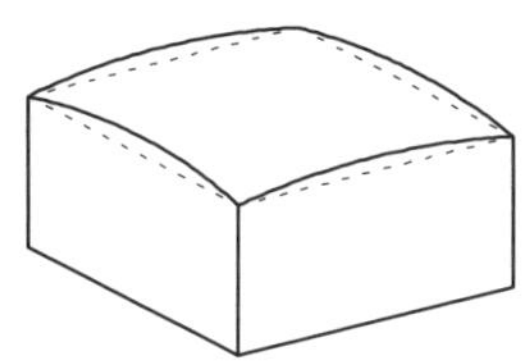

B. 下側に凸の形状

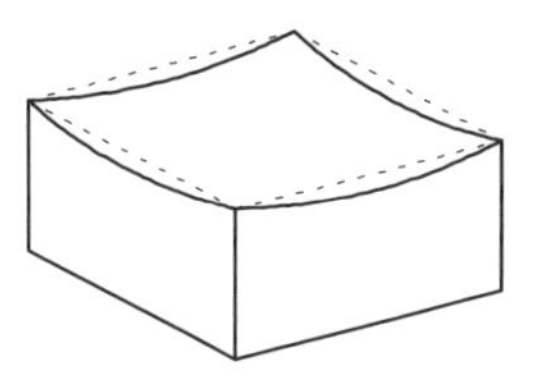

上図のように図面指示をしても、その表面が、Aのように上側に凸、あるいはBのように下側に凸とかの形状特徴までは規制していない。
したがって、何らかの形状特徴を要求する場合は、公差記入枠の付近にその旨を注記する。

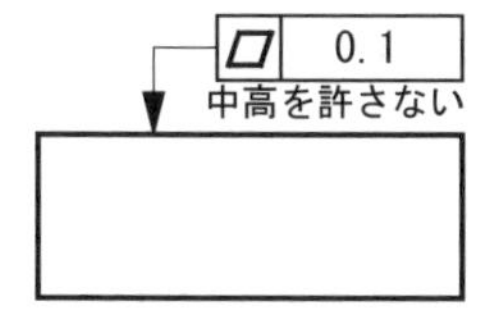


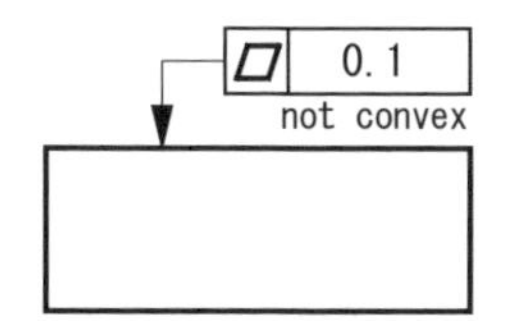


これは中央部が上に凸であって欲しくない場合の指示例。右は英文表記例。

公差記入枠に対する注記は、JISでは「枠の付近に書く」となっている。
形体の寸法や個数を枠の上側に書くことが多いので、この場合のような注記は、枠の下側に書くのがよい。

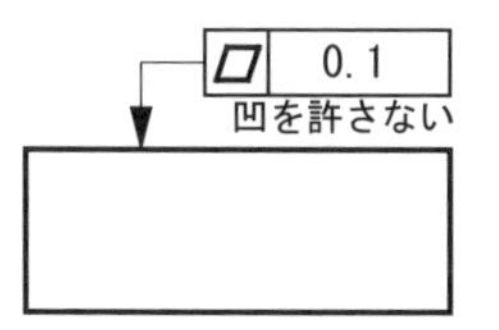


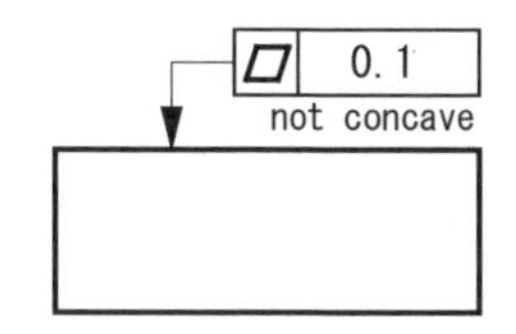


これは中央部がへこんで欲しくない場合の指示例。右は英文表記例。

**ISO 1101:2017では、"not convex"を表す記号"NC"は、定性的で曖昧さがあるということで廃止された。これらの指示について、詳細な規定はない。**
**したがって、注記などで、より定量的な指示をすることを推奨する。**

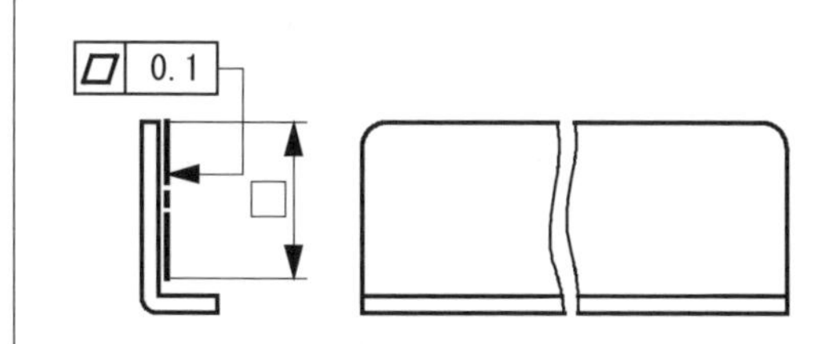


<参考>
板金部品などで、曲げ加工がある部品の場合、曲げの近くは平面度が出難い。設計要求に照らして、曲げの近傍を避けて必要な範囲を明示して、平面度指示をするのが望ましい。

2-3 真円度

# (1) 真円度指示の基本

**Point**

・円筒形の真円度は、円形形体を2つの同心の幾何学的円で挟んだとき、同心二円の間隔が最小になる場合の、二円の半径差で表す。公差域は、軸線に関して直角方向に存在する。したがって、公差記入枠の矢は、軸線に対して直角に当てる。
・円すいの真円度には、①公差域が軸線に対して垂直方向のもの、②公差域が円すい表面に対して直角方向のもの、との2通りがある。 ←この「円すいの真円度」に関しての定義は、ISOの新しい規定である。

**Keyword**

真円度（roundness）：指示した円形形体の幾何学的に正しい円（幾何学的円）からの隔たりの大きさ

## (1) 円筒形状に対する真円度指示

《 図面指示 》

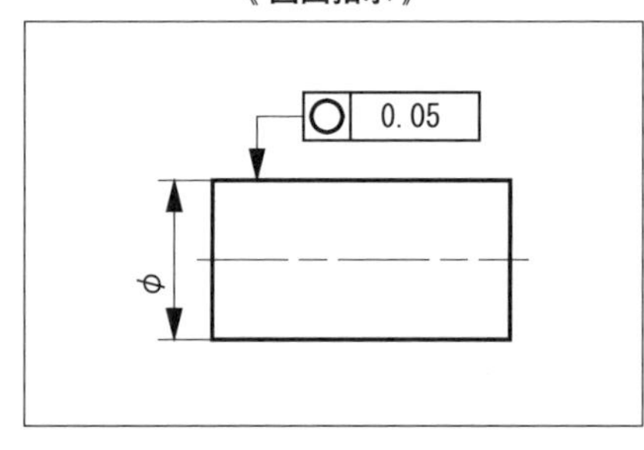


《 真円度の対象 》

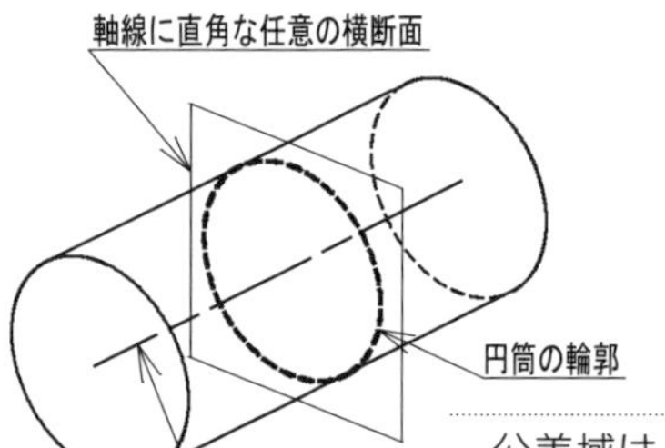


《 公差域 》

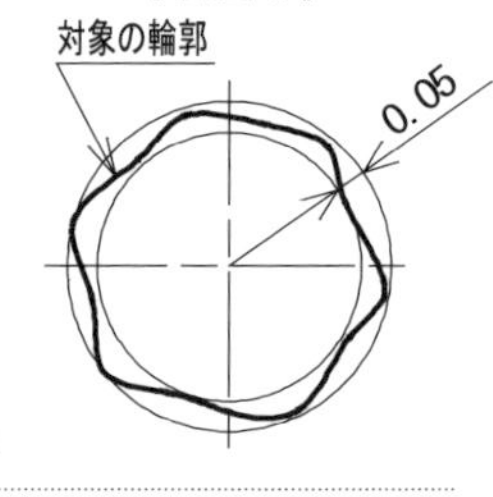


公差域は、円筒の軸線に直角な任意の横断面に現われる輪郭を挟む、同心の大小二円の半径差である。

## (2) 円すい形状に対する真円度指示

① 公差域が軸線に対して垂直方向にある場合

《 図面指示 》

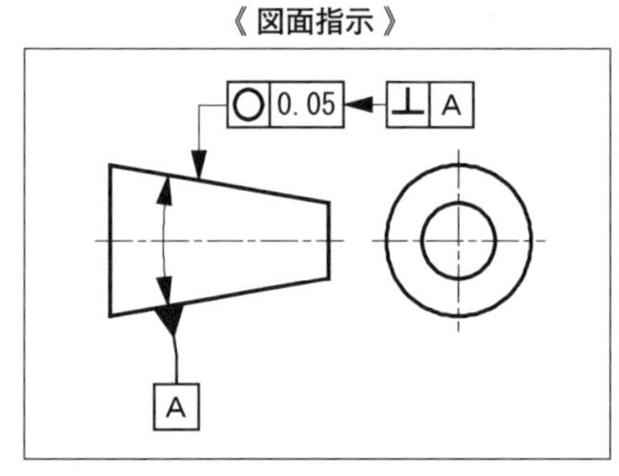


《 真円度の対象 》

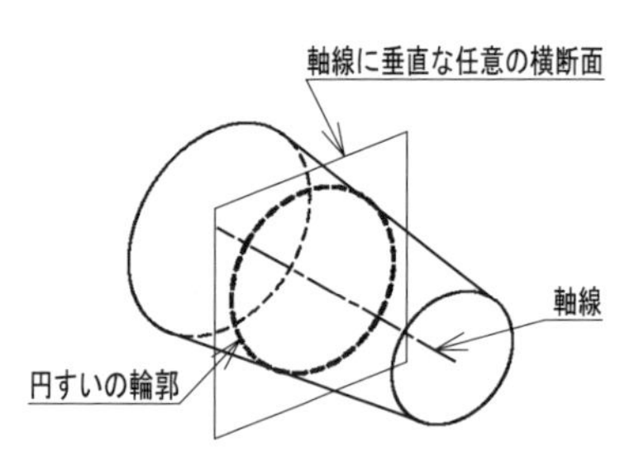


この場合の公差域は、円すいの軸線に垂直な任意の横断面に現れる輪郭を挟む、同心の大小二円の半径差となる。

② 公差域が円すい表面に対して直角方向にある場合

《 図面指示 》

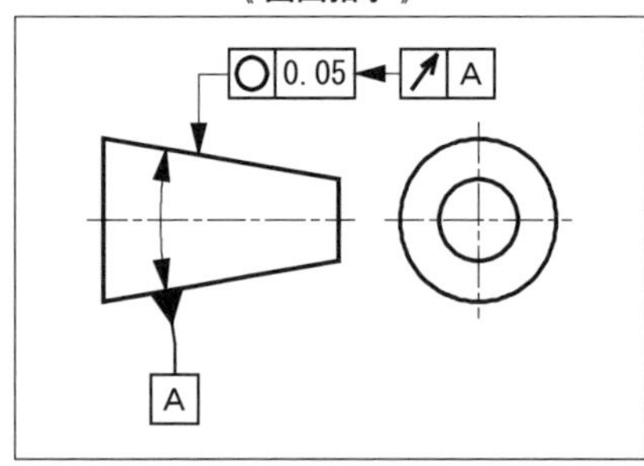


《 真円度の対象 》

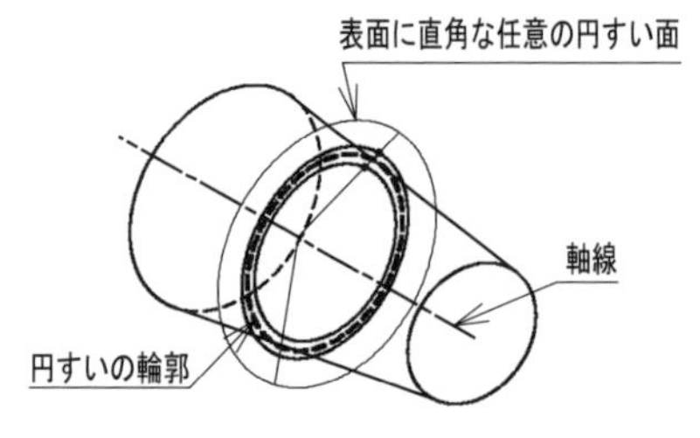


この場合の公差域は、円すい表面に直角な任意の円すい面に現れる輪郭を挟む、軸線と同軸の大小二円の半径差となる。

# 2-3 真円度

## (2) 真円度は横断面や軸方向の形状特徴を規制しない

**Point**

- 真円度は、横断面における「等径ひずみ円」や「花びら形状」などの形状特徴については規制していない。
- また、軸方向に外に膨らんだ「太鼓形状」や内にへこんだ「鼓形状」などの形状特徴については規制していない。
- 形状特徴について指示する場合は、注記で行う。

**Keyword**

等径ひずみ円（uniform lobed diameter）：円形形体を平行二直線で挟んだとき、その平行二直線の距離が、どの方向でも一定であるが、真円でない場合の円形形体

方向形体指示記号（direction feature indicator）：円筒でも球でもない回転体の真円度の指示において、公差域の幅の方向を明示するための記号

◄⊥|A ←記号の意味：「公差域の幅の方向はデータムに対して直角方向である」

◄↗|A ←記号の意味：「公差域の幅の方向は公差付き形体の表面に直角方向である」

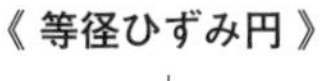


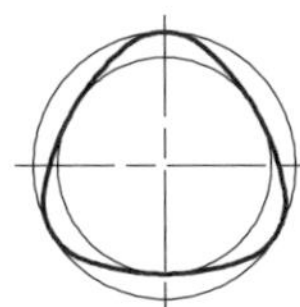

《 花びら形状 》

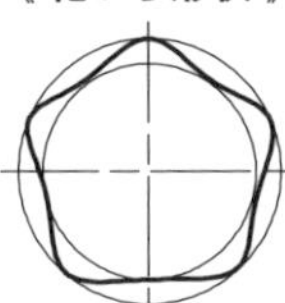

軸部材を旋盤等で切削加工したとき、加工条件によっては、軸の断面形状が上図のような特徴ある形状になることがある。

左の頁のように単に真円度公差を指示しただけでは、このような形状特徴まで規制しているわけではない。それを避けたい場合は、以下に示すように、注記で指示する。

《 指示例 》

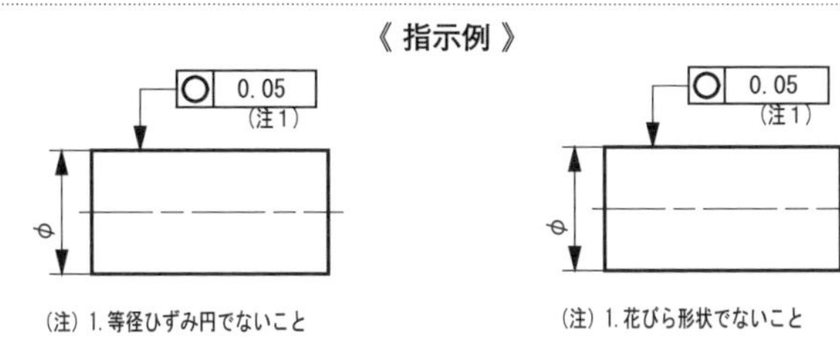


下記に示すような形状特徴であってほしくない場合にも、上記と同様に、その旨を注記で指示する。

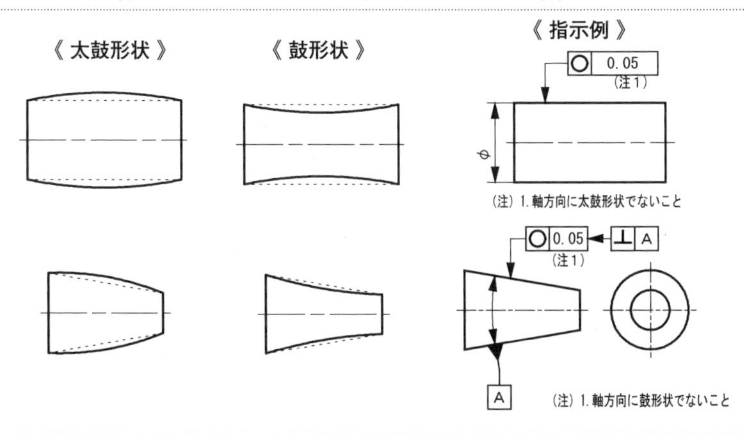

# 2-3 真円度
## (3) 真円度の誤った指示例

**Point**

- 真円度の公差域は、同心二円の半径差であるから、公差値に直径を表す記号“φ”は付くことはない。
- 真円度の規制対象は、軸線や中心点ではないので、寸法線の延長上に矢を指すことはない。
- 円すい形の真円度の公差域には、軸線に垂直な方向、形体表面に直角な方向とがあるので、付加記号を用いて明確に指示する。

**1. 真円度の規制対象は軸線ではない。** ⇒軸線や点を表す寸法線の延長上に矢を当てない。

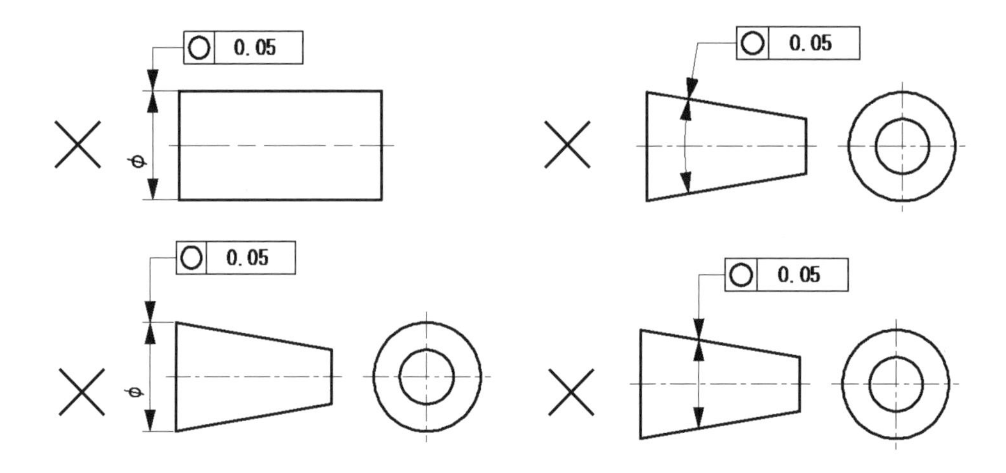


**2. 円筒形の真円度の公差域は、軸線に垂直な平面上にあり、公差値は半径差である。**

⇒指示線は軸線に垂直に指示する。また、公差値の前には記号φは決して付かない。

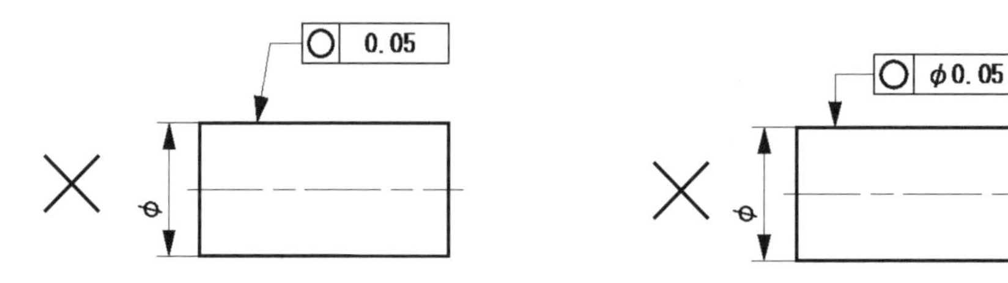


**3. 円すい形の真円度には2つの規制がある。**

⇒軸線に垂直か、あるいは、円すい形体表面に直角か、を明確に区別した指示にする。

⇒ P62の（2）「円すい形状に対する真円度指示」を参照。

〈1〉公差域が軸線に垂直の場合　〈2〉公差域が円すい形体に直角の場合

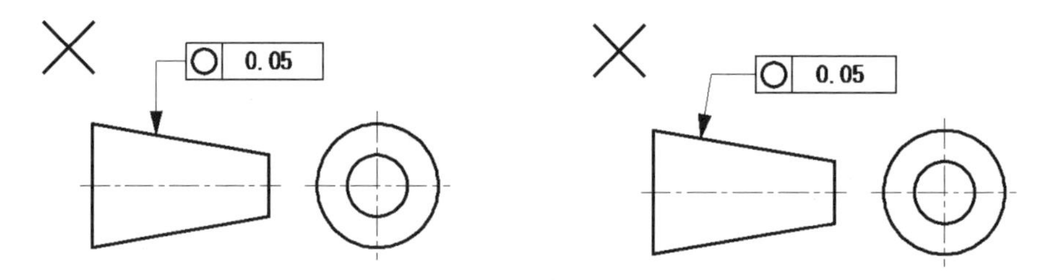

# 2-3 真円度

## (4) 非剛性部品の図例の真円度指示の意味

**Point**

- 重力の作用で容易に変形してしまう部品の場合は、非剛性部品の扱いをする。
- この場合、適用JIS規格と拘束状態の指示をして、自由状態の下で要求する幾何公差については、公差値の後に記号“Ⓕ”（マルF）を指示し、拘束状態での公差値については、数値だけを指示する。

### 1. JIS B 0026 附属書 A に載っている図例

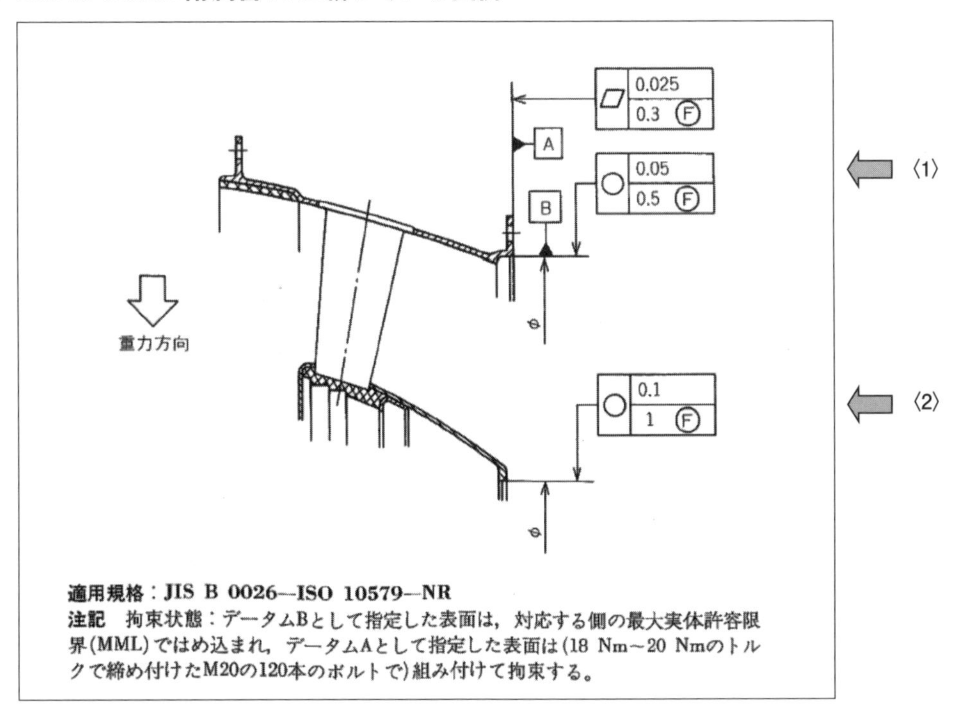


### 2. 図例の中の「真円度」の箇所の要求内容

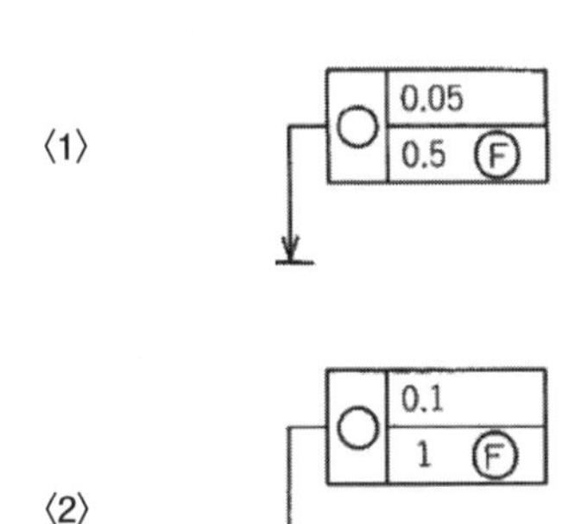


〈1〉指示した円筒部の真円度について

　矢印で示す重力方向の作用の下では、公差記入枠の下部に指示した真円度0.5を要求する（記号Ⓕ付きで示した公差値)。かつ、注記に示す拘束状態の下では、公差記入枠の上部に指示した真円度0.05を要求する。

〈2〉指示した円筒部の真円度について

　矢印で示す重力方向の作用の下では、公差記入枠の下部に指示した真円度1を要求する（記号Ⓕ付きで示した公差値)。かつ、注記に示す拘束状態の下では、公差記入枠の上部に指示した真円度0.1を要求する。

※　自由状態での要求事項がない場合は、Ⓕ付きの公差値の指示はされない。

# 2-4 円筒度

## (1) 円筒度指示の基本

**Point**

・円筒度は、円筒形体の表面の規制である。
・円筒度を用いるときは、その検証方法を考慮する。
三次元測定機では直接検証できるが、簡易的な方法では間接的な検証となる。

《 図面指示 》

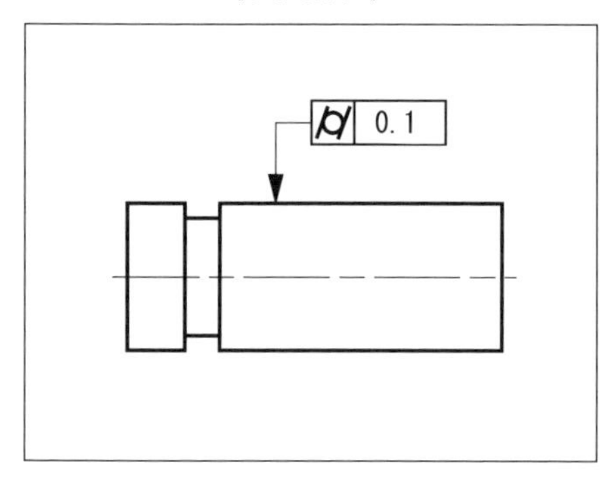


《 公差域 》

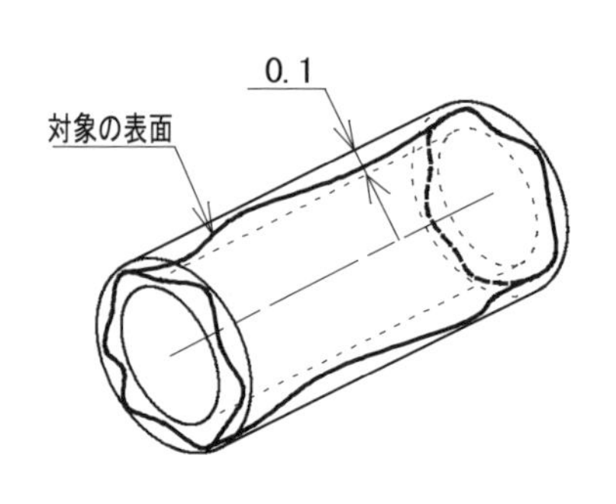


円筒度は、円筒形体の表面の規制である。

公差域は、円筒形体を2つの同軸の幾何学的円筒で挟んだとき、その同軸二円筒の間隔が最小となる場合の、二円筒の半径の差で表す。

《 円筒度の検証例：三次元測定機 》

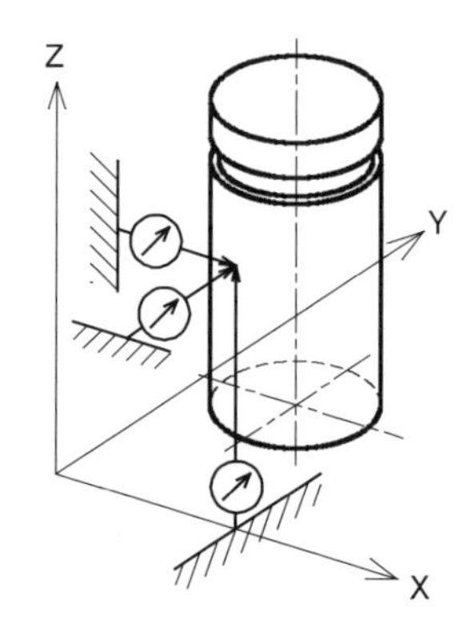


測定物を三次元測定機に設置し、測定円筒面上の複数の点を三次元座標の位置データとして測定する。

それらの得られたデータを演算して、最小領域円筒の半径差として算出し、公差値と比較照合する。

※　三次元測定機の設備がない場合は、簡易的な検証とならざるをえない。

**Keyword**

円筒度（cylindricity）：指示した円筒形体の幾何学的に正しい円筒（幾何学的円筒）からの隔たりの大きさ

《 円筒度の検証例：V ブロックによる簡易測定 》

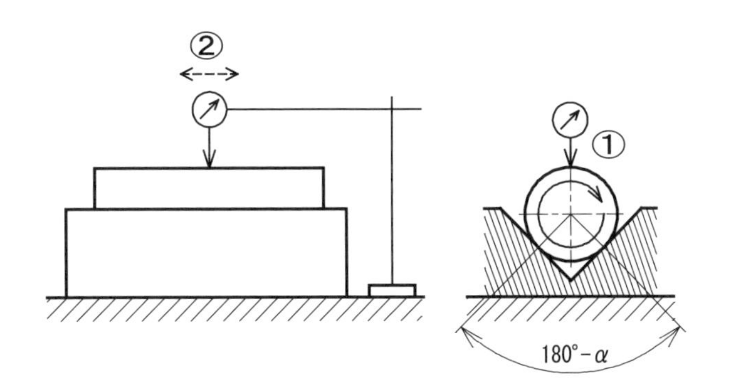


測定物をVブロック上に置く。
①1つの軸直角断面で1回転中の半径の変化を測定する。
②インジケータをリセットしないで、複数の断面について測定する。
円筒度は、インジケータの読み値から、はさみ角αや形状の山数などを考慮して求める。

（注）
・この方法は、外側形体の表面だけに用いる。
・奇数山の円筒形体だけに適用する。

**円筒度公差は、三次元測定機で測る場合には問題ないが、一般には直接検証できない幾何公差なので、その点を考慮して使用する必要がある。他の幾何公差で代替指示したほうがよい場合がある。**

# (2) 円筒度は他の幾何公差で代替可能

**Point**

- 円筒度指示は、設計要求上許されるならば、他の幾何公差で代替指示するのが賢明である。その場合、真円度、真直度、平行度などを用いる。
- 円筒度の公差値と対応する公差値が、真円度、真直度、平行度において幾つになるかは、一概には言えない。

《 図面指示 》

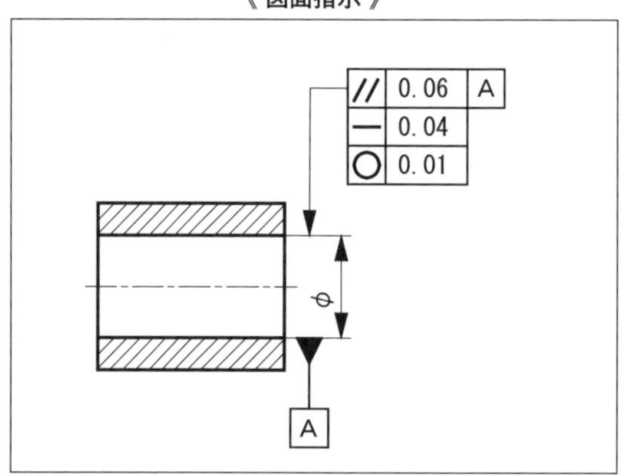


《 公差域 》

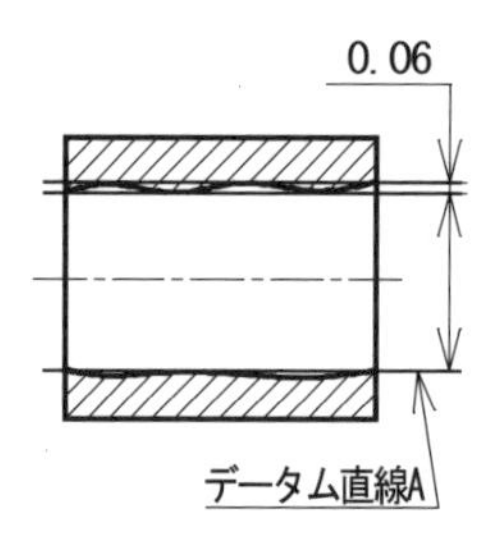


一方の母線が、対向する母線をデータム直線Aとして、間隔0.06の平行二平面間にあることを規定している。
軸線との平行度は問われていない。

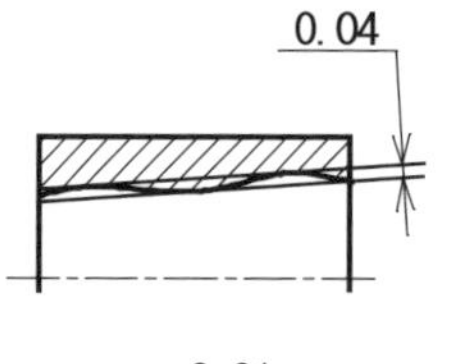


円筒穴（内側形体）の線要素である母線の真直度0.04は、必ずしも軸線と平行であるとは限らない。
単に間隔0.04の平行二平面間にあればよい。

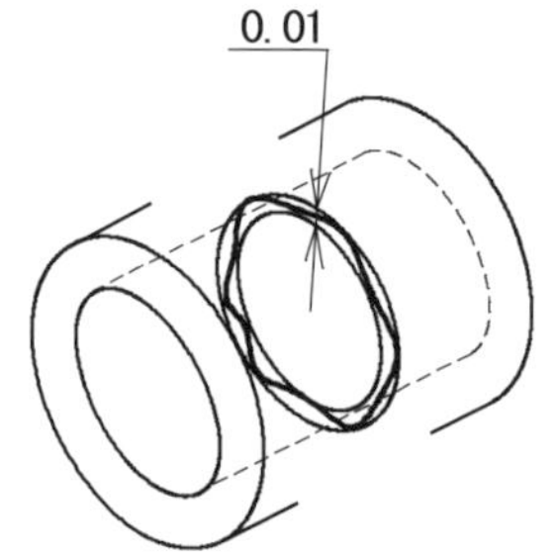


真円度は、軸方向の任意の横断面における形体を挟む同心二円の半径差が0.01であることを要求する。
円の直径が幾つでなければならないかは制限していない。

このように指示した場合の円筒度は、真直度、真円度、平行度の総合効果として達成される。

# 2-4 円筒度

## (3) 円筒度とサイズ公差との関係

**Point**

- 円筒度公差とサイズ公差は、互いに独立である。
- 円筒度公差は、円筒直径に指示したサイズやサイズ公差には影響されない。単独に満たしていなければならない。

**Keyword**

2点間サイズ（two-point size）：サイズ形体から得られた2点間の距離を表したもの。局部サイズの中の1つ。円筒から得られた2点間サイズを、“2点間直径”（two-point diameter）という

《 図面指示 》

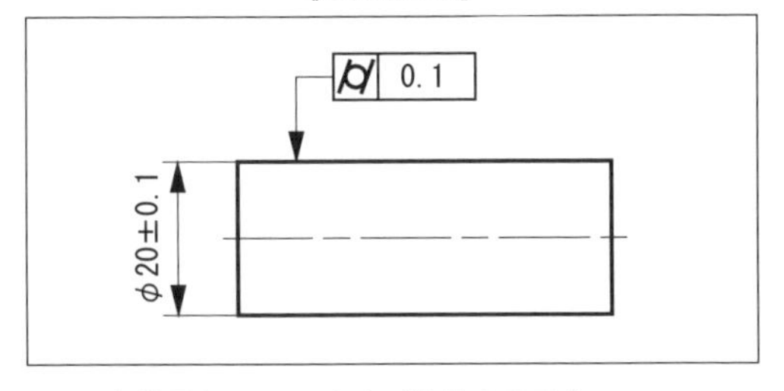


《 図面解釈 》

- 円筒軸の個々の2点間直径は、サイズ公差0.2に収まっていること。つまり、φ19.9からφ20.1の間の変動が許される。
- 実際の円筒表面は、半径距離で0.1だけ離れた同軸の2つの円筒の間になければならない。

《 指示しているサイズ公差の意味 》

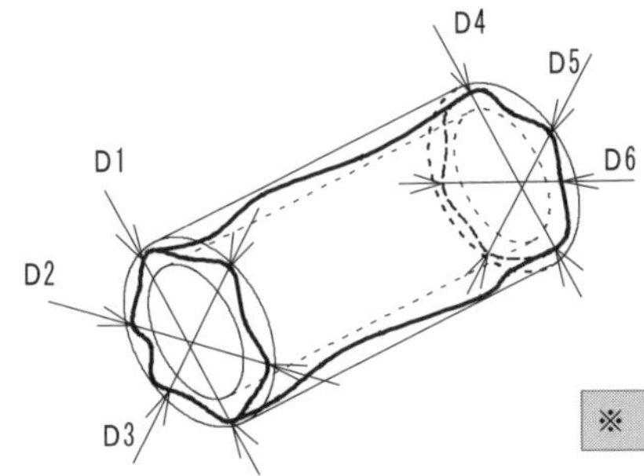


※　D1～D6：2点間サイズ（2点間直径）

※　軸の中間部についても同様に測る。

19.9 ≦ D1,････,D6 ≦ 20.1

《 サイズ公差と円筒度の両方を満たす様々な状態 》

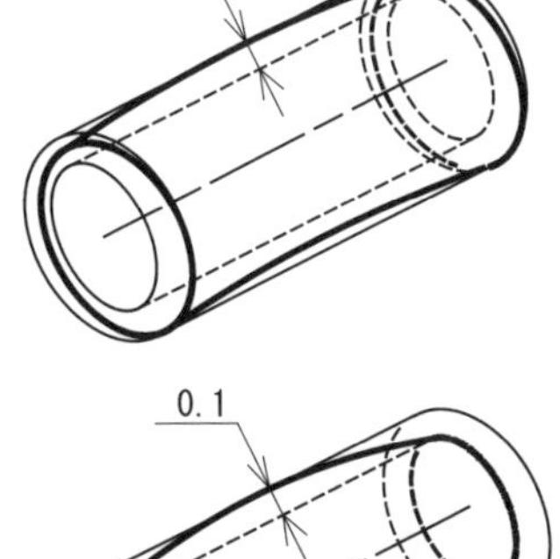


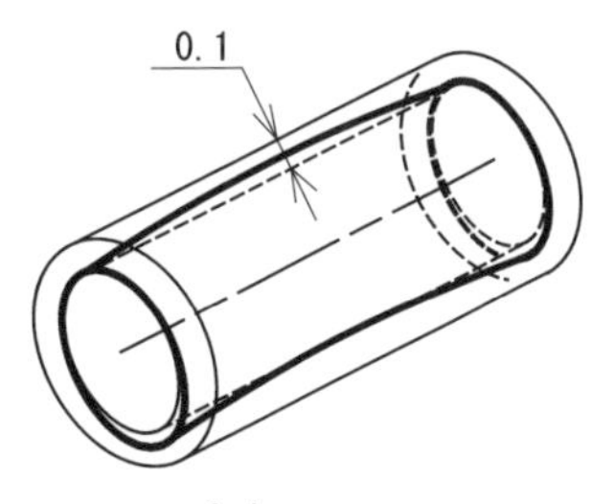


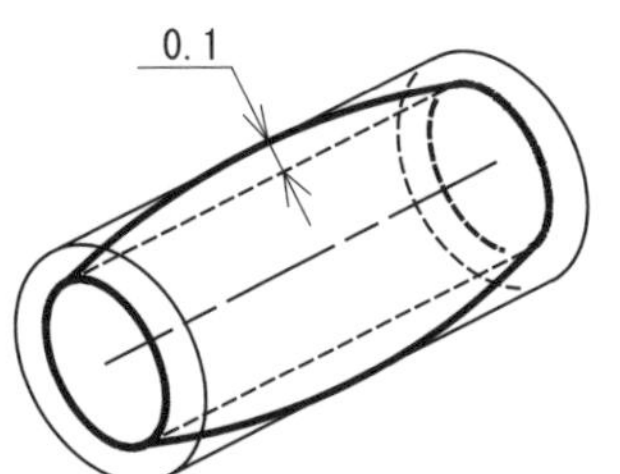


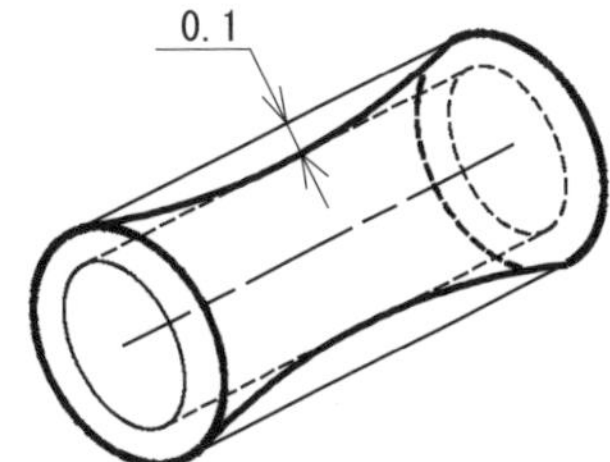

2-4 円筒度

# (4) 円筒度と軸線との関係

**Point**

・円筒度が指示されても、円筒軸線の幾何特性、円筒表面と軸線の幾何学的関係が規定されているわけではない。
円筒度はあくまでも円筒形体表面の規制である。

《図面指示》

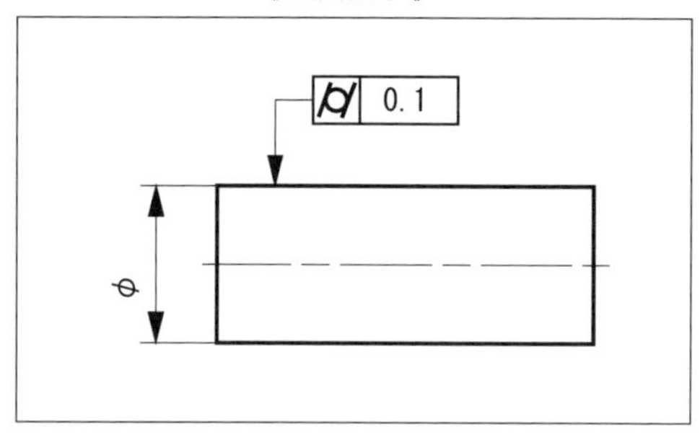


仮に左図のような図面指示がされているとしても、下の例で見るように、円筒軸の幾何特性(例えば真直度)、あるいは円筒度0.1と軸線との幾何学的な関係(例えば平行度)が規定されているわけではない。

## 1. 軸線がほぼ直線になっている場合

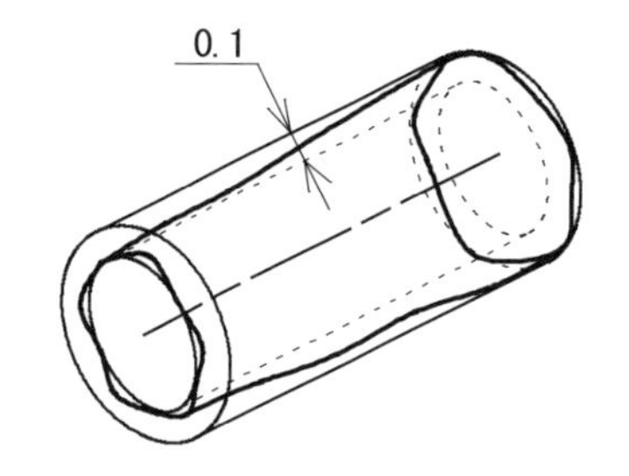


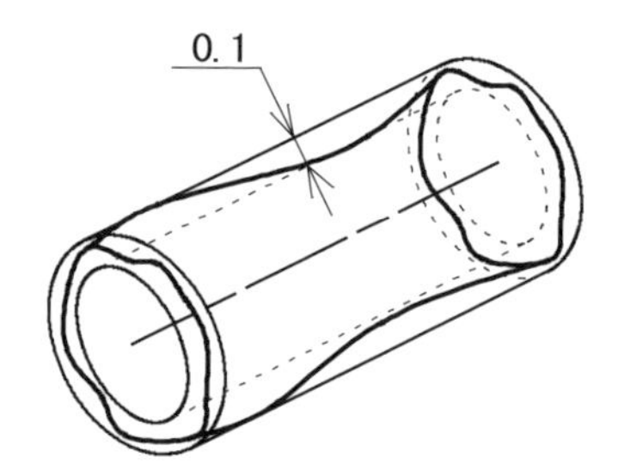


円筒の直径がほぼ一様に変化している場合、あるいは、直径が対向した表面と同期して変化している場合などは、軸線は曲がりなくほぼ直線状のこともある。

## 2. 軸線が曲がっている場合

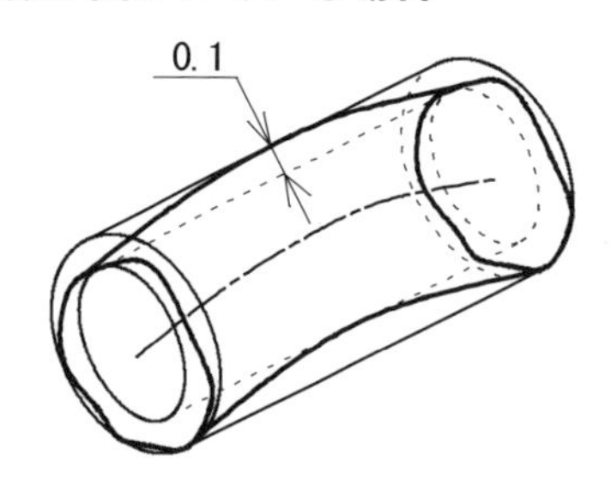


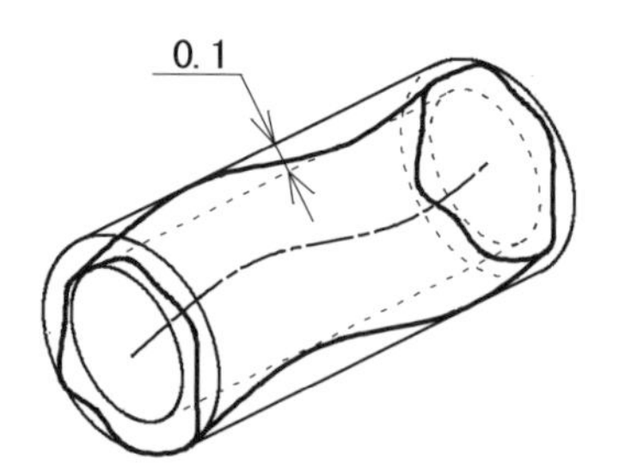


円筒の直径がほぼ同程度あって、それが一様に反っている場合、あるいは、それがうねっている場合などでは、軸線も同様に曲がっている。

# 2-4 円筒度

## （5）円筒度は円筒の形状特徴を規制しない

**Point**

・円筒度の指示だけでは、円筒形体の形状特徴までは規制していない。
　規制する場合は、注記でその旨を指示する。

《図面指示》

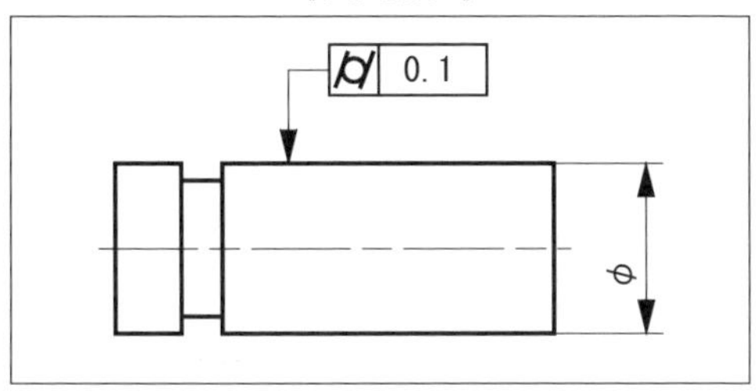


　左図のような単なる円筒度指示だけでは、円筒部の形状がどのような特徴の形状であってほしいかまでは指示していない。

　形状特徴が必要な場合は、下に示すように公差記入枠の近く（上か下）に、注記を用いて表す。その場合も、できるだけ定量的な指示になるように留意する。

### 1. 対象部が「先細テーパ」であってほしい図面指示例

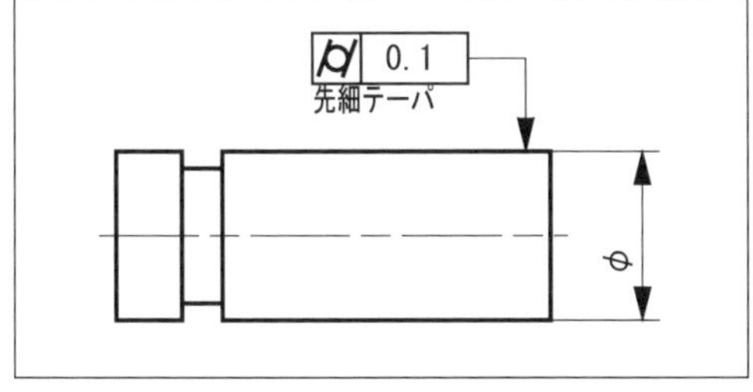


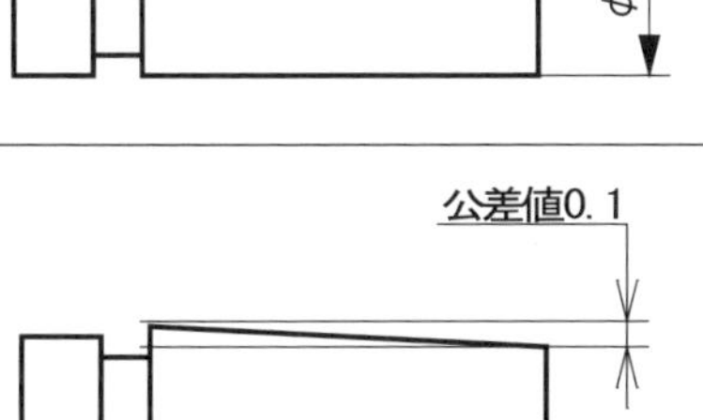


### 2. 対象部が「先太テーパ」であってほしい図面指示例

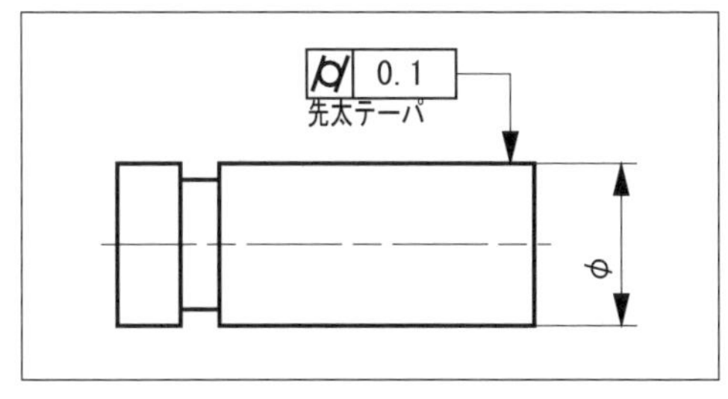


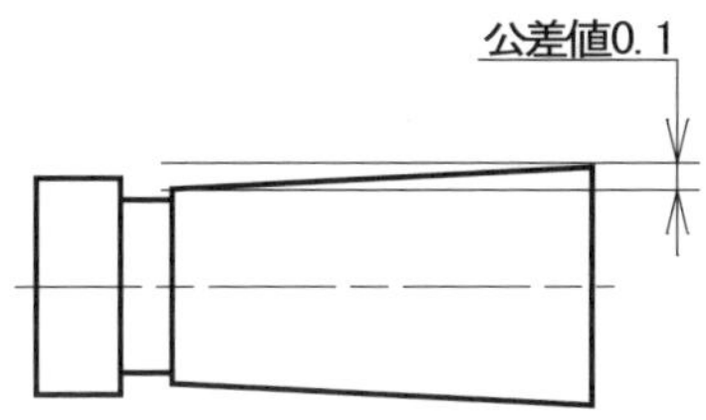


### 3. 対象部が「太鼓状」であってほしい図面指示例

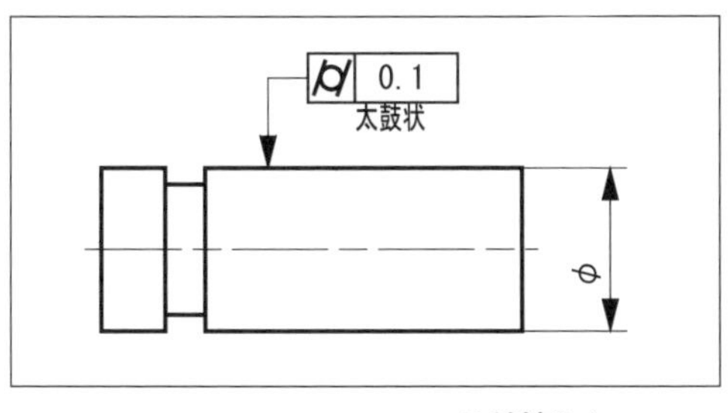


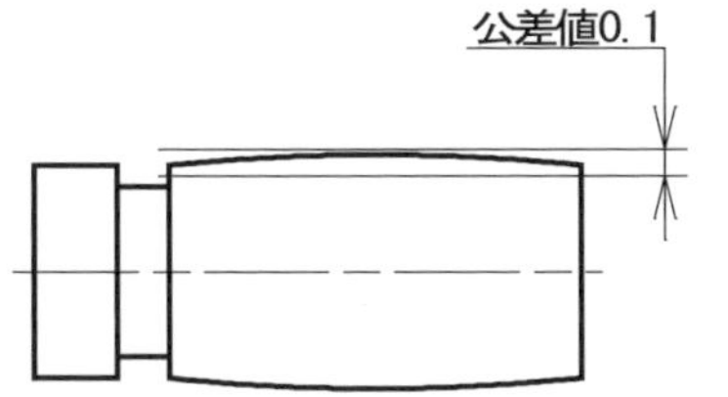


### 4. 対象部が「鼓状」であってほしい図面指示例

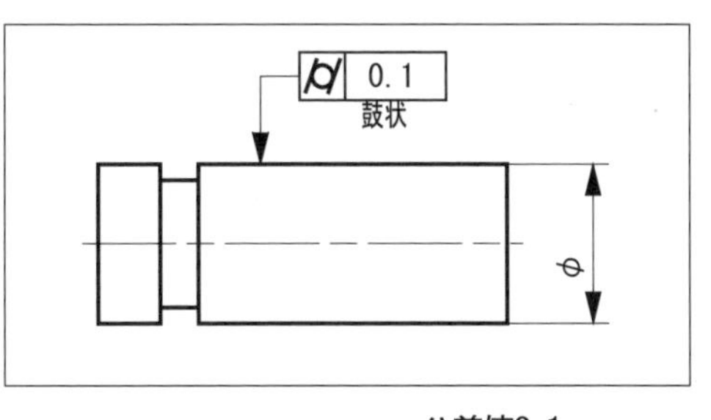


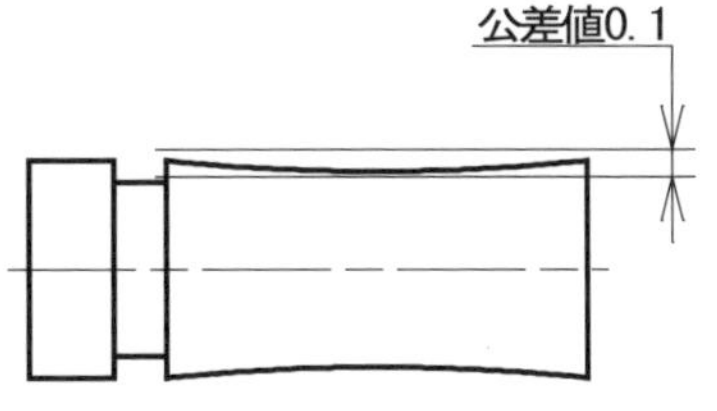

COLUMN②

## 〈寸法指示のあいまいさ（その2）〉

図aの図面指示では、指示された寸法をどのように測るかという点で、様々に解釈できる。まず、図bのような測り方がある。これは指示された寸法を、形体同士の直線上の二点間を測って検証するもので、指示寸法に対する最も一般的な測り方といえよう。

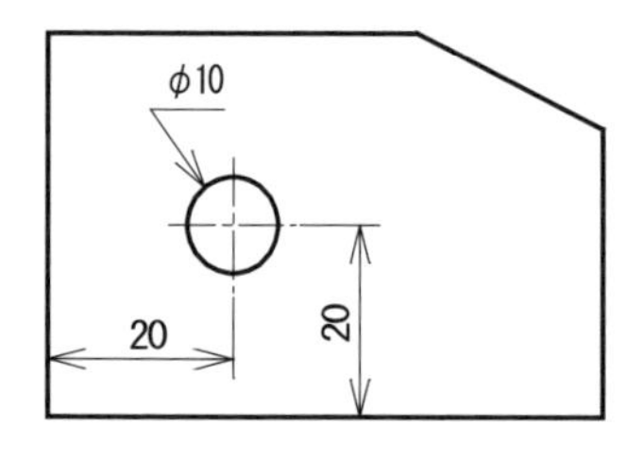


図a　図面指示

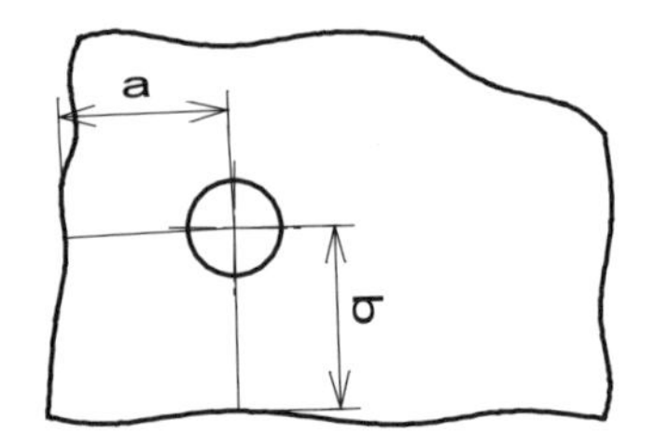


図b　測定方法1

中には図cのように定盤やブロックゲージを部品表面に接触させ、その定盤等の表面から丸穴の縁の測定値から中心を割り出す測り方もある。これはデータム平面が設定された場合と同じ測り方だ。さらに別な測り方として、図dのように水平側の表面を定盤で、垂直側の表面に対しては定盤表面と正確に直角をなすブロックゲージを置き、それぞれの表面からの距離として測る方法がある。この測り方は、2つの表面に直交する2つのデータム平面を指定した幾何公差の図面指示の場合となる。

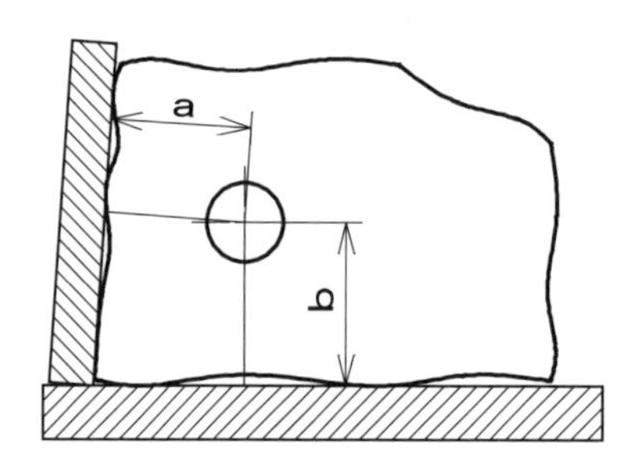


図c　測定方法2

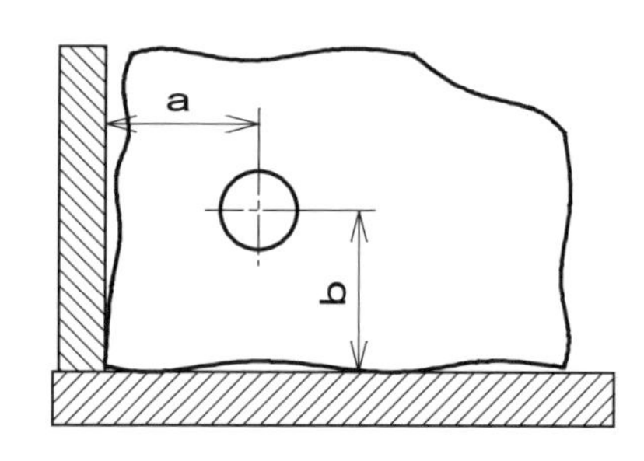


図d　測定方法3

実際のところ、図aの図面指示に対して、図b～図dのいずれの測り方をされたとしても、設計者は文句が言えない。

それを避けて、測定方法3のようにしてもらうための明確な指示は、幾何公差を使った図eのようになる。

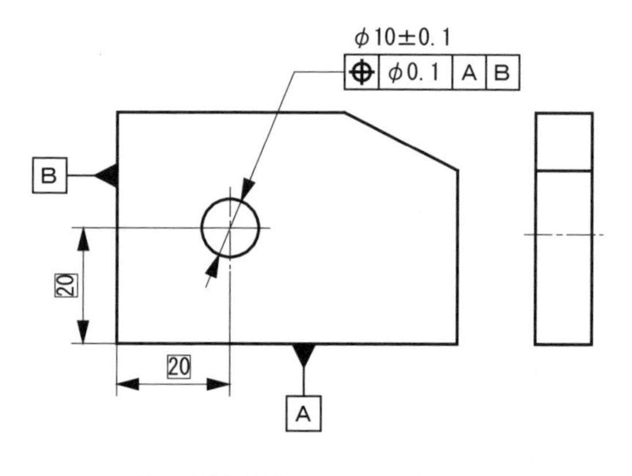


図e　測定方法3とする明確な図面指示

# 第3章 姿勢公差の使い方・表し方



姿勢公差は、対象の形体のある基準に対する姿勢を問題にする。したがって、その基準としてデータムを必要とする。幾何公差の指示と合わせて、それを必ず指示しなければばならない。つまり、姿勢公差は、データムを用いて、関連形体の姿勢偏差を規制する。

姿勢公差には、平行度公差、直角度公差、傾斜度公差の３つがある。これらは、２つの形体の“姿勢”を規制するものである。

平行度公差は、２つの形体の離れた等距離からの外れを規制する。２つの形体は180°の姿勢関係にある。

直角度公差は、直角からの外れを規制する。２つの形体は90°の姿勢関係にある。

傾斜度公差は、指定した角度からの外れを規制する。２つの形体は指定した角度の姿勢関係にある。

このうち、平行度と直角度は比較的使用頻度の高い幾何公差の１つである。

姿勢公差の性質の中には、形状公差の性質を含んでいる。したがって、形状公差が姿勢公差の公差内であればよい場合は、形状公差は指示しない。

# 3-1 平行度
## （1）平行度とその公差域

**Point**

・平行度は、直線形体と平面形体を規制する。
・平行度の公差域は、4種類6パターンある。
データム直線に対する直線形体が3パターン。データム平面に対する直線と平面形体が2パターン。それにデータム直線に対する平面形体の平行度が1パターン。
・規制形体が、直線形体の場合には、その方向を明確にする必要があり、規定に従った指示を行う。

### 1. 直線形体のデータム直線に対する平行度

(1) 一方向の平行度

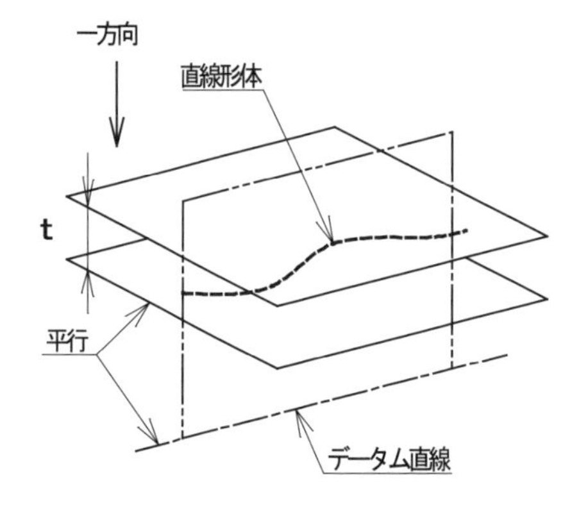


一方向の平行度は、その方向に垂直で、データム直線に平行な幾何学的平行二平面でその直線形体を挟んだときの、二平面の間隔tで表す。

(2) 互いに直角な二方向の平行度

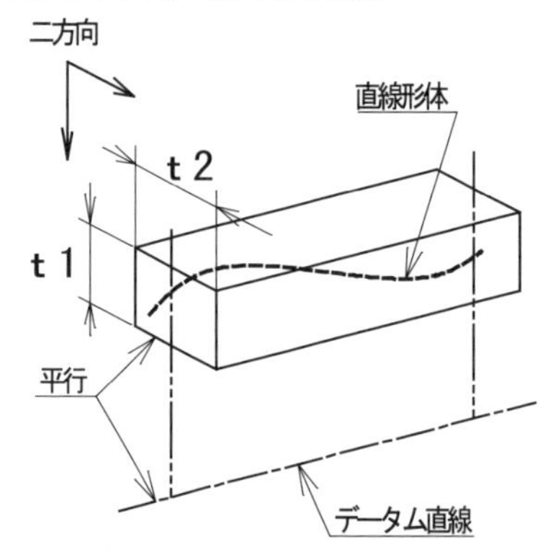


互いに直角な二方向の平行度は、その二方向にそれぞれ垂直で、データム直線に平行な二組の幾何学的平行二平面でその直線形体を挟んだときの、二平面の間隔（t1、t2）で表す。
すなわち、二組の平行二平面で区切られる直方体の二辺の長さで表す。

(3) 方向を定めない場合の平行度

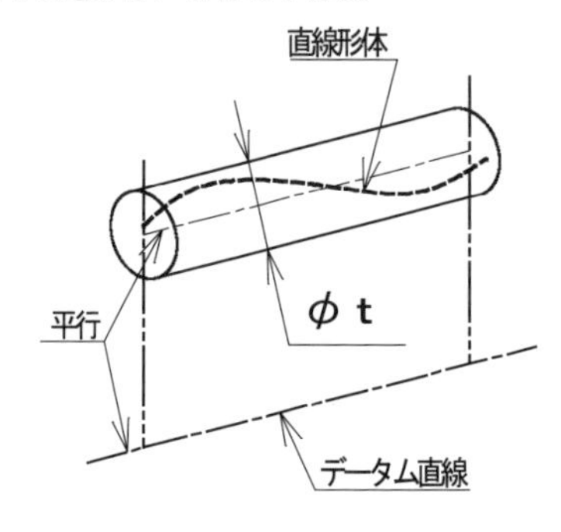


方向を定めない場合の平行度は、データム直線に平行でその直線形体を含む幾何学的円筒のうち、最も小さい径の円筒の直径tで表す。

**Keyword**

平行度（parallelism）：指示した直線形体や平面形体のデータムに対して平行な直線や平面からの隔たりの大きさ

## 2. 直線形体のデータム平面に対する平行度

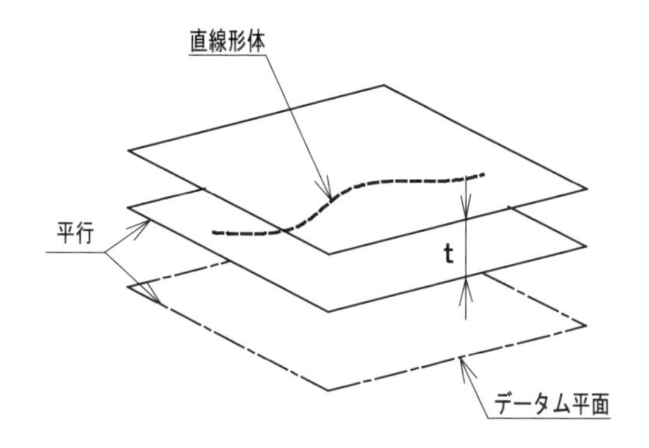


直線形体のデータム平面に対する平行度は、データム平面に平行な幾何学的平行二平面でその直線形体を挟んだときの、二平面の間隔tで表す。

## 3. 平面形体のデータム平面に対する平行度

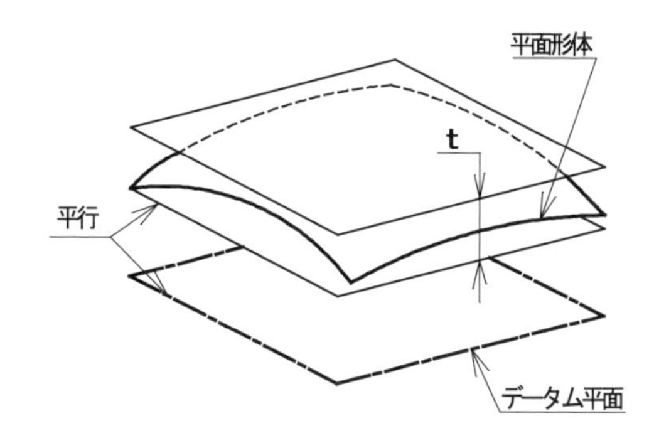


平面形体のデータム平面に対する平行度は、データム平面に平行な幾何学的平行二平面でその平面形体を挟んだときの、二平面の間隔tで表す。

## 4. 平面形体のデータム直線に対する平行度

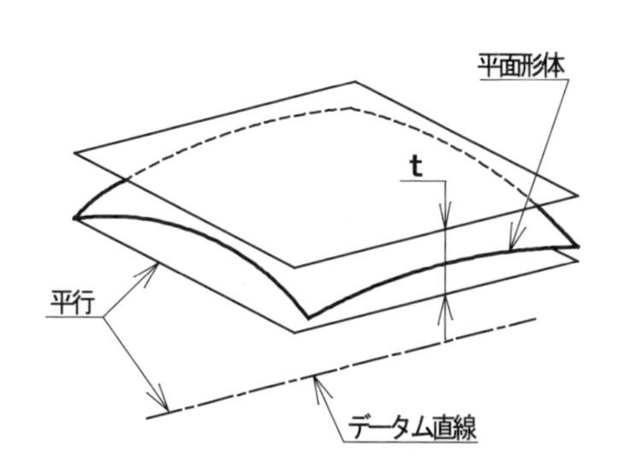


平面形体のデータム直線に対する平行度は、データム直線に平行な幾何学的平行二平面でその平面形体を挟んだとき、二平面の間隔が最小となる二平面の間隔tで表す。

## 3-1 平行度

# (2) 形状公差と平行度を一緒に指示する方法

**Point**

- 平行度は、真直度、平面度など形状公差を含む概念である。
- 平行度の公差値は、真直度や平面度よりも大きい公差を与えることになる。
- 平行度と同じ公差値のときには、真直度や平面度を指示するのは無意味である。

《 図面指示 》

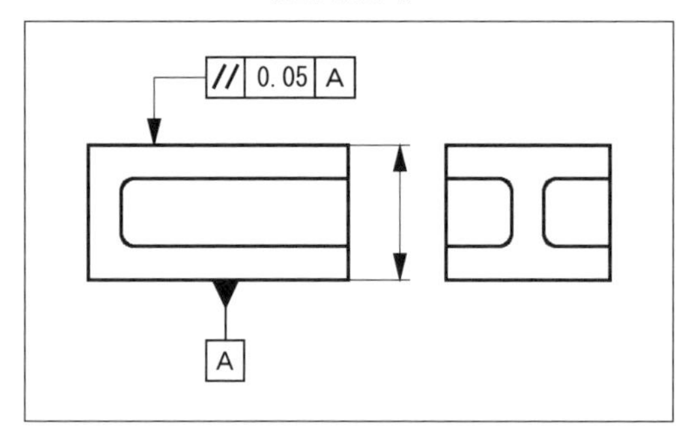


《 公差域 》

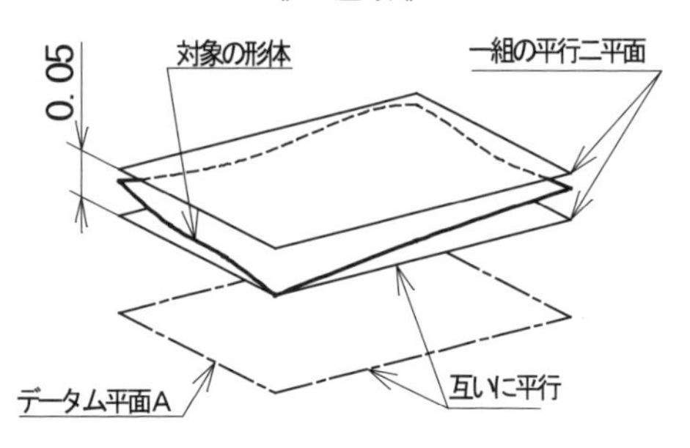


この場合、上の表面は間隔0.05の平行二平面に規制されている。
したがって、この状態で上の表面の真直度や平面度など形状公差は、0.05以内に規制されている。
真直度や平面度について、これよりも厳しい公差を与える場合は、下の指示となる。

《 図面指示 》

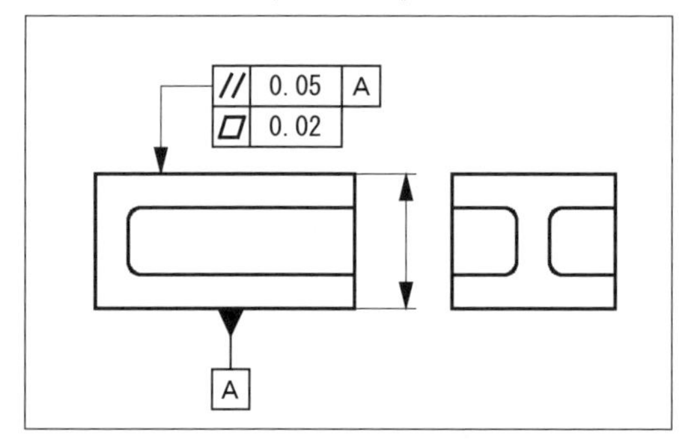


《 公差域 》

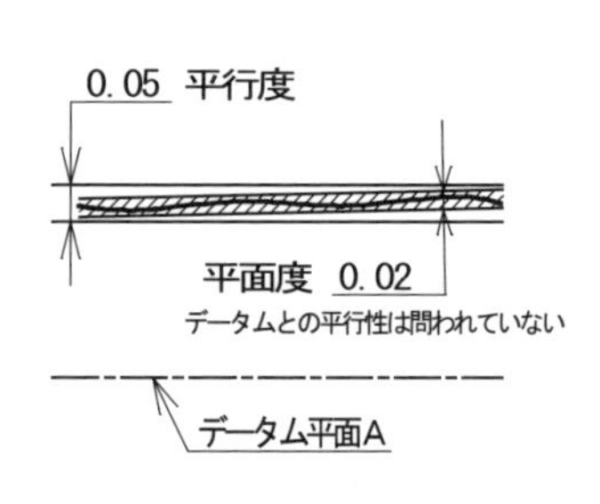

★ 平行度 ≧ 平面度 ≧ 真直度

平行度は形状公差を含むので、以下のように同じ公差値を指示をすることは無意味である。

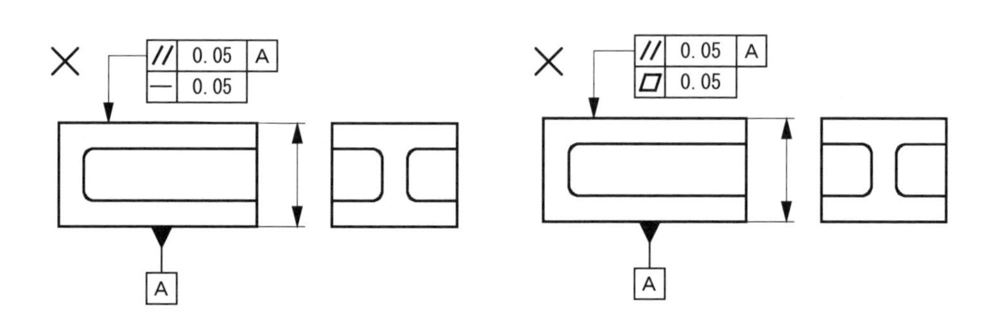

# 3-1 平行度

## （3）平行度公差とサイズ公差、位置公差との関係

**Point**

- 平行度公差とサイズ公差は、基本的に独立で、個々に満たさなければならない。
- 平行度公差の指示は、位置度公差よりも小さな公差を要求する場合に、指示する。

《 図面指示 》

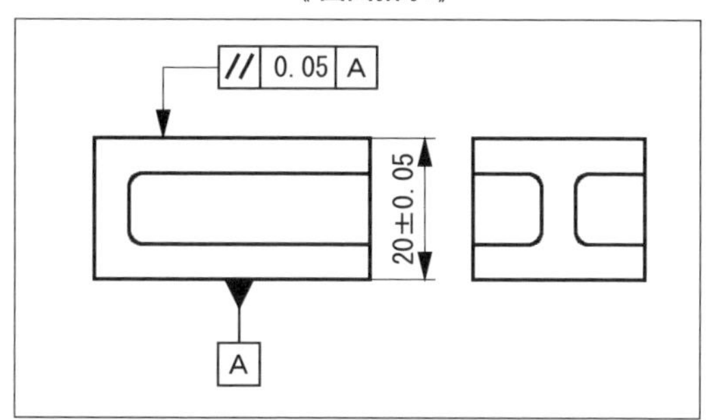


左図のように、サイズ公差0.1、平行度0.05を指示しているが、以下に見るように、サイズ公差と平行度は個々に満たされなければならない。

### 1. サイズ公差と平行度公差の両方を満たし、下の表面の平面度が最も小さい場合の状態

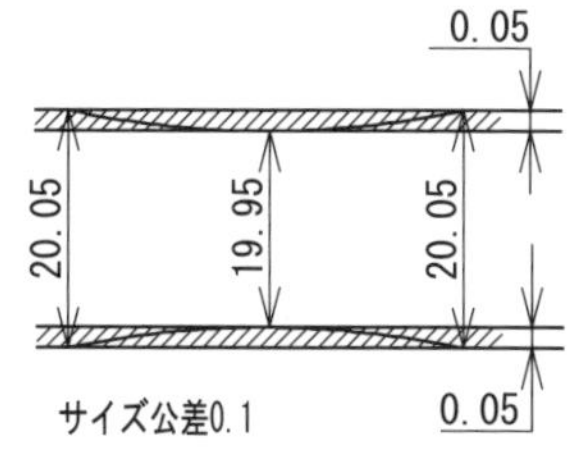


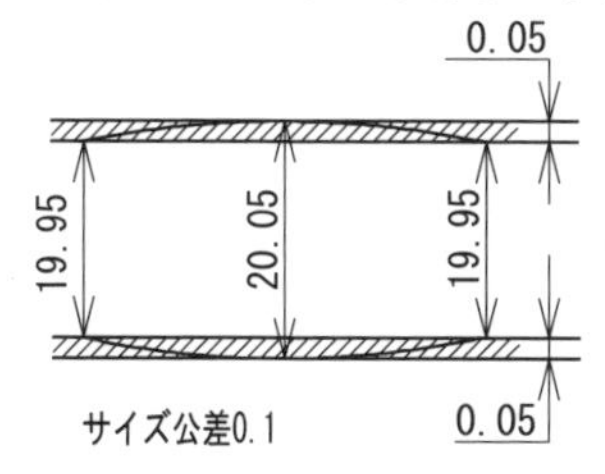


上の表面が平行度0.05でサイズ公差が0.1まで変動したとき、下の表面の平面度が最も小さいのは平面度0.05となる。

### 2. サイズ公差と平行度公差の両方を満たし、下の表面の平面度が最も大きい場合の状態

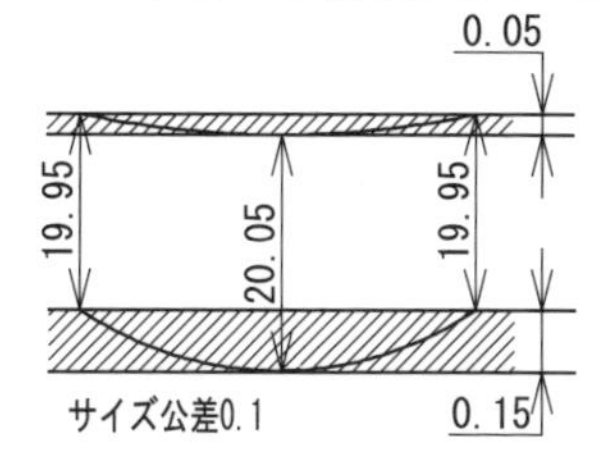


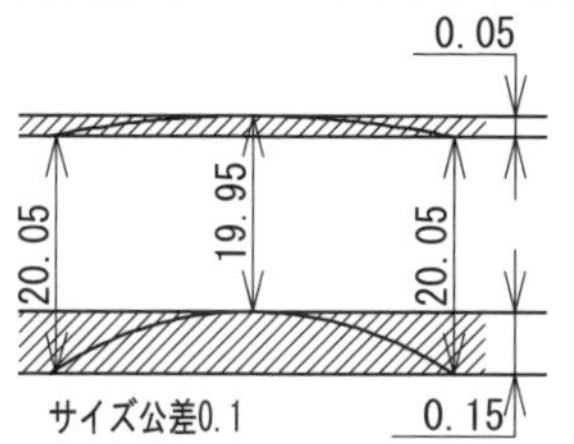


上の表面が平行度0.05でサイズ公差が0.1まで変動したとき、下の表面の平面度が最も大きいのは平面度0.15となる。

### 3. 位置度公差と平行度公差を併記した指示

《 図面指示 》

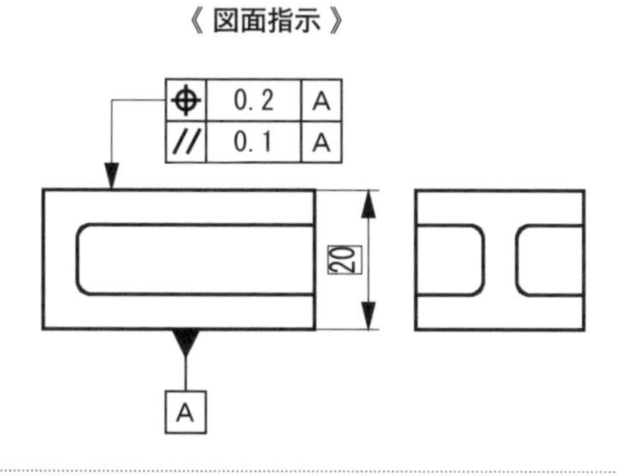


《 公差域 》

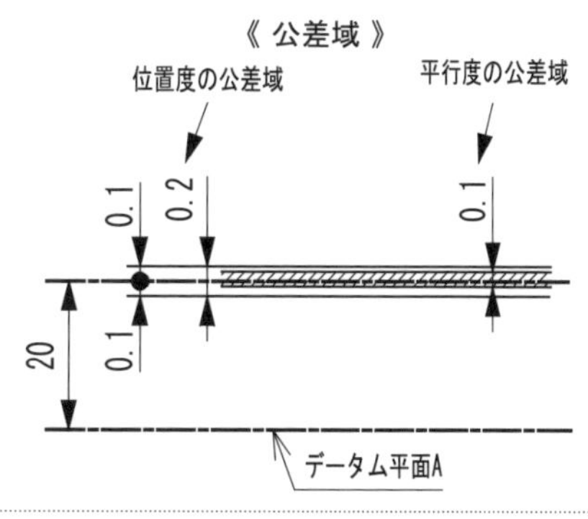


上の表面は、下のデータム平面Aに対して、19.9から20.1の平行二平面間になければならない。平行度は、その空間の内部で、データム平面Aに平行な間隔0.1の平行二平面間にあることを要求している。0.2の空間内を上下に変動できる。

# (4) 一方向の平行度指示

**Point**

- **一方向の平行度は、指示した方向については規制しているが、その他の方向については規制していない。**

《 図面指示 》

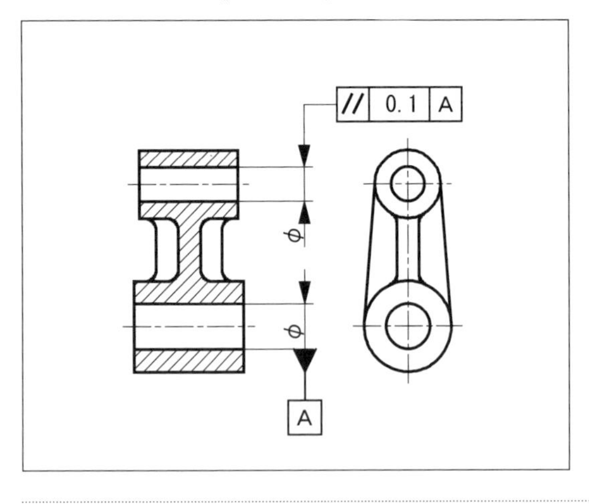


《 公差域 》

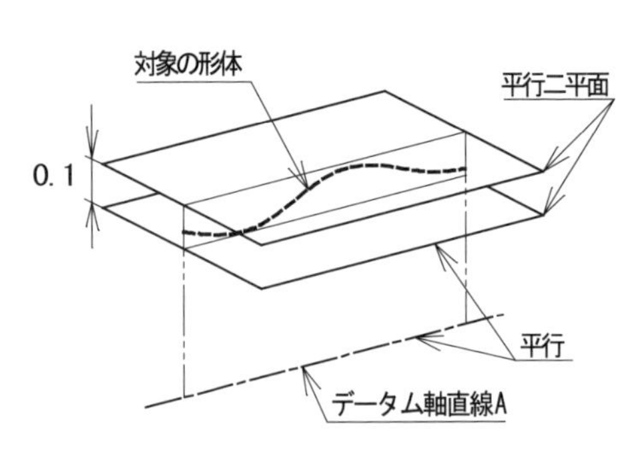


この図面指示の場合、対象の直線形体は間隔0.1の平行二平面間に規制される。

この場合、この方向に直角な方向については、特に規制しているものではないので、対象の直線形体は指示方向に対して直角方向の変動は許容される。

《 検証方法例 》

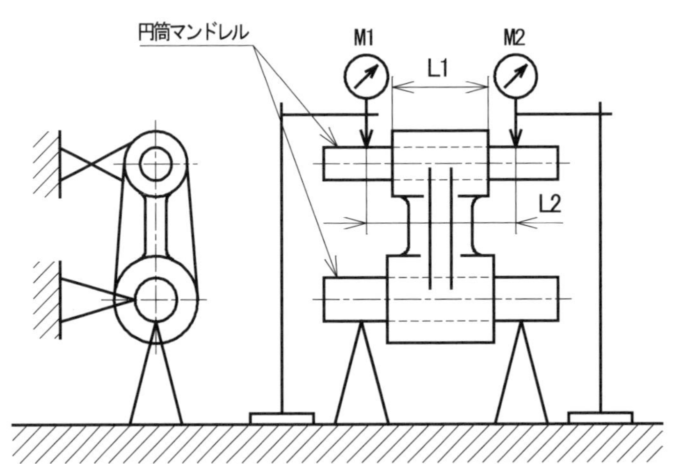


データム軸直線と測定形体の軸線を、円筒穴の両側に張り出した内接円筒マンドレルの軸直線で代用している。

調整用支持具により、図面に指示された垂直方向に正しく測定できるように調整し、軸方向の測定位置を決める。

平行度Pは、次の式によって計算する。

P＝｜M1−M2｜×L1／L2

# 3-1 平行度
## (5) 互いに直角な二方向の平行度指示

**Point**
- 直角な二方向の平行度の指示は、水平、垂直に方向が明確に現れている投影図において指示する。
- 異なる公差値を与えるのは、機能的に一方が緩くても許される場合に用いるのがよい。

《 図面指示 》

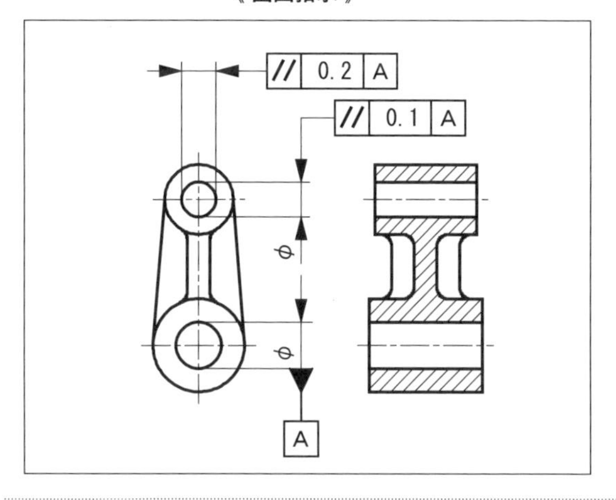


《 公差域 》

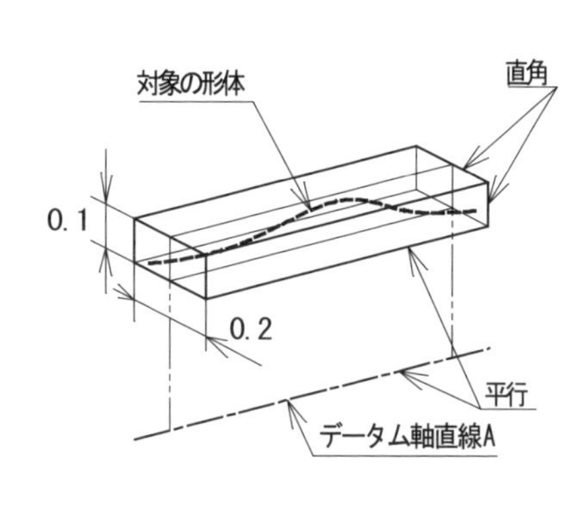


この図面指示の場合、データム軸直線Aと平行な方向については、平行度0.1を要求するが、これと直角な方向については、それよりも大きい平行度0.2で機能上問題ないことを示している。この場合の公差域は、結局、0.1×0.2を断面とする直方体となり、捩れた軸線であっても構わないことを意味している。

《 検証方法例 》

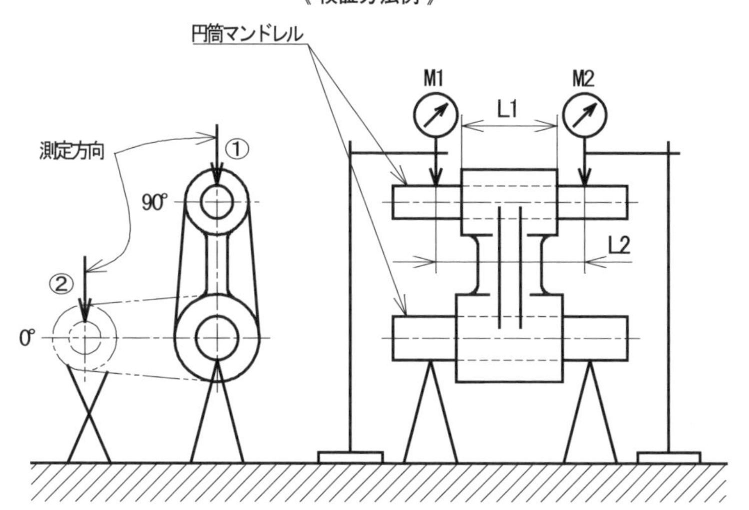


データム軸直線と測定形体の軸線を、円筒穴の両側に張り出した内接円筒マンドレルの軸直線で代用している。

図面に指示された二方向に正しく測定できるように測定物の位置決めをする。

垂直の位置①と水平の位置②の2つの状態で、円筒マンドレルの外形を測定する。

それぞれの平行度Pは、次の式によって計算する。

$$P = |M1 - M2| \times L1 / L2$$

# 3-1 平行度
## (6) 方向を定めない平行度指示

**Point**

- これは、対象の直線形体がデータム直線に対して、平行な、ある直径の円筒内に収まっていなければならない場合の指示である。
- 公差値の前に記号"φ"が必ず付く。

《図面指示》

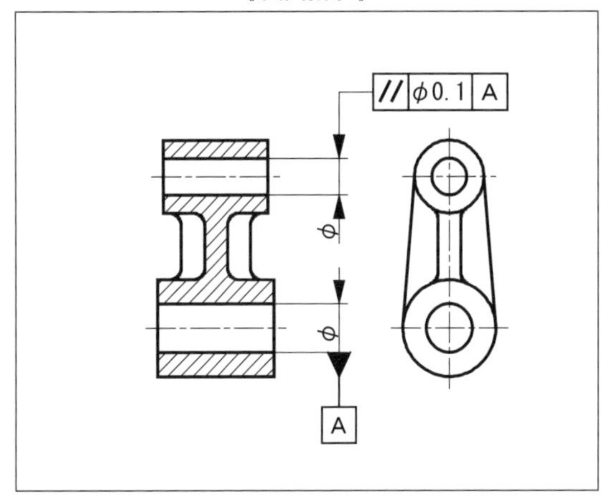


《公差域》

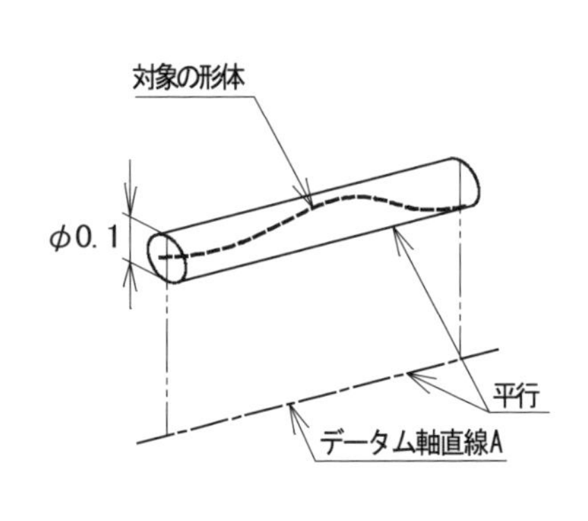


同じ公差値を指示した直角二方向の平行度と比べると、こちらの公差域のほうが狭くなる。
また、直角二方向の平行度と比べて、検証方法もやや工数が多くなる(両者の検証方法例を参照)。

《検証方法例》

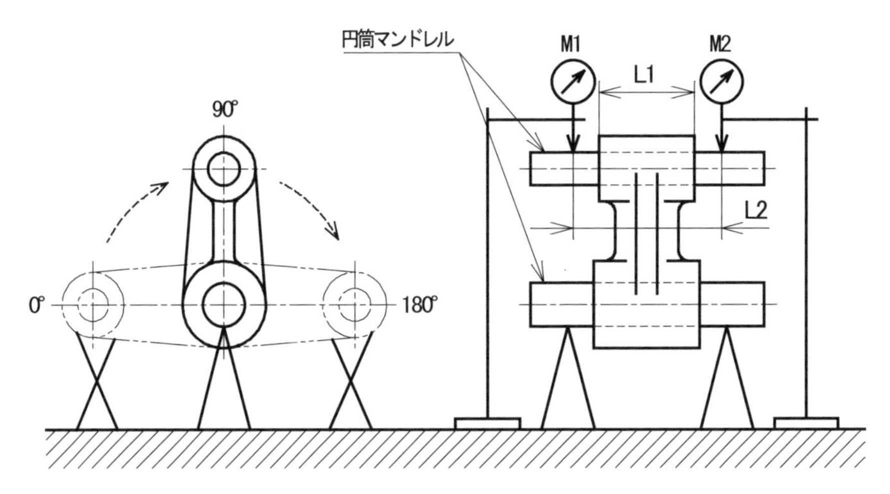


データム軸直線と測定形体の軸線を、円筒穴の両側に張り出した内接円筒マンドレルの軸直線で代用する。
測定位置は0°から180°の間の複数箇所の角度位置に軸を設定し、マンドレルの外形上でM1、M2の測定値を求める。
平行度Pは、次の式によって計算する。

$$P = | M1 - M2 | \times L1 / L2$$

# 3-1 平行度

## (7) 部分と全体への異なる平行度指示

**Point**

- 形体全体でなく任意の限られた範囲に平行度を指示する場合、または形体全体と任意の限定部分の両方に平行度を指示する場合がある。
- それらの図示方法は規定されているので、それに従って指示する。

### 1. 平面形体の任意の限定したある範囲にだけ平行度を要求する場合

《 図面指示 》

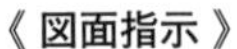

《 公差域 》

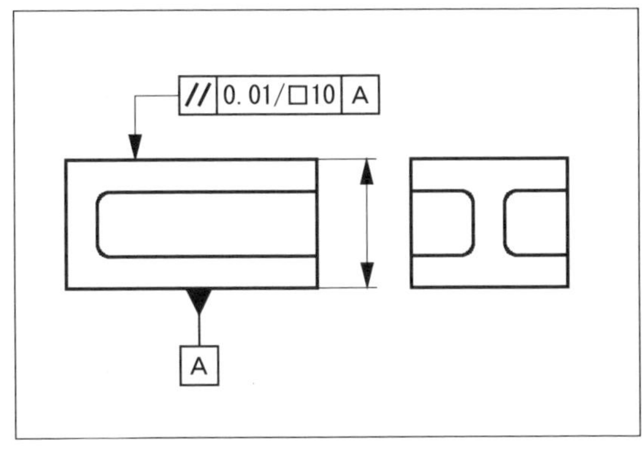


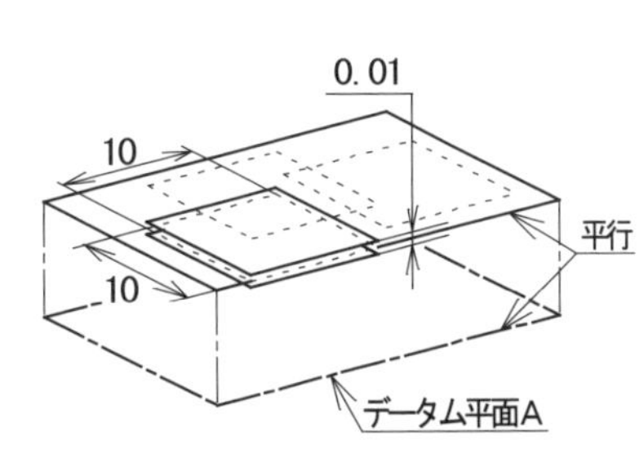


この場合は、公差値の後にスラッシュ“/”を入れ、限定する範囲の寸法数値を記入する。

### 2. 平面全体と任意の限定したある範囲の両方に平行度を要求する場合

《 図面指示 》

《 公差域 》

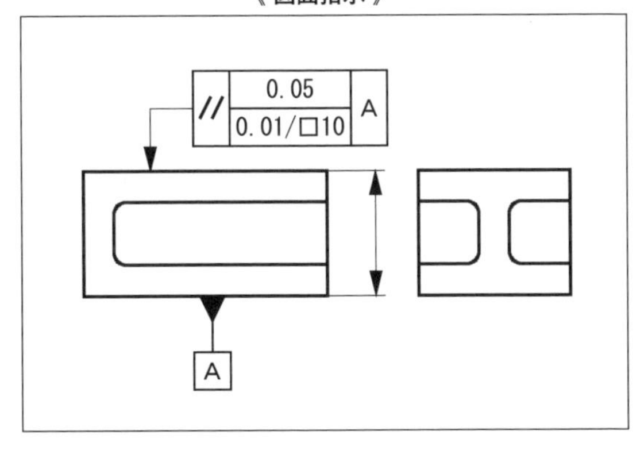


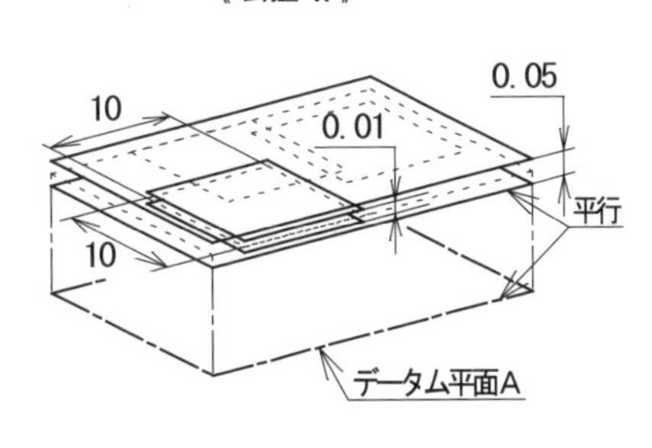


この場合には、公差値の枠を上下２段設けて、上段に平面全体の公差値を、下段に限定した範囲の公差値を記入する。

# 3-2 直角度

## (1) 直角度とその公差域

**Point**

- 直角度は、直線形体と平面形体を規制する。
- 直角度の公差域は、4種類6パターンある。
  データム平面に対する直線形体の直角度が3パターン。データム直線に対する直線と平面形体の直角度が2パターン。それにデータム平面に対する平面形体の直角度が1パターン。

### 1. 直線形体のデータム平面に対する直角度

(1) 一方向の直角度

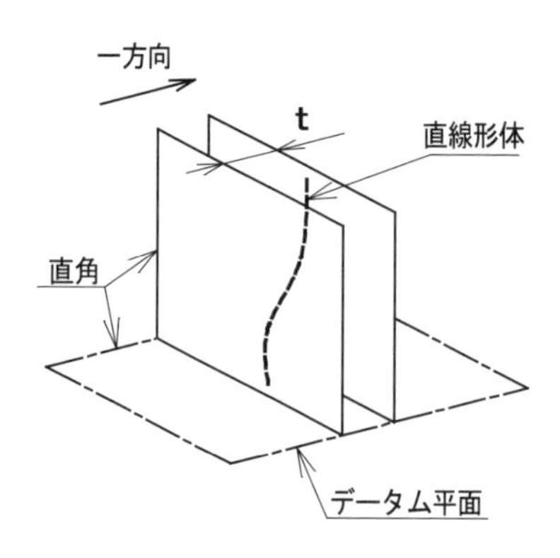


一方向の直角度は、その方向とデータム平面に垂直な幾何学的平行二平面でその直線形体を挟んだときの、二平面の間隔tで表す。

(2) 互いに直角な二方向の直角度

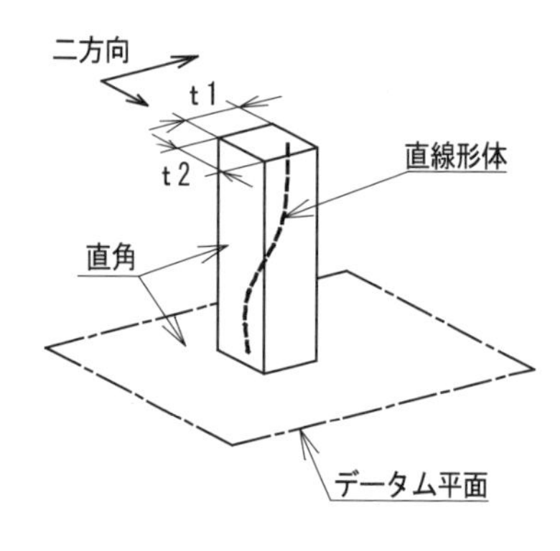


互いに直角な二方向の直角度は、その二方向とデータム平面に垂直な二組の幾何学的平行二平面でその直線形体を挟んだときの、二平面の間隔（t1、t2）で表す。

すなわち、二組の平行二平面で区切られる直方体の二辺の長さで表す。

(3) 方向を定めない場合の直角度

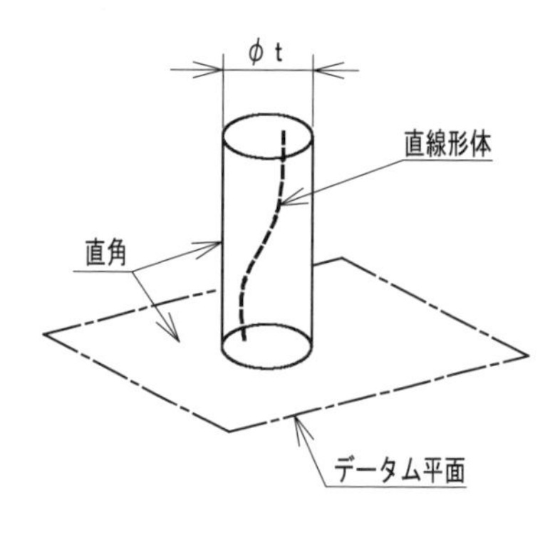


方向を定めない場合の直角度は、データム平面に垂直でその直線形体をすべて含む幾何学的円筒のうち、最も小さい径の円筒の直径tで表す。

※ P34～P37を参照。

**Keyword**

直角度（perpendicularity）：指示した直線形体や平面形体のデータムに対して直角な直線や平面からの隔たりの大きさ

## 2. 直線形体のデータム直線に対する直角度

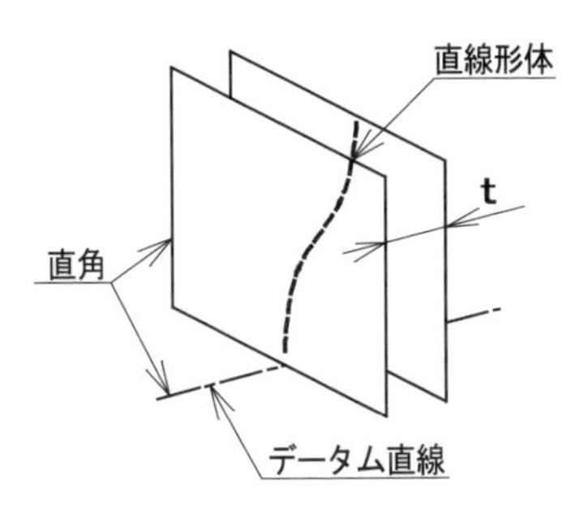


直線形体のデータム直線に対する直角度は、データム直線に垂直な幾何学的平行二平面でその直線形体を挟んだときの、二平面の間隔tで表す。

## 3. 平面形体のデータム直線に対する直角度

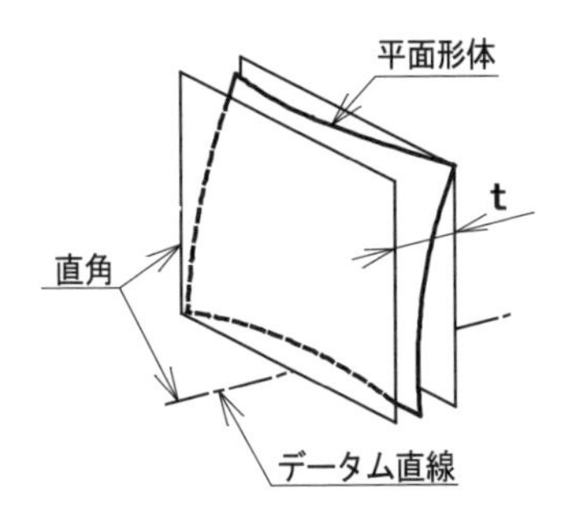


平面形体のデータム直線に対する直角度は、データム直線に垂直な幾何学的平行二平面でその平面形体を挟んだときの、二平面の間隔tで表す。

## 4. 平面形体のデータム平面に対する直角度

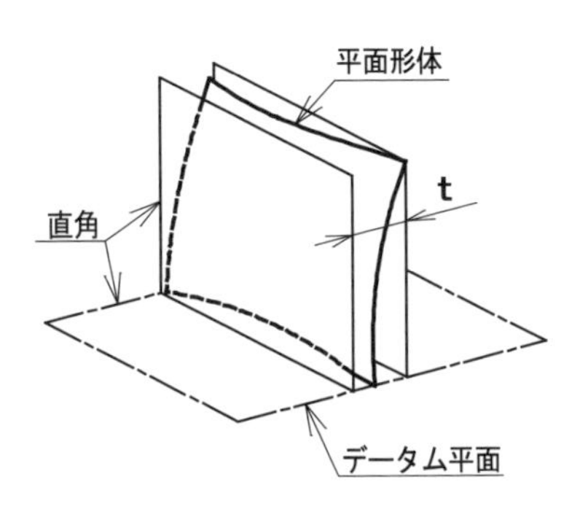


平面形体のデータム平面に対する直角度は、データム平面に垂直な幾何学的平行二平面でその平面形体を挟んだとき、二平面の間隔が最小となる二平面の間隔tで表す。

直角度

# 3-2 (2) 形状公差と直角度を一緒に指示する方法

**Point**

- 直角度は、真直度、平面度など形状公差を含む公差である。
- 直角度の公差値は、真直度、平面度よりも大きい公差を与えることになる。
- 直角度と同じ公差値のとき、真直度や平面度を指示するのは無意味である。

## 1. 一方向の直角度指示

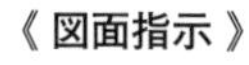


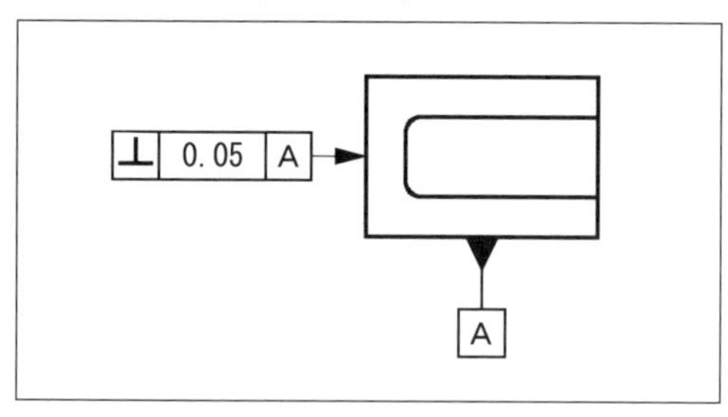


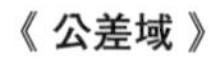


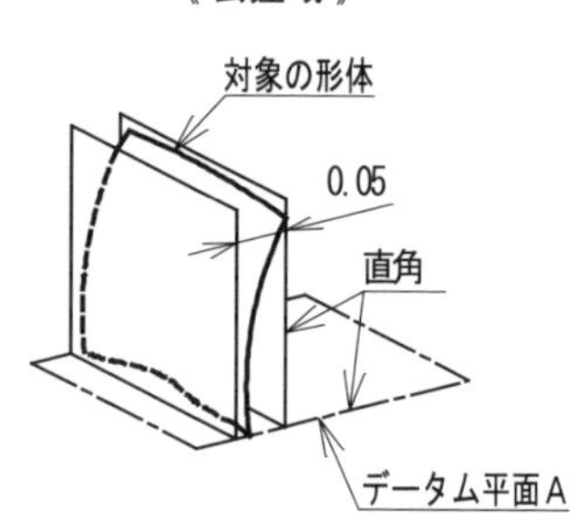


この直角度指示は、左の表面を間隔0.05の平行二平面に規制している。
したがって、この状態で左の表面の真直度や平面度は0.05以内に規制されている。
真直度や平面度については、これよりも厳しい公差を与える場合は、下の指示となる。

## 2. 形状公差（平面度）と併用した直角度指示

《 図面指示 》

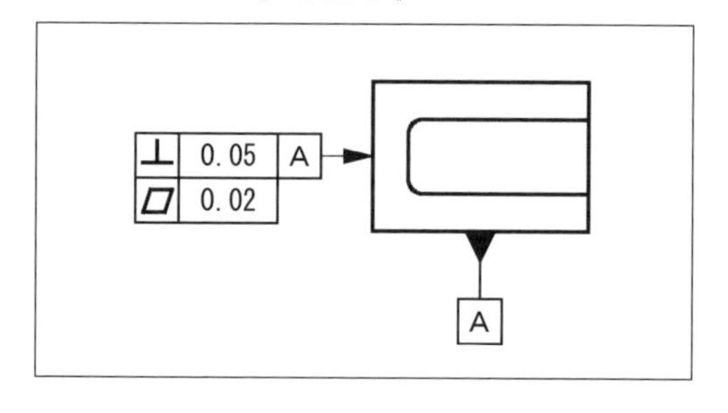


《 公差域 》

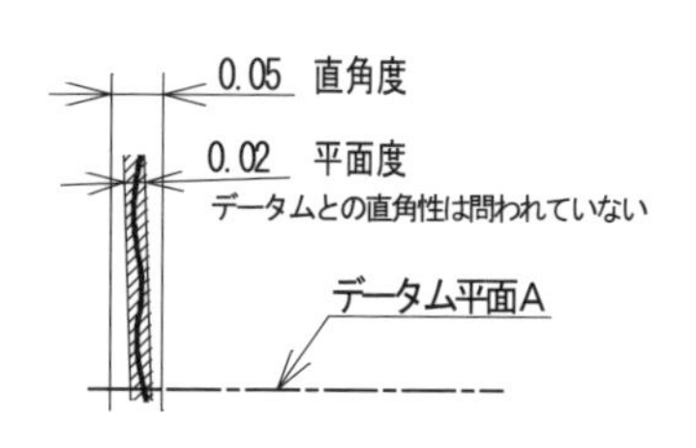


★ 直角度 ≧ 平面度 ≧ 真直度

直角度は形状公差を含むので、以下のような指示をすることは無意味である。

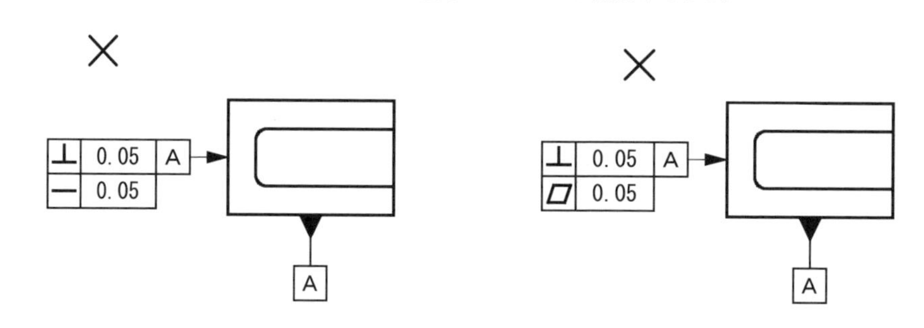

# 3-2 直角度
## (3) 直角度公差とサイズ公差、位置公差との関係

**Point**

・直角度公差によって、位置の規制はできない。
　位置の規制まで行いたい場合は、位置度公差を用いるか、位置度公差との併用を考える。

### 1. サイズ公差と直角度公差による指示

《 図面指示 》

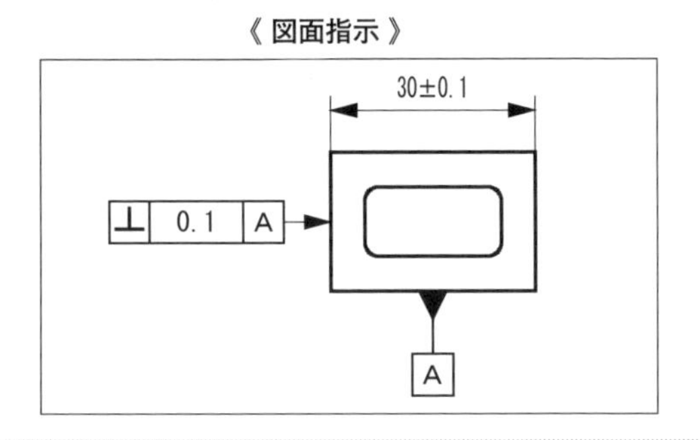


《 公差域 》

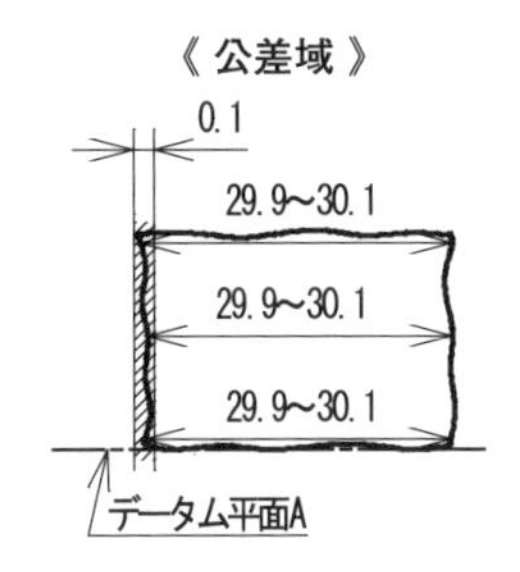


左の表面の位置は右の表面の状態によって左右され、位置は変動する。
直角度の公差域は、データム平面に直角な間隔0.1の平行二平面間である。
それらは、独立に検証される。

### 2. 位置度公差のみの指示

《 図面指示 》

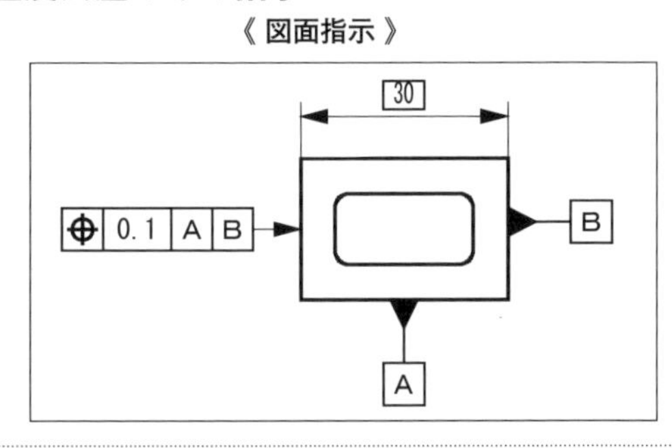


《 公差域 》

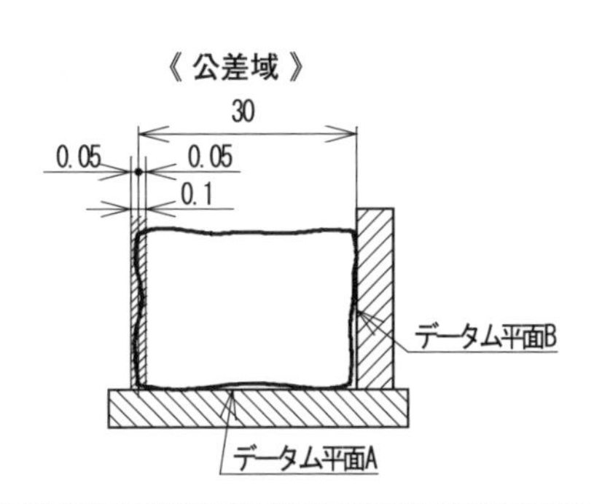


位置度で指示した場合、左の表面の位置は右のデータム平面Bから30を中心に左右0.05の平行二平面間が許容範囲となり、公差域は間隔0.1の平行二平面間である。そのとき、直角度はデータム平面Aに対して間隔0.1の平行二平面間となる。

### 3. 位置度公差と直角度公差を併記した指示

《 図面指示 》

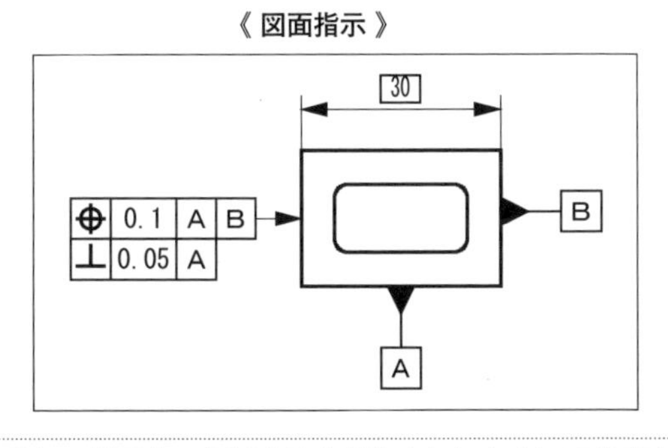


《 公差域 》

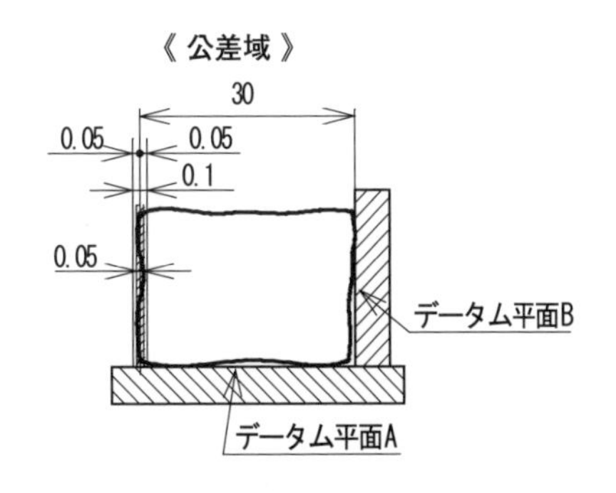


このように、位置度で規制する公差値よりも小さい直角度を要求するときに、直角度を別に指示することになる。

# (4) 一方向の直角度指示

**Point**

**・一方向の直角度は、指示した方向については規制しているが、その他の方向については規制していない。**

《 図面指示① 》

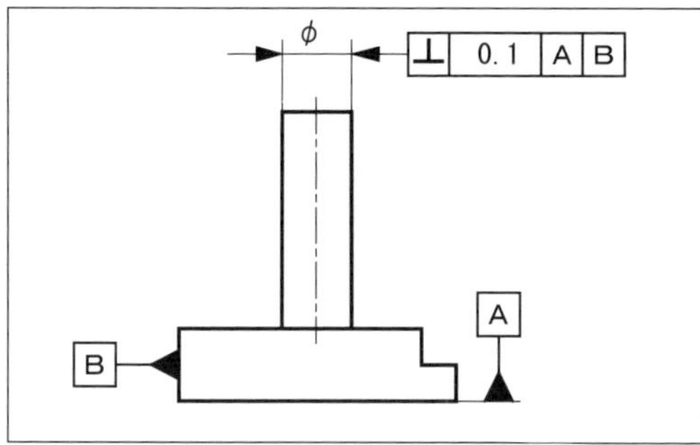


《 図面指示② 》

《 公差域 》

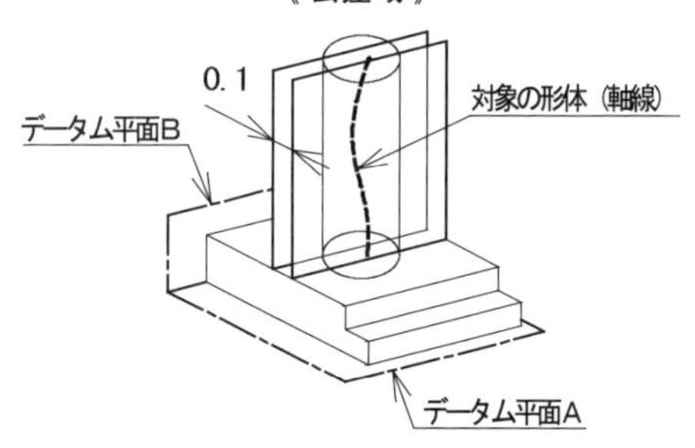


この図面指示の場合、対象の直線形体（軸線）は間隔0.1の平行二平面に規制される。なお、この場合、指示した方向と直角な方向については、特に規制していないので、対象の直線形体の指示方向と直角方向の変動は許容される。

指示①が従来の方法で、指示②がISOによる新しい指示方法である。

《 図面指示① 》

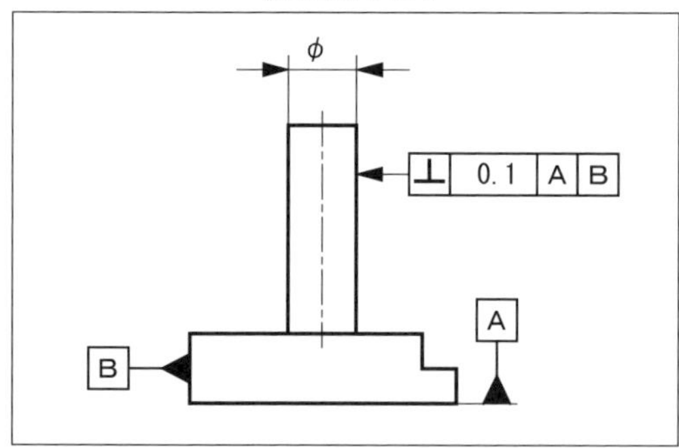


《 図面指示② 》

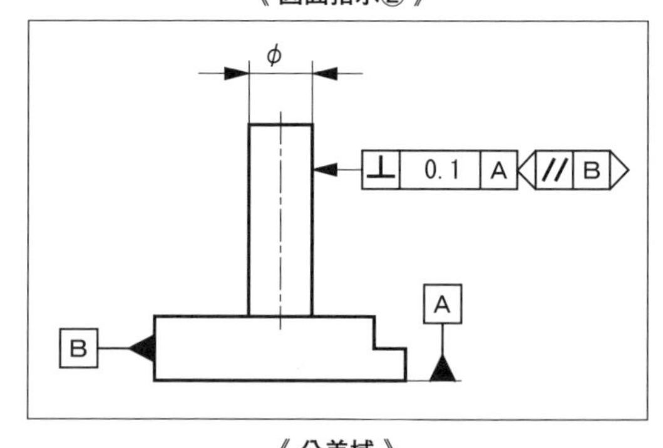


《 公差域 》

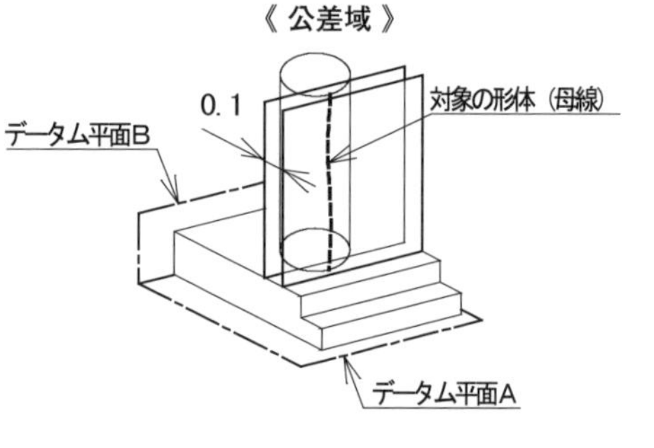


この図面指示では、規制の対象は円筒表面の母線（直線形体）である。これが間隔0.1の平行二平面に規制される。なお、この場合も指示した方向と直角な方向については、特に規制していないので、対象の直線形体の指示方向と直角方向の変動は許容される。

指示①が従来の方法で、指示②がISOによる新しい指示方法である。上記の２つの指示②は、いずれも“3D図面”で有効な指示方法である。

# 3-2 直角度

## (5) 互いに直角な二方向の直角度指示

**Point**

・直角な二方向の直角度の指示は、水平、垂直に方向が明確に現れている投影図において指示する。
・異なる公差値を与えるのは、機能的に一方が緩くても許される場合に用いるのがよい。

**Keyword**

姿勢平面指示記号（orientation plane indicator）：公差域の姿勢（方向）を指定するための指示記号

⟨//|B⟩ ← 記号の意味：「規制対象の形体の公差域はデータムBに対して平行な方向に存在する」

⟨⊥|B⟩ ← 記号の意味：「規制対象の形体の公差域はデータムBに対して直角な方向に存在する」

《図面指示①》

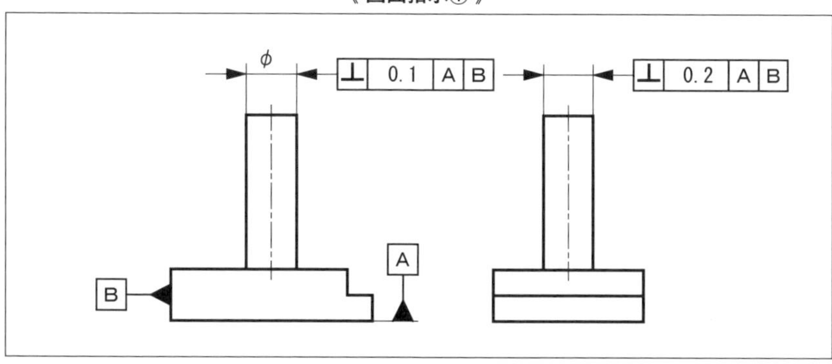


《図面指示②》

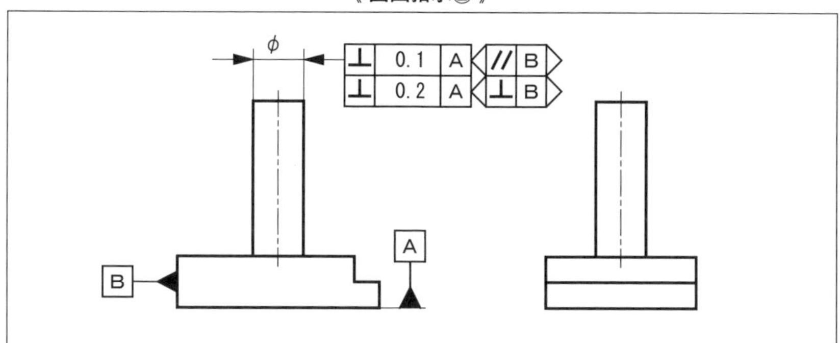


この図面指示の場合、データム平面Aに対して直角で、対象物の下部の状態を図示のような状態においての直角二方向が公差域となっている。

正面図で左右方向には公差0.1を、それと直角な手前奥方向に公差0.2を要求している。

機能上、左右方向に比べて手前奥方向が緩やかな公差でよいことを示している。

この場合の公差域は、結局、0.1×0.2を断面とする直方体となる。

指示①が従来の方法で、指示②がISOによる新しい指示方法である。指示②は、"3D図面"で有効な指示方法である。

《公差域》

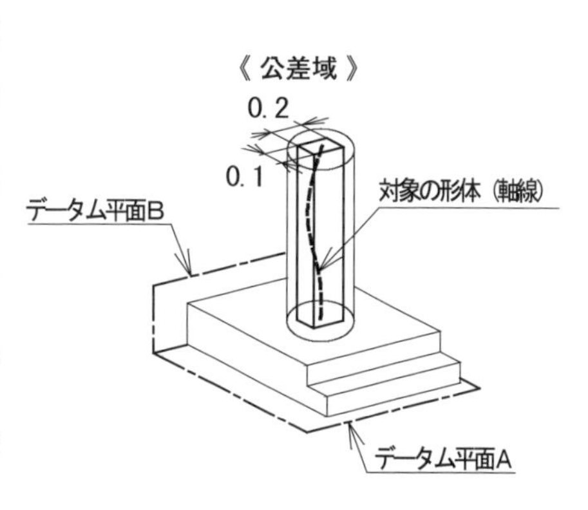

# 3-2 直角度

## (6) 方向を定めない直角度指示と形体長さ

**Point**

・方向を定めない場合の直角度指示の公差域は、公差値を直径とする円筒内である。
軸のような対象物でも“倒れ角”ではないので、同じ公差値でも形体長さを考慮する。
たとえ直角度の公差値が同じでも、倒れ角は短い軸部品の方が長い軸部品よりも大きくなるので注意する。

《 図面指示 》

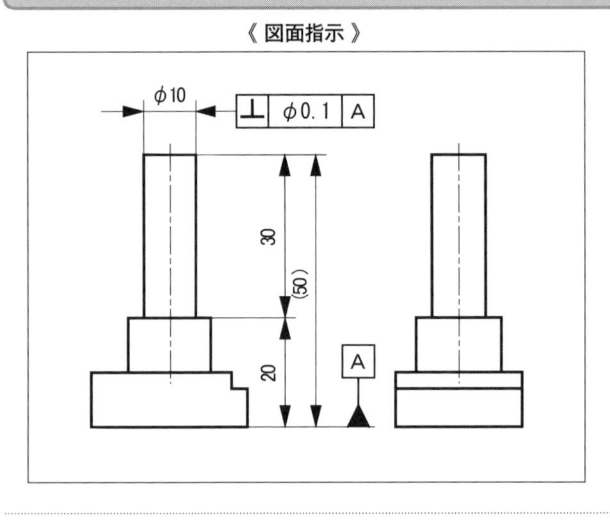


《 公差域 》

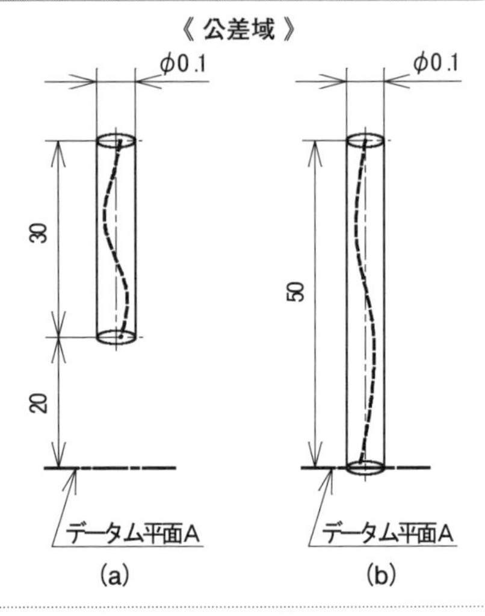


上の図面指示の場合の公差域は、(a) のようにデータム平面から20離れた長さ30の範囲であって、決して (b) のようにデータム平面から長さ50に渡ってのものではない。

(1) 短い軸の直角度

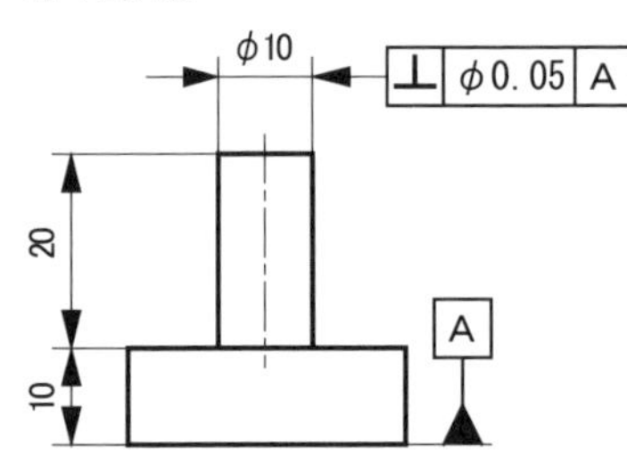


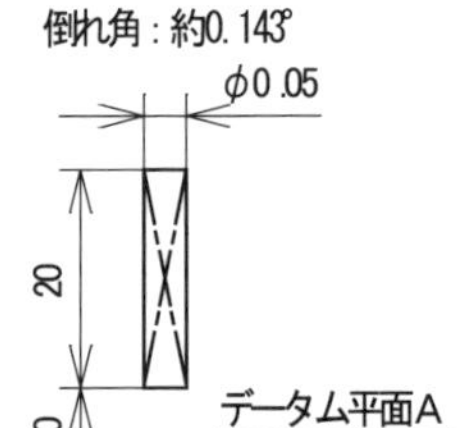


(2) 長い軸の直角度

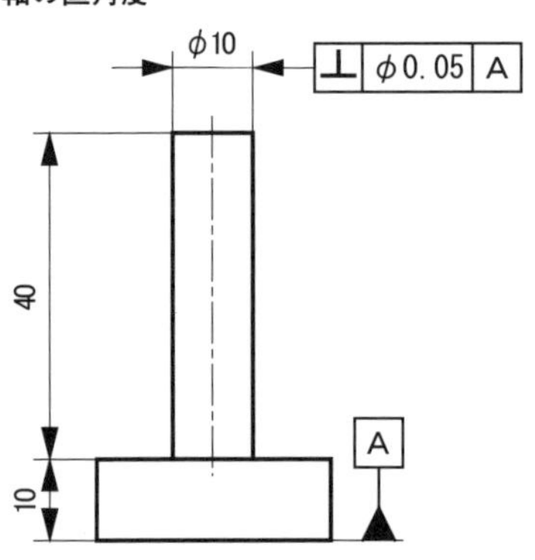


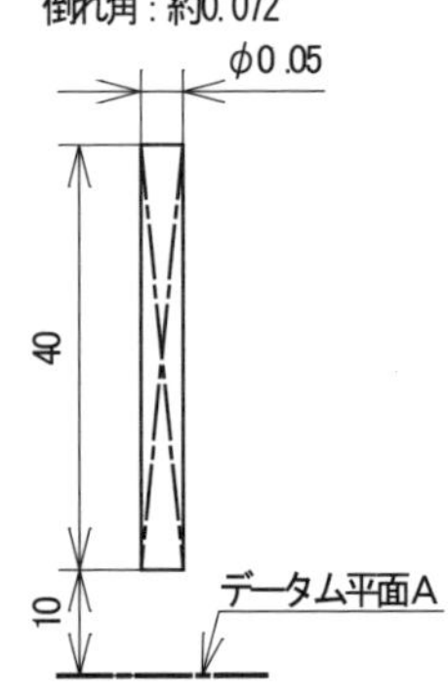


長短2つの部品とも直角度はφ0.05と同じ公差であるが、直角度指示された形体の長さは、(1) は (2) の半分である。

倒れ角でみると、(1) が約0.143°、(2) が約0.072°である。

仮に、機能的に倒れ角0.143°まで許容できる部品だとすれば、(2) の場合、直角度φ0.1でよいことになる。

3-2 直角度

# (7) 直角度指示は形状特徴を規制しない

**Point**

- 直角度は、対象表面の形状公差は規制するが、形状特徴までは規制していない。
- 特に、形状特徴を指示したい場合は、注記を用いる。

《 図面指示 》

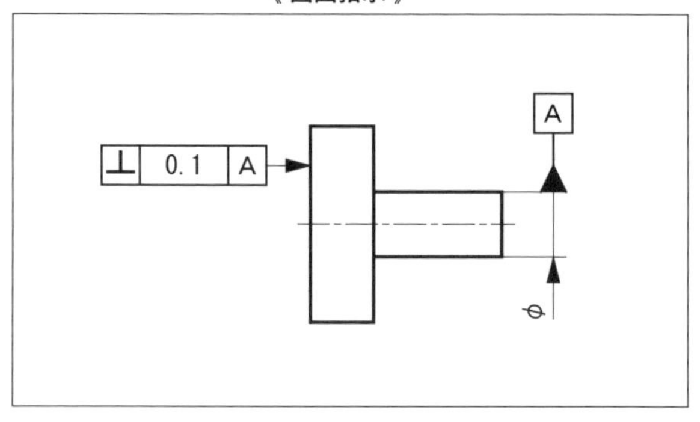


《 公差域 》

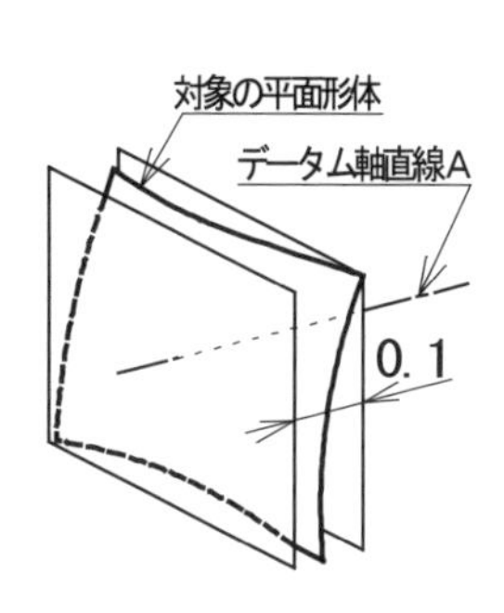


上の図面指示の場合の公差域は、右に示すように、データム軸直線に直角な間隔0.1の平行二平面間である。対象の表面がこの範囲にあればよいので、下に示すように左の表面が（1）の「すり鉢形状」や、(2)の「傘形状」などは規制しない。

そのようにあってほしいとか、避けたいとかの場合は、下記の図面指示例のように注記する。

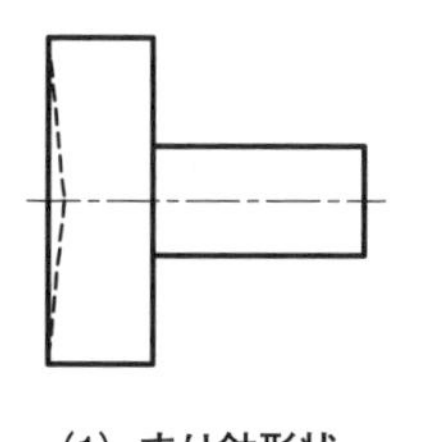

(1) すり鉢形状

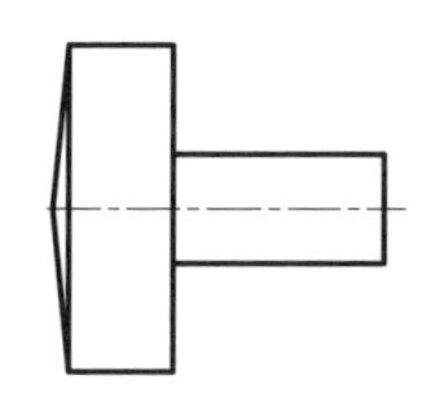

(2) 傘形状

《 図面指示例 》

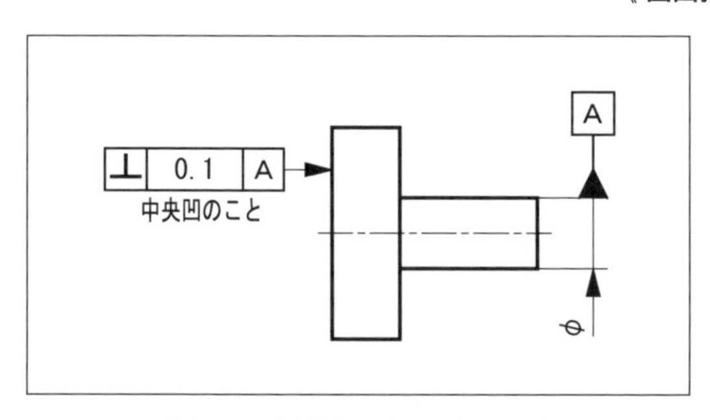


(1) すり鉢形状であってほしいとき

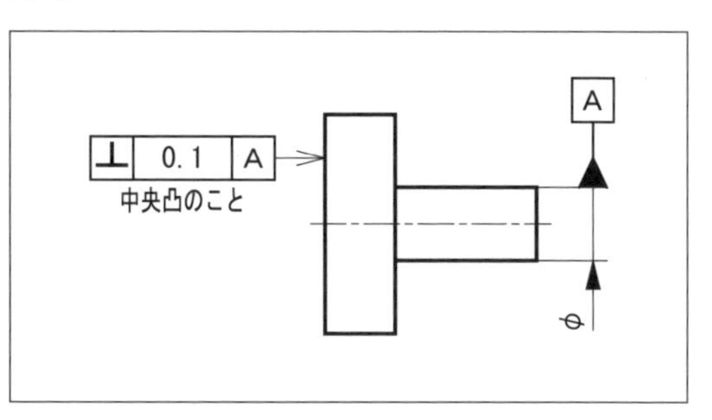


(2) 傘形状であってほしいとき

※　上記の注記の場合、いずれも定性的な指示であり、より定量的な指示となるよう考慮する必要がある。現状では、それについての詳細な規定はない。

# 3-3 傾斜度

## (1) 傾斜度とその公差域

**Point**

・傾斜度は、直線形体と平面形体を規制する。
・傾斜度の公差域は、4種類6パターンある。
データム直線に対する直線形体の傾斜度が2パターン。データム平面に対する直線形体の傾斜度が2パターン、データム直線とデータム平面に対する平面形体の傾斜度がそれぞれ1パターン。

### 1. 直線形体のデータム直線に対する傾斜度

(1)（両者が）同一平面にある場合

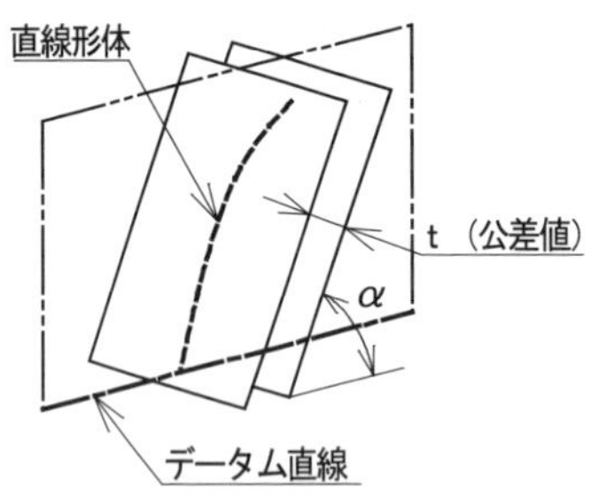

α：理論的に正確な角度寸法

同一平面上にあるべき直線形体のデータム直線に対する傾斜度は、直線形体のいずれか一端とデータム直線とを含む幾何学的平面に垂直で、データム直線に対して理論的に正確な角度αをなす幾何学的平行二平面でその直線形体を挟んだときの、二平面の間隔tで表す。

(2)（両者が）同一平面にない場合

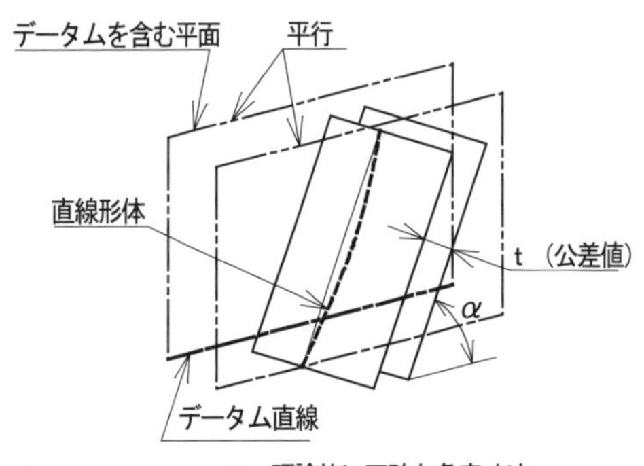

α：理論的に正確な角度寸法

同一平面上にない直線形体のデータム直線に対する傾斜度は、直線形体の両端を結ぶ幾何学的直線に平行で、データム直線を含む幾何学的平面に垂直で、データム直線に対して理論的に正確な角度αをなす幾何学的平行二平面でその直線形体を挟んだときの、二平面の間隔tで表す。

### 2. 直線形体のデータム平面に対する傾斜度

(1)　公差域が平行二平面間の場合

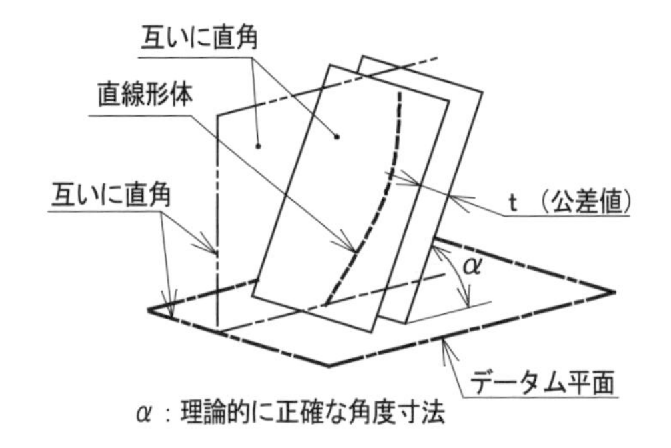

α：理論的に正確な角度寸法

直線形体のデータム平面に対する傾斜度は、直線形体の両端を含みデータム平面に垂直な幾何学的平面に垂直で、データム平面に対して理論的に正確な角度αをなす幾何学的平行二平面で直線形体を挟んだときの、二平面の間隔tで表す。

**Keyword**

傾斜度（angularity）：指示した直線形体や平面形体のデータムに対して理論的に正確な角度の直線や平面からの隔たりの大きさ

## 2. 直線形体のデータム平面に対する傾斜度（つづき）

(2) 公差域が円筒形の場合

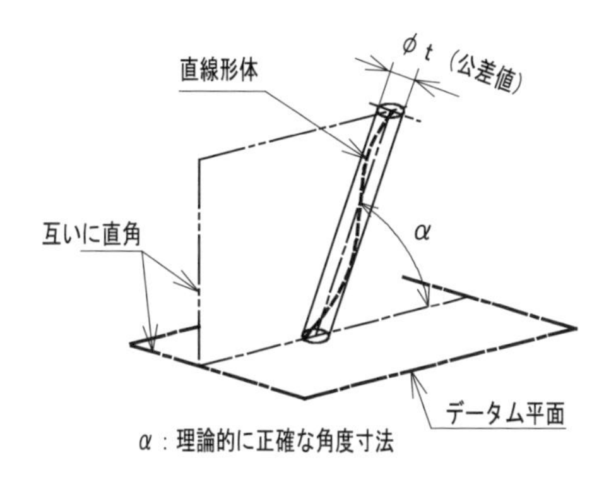


直線形体のデータム平面に対する傾斜度は、直線形体の両端を含みデータム平面に垂直な幾何学的平面上で、データム平面に対して理論的に正確な角度αをなす幾何学的円筒で直線形体を挟んだときの、円筒の直径tで表す。

## 3. 平面形体のデータム直線に対する傾斜度

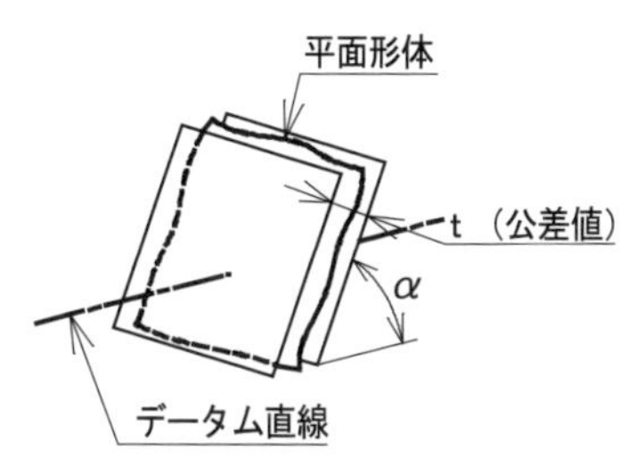


平面形体のデータム直線に対する傾斜度は、データム直線に対して理論的に正確な角度αをなす幾何学的平行二平面で平面形体を挟んだとき、平行二平面の間隔が最小となる二平面の間隔tで表す。

## 4. 平面形体のデータム平面に対する傾斜度

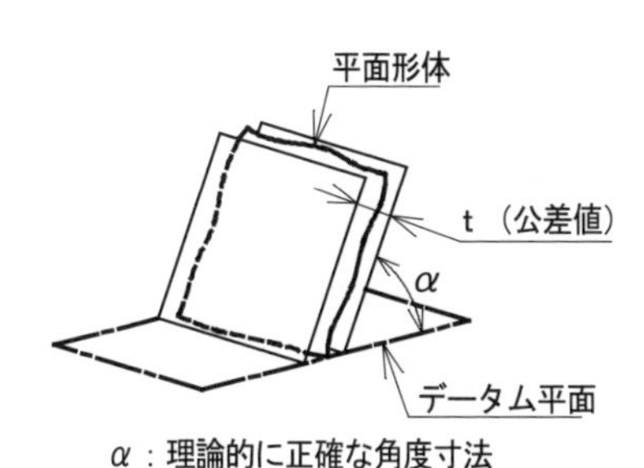


平面形体のデータム平面に対する傾斜度は、データム平面に対して理論的に正確な角度αをなす幾何学的平行二平面で平面形体を挟んだとき、平行二平面の間隔が最小となる二平面の間隔tで表す。

## 3-3 傾斜度
# (2) 直線形体のデータム直線に対する傾斜度指示

**Point**

- 目標とする姿勢（角度）を"理論的に正確な角度"を用いて指示する。公差付きの角度寸法指示であってはならない。
- 規制形体が軸線の場合、公差記入枠の矢を直接中心線に当てることはできない。
- (2D図面では) データム直線と規制形体を含む平面が正面図となる投影図に図示する。

《図面指示》

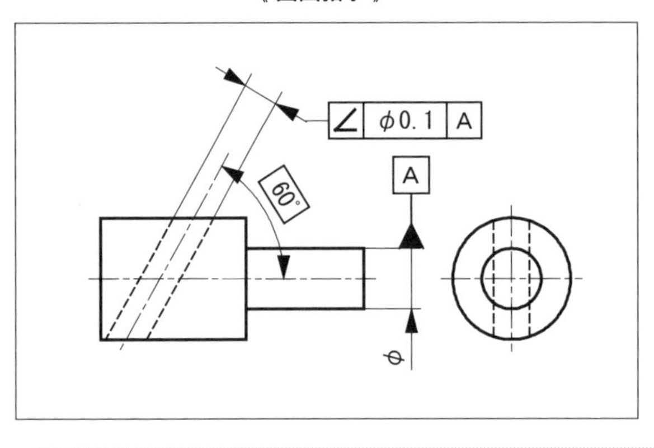


《公差域》

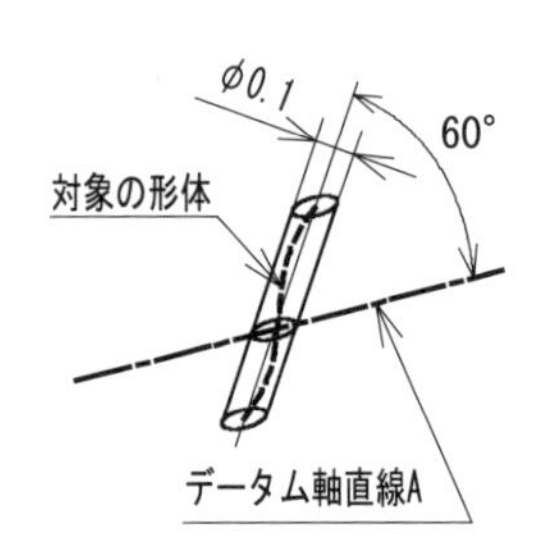


上の図面指示の場合、対象の直線形体はデータム軸直線Aを含む平面上にあるべき形体の例である。つまり、データム軸直線Aと角度60°をなす公差域の円筒の軸線は、１つの平面上に存在する。

**傾斜度の誤った指示例**

(1) 軸線に直接公差記入枠の矢を当てた例

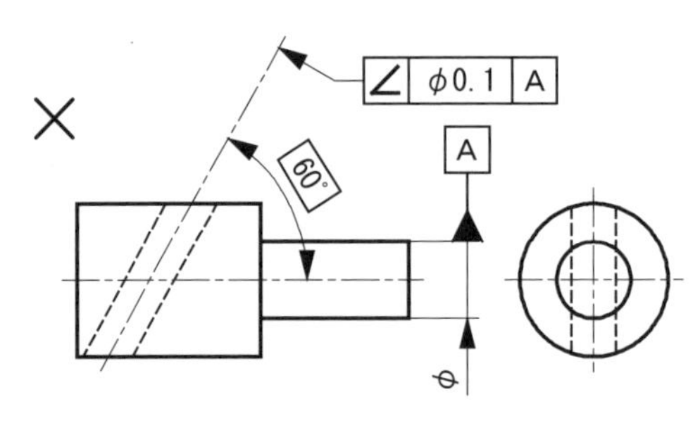


公差記入枠の矢は、軸線を表す中心線に直接当てることはできない。

直径を表す寸法線の延長上に矢を指す。

(2) 理論的に正確な角度の指示でない例

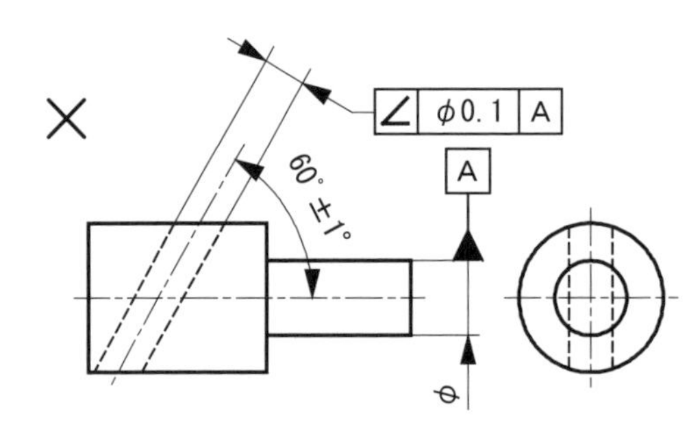


目標の傾斜角度は、公差付き角度サイズではなく、必ず理論的に正確な角度寸法（TED）で指示しなければならない。

(備考)

公差付き角度サイズで傾斜角を指示してしまうと、それに更に傾斜度の公差域が加わる、という矛盾を起こしてしまう。

# 3-3 傾斜度
## (3) 直線形体のデータム平面に対する傾斜度指示

**Point**

- 目標とする姿勢（角度）を“理論的に正確な角度”を用いて指示する。
- 規制形体が軸線の場合、公差記入枠の矢を直接中心線に当てることはできない。
- (2D図面では) データム平面と垂直な平面上に規制対象の形体が存在する投影図を選んで図示する。

《 図面指示 》

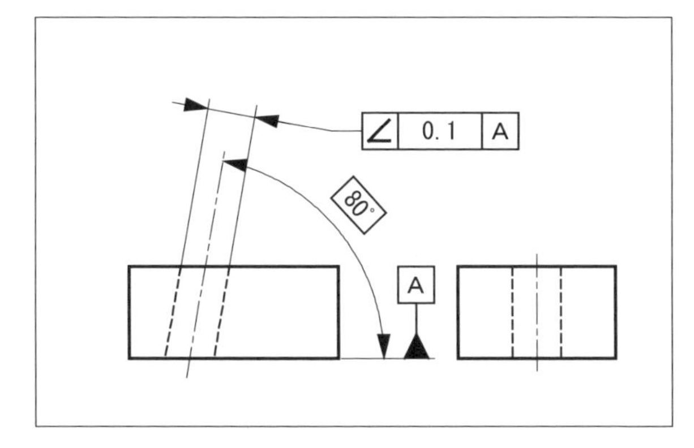


《 公差域 》

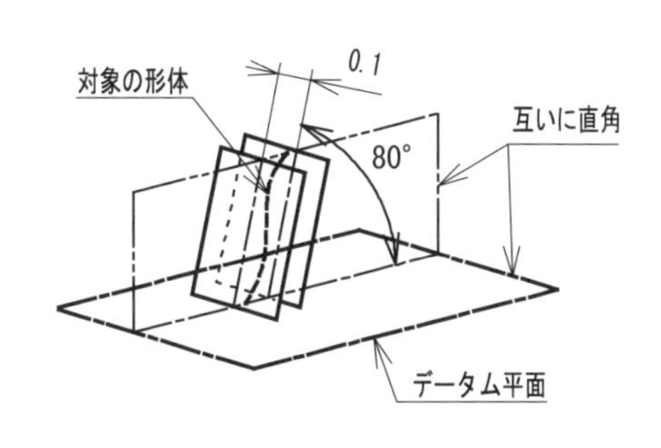


上の図面指示の場合、対象の直線形体はデータム平面Aに垂直な平面上にあるべき形体の例である。データム平面と角度80°をなす公差域の限界の平行二平面は、その垂直な平面とは直角の関係になる。

《 検証方法例 》

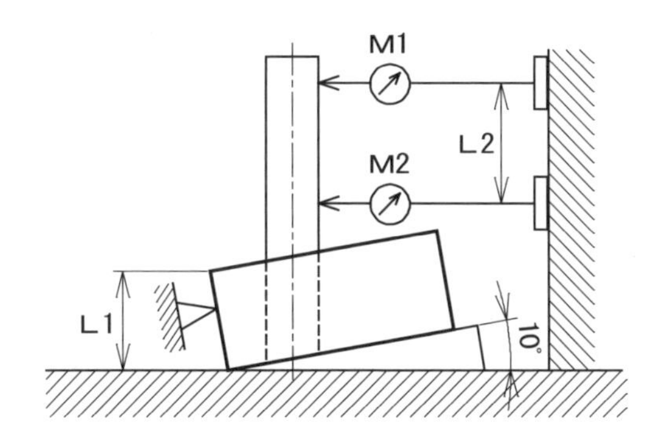


測定物を指定された角度10°（＝90°－80°）の角度定盤に置いて、公差付きの穴に円筒マンドレルをはめ合わせる。

インジケータの読み値の差（M1－M2）が最小になるように測定物を回転させる（公差付き円筒穴を垂直に設定する作業）。

L2離れた２つの高さで直角定盤からマンドレルまでの距離M1、M2を測定する。

傾斜度Aは、次の式によって計算する。

A＝｜M1－M2｜×L1／L2

# (4) 平面形体のデータム平面に対する傾斜度指示

**Point**

・図示する投影図は、データム平面と規制対象の平面形体の双方に対して直角な平面である。
・公差記入枠の矢は、対象表面の外形線に対して直角に当てる。

《図面指示》

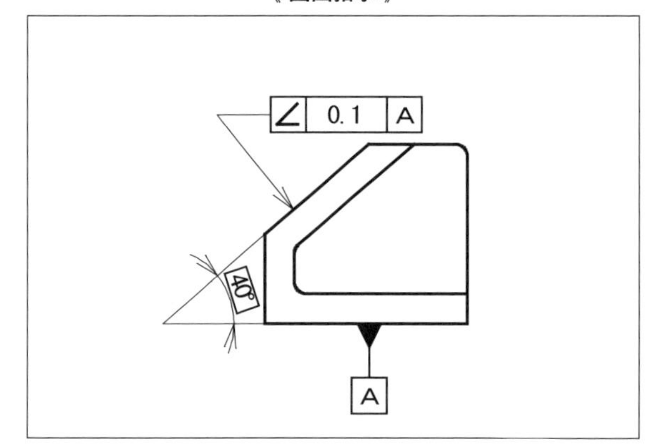


《公差域》

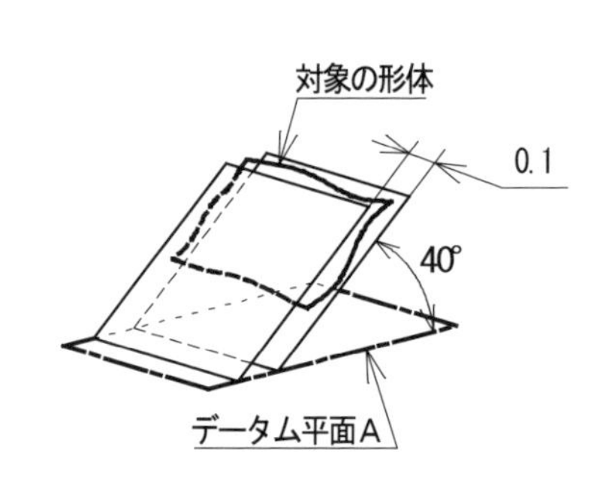


上の図面指示の場合の公差域は、データム平面から理論的に正確な角度40°傾斜した、間隔が0.1の平行二平面間である。

《検証方法例》

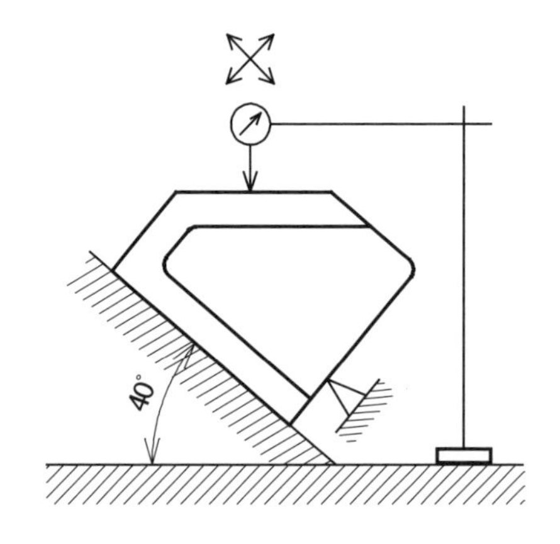


測定物を指定された角度40°の角度定盤上に置く。

公差付き形体の面に対するインジケータの読みの最大差が最小になるように測定物を回して調節する（対象の表面を水平に設置する作業）。

傾斜度は、インジケータの読みの最大差である。

# 3-3 傾斜度

## （5）傾斜度公差と位置公差との関係

**Point**

- 傾斜度公差は、平行度、直角度など他の姿勢公差と同様に、形体の姿勢は規制するが、位置の規制まではしていない。
- 規制形体の端部が位置公差（位置度）で示された場合は、その端部は公差内で変動する。
位置と姿勢の両方を規制したい場合は、位置度指示か、あるいは位置度と傾斜度の併用指示となる。

《 図面指示 》

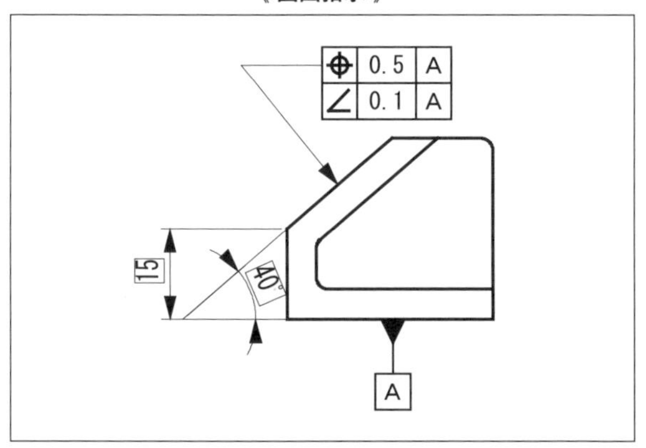


前頁の傾斜度の指示も、実際には指示表面の端部が位置度で示すことで指示は完全になる。

その場合、対象の形体の位置は、下に示すように変動する。

(1) 斜面が最も高くなり実体が最も大きくなる場合

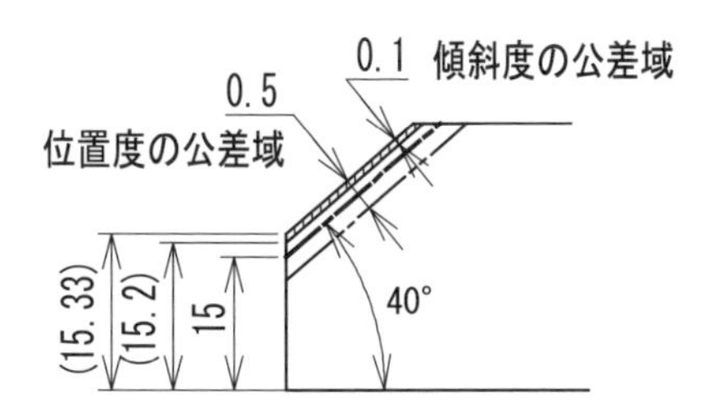


(2) 斜面が最も低くなり実体が最も小さくなる場合

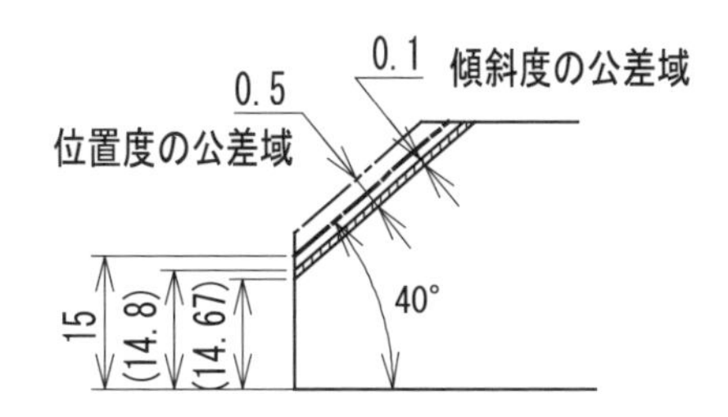

COLUMN ③

## 〈どの幾何公差が多く使われているか〉

日本の設計者はどの幾何公差をどれだけ使っているだろうか。

図aは、ある企業の中堅の機械設計者を対象にしたアンケート結果である。「あなたは、今まで自分が作成した図面の中で、用いたことがある幾何公差は何ですか」という質問に対して約100人が答えた。14種類ある幾何公差のうち、どれが多く使われているかがわかる。

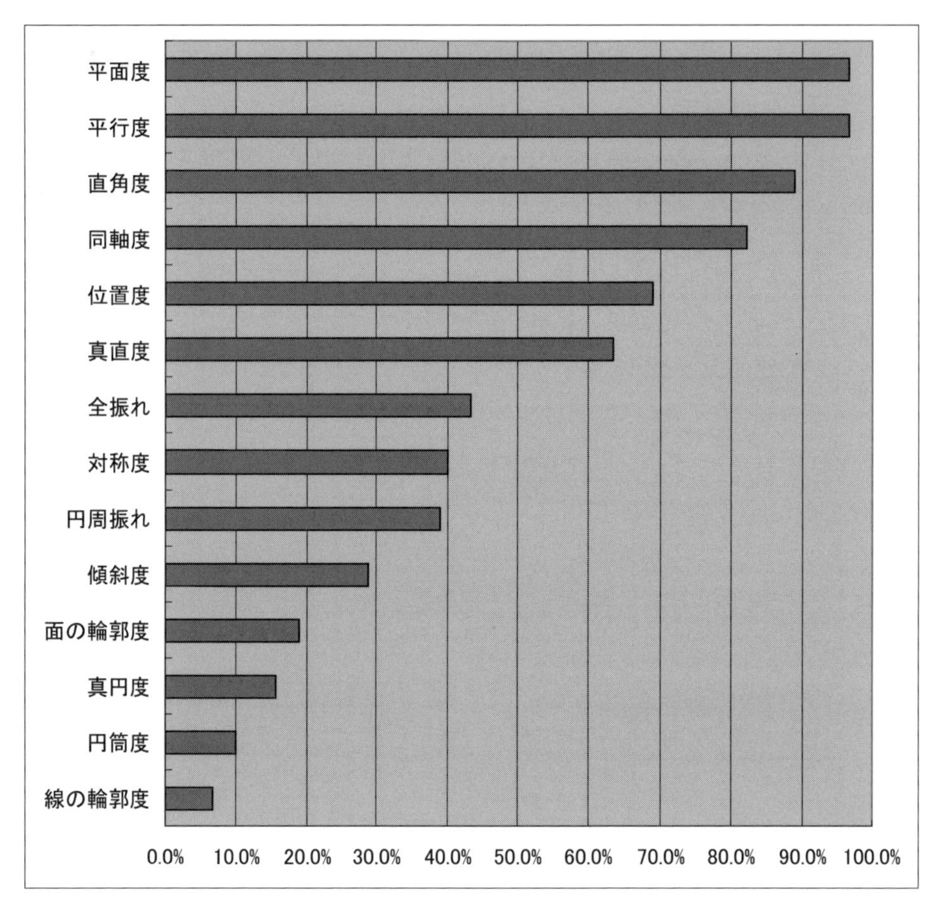


図a　幾何公差の使用状況

この調査の後、この企業では、ISO/JISの普通幾何公差を導入し、さらに、寸法公差による曖昧な指示を減らすことを推進した。その結果として、位置度公差の使用が増えたとのことだ。現在のISO/JISの普通幾何公差には、位置度の適用がないので、位置度は個別に指示することになる。また、曖昧さを避けようとすると、寸法公差の代わりに、位置度を使うことが多くなる。そのような背景があって位置度の使用が増えたということのようだ。

接触方式、非接触方式を含めて三次元測定機の普及が進んでいるので、位置度や輪郭度の使用は、今後、よりいっそう増えるものと予想される。

Geometrical Tolerance

# 第4章 位置公差の使い方・表し方



位置公差は、部品の機能上の要求や互換性の要求のある形体を規制するものである。また、データム系や最大実体公差方式（MMR）を最大限に活用できる。したがって、はまり合う部品の組付性を保証し、かつそれを経済的に達成できる。

位置公差には、位置度公差、同軸度公差、対称度公差の３つがある。

この中でも、位置度公差は利用効果の高い幾何公差であり、大いに活用すべきものである。その意味を含めて、本書では位置度公差について比較的多くの項目を取り入れた。

位置度公差は、欧米では「真位置度理論」（＊）として、およそ半世紀にわたり使用されてきた実績がある。

位置公差の性質のなかには、姿勢公差と形状公差を含んでいる。したがって、位置公差の公差内であればよい場合は、姿勢公差、形状公差は指示しない。

（＊）イギリスは1953年、国家規格BSに「真位置度理論」(true position theory)を世界に先駆けて導入した。

# 4-1 位置度

## （1） 位置度で規制できる形体と公差域

**Point**

・位置度で規制できる形体は、点、直線形体、平面形体である。
・位置度の公差域は、全部で6種類ある。
　点について2種類、直線形体は3種類、平面形体は1種類ある。
・公差値はtであるが、目標の位置からの許容値はいずれもt/2となる。

### 1．位置度で規制できる形体

（1） 点

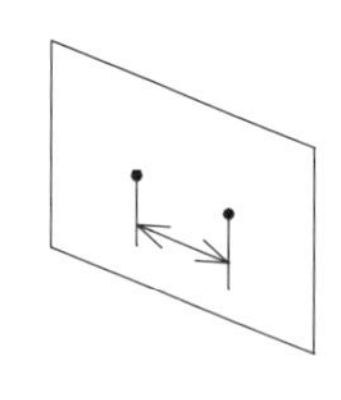

(a) 平面上の２点

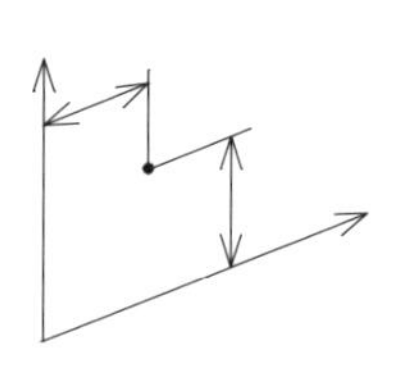

(b) 平面上の点

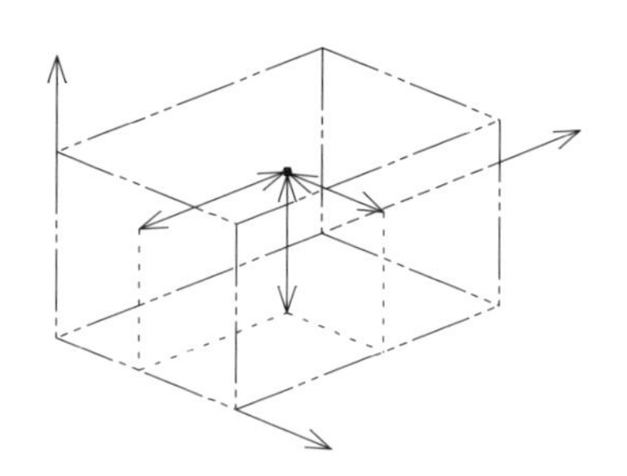

(c) 空間上の点

（2） 直線形体

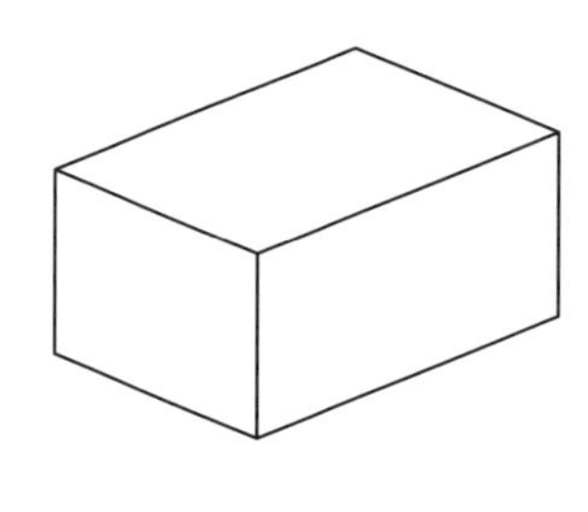

(a) 稜線

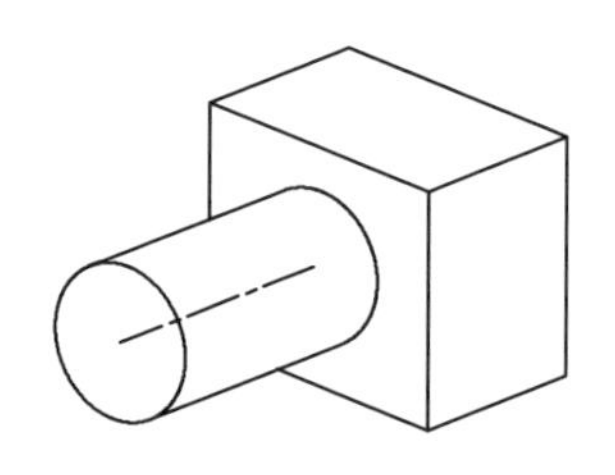

(b) 軸線、母線、稜線

（3） 平面形体

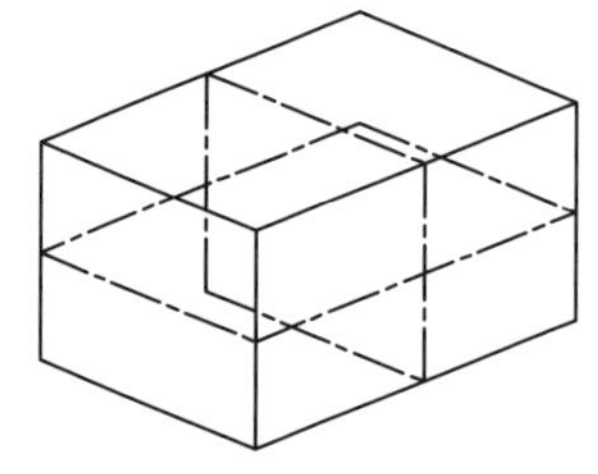

(a) 平坦な表面、中心面

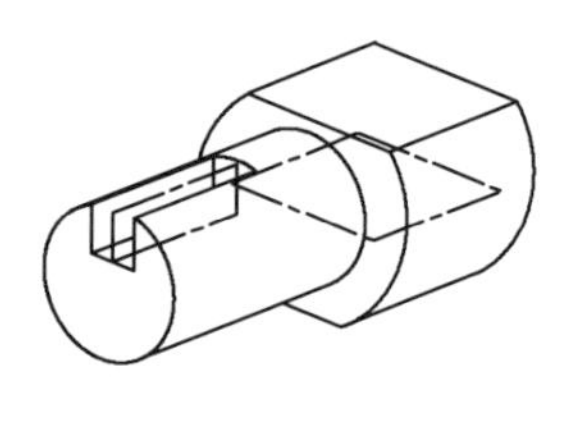

(b) 平坦な表面、中心面

**Keyword**
位置度（position）：指示した点、直線形体、平面形体の他の形体に関連して定められた理論的に正確な位置からの隔たりの大きさ

## 2. 位置度の公差域

(1) 点に対する公差域

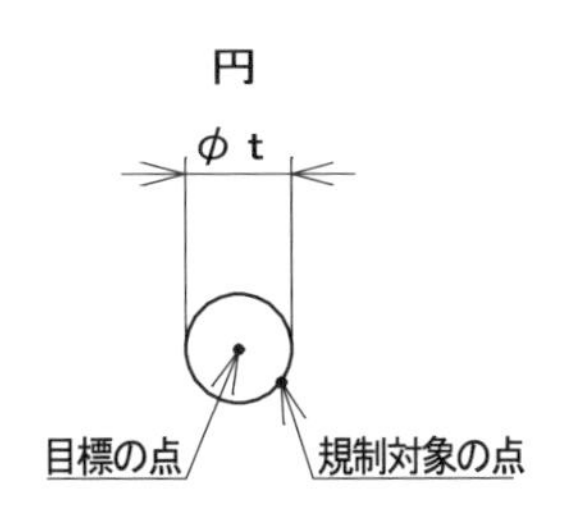


① 平面上の点

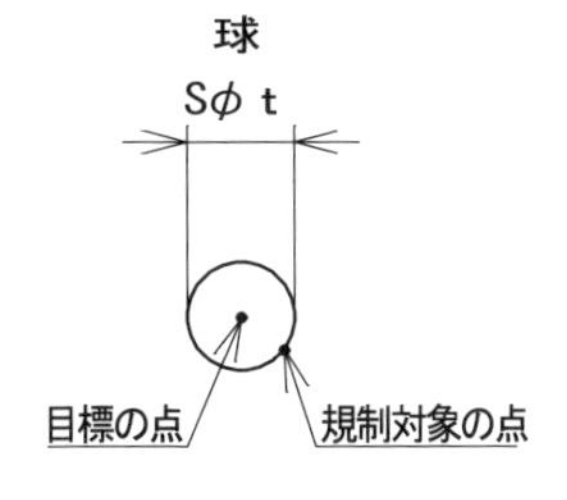


② 空間上の点

①
平面上の点は目標の点を中心とする直径tの円内。

②
空間上の点は目標とする点を中心とする直径tの球の内部。

(2) 直線形体に対する公差域

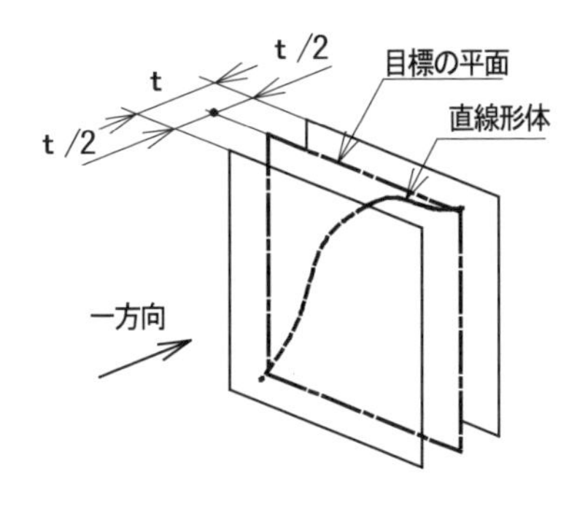


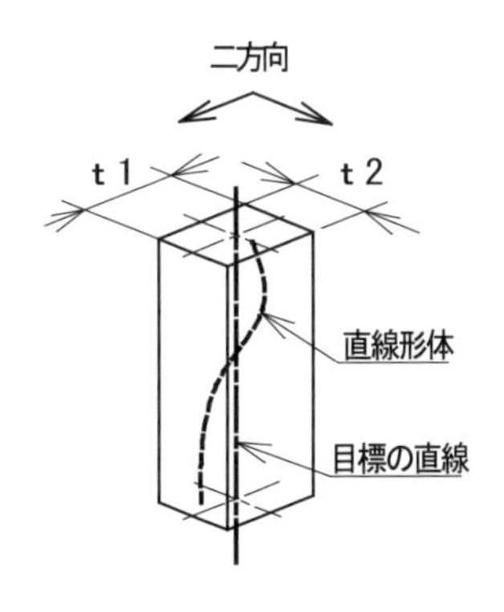


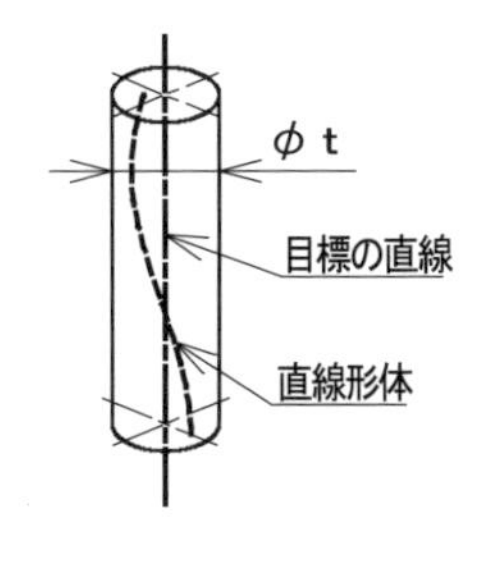


直線形体に対する一方向の位置度の公差域は目標とする平面の両側の間隔t/2の平行二平面の間。

直線形体に対する二方向の位置度の公差域は目標とする直線を中心に直交する二辺t1、t2の直方体の内部。

直線形体に対する方向を定めない位置度の公差域は目標とする直線を中心とする直径tの円筒の内部。

(3) 平面形体に対する公差域

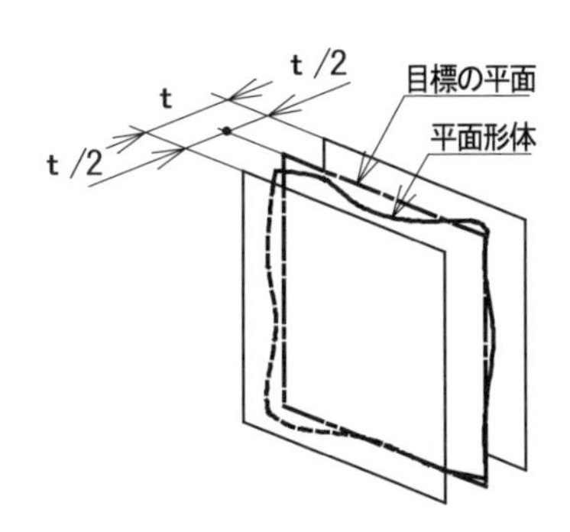


平面形体に対する位置度の公差域は、目標とする平面の両側にt/2離れた間隔tの平行二平面の間である。

# 4-1 位置度
## (2) 点に対する位置度指示

**Point**

・点に対する位置度では、2つ以上のデータムによって、その方向が明確に指示されていること。
　その位置が、“理論的に正確な寸法”(TED)で指示されていること。

**Keyword**

真位置：位置度公差を指示した形体があるべき基準とする理論的に正確な位置
ISOでは、“theoretically exact position”、ASMEでは、“true position”としている

### 1. 点に対する位置度指示(その1)

《図面指示》

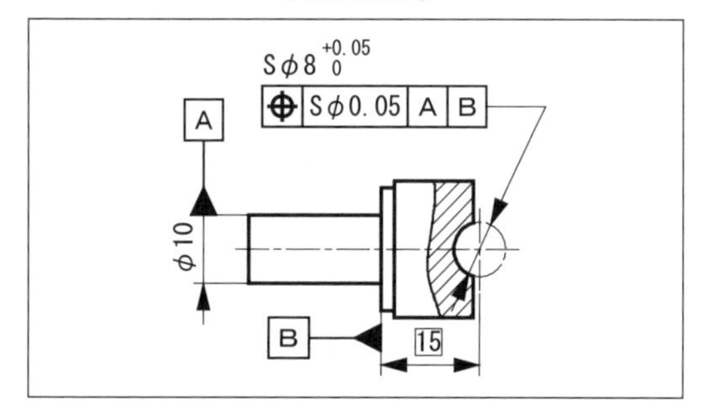


《公差域》

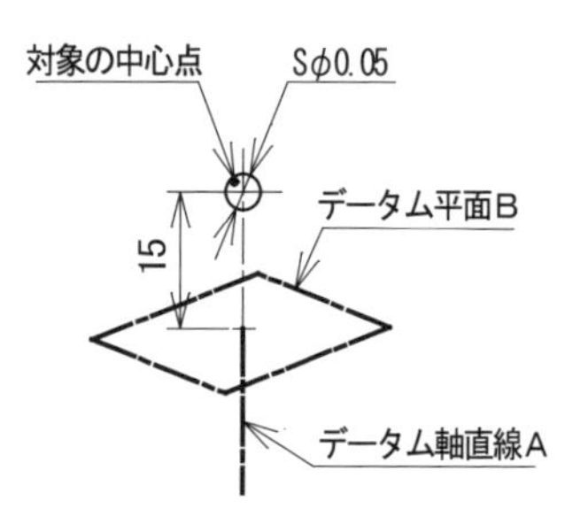


規制対象の球の中心点(誘導形体)は、データム軸直線A上にあり、それと直交するデータム平面Bから距離15の位置が、真にあって欲しい位置である。

公差域は、その真位置を中心とする直径0.05の球の内部となる。

### 2. 点に対する位置度指示(その2)

《図面指示》

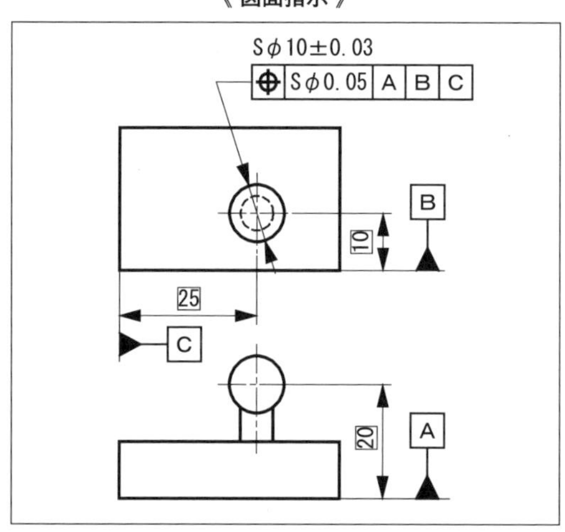


《公差域》

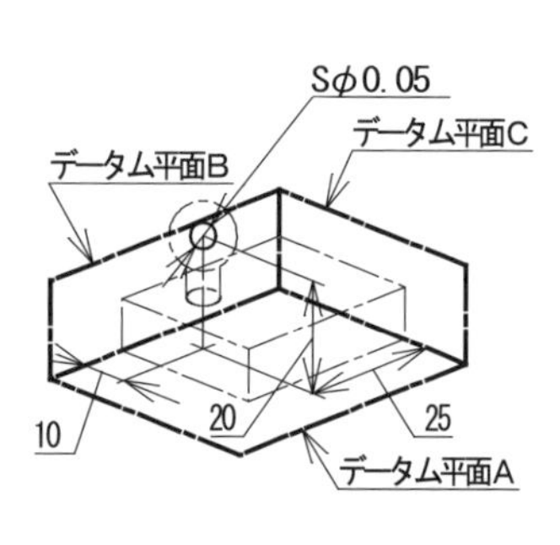


規制対象の球の中心点(誘導形体)は、データム平面AからTED20、次にデータム平面BからTED10、最後にデータム平面CからTED25が、真にあって欲しい位置(真位置)である。

直径10の球の実際の中心点は、その真位置を中心とする直径0.05の球の内部になければならない。

# 4-1 位置度

## (3) 直線形体の一方向の位置度指示（その1）

**Point**

・刻印や印刷など表面上の直線形体の一方向の位置度では、1つ以上のデータムによってその方向を指示する。
その位置は、“理論的に正確な寸法”（TED）で指示される。

・対象の直線形体について、表面上の位置が必要の場合と、隣り合った表面からの位置が必要の場合とでは、参照するデータムが異なるので注意する。

《 図面指示① 》

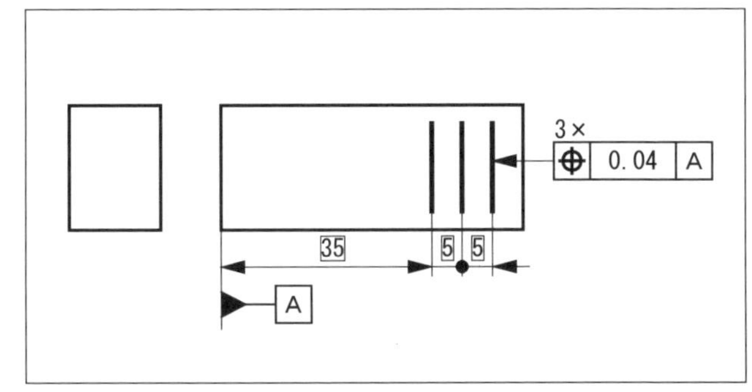


《 公差域 》

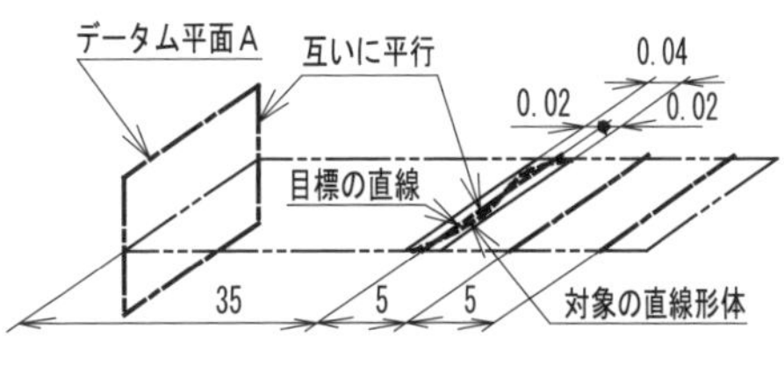


図面指示①は、対象の直線形体（3本の直線）が、データム平面Aに採った表面からの位置が欲しい場合の指示である。

データム平面Aからそれぞれ距離35、40、45の位置が真にあって欲しい位置である。

その平面から両側に0.02離れた間隔0.04の平行二直線間が公差域である。

《 図面指示①の検証例 》

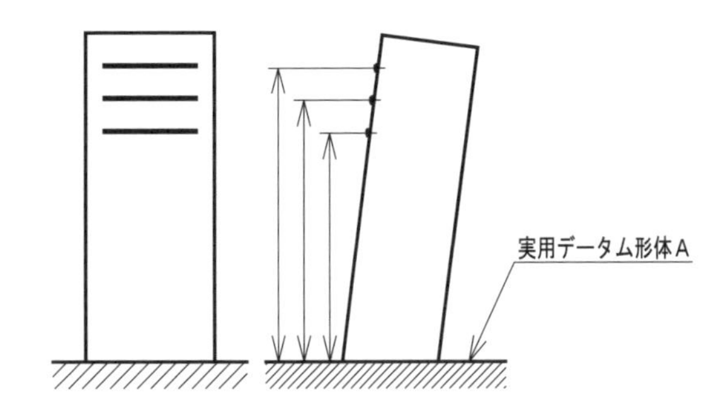


この図面指示①の場合、仮に、対象の形体が存在する表面とデータムAに採った表面とが直角から離れて鋭角になっていると、対象の直線形体（3本の直線）は、左図のように測定されることになる。

そうではなく、対象の形体のある表面に沿って、その端部からの位置が必要な場合は、図面指示②のようになる。

《 図面指示② 》

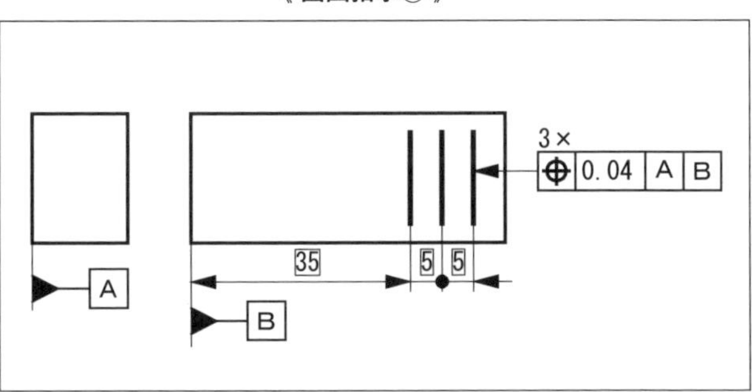


《 図面指示②の検証例 》

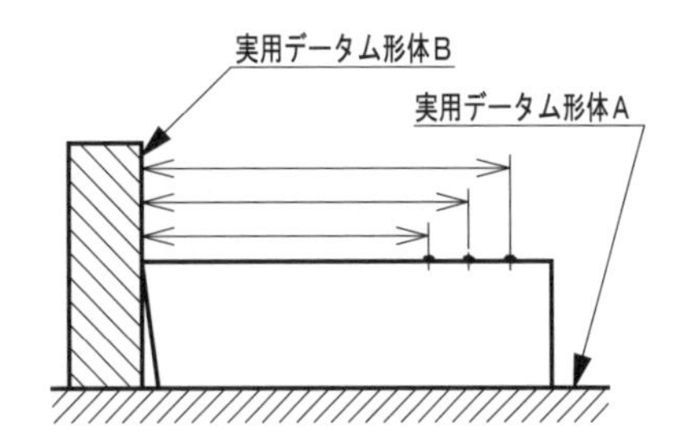

4-1 位置度

# (3) 直線形体の一方向の位置度指示(その2)

**Point**

・直線形体の一方向の位置度では、1つ以上のデータムによってその方向を指示する。
その位置は、"理論的に正確な寸法"で指示される。

・この場合、指示した理論的に正確な寸法と直角方向の位置公差は、対象物(部品)の形状偏差に依存するので注意する。

《図面指示》

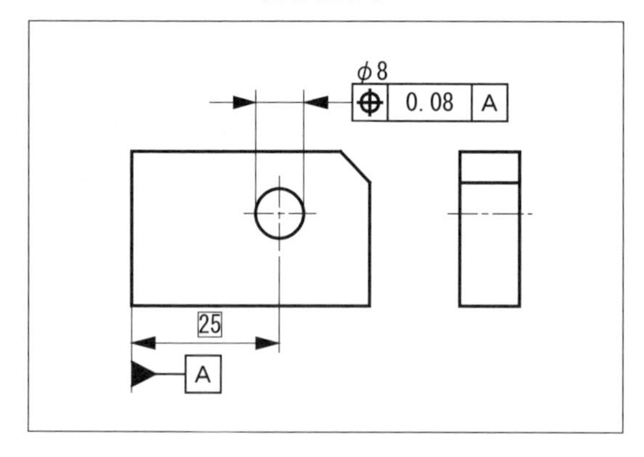


《公差域》

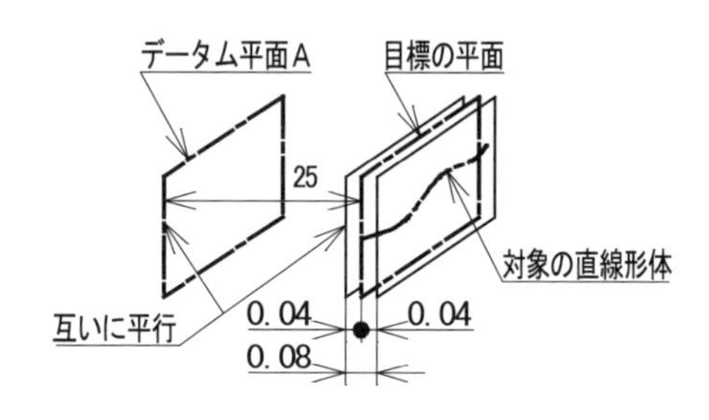


規制対象の軸線(誘導形体)は、データム平面Aから距離25の平行平面が目標の平面である。

公差域は、その真位置を中心に両側にそれぞれ0.04とする幅0.08の平行二平面間となる。

《検証例》

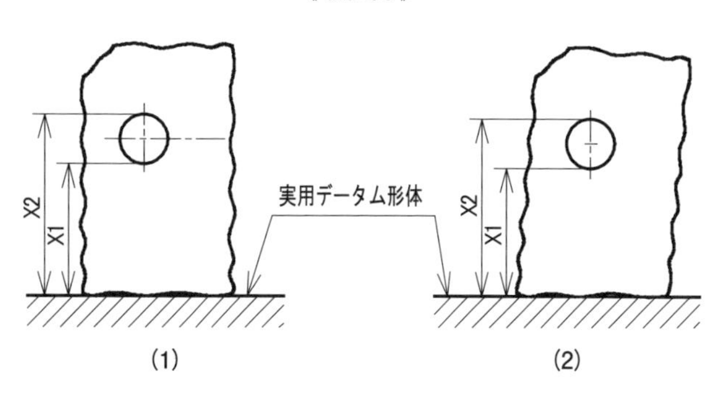


対象の穴の軸線の垂直方向の位置は別途指示されているものとする。

対象物が図(1)で左下かどが仮に鋭角になっていた場合は、図(2)のように測定することになる。理論的に正確な寸法(TED)で指示された長さ25は、いずれも、実用データム形体(定盤などの表面)から直角方向に計った距離となる。

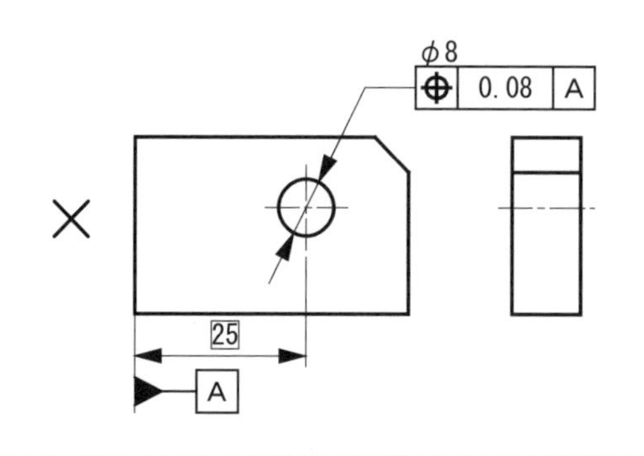


**一方向の位置度指示において、左図のように、単純に斜め方向から公差記入枠の矢を当てるのは誤りである。**

**この場合、公差域は図で水平方向にあるので、上に示した図面指示のように、指示する投影図において明確に水平方向から矢を当てる。**

# 4-1 位置度

## （4）直線形体の二方向の位置度指示

**Point**

・直線形体の二方向の位置度指示には、2通りの指示方法がある。
①参照するデータムのみによる指示（従来の指示方法）
②参照するデータムと、公差域の方向を示す姿勢平面指示記号を用いる指示（ISOの新しい指示方法、P87を参照）

《 ①の図面指示例 》

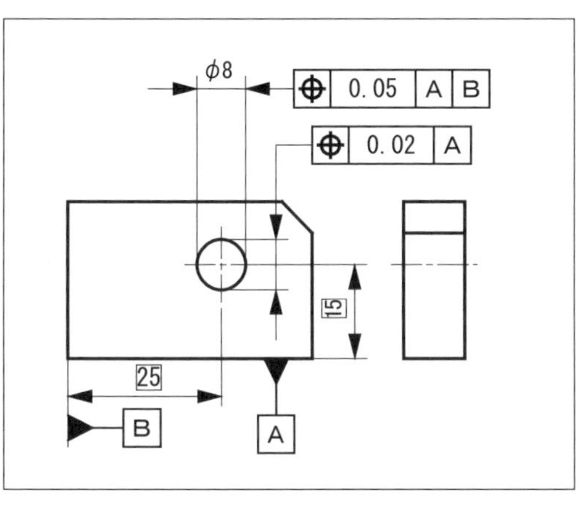


《 ②の図面指示例（その 1）》

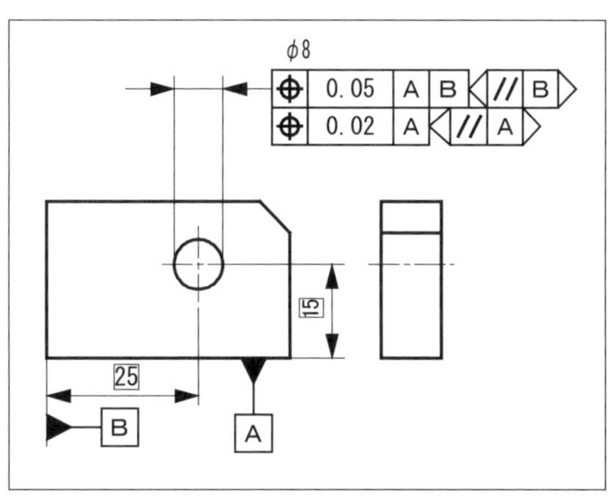


《 ②の図面指示例（その 2）》

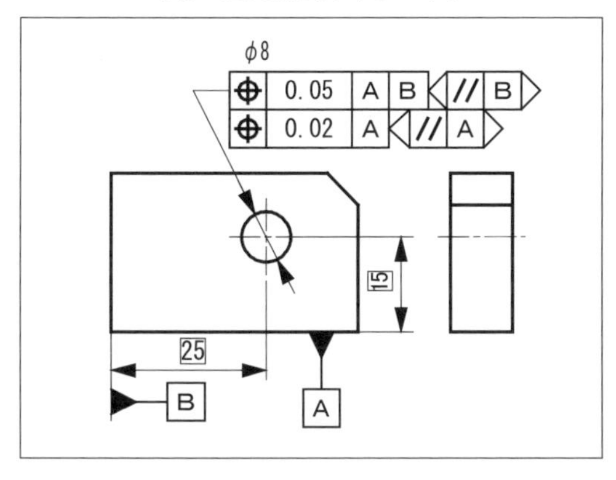


《 公差域 》

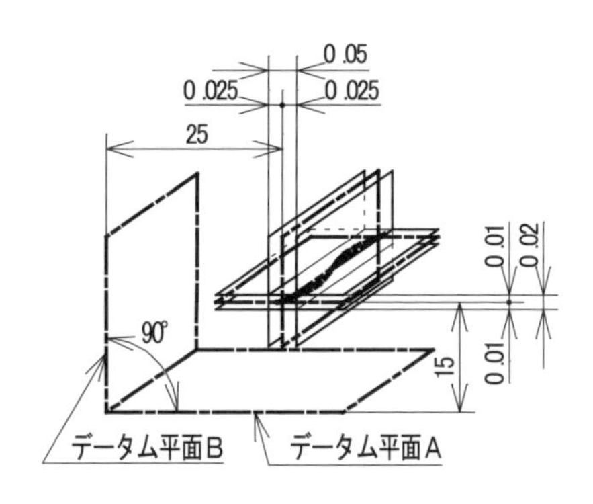


これは、対象物の左下“かど”の直角度合いに関係なく、データムの優先順位に従って、対象物を拘束して、検証する場合の図面指示である。

対象の軸線の水平方向の位置は、まず実用データム形体Aに接触させ、次のそれに直角な実用データム形体Bに接触させて、測定される。

この場合の公差域は二辺を0.02×0.05とする直方体の内部となる。

上記の指示例からわかるように、②の図面指示は、3D図面などにおいて有効な指示方法である。円筒に対する指示線の矢の当て方に気遣う必要がないからである。

《 検証例 》

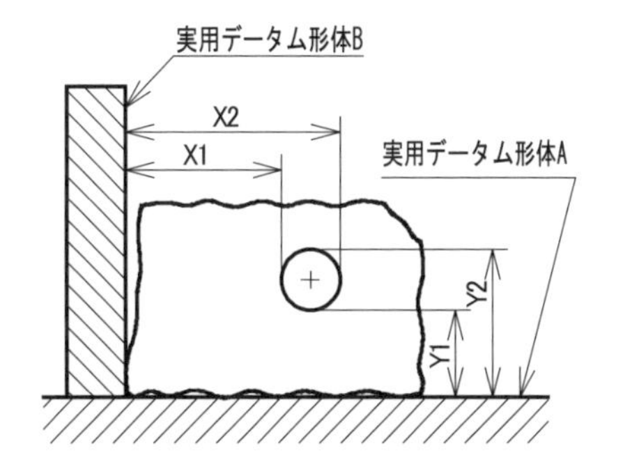

4-1 位置度

# (5) 方向を定めない位置度指示

**Point**

- 方向を定めない場合の位置度は、2つ以上のデータムによって指示される。
- 公差域は円筒内となるので、公差値の前に記号φが必ず付く。
- 2つ以上設定したデータムは、機能上の要求に合わせて適切な優先順位を付けて指示する。
- この場合、公差記入枠の矢の当て方に方向性はない。どの方向から指しても構わない。

## 1. 部品の表面をデータムに設定した場合の指示

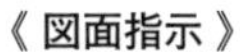


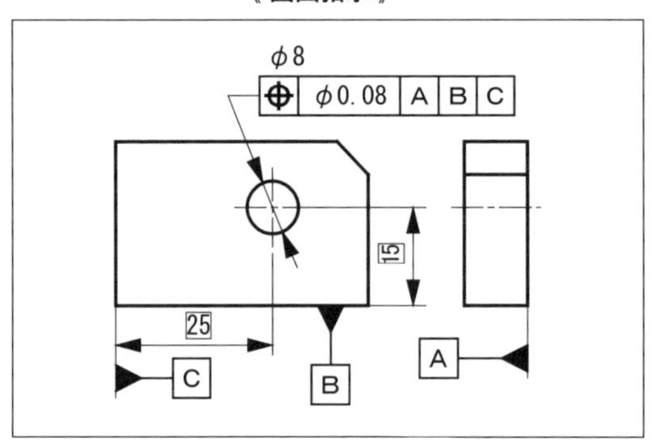


《 公差域 》

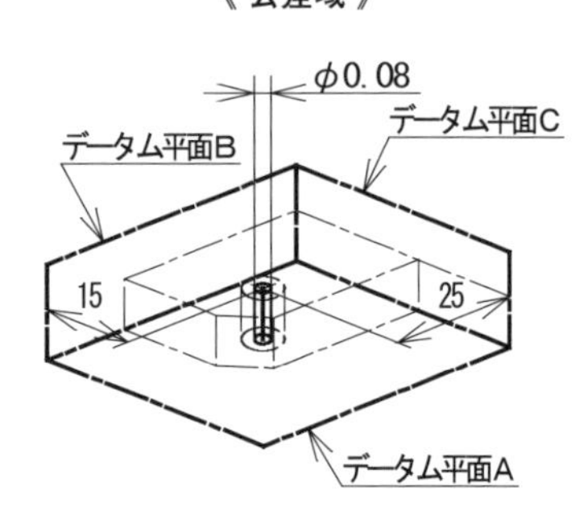


部品の3つの表面をデータム平面として、φ8の円筒穴の軸線の位置度を直径0.08の円筒内に収める場合の指示である。

第1次データム平面A、第2次データム平面B、第3次データム平面Cの優先順位にしたがって、部品の自由度を拘束し、位置度の検証がされる。

## 2. 部品の内部の形体をデータムに設定した場合の指示

《 図面指示 》

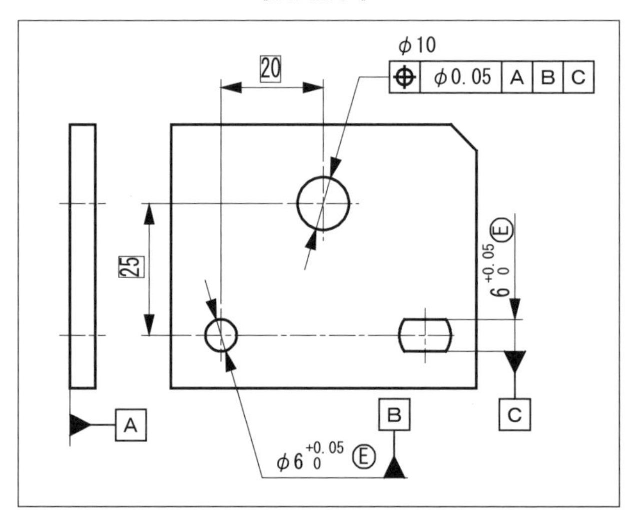


※ 直径6の丸穴と幅6の小判穴に挿入される2本のφ6のピンの軸線によって決まる平面が、この部品の水平の基準となっている。この平面はデータム平面Aと直角である。

《 公差域 》

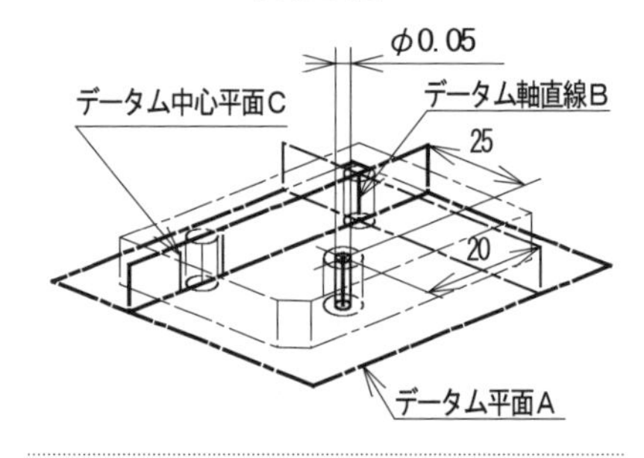


第1次データムAとして部品の1表面を、第2次データムBとしてφ6の円筒穴の軸線を、第3次データムCとして幅6の小判穴の中心面を、それぞれデータムに設定した指示である。

データムBとデータムCは、しっくりはまり合う2本のφ6のピンによって設定される。これにより互いに直交する三平面データム系を構成する。

# 4-1 位置度

## (6) 二方向と方向を定めない位置度指示の比較

**Point**

・二方向の位置度と方向を定めない位置度では、方向を定めない方が、その公差域は大きく取れる。
・設計要求が満たされるならば、方向を定めない位置度の方が、加工側にとっては有利である。
・方向を定めない位置度は、二方向の位置度に比べて、検証はやや工数がかかる。

①二方向の位置度指示

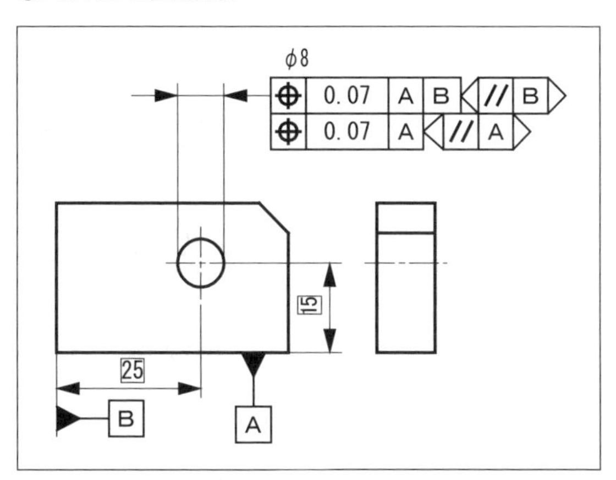


②方向を定めない位置度指示

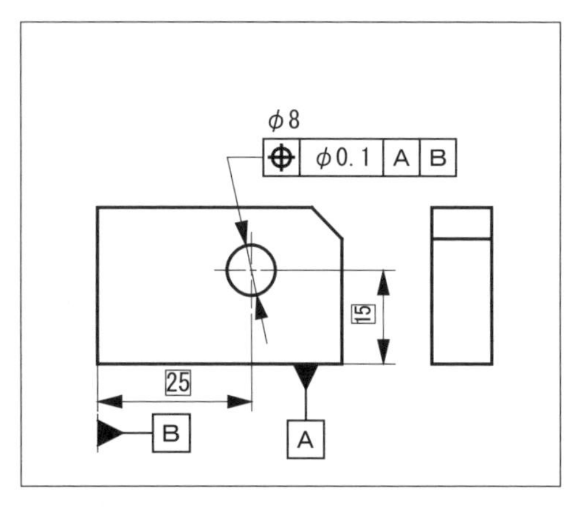


《 公差域の比較 》

①の場合の公差域は、一辺を 0.07 とする正方形を断面とする直方体内である。

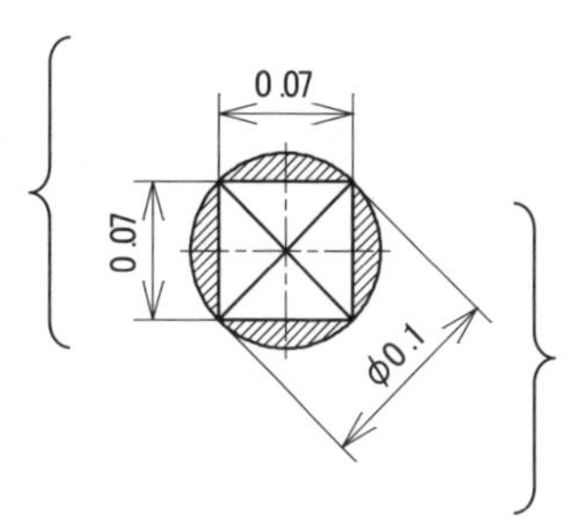


②の場合の公差域は、直径 0.1 の円を断面とする円筒内である。

2つの公差域の断面の大きさを比較すると、②が①に比べて、その面積は約1.6倍広い。これは加工側からみると、①の部品に比べて②の部品の方が作りやすい、歩留りがよいということが期待できる。つまり、②の部品の方が経済的に製作できる可能性が高いということである。機能上許されるならば、①の指示よりも②の指示を採る方が得策だということだ。

ただし、製作された部品の検証は、②の方が①に比べてやや工数がかかる。

# (7) 平面形体に対する位置度指示

**Point**

・規制対象の平面形体に対して、平行あるいは直角な、平面あるいは直線が、データムとして設定されていること。
・それぞれの位置が、データムから明確に理論的に正確な寸法（TED）で指示されていること。
・これらの場合、一方向に公差域をもつ位置度指示となる。

## 1. 軸線に直角な平面形体の位置度指示

《 図面指示 》

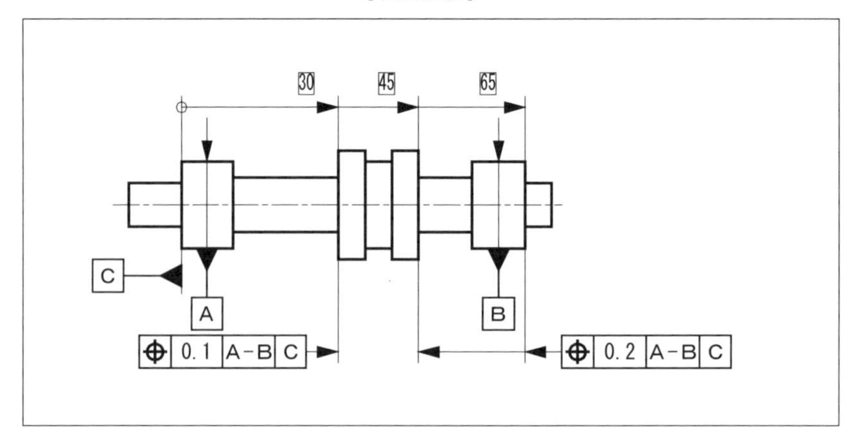


《 公差域 》

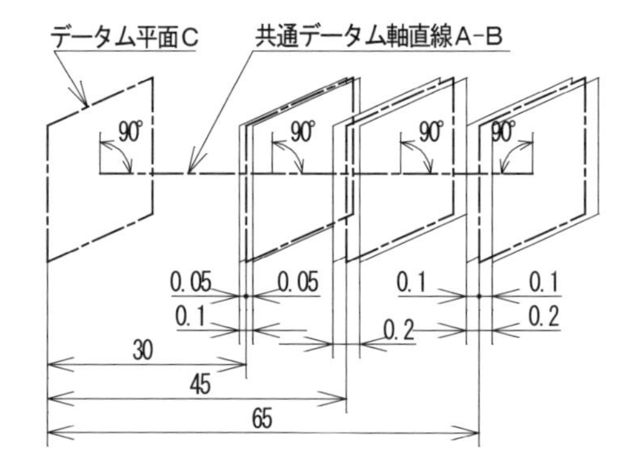


この図面指示の場合、第1次データムは左の円筒の軸線Aと右の円筒の軸線Bの共通軸直線A-Bである。第2次データムは、この直線に直角な左の円筒の左側表面である。

まず左側に示した位置度は、データム平面Cから距離TED30の平行平面が目標の平面であり、この両側に0.05の平行平面の間の0.1が公差域である。

右側の位置度指示は、2カ所の指示を兼ねていて、データム平面Cから距離TED45、距離TED65の位置を目標とする平面である。こちらの位置度は、目標とする平面の両側に0.1の平行平面の間の0.2が公差域となる。

## 2. 平面に直角な平面形体の位置度指示

《 図面指示 》

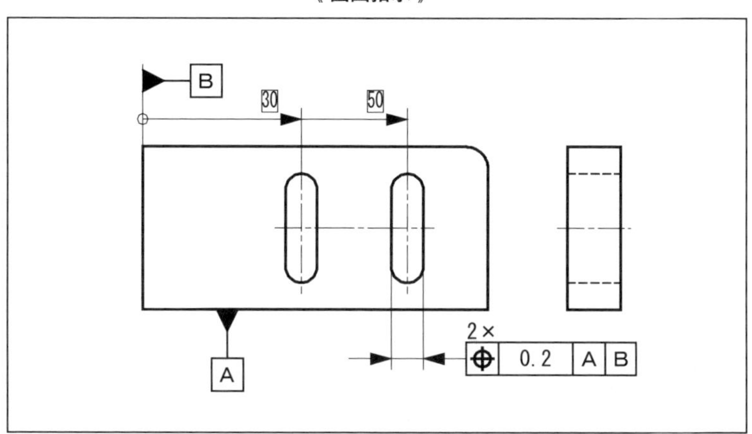


《 公差域 》

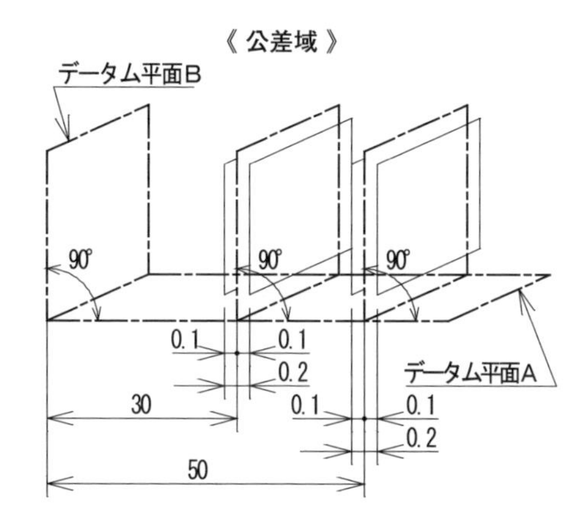


この図面指示の場合、第1次データムは図の下側の表面のデータム平面Aである。第2次データムは、この平面に直角な左の表面のデータム平面Bである。

この場合の位置度の規制対象は、縦長に開けられた2つの長円穴の中心面である。それらは、データム平面Bから距離30および距離50の位置が目標とする平面である。

この位置度は、いずれも目標の平面の両側に0.1の平行平面の間の0.2が公差域である。

位置度指示における“2×”は2カ所の位置度を1つの指示で行っていることを意味している。前頁の指示とは異なる指示方法である。

# 4-1 位置度

## (8) 部品内部の形体をデータムとした位置度指示

**Point**

・部品全体の第1次データム平面を決める。
・データムとする部品内部の形体について、第2次データムと第3次データムを決める。
・部品内部の規制形体を、データム系（三平面データム系）を使って位置度指示する。

### 1. 部品内の2つの丸穴を基準に他の形体を規制する場合

《 図面指示 》

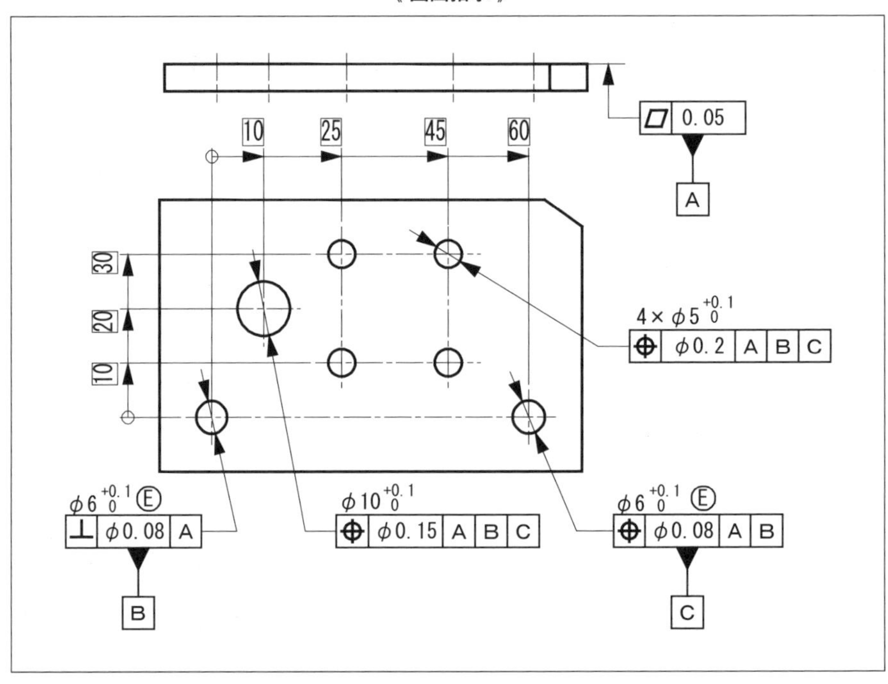


《 公差域 》

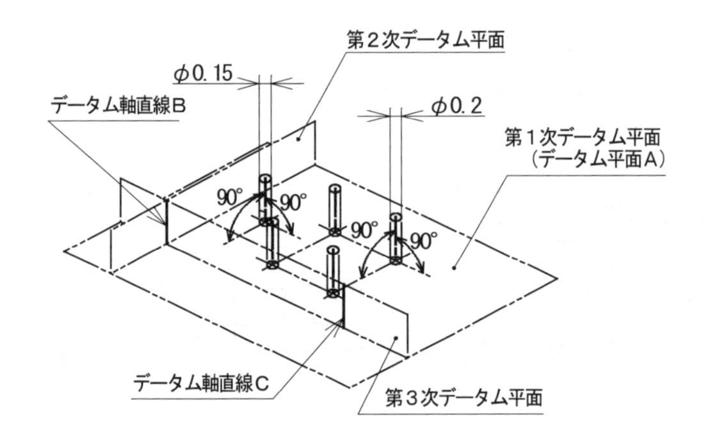

## 2. 部品内の１つの丸穴と１つの小判穴を基準に他の形体を規制する場合

《 図面指示 》

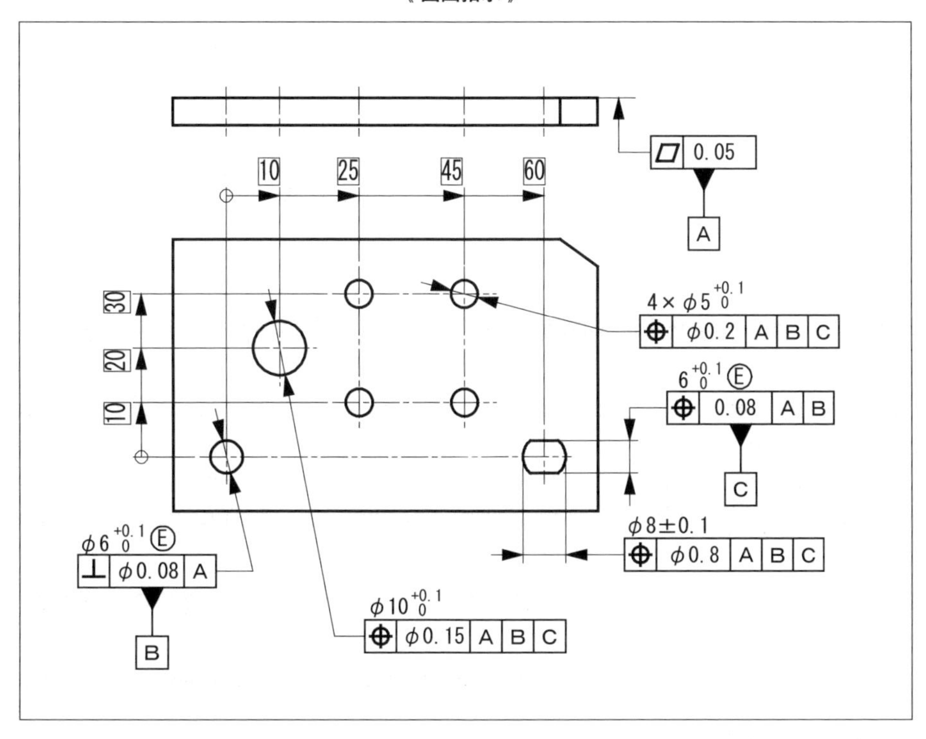


《 公差域 》

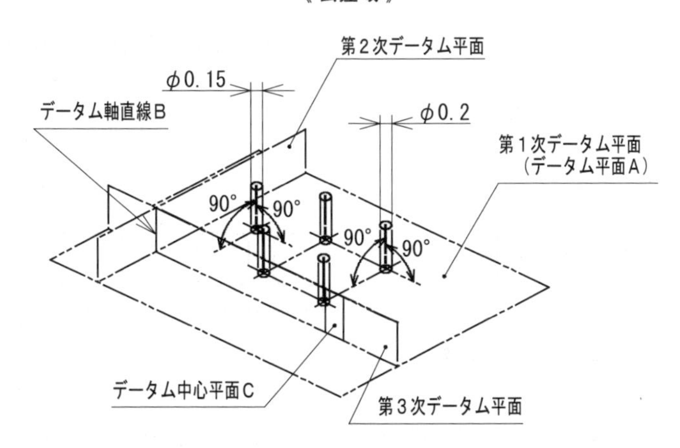


※　この場合、データムCの形体が小判穴でなく、長円穴であっても同様の指示となる。

## 4-1 位置度

# (9) 位置度と姿勢公差、形状公差とを組み合わせた指示

**Point**

・位置度公差には、姿勢公差も形状公差も含んでいる。
・位置度公差で満足しきれない姿勢公差、形状公差を要求する場合は、それらを併記して指示することになる。
・公差域には、位置度公差≧姿勢公差≧形状公差　の関係がある。
　ただし、位置度公差＝姿勢公差＝形状公差　のときは、位置度のみの指示だけとする。

《 図面指示① 》

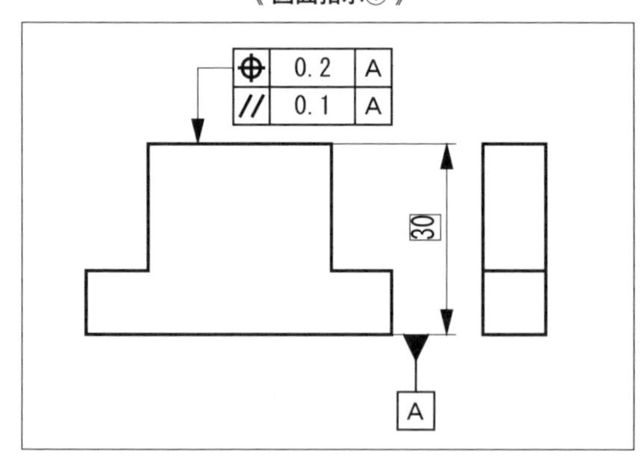


《 ①の公差域 》

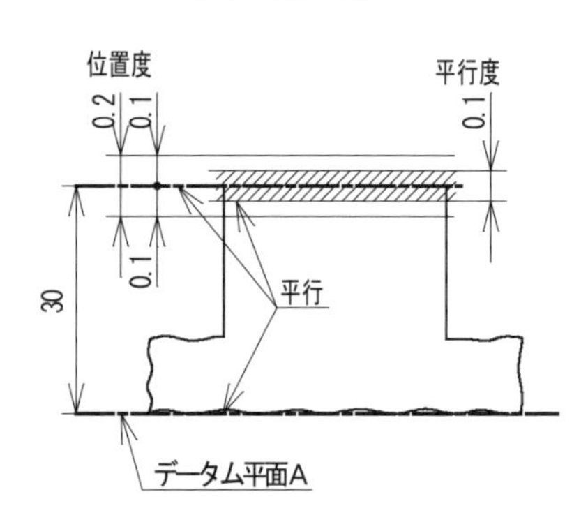


図面指示①での上の表面は、下のデータム平面Aから距離30の位置を真位置として、上下にそれぞれ0.1だけ離れた間隔0.2の平行二平面間が位置度としての許容域である。
　この内部にあって、データム平面Aに平行な間隔0.1の平行二平面の間に上の表面はなければならない。ただし、この間隔0.1の平行二平面は、間隔0.2の平行二平面間を変動してよい。

《 図面指示② 》

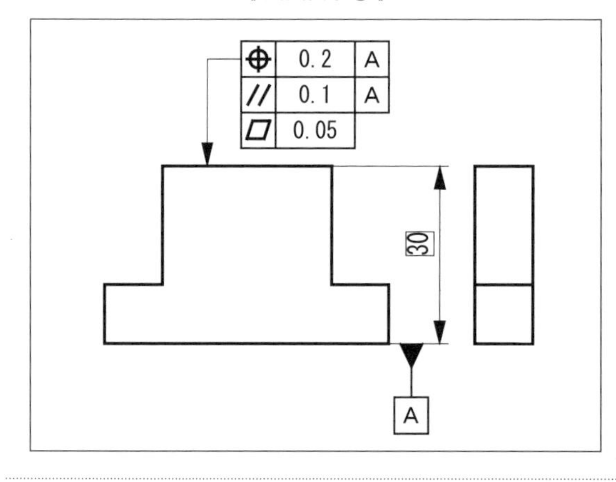


《 ②の公差域 》

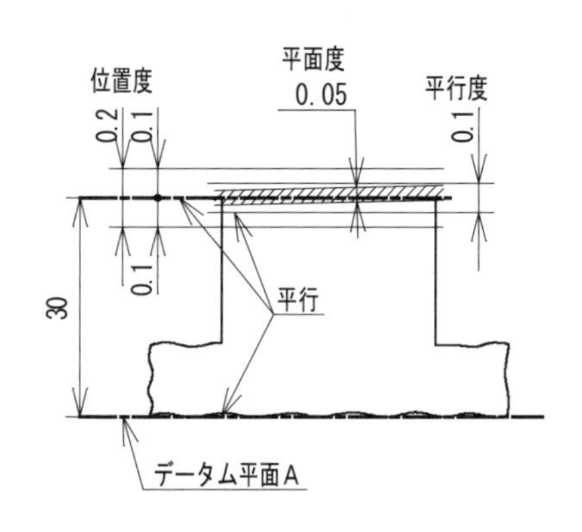


図面指示②での上の表面は、下のデータム平面Aから距離30の位置を真位置として、上下にそれぞれ0.1離れた間隔0.2の平行二平面間が位置度としての許容域である。
　この内部にあって、データム平面Aに平行な間隔0.1の平行二平面の間に上の表面はなければならない。ただし、この間隔0.1の平行二平面は、間隔0.2の平行二平面間を変動してよい（ここまでは①と同じ）。
　これに加えて、上の表面は間隔0.05の平行二平面間に収まっていなければならない。ただし、この姿勢は間隔0.1の平行二平面間であれば変動してもよい。これらすべてを満たす表面が要求されている。

# 4-1 位置度
## (10) 複数の形体に対して2つの位置度指示を要求する方法

**Point**

・これは、複数ある個々の形体に対して、2つの異なる公差値の位置度を要求する指示方法である。
・個々の形体を部品のデータム系から位置度公差で規制し、グループを構成する形体相互を別の位置度公差で規制する方法である。

《 図面指示 》

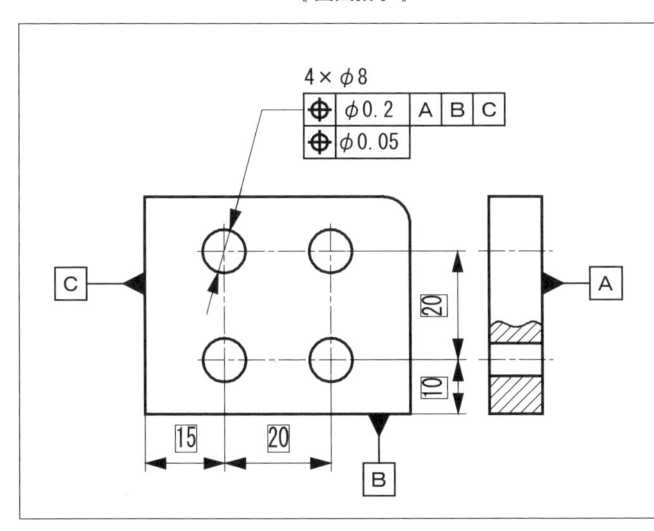


この指示方法では、まず上段枠で、個々の形体に対してデータム系（三平面データム系）からの位置度を指示する。

次に、下段枠で、グループを形成している形体に対して位置度を指示する。ここで、データムを参照するか否かは、設計要求に依存する。

図例は、データムを参照しない場合の指示である。形体相互の位置度だけの規制を要求している。

上段枠と下段枠の要求事項は、それぞれ独立に達成されなければならない。

《 上段枠指示の公差域 》

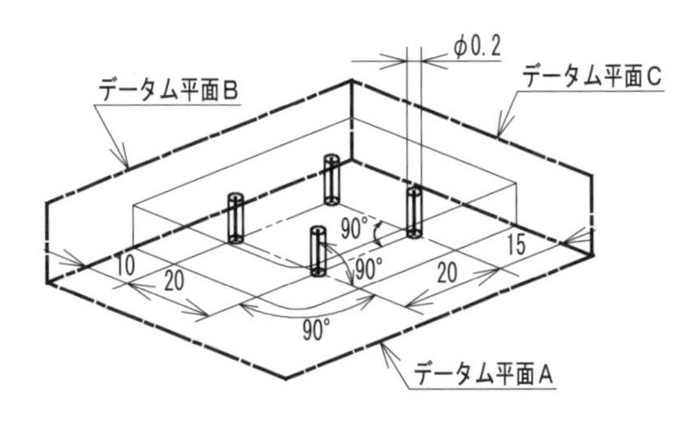


4つの円筒穴の軸線は、データム系に対して、それぞれ指示した位置が“真位置”であり、公差域は、それを中心に直径0.2の円筒形内である。

また、それぞれの軸線は、データム平面Aに対しては直角度0.2、データム平面Bとデータム平面Cに対しては平行度0.2を満たすことになる。

この場合、各形体は、データムA、B、Cのそれぞれの平面に対して、位置関係と姿勢関係が拘束されている。

《 下段枠指示の公差域 》

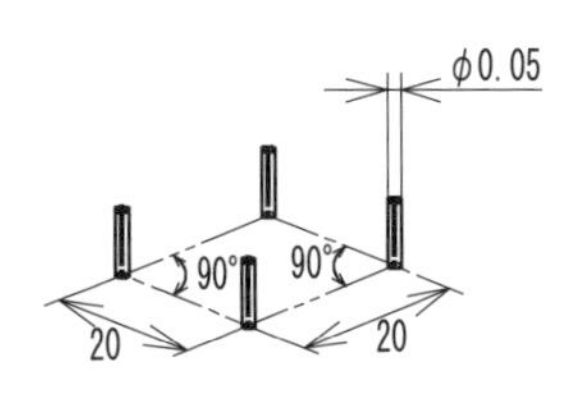


4つの軸線は互いに平行

4つの円筒穴の軸線は、指示した位置を“真位置”として、その公差域は、それを中心に直径0.05の円筒形内である。

つまり、4つの円筒穴の軸線相互は、指示された位置関係にあって、それぞれ平行関係にあることが求められている。

なお、こちらは、データムA、B、Cのそれぞれの平面に対して、位置関係と姿勢関係は拘束されていない。

# (11) 個々の形体と形体グループを区別しない位置度指示

**Point**

・複数の個々の形体についても、部品基準に対するその形体グループに対しても、同一な公差値の位置度を指示する方法である。
これが、一般的な位置度公差指示である。

《 図面指示 》

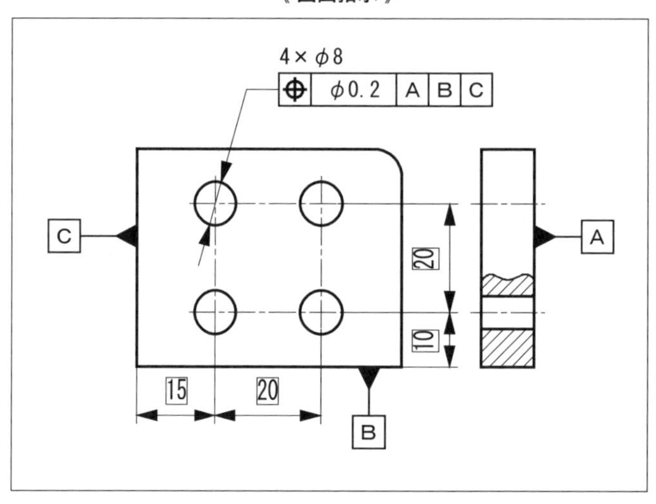


《 公差域 》

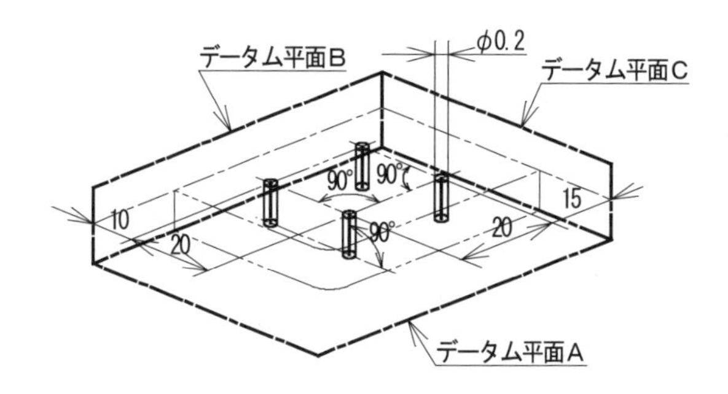


この図面指示には、複数の形体相互の位置関係、部品基準からの位置関係を区別して規制するという考えはない。一律に扱う指示方法である。

まず部品は、第1次データムとする実用データム形体にデータムAを指示した表面を接触させ、次に第2次データムとする実用データム形体にデータムBを指示した表面Bを接触させる。最後に、データムCが指示された表面Cを第3次データムの実用データム形体に接触させる。

これら3つのデータム平面は互いに直交している。

そのうえで、4つの穴の軸線のあるべき位置は、データム平面Aに直角で、データム平面Bからは距離10、距離30に、データム平面Cからは距離15、距離35にそれぞれあって、直径0.2の円筒の内部である。

# 4-1 位置度

## (12) 個々の形体と形体グループへの異なる位置度指示（その1）

**Point**

・これは、複合位置度公差方式と呼ばれる指示方法である。
・複数ある個々の形体とその形体グループとを区別して、それぞれに異なる公差値を指示する方法である。
・形体グループの位置度を上段に、個々の形体相互の位置度を下段に表記する方法で、これは決まり事である。

**Keyword**

複合位置度公差方式（composite positional tolerancing）：形体相互の位置度とデータムからの位置度とに異なる公差値を与える公差方法

《 図面指示 》

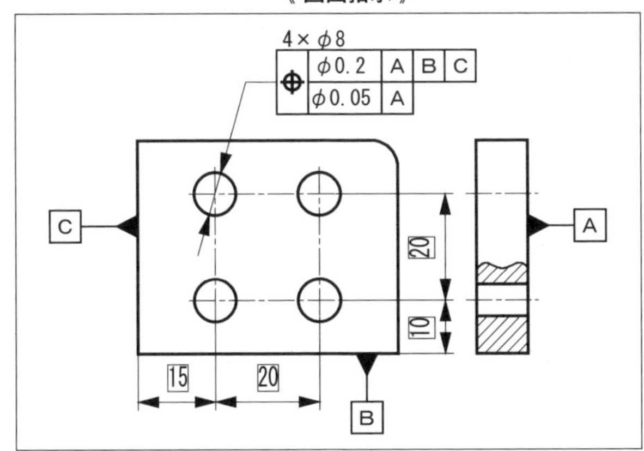


(a) 上段枠の公差域

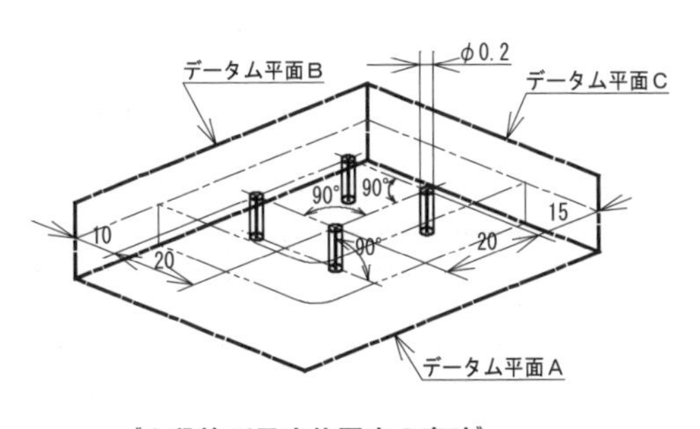


《上段枠が示す位置度の意味》

(b) 下段枠の公差域

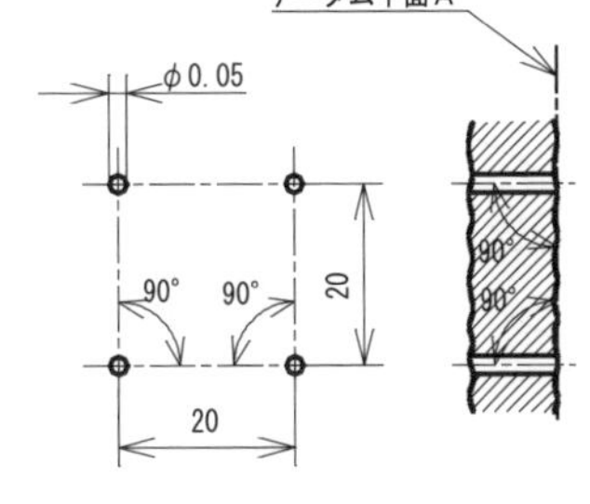


《下段枠が示す位置度の意味》

位置度指示の上段の枠で示す位置度φ0.2は、4つのφ8の円筒穴を1つの形体グループと見なしたときの位置度である。

上図に示すように、これは、先の指示方法（11）で示した方法そのものである。

三平面データム系に対する部品の置き方も全く同一である。

位置度指示の下段の枠で示す位置度φ0.05は、4つのφ8の円筒穴が個々に満たすべき位置度である。

結局、形体グループとしては上段の位置度を満足させながら、個々の穴形体としては下段の位置度を満足すること、これが同時に要求されるのが、この指示方法である。上段の位置度を満足する範囲で、4つの穴パターンとしては姿勢を変動できることになる。

## 4-1 位置度
# (12) 個々の形体と形体グループへの異なる位置度指示（その2）

**Point**

- これは、複合位置度公差方式と呼ばれる指示方法である。
- 複数ある個々の形体について、どの形体がグループを形成するのかを明確に区別して指示すること。
- 部品の共通の基準からの位置度を上段に、各グループにおける個々の形体相互の位置度を下段に表記する。

《 図面指示 》

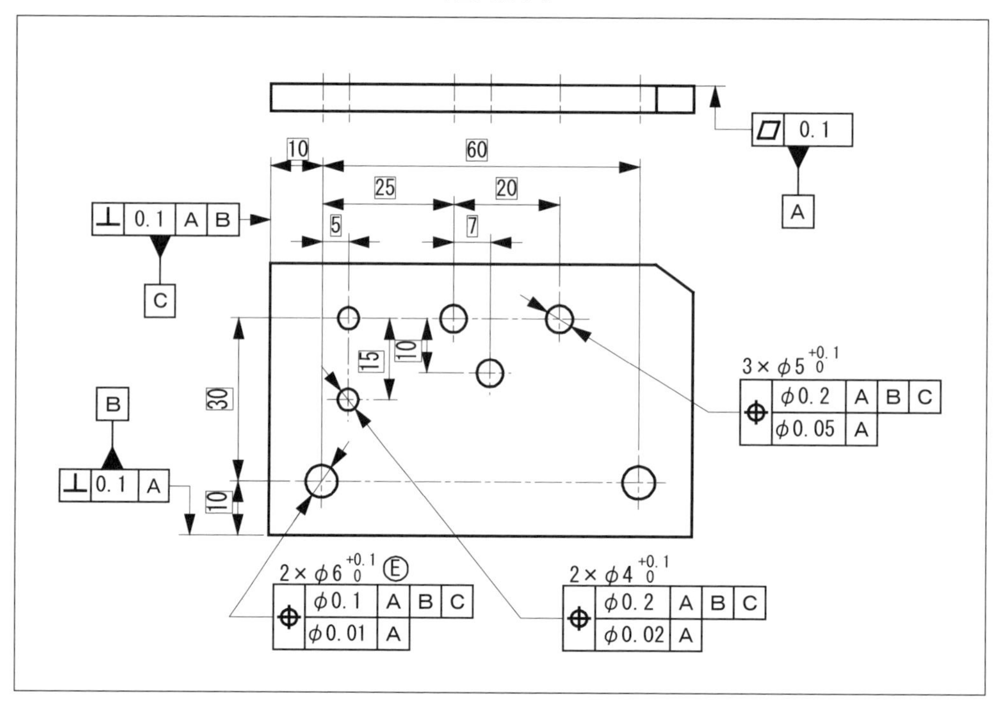


《 公差域① 》
《 公差記入枠の上段に示す位置度の意味 》

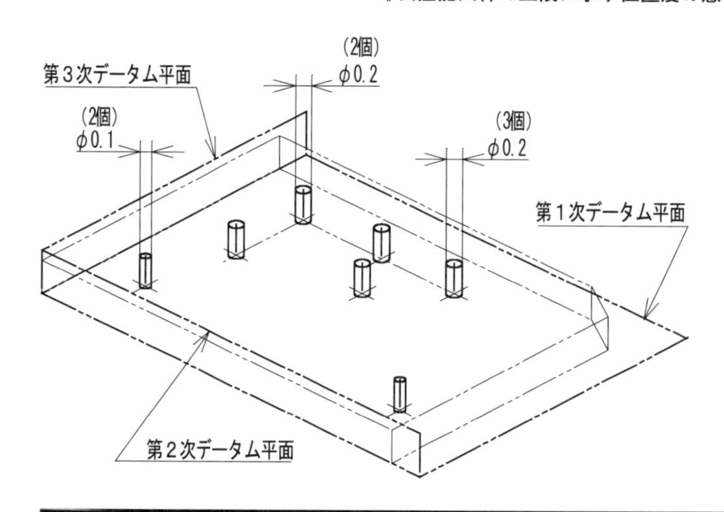


図面指示において、位置度指示の上段の枠で示す位置度φ0.1とφ0.2は、合計7つの個々の形体が直交三平面データム系ABCに対して満たさなければならない位置度である。

左図に示すように、公差域の円筒の軸線は、第2次データム平面Bと第3次データム平面Cからの位置、さらに第1次データム平面Aとの姿勢（直角度）を満たさなければならないことになる。

《 公差域② 》

《 公差記入枠の下段に示す位置度の意味 》

この図面指示例の場合、グループを形成している形体は全部で3つある。
この例では、それぞれの形体グループの満たすべき位置度がすべて異なるものとして指示されている。

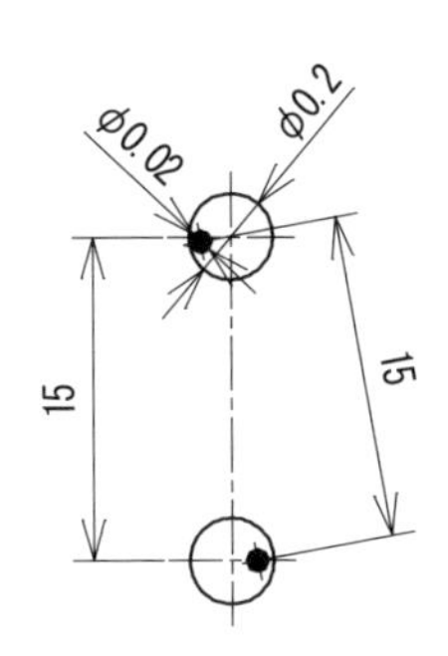


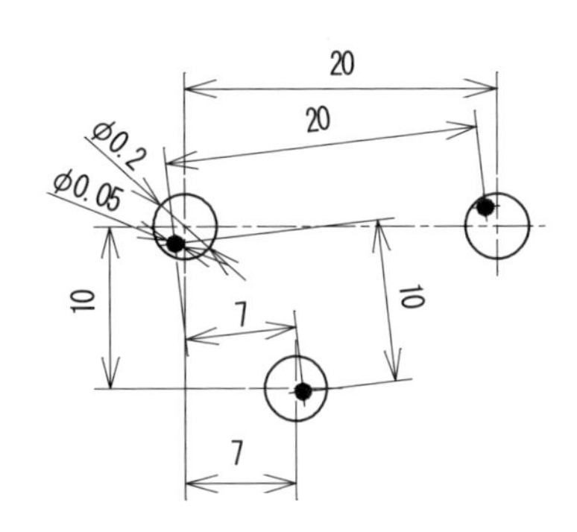


左上の2個のφ4の穴は、三平面データム系に対して、φ0.2の円筒公差域に入っていることがまず要求され（上段の指示）、かつ、2つの形体同士の位置度がデータム平面Aに関してφ0.02が要求されている（下段の指示）。

上図で見るように、距離15の真位置を中心に互いにφ0.02の円筒公差域を保ちながら、φ0.2の公差域内を変動できる。

なお、2つの形体はデータム平面Aに対して直角度φ0.02が要求されている。

右上の3個のφ5の穴は、三平面データム系に対して、φ0.2の円筒公差域に入っていることがまず要求され（上段の指示）、かつ、3つの形体同士の位置度がデータム平面Aに関してφ0.05が要求されている（下段の指示）。

上図で見るように、それぞれ指定の距離の真位置を中心に互いにφ0.05の円筒公差域を保ちながら、φ0.2の公差域内を変動できる。

なお、3つの形体はデータム平面Aに対して直角度φ0.05が要求されている。

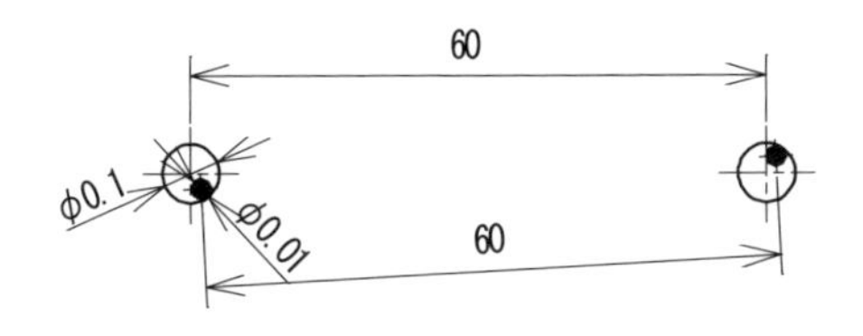


下の2個のφ6の穴は、
3平面データム系に対して、φ0.1の円筒公差域に入っていることがまず要求され（上段の指示）、かつ、2つの形体同士の位置度がデータム平面Aに関してφ0.01が要求されている（下段の指示）。

上図で見るように、距離60の真位置を中心に互いにφ0.01の円筒公差域を保ちながら、φ0.1の公差域内を変動できる。

なお、2つの形体はデータム平面Aに対して直角度φ0.01が要求されている。

# 4-2 同軸度

## （1）同心度と同軸度の規制形体と公差域

**Point**

・同心度も同軸度のいずれも、規制対象およびデータムともに誘導形体である。
・円形の中心点の規制は同心度を用い、軸線の規制には同軸度を用いる。
　薄い円形は同心度指示となり、厚みのある円形に対しては同軸度指示となる。

### 1. 同心度

規制対象　：　円形形体の中心点
データム　：　円の中心点

《 公差域の定義 》

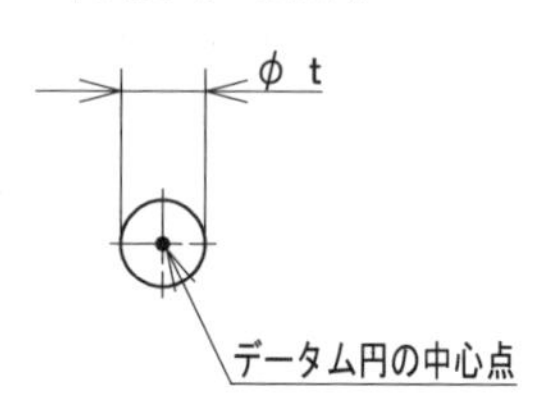


《 図面指示① 》

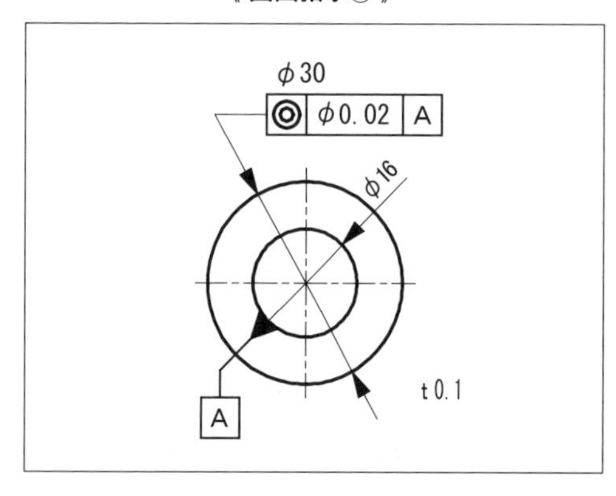


《 ①の公差域 》

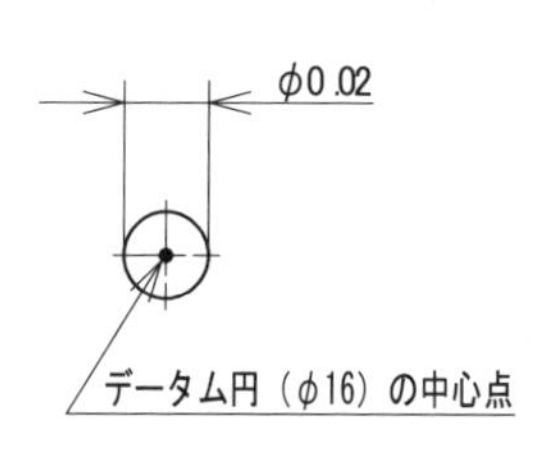


対象物の厚みが極く薄いもの（例えば、薄い座金など）については、同心度の指示と解釈できる。

規制対象のφ30の円形形体の中心点は、φ16のデータム円の中心点Aを中心にした直径0.02の円の内部になければならない。

《 図面指示② 》

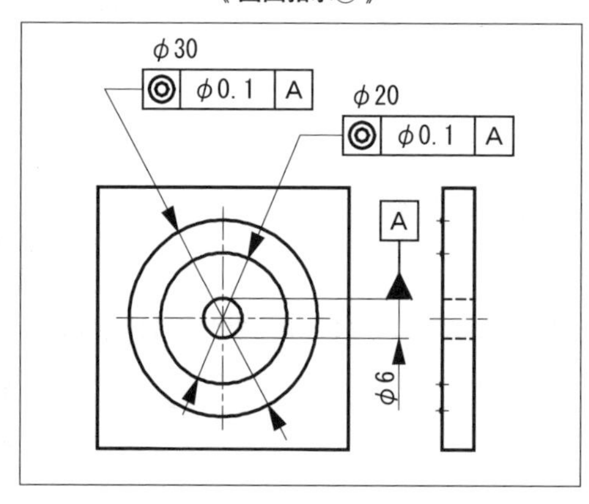


《 ②の公差域 》

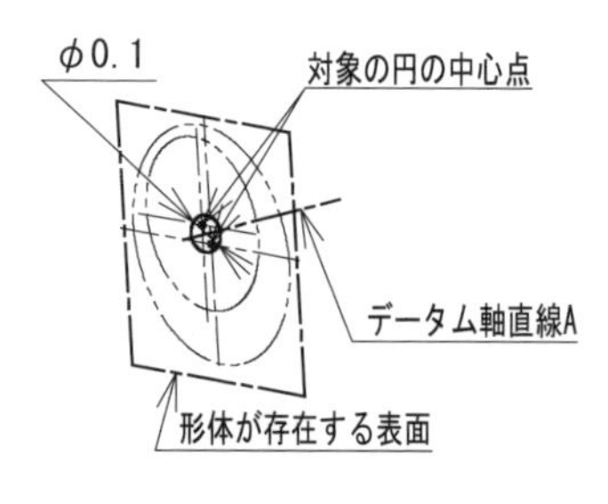


厚みのある対象物の表面に描かれた円形形体については、データムが軸直線であっても、同心度の指示と解釈できる。

規制対象のφ30とφ20の2つの円形形体の中心点は、φ6のデータム軸直線Aを中心にした直径0.1の円の内部になければならない。

**Keyword**

同心度（concentricity）：平面図形であって円形形体の中心点のデータム円の中心点に対する位置の偏りの大きさ

同軸度（coaxiality）：データム軸直線と同一直線上にあるべき軸線のデータム軸直線からの偏りの大きさ

## 2. 同軸度

規制対象　：　軸線
データム　：　軸直線

《 公差域の定義 》

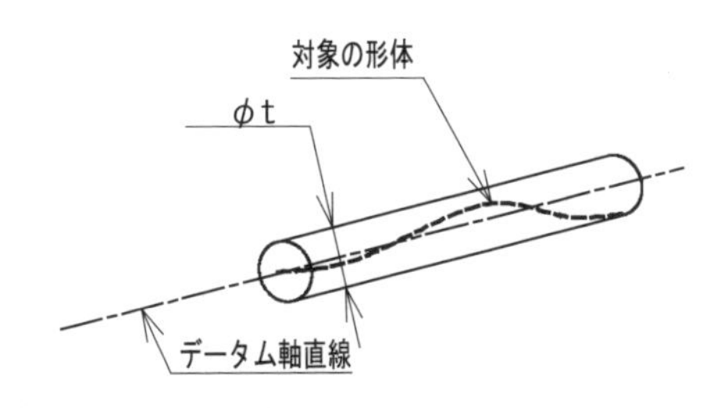


《 図面指示 》

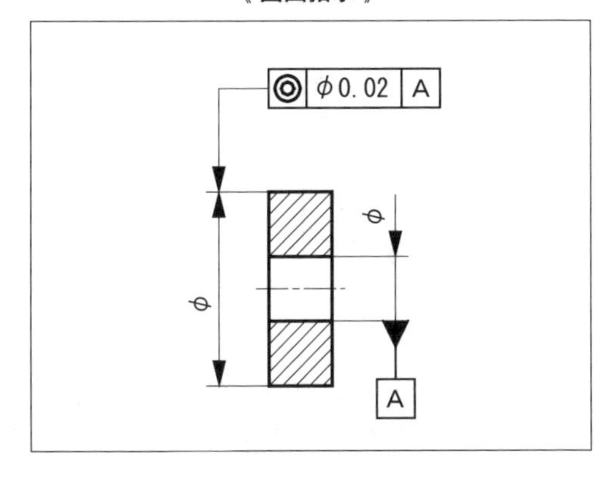


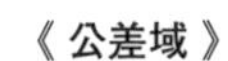

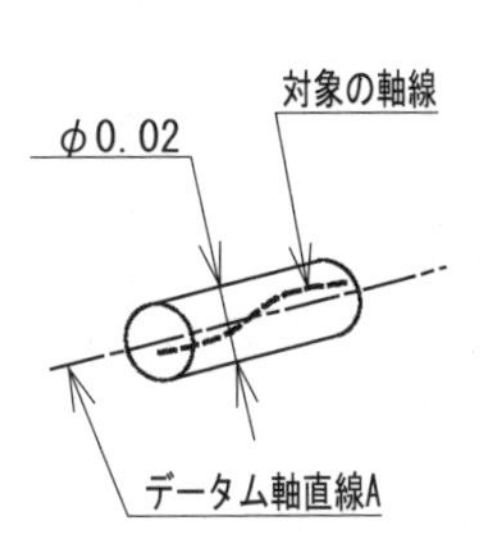


規制対象の円筒外径の軸線は、データム軸直線Aに設定した円筒内径の軸線を中心とした直径0.02の円筒形の内部になければならない。

なお、規制対象の軸線とデータム軸直線は、投影図において、明らかに同軸の形体として図示された形体でなければならない。

# (2) 同軸度に代わる幾何公差指示

**Point**

- 同軸度は、位置度、全振れ、真直度などによって代替指示できる幾何公差である。
- 位置度指示による代替では、"理論的に正確な寸法" TED0（ゼロ）は、"暗黙のTED" として省略されている。
- 全振れ指示による代替では、指示形体の軸線の状態を、直接には表していないことに留意する。
- 真直度指示による代替では、いずれの軸線が基準であるかは問われていないことに留意。

《 図面指示 》

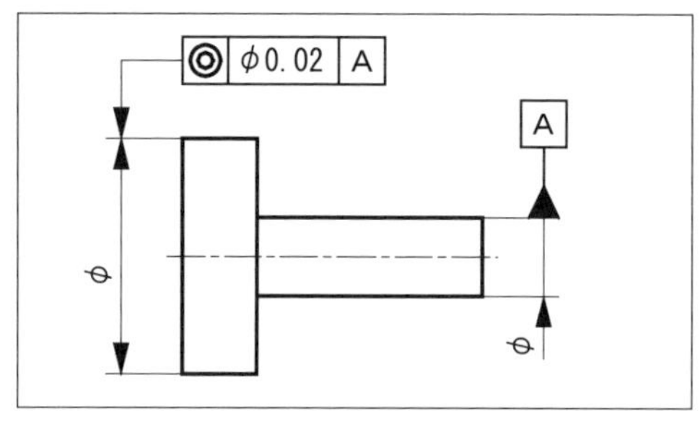


(a) 位置度による代替図面指示

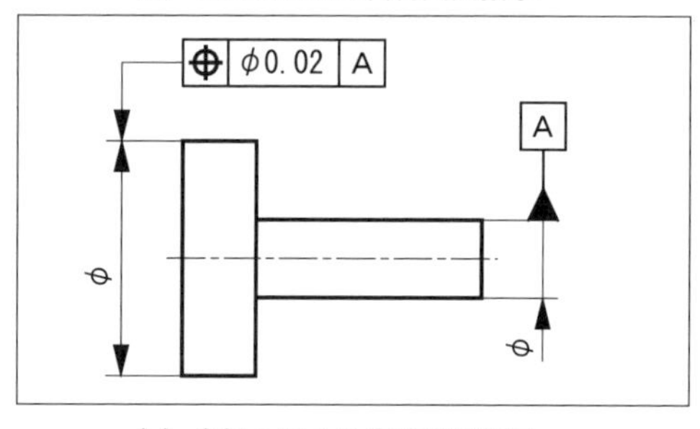


(b) 全振れによる代替図面指示

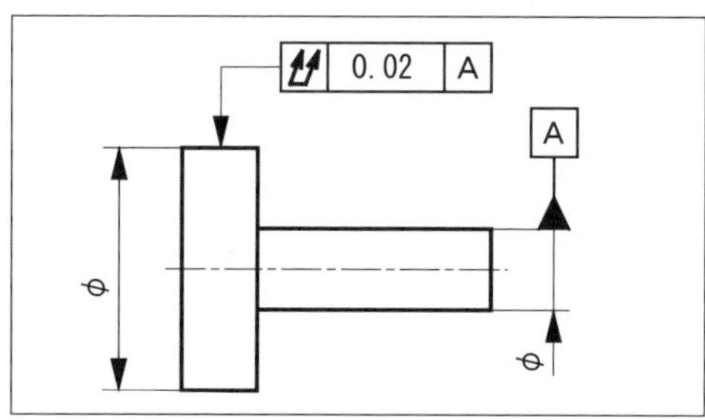


(c) 真直度による代替図面指示

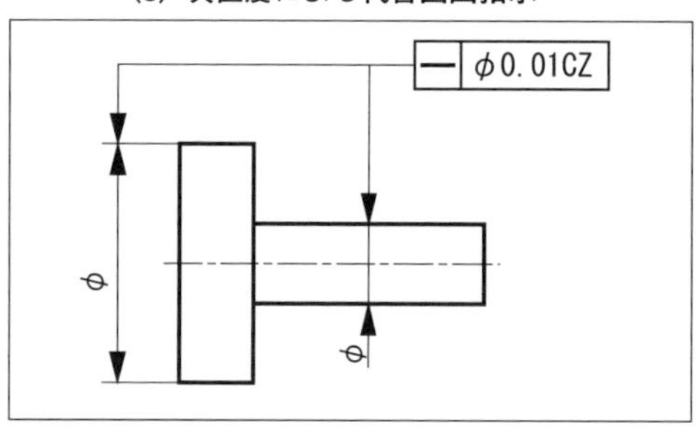


《 同軸度・位置度の公差域 》

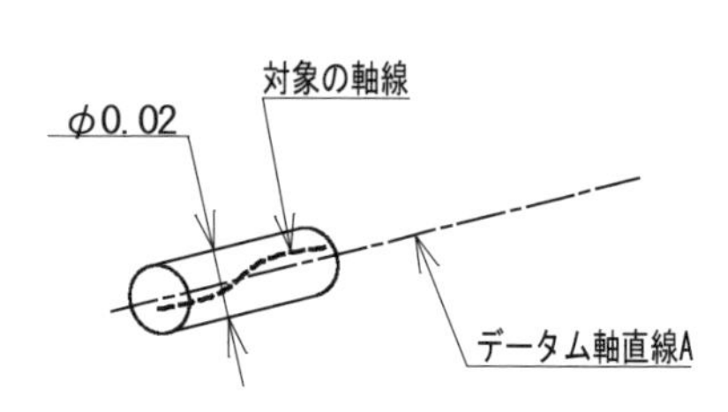


同軸度と位置度の公差域は、上図のように全く同じものとして表現できる。

ただし、このような場合、同軸度で指示するのが一般的である。

上の同軸度・位置度の公差域の図からわかるように、データム軸直線Aに対して、対象の表面は最大で0.01ずれる。それは、全振れに置き換えると下の図のようになる。

《 全振れの公差域 》

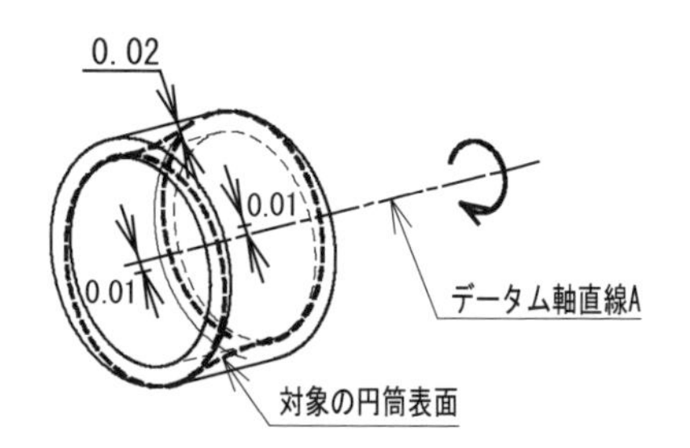


《 真直度の公差域 》

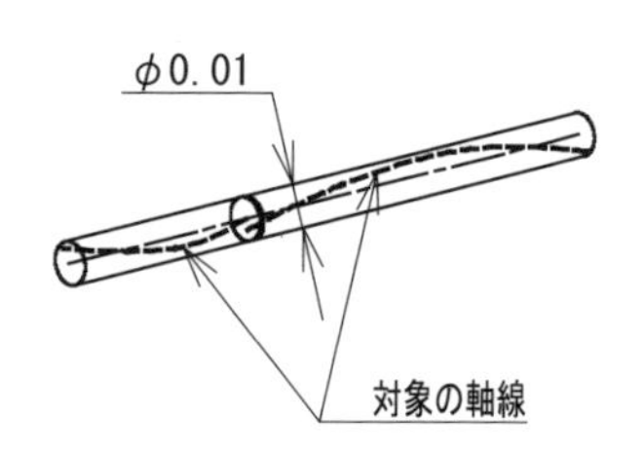

# 4-2 同軸度

## (3) 複数ある軸線に対する同軸度指示

**Point**

・同軸上に複数、離れて存在する軸線であっても、同軸度指示において、記号“CZ”は決して用いない。
前頁下の複数の軸線の真直度指示とは異なることに注意。
目標とする直線（軸線）が存在しているので、対象が何個あっても、記号“CZ”は付かない。

《 図面指示① 》

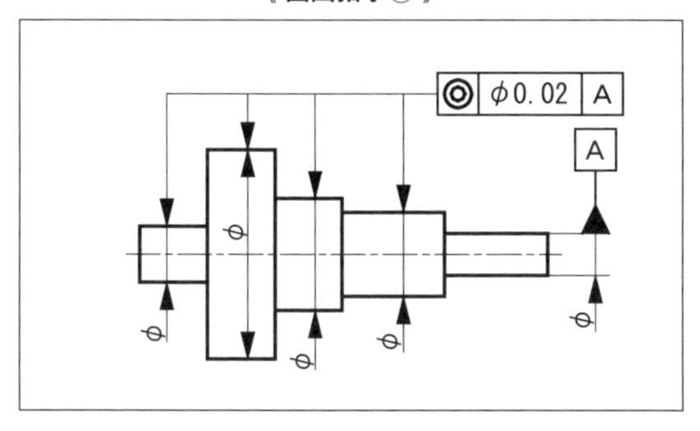


《 ①の公差域 》

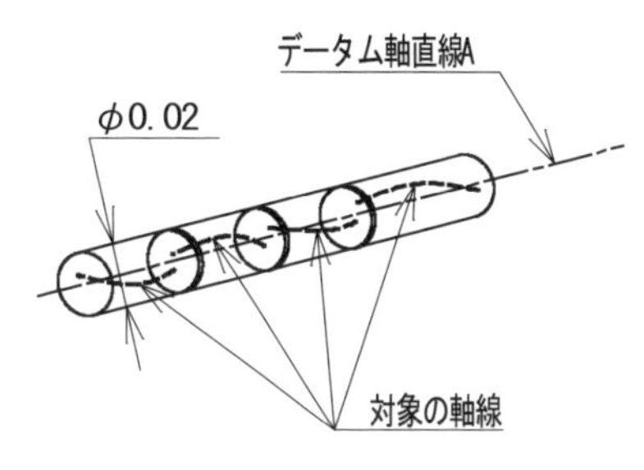


同軸度で指示した4つの軸線は、いずれも直径0.02の円筒の内部になければならない。
その内部にありさえすれば、互いにどのような姿勢関係であっても、それは規制していない。

《 図面指示② 》

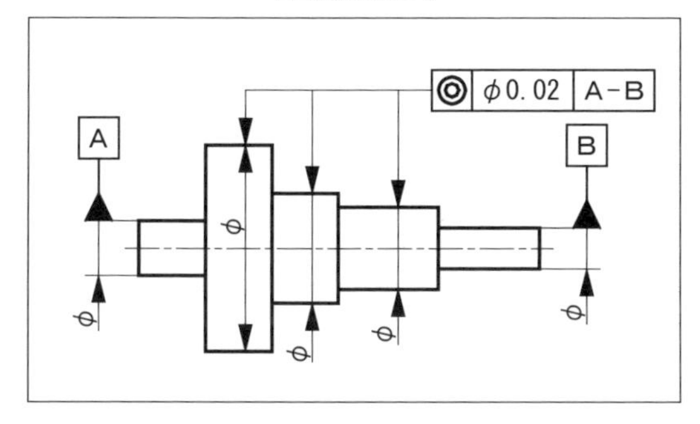


《 ②の公差域 》

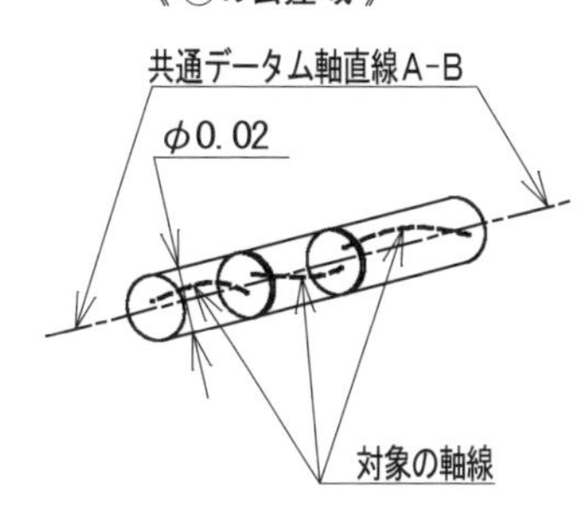


①の指示とはデータムの採り方が異なるだけで、結果的にはほぼ同じ位置公差を要求している。対象物の支持方法、使われ方に依存する。

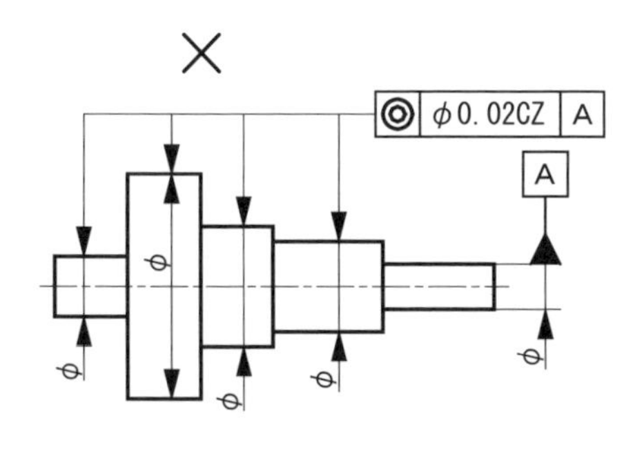


**同軸度の場合、規制する対象の軸線が複数あっても共通公差域を指示することは決してない。記号“CZ”を用いた指示は誤りである。**

**これは真にあってほしい位置が指示の中にあることによる。**

# 4-3 対称度
## （1）対称度で規制できる形体と公差域

**Point**

・対称度で規制できる形体は、誘導形体（軸線、中心面）、および外殻形体（表面）である。
※　従来は、規制形体は誘導形体だけであったが、外殻形体にも適用できるようになった。

### 1．対称度で規制できる形体

（1）軸線と軸線

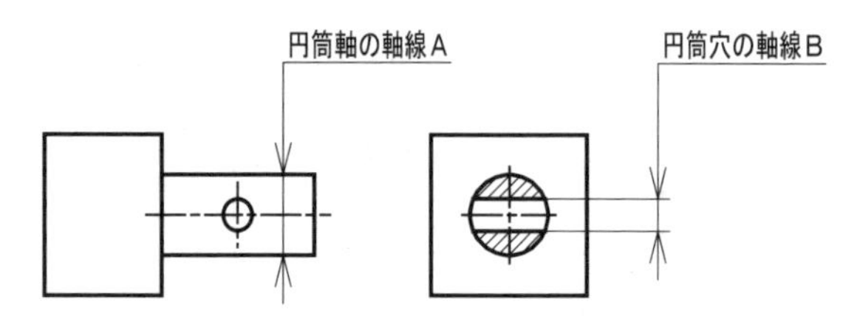


左図のように、（図の上下方向の）位置を同じとする2つの軸線は、対称度の規制対象とすることができる。

どちらの形体もデータムに設定することはできるが、この場合、円筒軸の軸線Aをデータムとして採るのが一般的。その場合、データム軸直線Aとなる。

（2）中心面と中心面

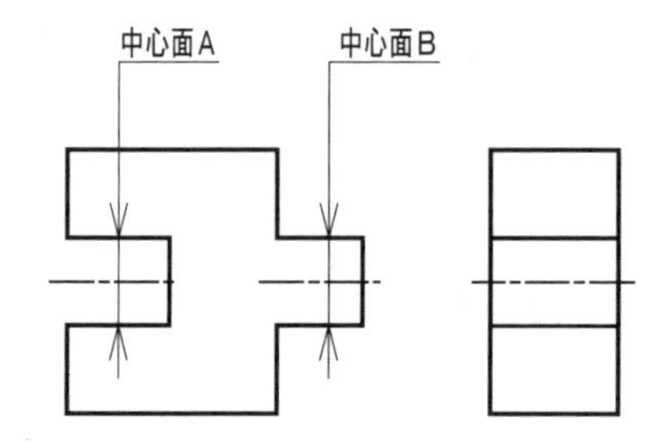


左図のように、（図の上下方向の）位置を同じとする2つの中心面は、対称度の規制対象とすることができる。

どちらの形体もデータムに設定できる。
仮に、中心面Aをデータム平面にした場合、データム中心平面Aとなる。

（3）中心面と軸線

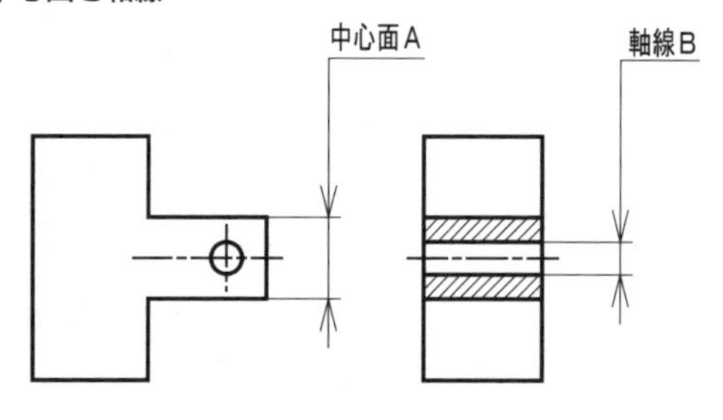


左図のように、（図の上下方向の）位置を同じとする中心面と軸線とは、対称度の規制対象とすることができる。

どちらの形体もデータムに設定できるが、この場合、中心面Aをデータムに採るのが一般的。その場合、データム中心平面Aとなる。

（4）中心面（データム）と表面（規制形体）　←新しい規定

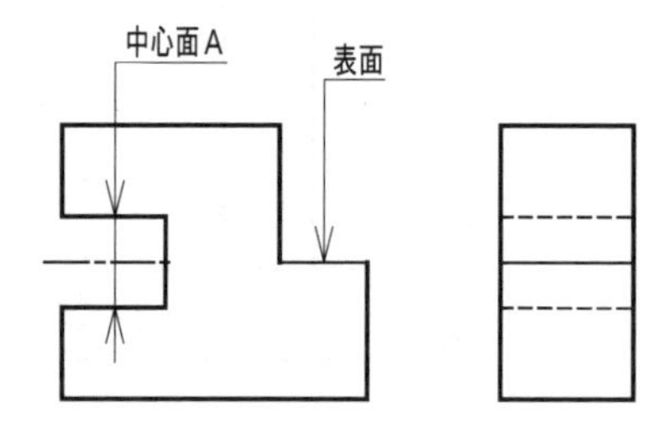


左図のように、左の中心面に対して、それと同じ位置にある右の表面（外殻形体）も、対称度の適用対象とすることができるようになった。

※　このようなケースには、位置度を用いて指示することを推奨する。

**Keyword**
**対称度（symmetry）：データム軸直線またはデータム中心平面に対して対称であるべき形体の対称位置からの偏りの大きさ**

## 2. 対称度の公差域

### (1) 軸線の対称度

①データム中心平面に対する対称度

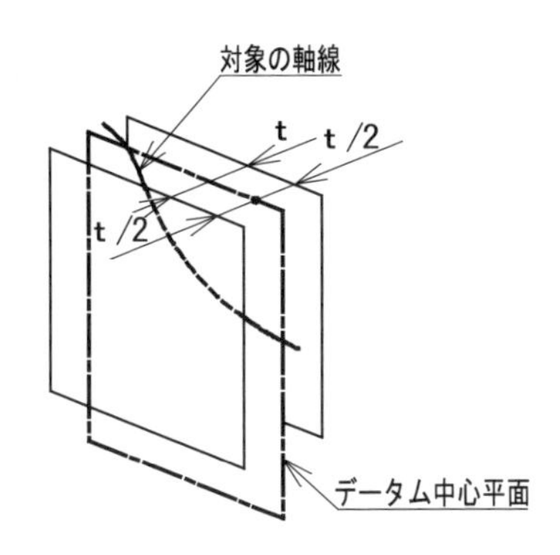


この場合の対称度は、データム中心平面に対して対称な幾何学的平行二平面で、その軸線を挟んだときの、二平面の間隔tで表す。

②データム軸直線に対する互いに直角な二方向の対称度

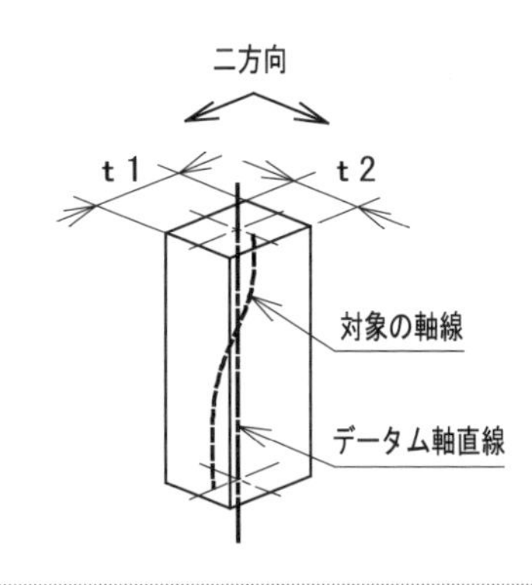


この場合の対称度は、指示した二方向にそれぞれ垂直で、データム軸直線に対して対称な幾何学的平行平面で、その軸線を挟んだときの、二平面の間隔t1、t2で表す。

※　t1、t2を二辺の長さとする直方体の内部が公差域である。

### (2) 中心面の対称度

①データム軸直線に対する一方向の対称度

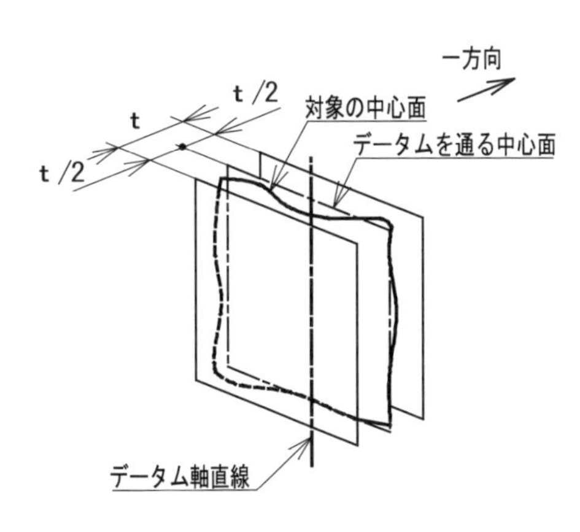


この場合の対称度は、指示した一方向に垂直でデータム軸直線に対して対称な幾何学的平行二平面で、その中心面を挟んだときの、二平面の間隔tで表す。

②データム中心平面に対する対称度

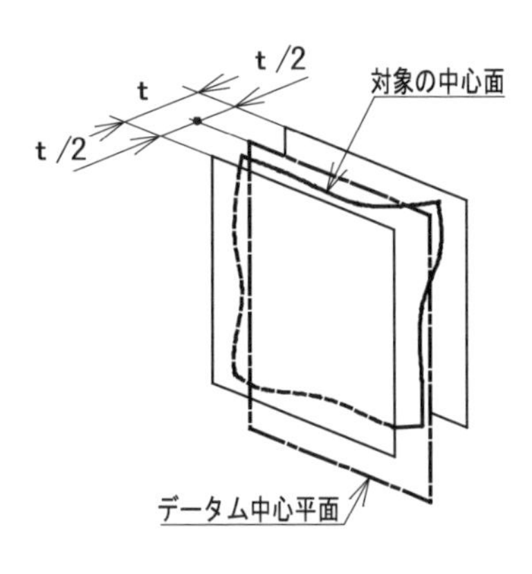


この場合の対称度は、データム中心平面に対して対称な幾何学的平行二平面で、その中心面を挟んだときの、二平面の間隔tで表す。

## 4-3 対称度

# (2) データム軸直線に対する軸線の対称度指示

**Point**

・位置を同じとする2つの軸線は、対称度で規制できる。
・いずれをデータムに採ってもよいが、特に理由がない場合は、軸線の長い方を採るのがよい。
・規制形体に対して指示する公差記入枠の矢の当て方に注意する。

《 図面指示① 》

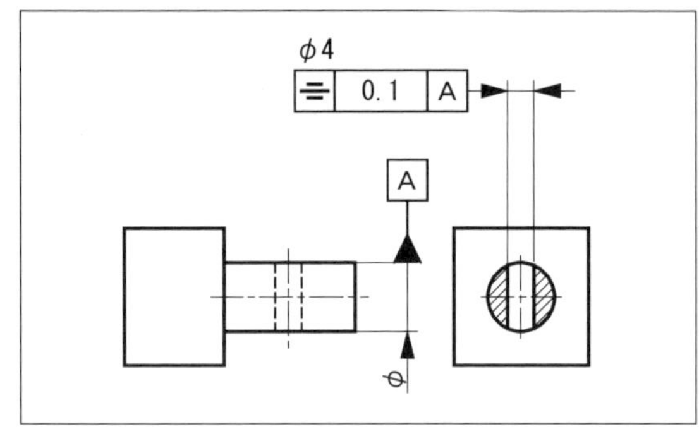


《 公差域 》

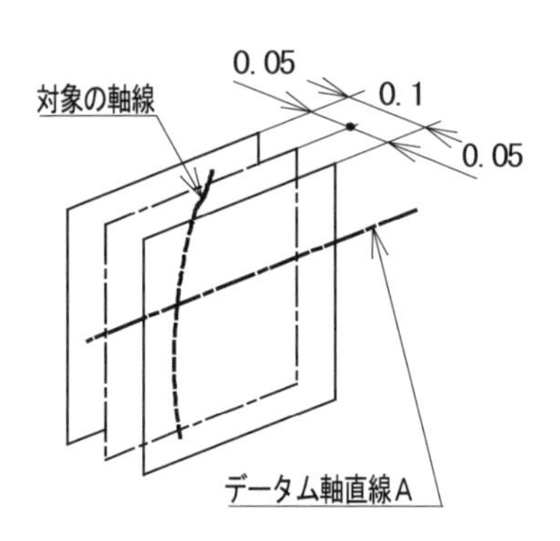


《 図面指示② 》

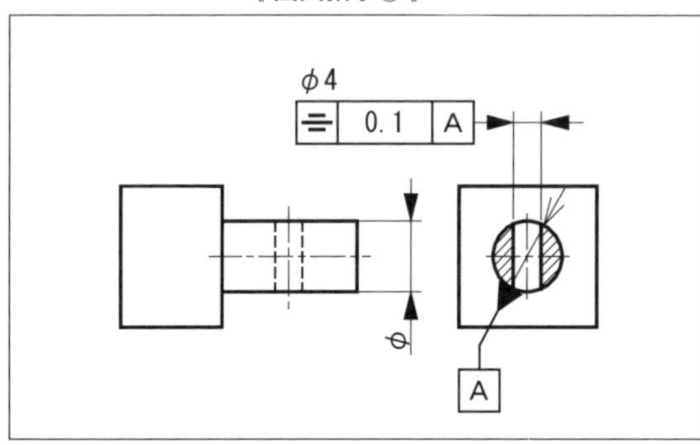


円筒軸をデータムに、円筒穴の軸線を規制する図面指示である。

公差域は、図面指示の右側面図において、手前から奥に通るデータム軸直線Aに対して、図の左右方向となり、データム軸直線から一方に間隔0.05の平面までとなる。

両方合わせた0.1が公差値である。

図面指示は、①の方法でも②の方法でも、どちらでもよい。

指示例 (a)

×

φ4

0.1 A

A

φ

指示例 (b)

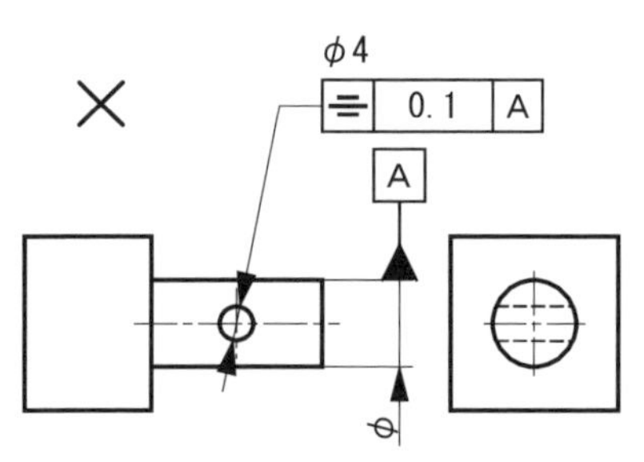


**上に示す指示例 (a) および指示例 (b) は、規制形体の公差域について誤解を与えるおそれがあるので、用いないのがよい。**

# 4-3 対称度

## (3) 軸線と中心面との間の対称度指示

**Point**

- 対称度指示では、一般に、軸線と中心面のいずれの形体もデータムに採ることができる。
- 設計要求上いずれでもよい場合は、検証しやすいことを考えて、データムには中心面を選択するのがよい。

### (a) 規制形体＜軸線＞、データム＜中心平面＞の指示

《 図面指示 》

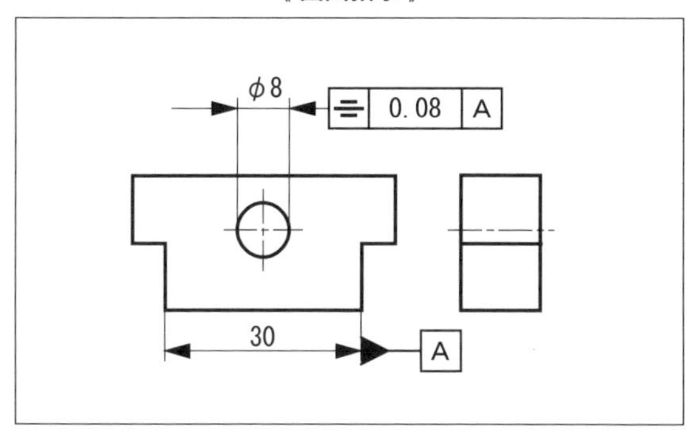


《 公差域 》

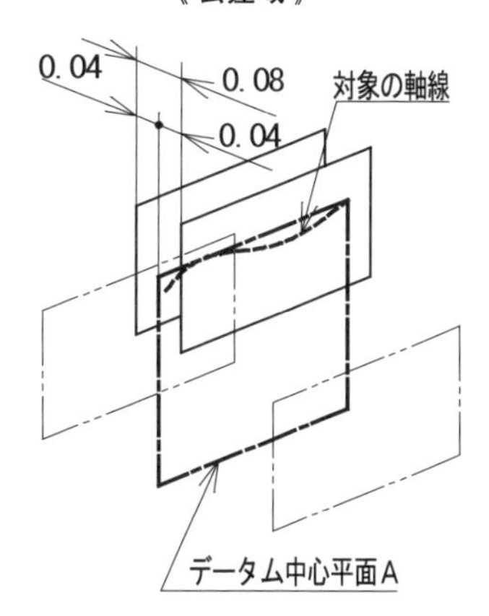


これは、幅30の平行な2つの表面の中心面をデータムAに採った指示である。φ8の軸線の図の左右方向の偏りを抑える指示となっている。

対象物は幅30の2つの表面を支持することになるので、検証は比較的やりやすい。

### (b) 規制形体＜中心面＞、データム＜軸直線＞の指示

《 図面指示 》

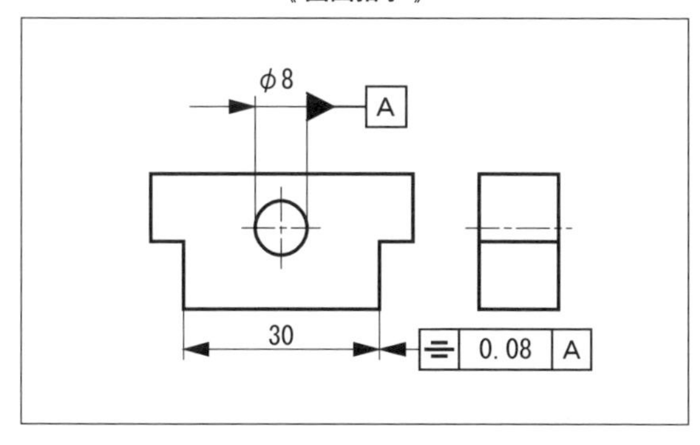


《 公差域 》

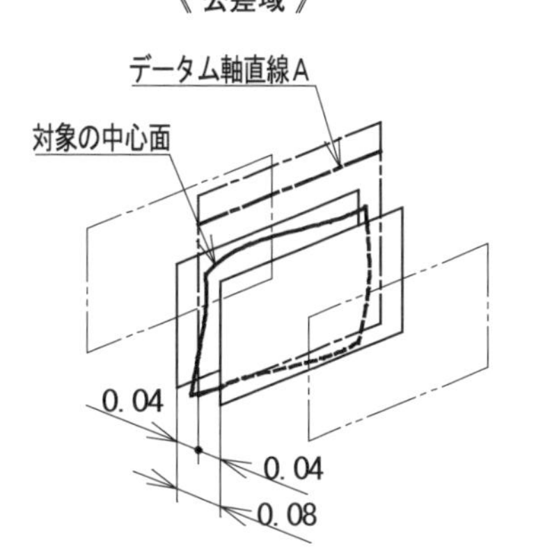


こちらは、φ8の軸線をデータムAに採った指示である。幅30の平行な2つの表面の中心面の図の左右方向の偏りを抑える指示となっている。

このように指示すると、一般的には、対象物はφ8の円筒穴にマンドレルを挿入して支持し、回り止めを施した上で検証することになるので、検証は多少やっかいとなる。

# 4-3 対称度
## (4) データム中心平面に対する中心面の対称度指示

**Point**
・中心面と中心面の対称度では、双方の中心面の位置が一致していなければならない。
・公差記入枠の矢は中心面に対して直角に当てて指示する。
・特に理由がなければ、2つの形体のうちの測定・検証しやすい一方をデータムに採る。
一般には、外側形体を規制対象の形体とするのが、検証は容易である。

《 図面指示① 》

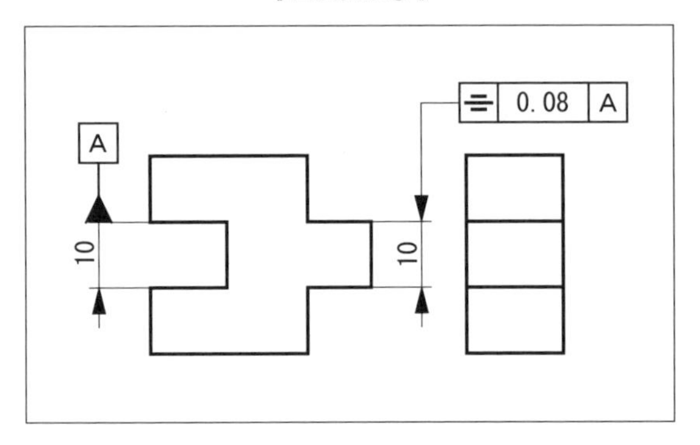


図で左側の内側形体の上下2つの表面によって構成される中心面が、データム中心平面Aである。

図右側の外側形体の上下2つの表面によって構成される中心面が規制対象の形体である。

両者は図の垂直方向の位置を同じにしている。

《 公差域 》

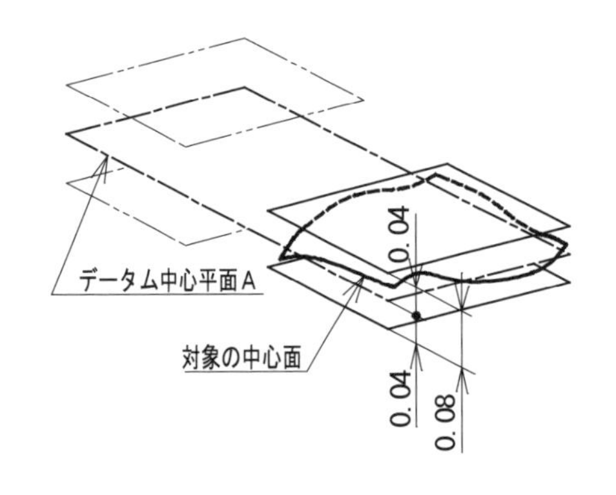


この場合の公差域は、データム中心平面を境に、上に距離0.04の平行平面、下に距離0.04の平行平面までの間隔0.08の一組の平行二平面間である。

規制したい中心面が、どのような形状であっても、この領域内に存在すればよい。

《 図面指示② 》

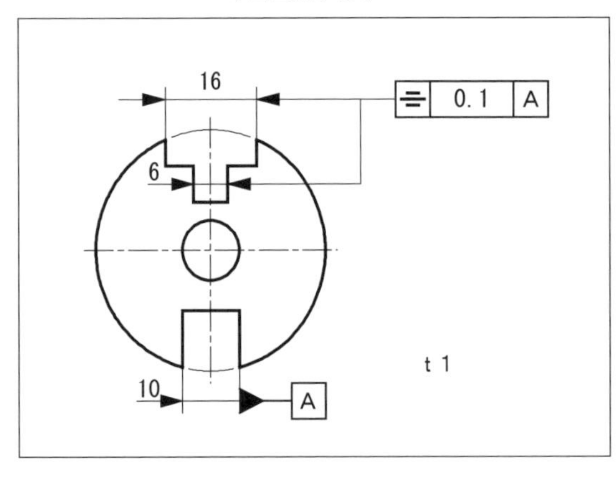


部品下側の幅10の内側形体の中心面がデータム中心平面Aである。

これに対して水平方向の位置を同じにしたいのが、幅16と幅6の2つの内側形体の中心面である。

この2つの中心面は、データム中心平面Aの左右に、それぞれ距離0.05の平行平面までの変動が許される。つまり、データム中心平面Aを中心とした間隔0.1の平行二平面の間が公差域である。

この場合、中央に位置する小さな丸穴と外形の円筒の軸線は規制対象ではない。

# 4-3 対称度
## (5) 軸線に対して互いに直角な二方向の対称度指示

**Point**

・1つの軸線に対して互いに直角な二方向に対称度を指示する場合は、その軸線はデータムに採る中心面と位置が一致していなければならない。
・公差記入枠の矢は、それぞれのデータム中心平面に対して垂直に当てられなければならない。

《 図面指示 》

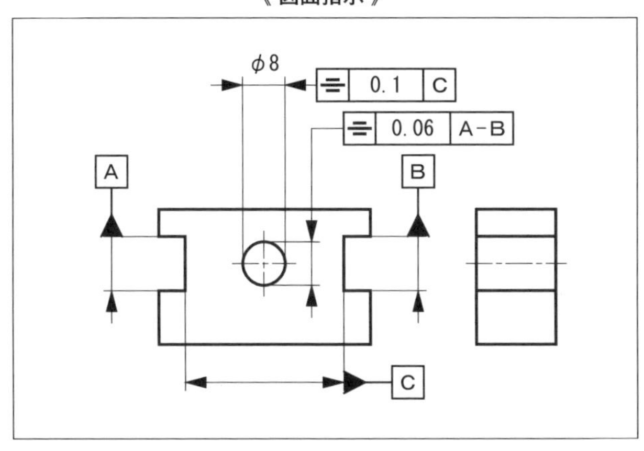


《 公差域 》

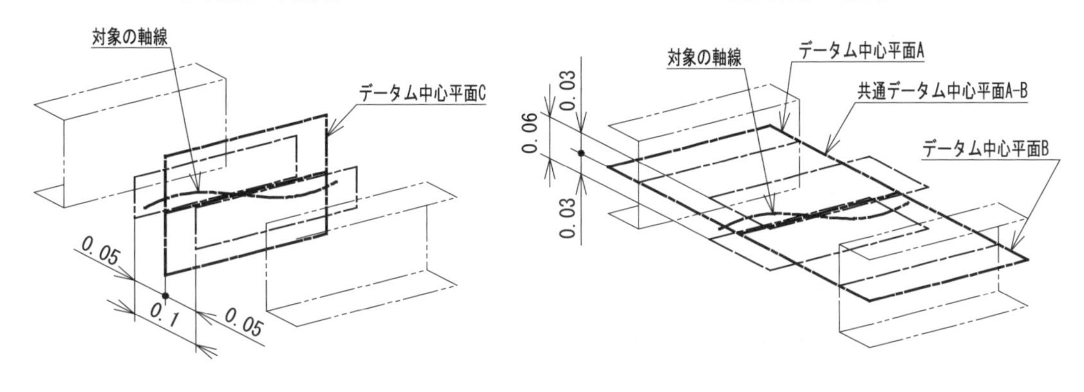


<水平方向の対称度>
左側の内側形体の右側表面と右側内側形体の左側表面とによってできる中心面がデータム中心平面Cであり、水平方向のデータムである。
この中心平面と対象の軸線の水平方向の位置は一致している。その軸線の公差域は左右0.05の平行平面までであり、間隔0.1の平行二平面間である。
<垂直方向の対称度>
左側の内側形体の中心面をデータム中心平面A、右側の内側形体の中心面をデータム中心平面Bとし、その共通データム中心平面A-Bが図の垂直方向のデータムである。
この中心平面と対象の軸線の垂直方向の位置は一致している。その軸線の公差域は上下0.03の平行平面までであり、間隔0.06の平行二平面間である。

## 4-3 対称度

# (6) 中心面に対する対称度指示で参照するのは第1次データムのみ

**Point**

・中心面に対する対称度指示において、用いるデータムは第1次データムまでの単一データムである。

《 図面指示① 》

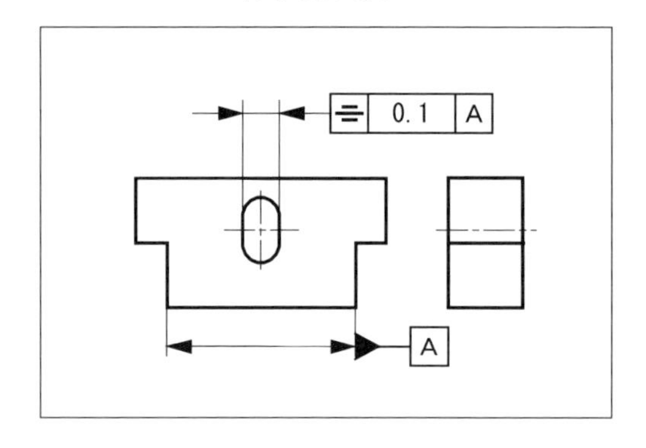


《 ①の公差域 》

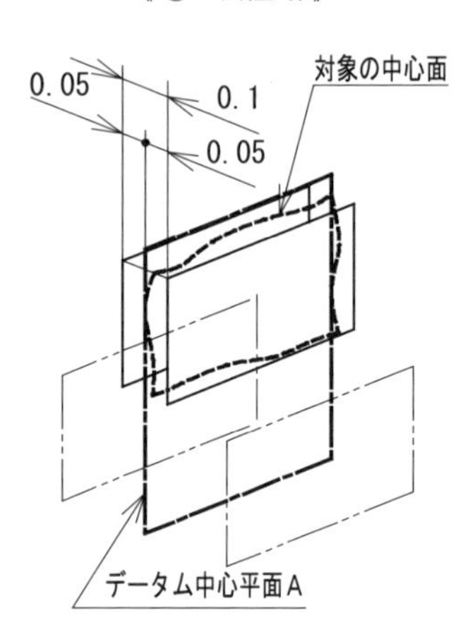


図面指示①、図面指示②のいずれも用いているデータムは1つである。

図面指示②のデータムは、データム中心平面Aとデータム中心平面Bの共通データム中心平面A-Bであり、これも単一のデータムの扱いである。

《 図面指示② 》

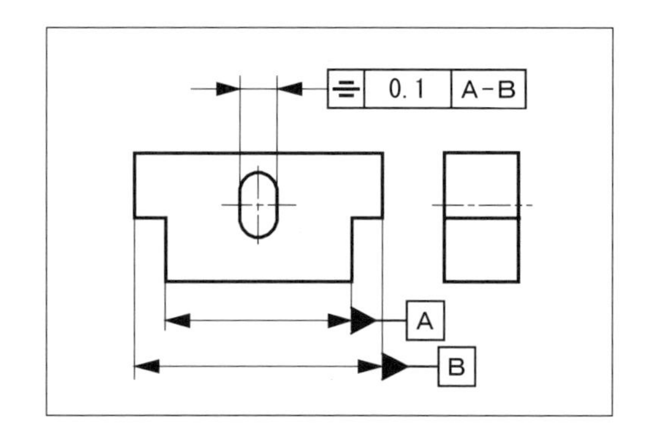


《 ②の公差域 》

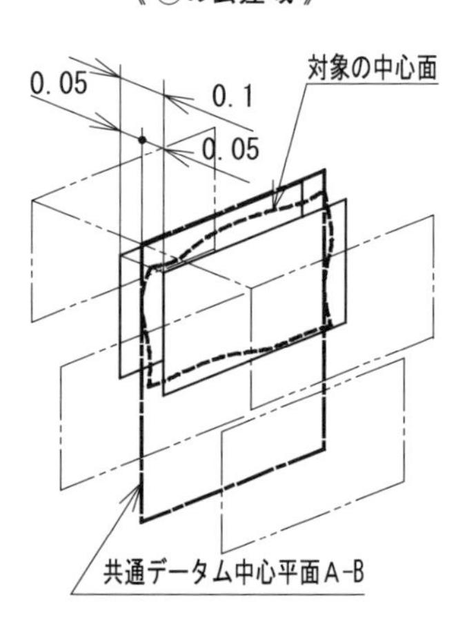


【注記】 対称度の指示で、第2次データムまでを参照した指示例を見ることがあるが、著者は不要と考える。

# 4-3 対称度

## (7) サイズ公差の中心面をデータムとした対称度指示

**Point**

・サイズ公差が指示された中心面を、データムに設定した対称度指示では、規制形体の位置が、思わぬ変動をすることに留意する。

《 図面指示 》

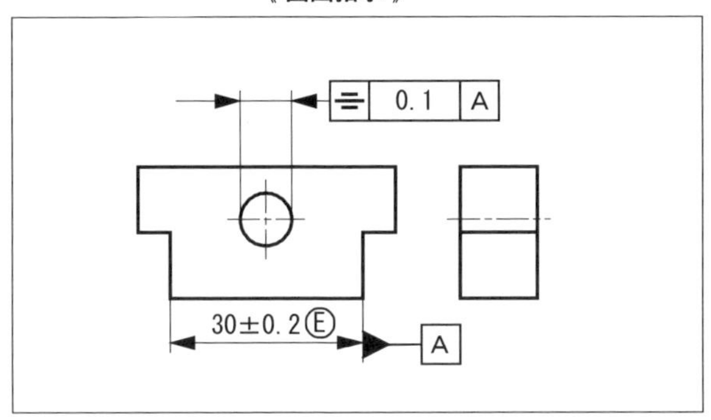


(1) データムＡの幅サイズが 29.8 のとき

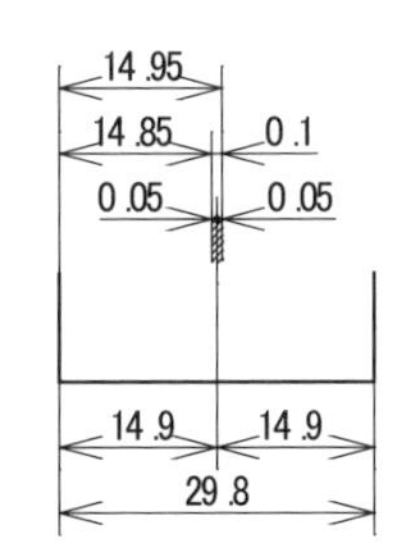


(2) データムＡの幅サイズが 30.2 のとき

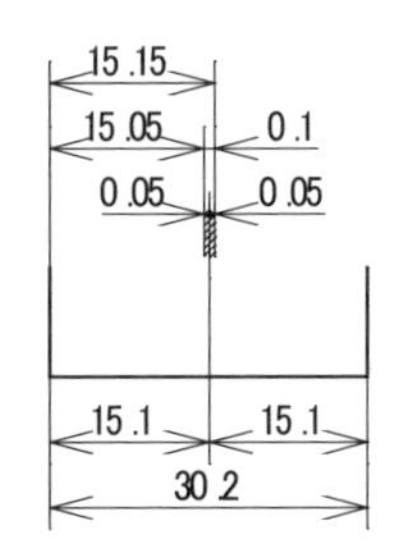

**この対称度指示の場合、**

**データムに設定した形体間の間隔は、サイズ公差で変動しても、その仕上がり寸法において、データム中心平面の位置は、常に中央部に設定される。**

**なお、30±0.2の相対する平行二平面は、はまり合う関係にある形体として、記号"Ⓔ"（包絡の条件）を指示している。**

**図（1）、図（2）で示すように、対称度の公差域は、常にそのデータム中心平面に対して、中央振り分けの領域である。**

**この指示だけでは、規制形体の軸線は、データムの中心面との一致性が問われているだけで、部品における位置は変動していることに留意する。**

## COLUMN ④

### 〈幾何公差の相互の関係〉

記号の数で14個ある幾何公差の間に、どのような関係があるのだろうか。
下の図aは、幾何公差の相互の関係を表している。公差域の定義から同一と考えてよいものを破線で囲んでみた。
基本に「形状公差」があり、それを取り込んだ広い概念として「姿勢公差」がある。さらに、それらを取り込んでの広い概念として「位置公差」がある。
「輪郭度公差」は位置公差、姿勢公差、形状公差のいずれの性質をも持つ公差である。
「振れ公差」は位置公差、姿勢公差、形状公差などの複合した幾何公差である。
図中の矢印は、矢の後方の幾何公差が、矢の先方の幾何公差によって代替表記が可能であることを表している。

この中で「輪郭度公差」は、近年、規格が拡張されたことにより、その適用範囲は大幅に増えた。この図は、それを反映したものにしている。第5章で扱う「輪郭度公差」を正しく理解することは、今まで以上に重要性を増した。

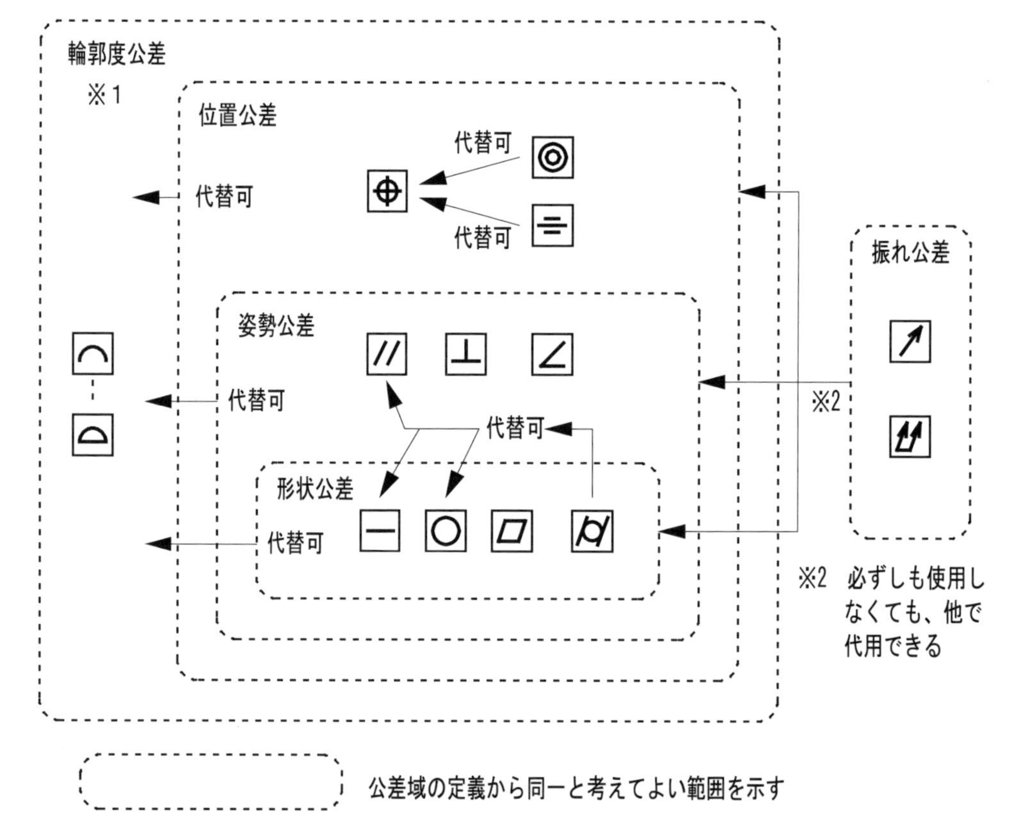


※1 新たな規定と記号（“><”や“OZ”など）の導入によって、適用範囲が拡大された
※3 ASME規格（ASME Y14.5）では2018年に同軸度、同心度、対称度を廃止した

図a 幾何公差の相互の関係

# 第5章 輪郭度公差の使い方・表し方

5-1　線の輪郭度

5-2　面の輪郭度

線の輪郭度は対象の表面の要素としての外形線について、面の輪郭度は対象の表面について、目標からの外れを規制するものである。

対象の表面や表面の要素としての外形線の目標が、単独で定義される場合、輪郭度公差は形状公差としての性質をもち、データムを必要としない。

表面や要素としての外形線の目標が、データムに関して定義できる場合は、姿勢公差の輪郭度であったり、位置公差の輪郭度であったりする。

つまり、輪郭度は、単独形体としての輪郭度であったり、データムを必要とする関連形体の輪郭度であったりする、少し変わった性質をもった幾何公差である。

従来、輪郭度は検証にテンプレートやピンゲージを使ったり、拡大投影したりと、その検証方法にやや難点があったので、多くは使われなかったが、三次元測定機の普及にともなって、その検証方法はさほど難しいものではなくなったといえる。

輪郭度は規制対象が、直線、曲線、平面、曲面のいずれの形体でも可能であることから、本来、輪郭度公差は活用範囲が広いものである。

なお、2017年のISO規格（ISO 1101 や ISO 1660）の改定によって、従来の「外殻形体」に加えて、中心線や中心面など「誘導形体」が適用可能な形体になった。その結果、輪郭度が適用できる形体が、部品を構成するほぼすべての形体になった。今後は、従来に比べて多用される可能性をもってきている。

ここでは、その改定内容を含めて説明する。

# 5-1 (1) 線の輪郭度の公差域

**Point**

- 線の輪郭度が適用できる形体は、外殻形体、または誘導形体の線形体である。
- 規制対象は、"理論的に正確な寸法"（TED）によって定義される"理論的に正確な形体"（TEF）として指示する。
- 公差域は、次の2つの場合がある。
  ①公差値を直径とする円によって作られる2つの包絡線の内側
  ②公差値を直径とするチューブ（円管）の内部

**Keyword**

理論的に正確な形体（TEF）(theoretically exact feature)：理論的な正確な寸法（TED）によって定義された形体。図面、またはCADモデルにおける図示形体である。

線の輪郭度（line profile）：理論的に正確な寸法によって定義された幾何学的に正しい形体（TEF）からの線の輪郭の偏りの大きさ

① 公差域：公差値を直径とする円によって作られる２つの包絡線の内側

《 図示方法 》

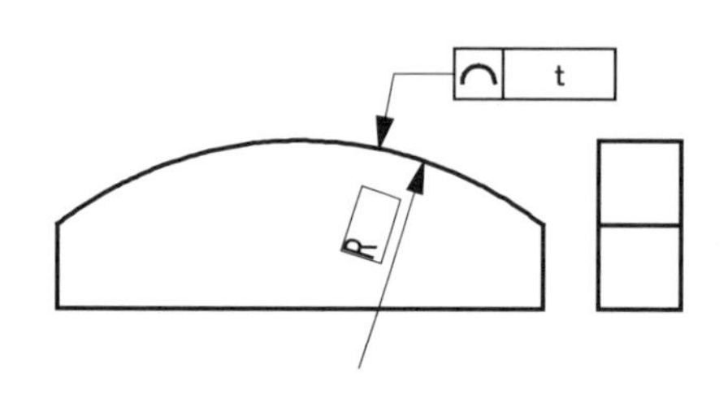


目標の輪郭を理論的に正確な寸法を、"枠付き"で指示する。

公差記入枠の矢を、対象の輪郭に対して直角に当てる。

《 公差域 》

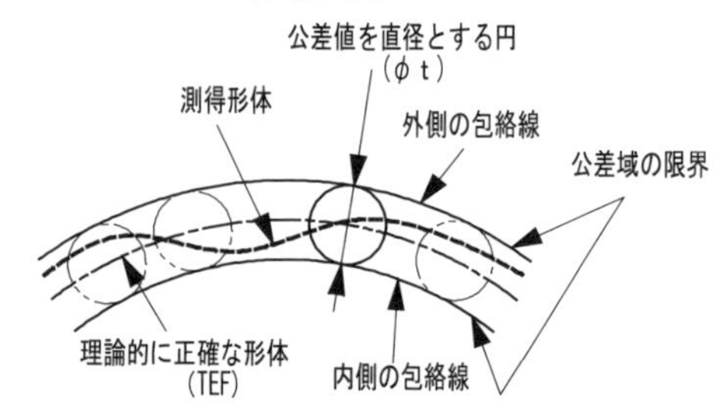


公差域は、理論的に正確な寸法（TED）によって示された形体（TEF）上を中心に、公差値を直径とする円によって作られる内側と外側の2つの包絡線で囲んだときの、その包絡線の内部となる。

② 公差域：公差値を直径とするチューブ（円管）の内部

《 図示方法 》

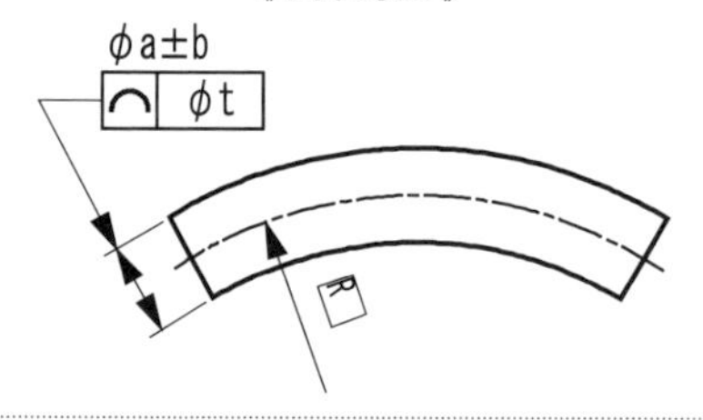


規制する対象の輪郭を理論的に正確な寸法を、"枠付き"で指示する。

公差記入枠の矢を、対象の円筒の直径を表す寸法線の延長上に当てる。

円筒の直径は、サイズ公差指示であっても構わない。公差値の前に記号"φ"を付ける。

《 公差域 》

理論的に正確な形体（TEF）
＝誘導形体
測得中心線（誘導形体）
φt
公差域を定義するチューブ（円管）

公差域は、理論的に正確な寸法（TED）で指示された、理論的に正確な形体（TEF）である中心線を中心とした、公差値を直径とするチューブ（円管）の内部となる。

【注記】 上記の②の公差域の"線の輪郭度"は、2017年発行のISO規格によって、新たに規定されたものである。

# 5-1 線の輪郭度

## (2) 表面上の線に対する形状公差の線の輪郭度指示

**Point**

- 平面や曲面の表面における線の輪郭度指示では、規制の対象は表面上に無数にある各々の線の輪郭である。
- その各々の線の輪郭が、指示した公差域の中に収まっていればよい。
- 線の輪郭度公差で指示した公差値によって、平面全体や曲面全体がその公差値に収まっている、ということではない。

《 図面指示 》

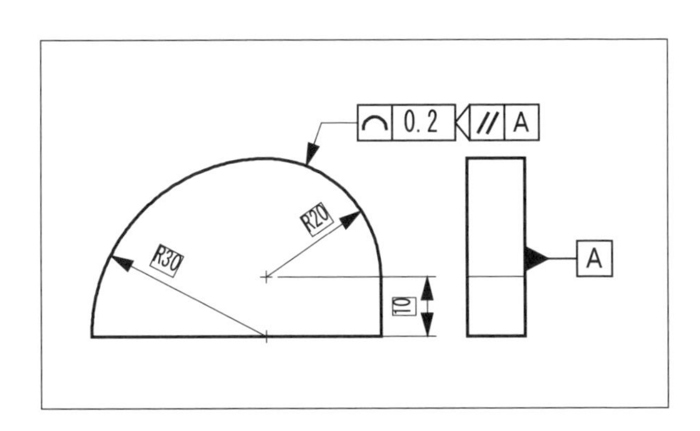


対象物（部品）の右上の1つの表面上に無数ある1つ1つの線の輪郭は、理論的に正確な寸法R20の幾何学的な円弧を中心に両側にそれぞれ0.1の間隔の曲線の内部にあることを表す。

対象の表面上の線要素は、データム平面Aに対して平行な平面上に存在するので、それを表す付加記号を公差記入枠に接して指示する。

《 公差域 》

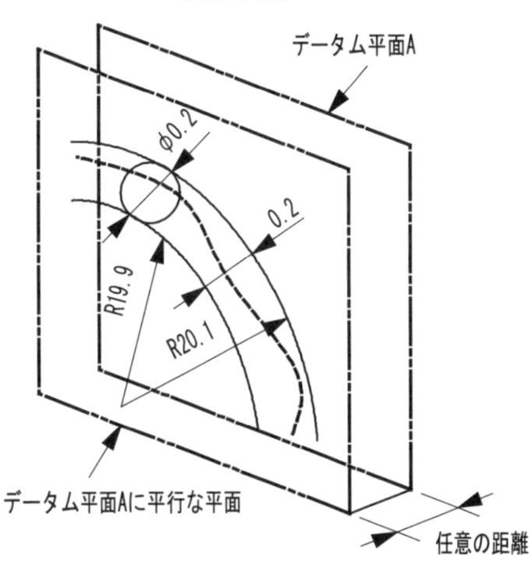


公差域は、規制対象の輪郭（幾何学的R20の円弧）を中心にφ0.2の円が作る上下の2つの包絡線に囲まれた内部である。この場合は円弧なので、公差域は半径19.9の円弧と半径20.1の円弧に囲まれた内部となる。

公差域は、データム平面Aに平行な、無数ある平面の中の任意の1つの面上にある。

**従来は、輪郭度の指示において、規制対象の形体が、ただ1つか、または複数かは、明確に指示しない傾向があった。**

**上の図面指示では、部品の上側全面に対しての輪郭度の規制ではなく、R20の円弧面ただ1つである。**

**P132以降に示す図面指示例と比較参照のこと。**

【参考】：従来の図面指示

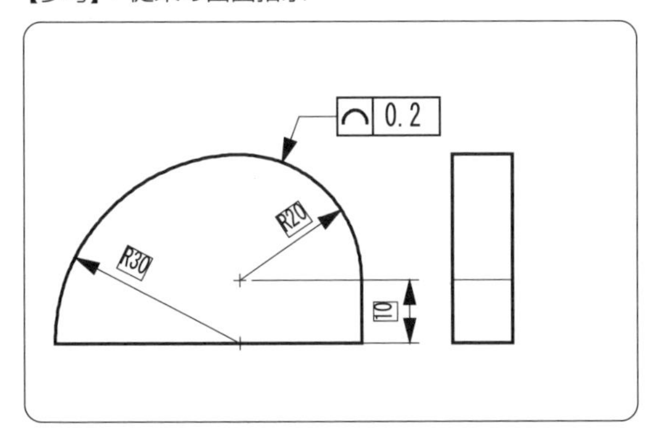

# 5-1 線の輪郭度
## (3) 表面上の複数の線に対する線の輪郭度指示

**Point**

・複数の表面上に存在する、複数形体の線に対する指示では、規制の対象となる形体がどれかを明確に指示する。
・複数の規制形体に対して、指定範囲の始点、終点を表す識別文字を指示する。
・公差記入枠には、対象が結合形体であることを示す記号“UF”と区間指示記号“↔”を付け、かつ、公差枠に“交差平面指示”記号を接続する。交差平面が参照するデータムを指示する。

**Keyword**

区間指示（between）：限定した範囲を示す記号。識別文字とともに用いる。

《 図面指示 》

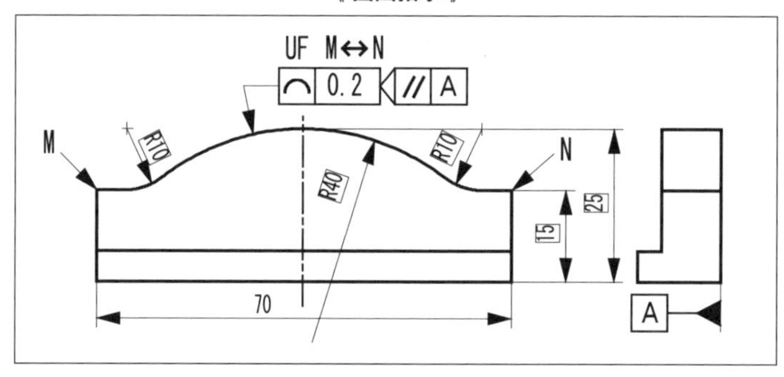


規制対象の形体は、部品上部の識別文字MからNまでのところにある5つの形体である。正面図の奥側の表面をデータムAとする。規制する線は、そのデータム平面Aに平行な平面と対象の複数表面（5つ）との交差部に存在する線要素であることを示す“交差平面指示”記号を公差記入枠の脇につなげて指示する。

《 公差域 》

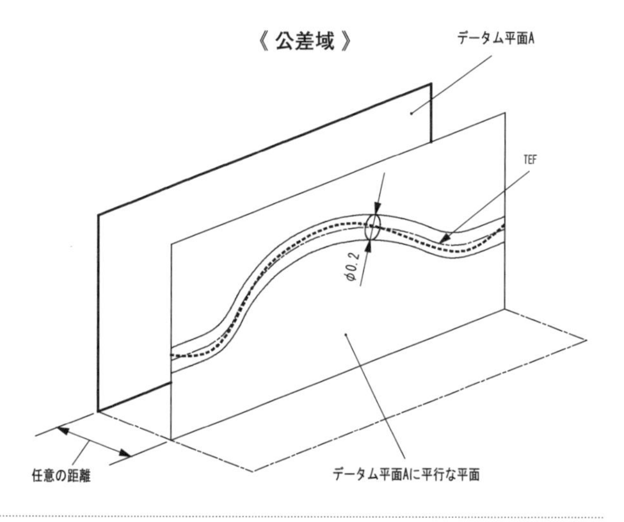


公差域は、対象の理論的に正確な形体（TEF）上を中心とする、直径0.2の円によってできる上下の2つの包絡線に囲まれた領域である。

《 規制対象の 5 つの形体 》

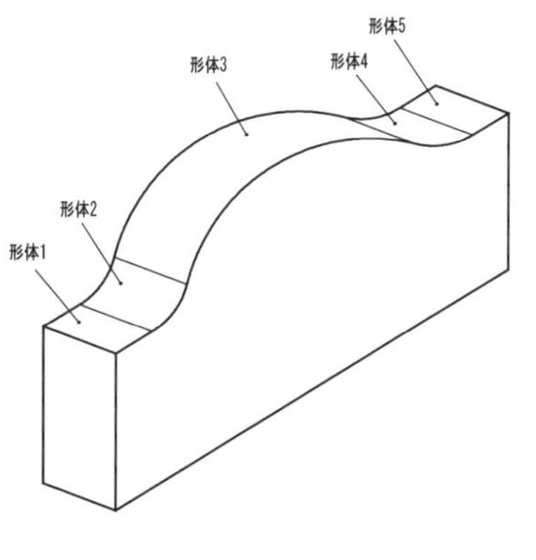


UF M↔N

上の指示があることによって、規制対象が形体1～形体5までの5つの形体を1つの形体と見なすことになる。

# 5-1 線の輪郭度

## (4) 表面上の線に対する位置公差の線の輪郭度指示

**Point**

- 位置公差の輪郭度指示においては、規制対象の形体がTEDで定義されていることに加えて、その形体のデータム系に対しての位置が、TEDによって定義されていることが必要である。
- 線の輪郭度の場合は、規制対象が線要素なので、その線の向き（方向）がいずれであるかが重要である。その参照するデータムを、“交差平面指示記号”で指示する。

《 図面指示 》

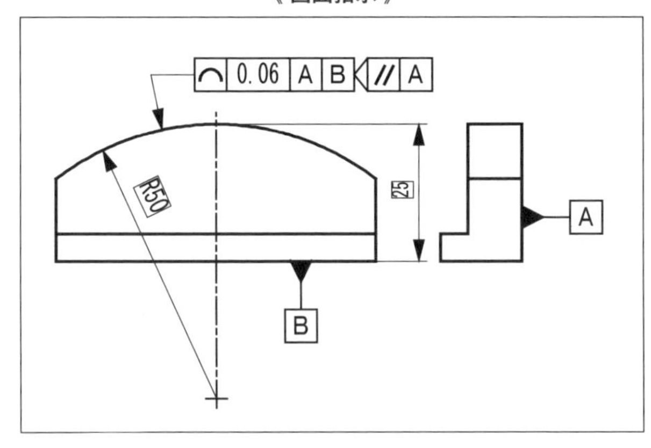


規制形体の存在する表面は、データム平面Aに直角で、データム平面Bから形体の表面頂点は距離25（TED）である。

規制形体のTEFを、TEDのR50として指示している。

規制対象の線要素の向き（姿勢）は、交差平面指示記号で、公差記入枠の脇に指示している。

《 公差域 》

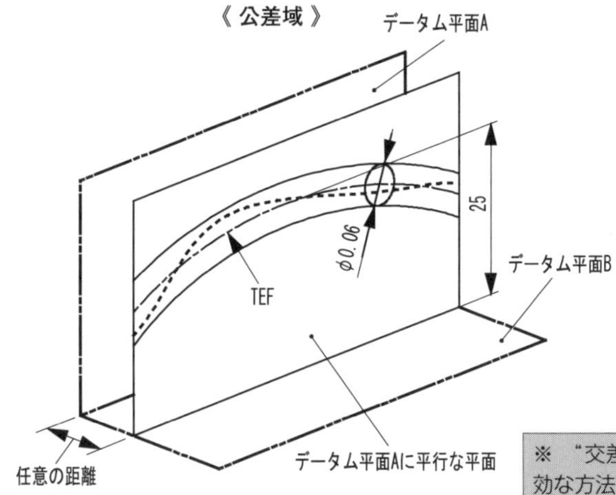


公差域は、データム平面Aに平行な平面上にあって、データム平面Bから所定の位置にある、TEFの円弧上を中心とする、直径0.06の円によって作られる上下2つの包絡線に囲まれた内部である。

※ “交差平面指示記号”による指示方法は、“3D図面”に有効な方法である。

【参考】：従来の図面指示

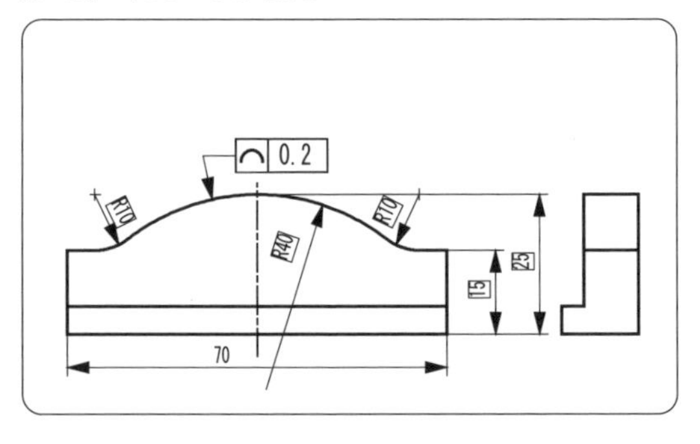


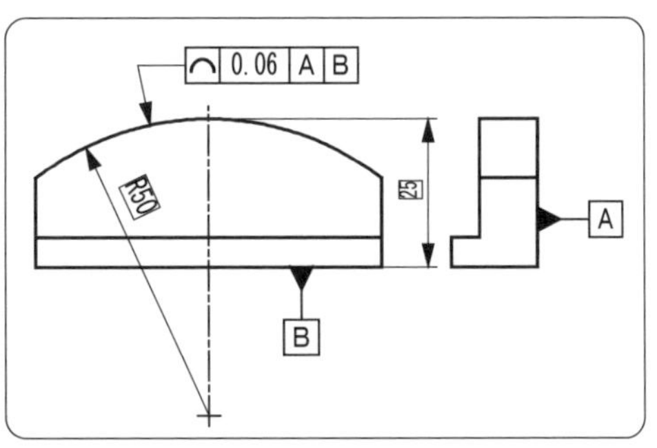

# (5) 誘導形体である中心線に対する線の輪郭度指示

**Point**

- 円筒形体の誘導形体である中心線に対して、線の輪郭度を用いて規制できるようになった。
- 公差指示において、公差値の前に直径を表す記号“φ”を付けて指示する。
- 規制対象は誘導形体になるので、公差記入枠の指示線の矢は、円筒の直径を表す寸法線の延長線上に指示する。
- 公差域は、公差値を直径とするチューブ(円管)の内部となる。

《図面指示》

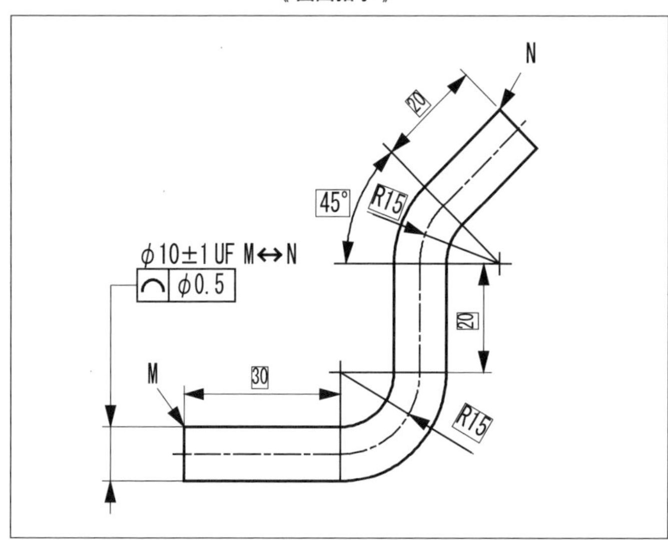


規制する対象は、直径10±1(サイズ公差)の円管の中心線(全部で5つの形体からなる)であり、それをTEDで明確に定義する。

5つの複数形体からなる複合形体を単一形体と見なす指示なので、公差記入枠の上部に、記号“UF”と区間指示記号を指示して、対象範囲を明確にする。

範囲を示す識別文字の矢の先は、それぞれ中心線の始点と終点に当てる。

《公差域》

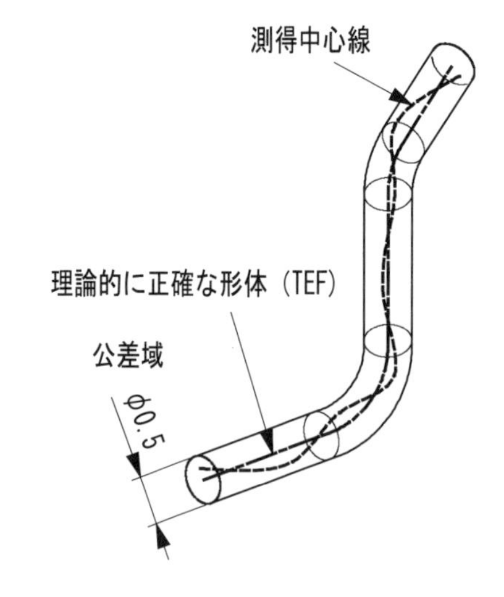


公差域は、TEDで指示された理論的に正確な形体(3つの直線と2つの円弧の5つの中心線)を中心に直径0.5のチューブ(円管)内部である。

実際の中心線は、この円筒内であれば、どのような形状になっていても構わない。

【注記】 この“中心線”(誘導形体)に適用する“線の輪郭度”は、2017年発行のISO規格によって、新たに規定されたものである。従来は、輪郭度の指示で、公差値の前に記号“φ”が付くことは、決してなかった。

# 5-2 面の輪郭度

## （1）面の輪郭度の公差域

**Point**

・規制対象の輪郭は、理論的に正確な寸法によって定義された理論的に正確な形体（TEF）として指示する。
・適用できる形体は、平面形体および曲面形体の、外殻形体、または誘導形体である。
・公差域は、次の2つの場合がある。
①公差値を直径とする球によって作られる２つの包絡面の内側
②公差値を間隔とする平行二平面または等間隔の二曲面の内部

**Keyword**

面の輪郭度（surface profile）：理論的に正確な寸法によって定義された幾何学的に正しい形体（TEF）からの面の輪郭の偏りの大きさ

① 規制対象が外殻形体の場合

《 図示方法 》

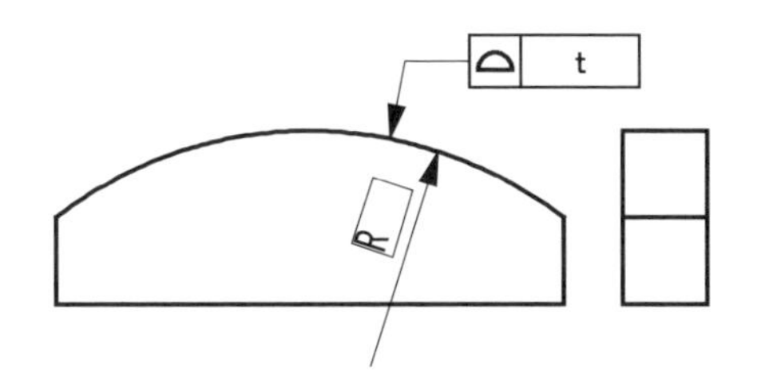


《 公差域 》

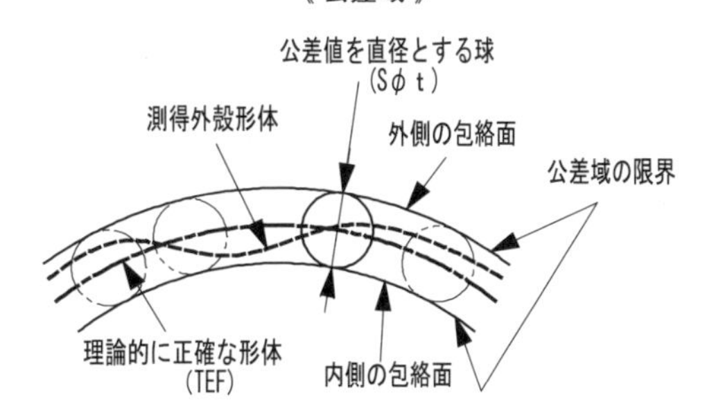


目標の輪郭を理論的に正確な寸法を、“枠付き”で指示する。

公差記入枠の矢を、対象の輪郭に対して直角に当てる。

公差域は、理論的に正確な寸法（TED）によって示された形体（TEF）上を中心に、公差値を直径とする球によって作られる内側と外側の2つの包絡面で囲んだ内部となる。

②規制対象が誘導形体の場合

《 図示方法 》

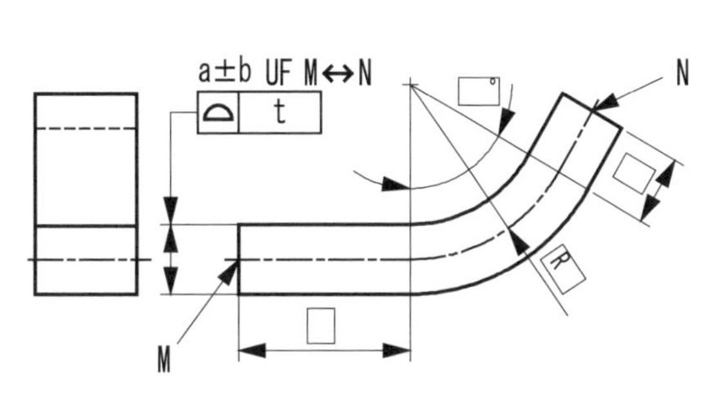


《 公差域 》

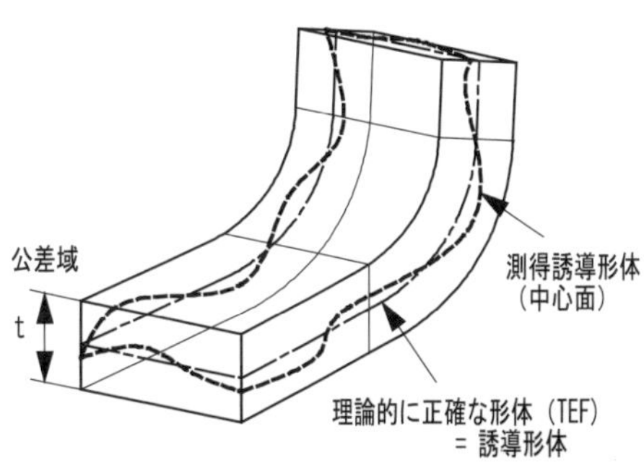


【注記】 面の輪郭度で、この②の誘導形体を規制対象にする方法は、2017年発行のISO規格によって、新たに規定されたものである。

## 5-2 面の輪郭度

# (2) 部品の1つの表面に対する面の輪郭度指示

**Point**

- 部品を構成する1つの表面に対する形状公差としての面の輪郭度は、規制対象の表面をTEDで明確に定義する。
- 一般に、部品として形状公差のみで規制が完成することはないので、この他に、姿勢公差、位置公差を指示することになる。
- 結合形体の記号“UF”がない指示の場合、規制形体は、ただ1つの単一形体が対象である。

《 図面指示 》

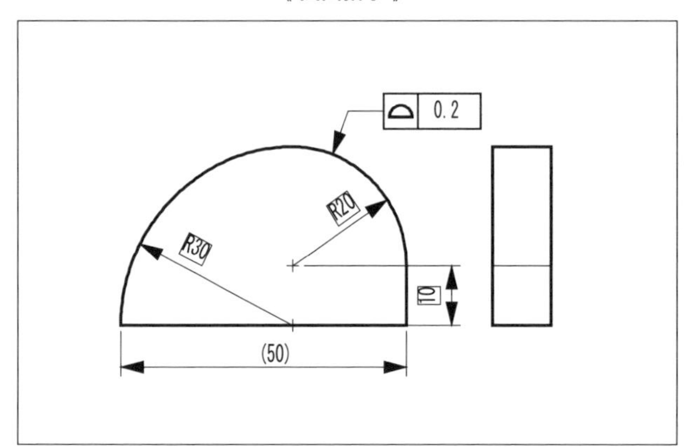


規制対象の形体は、部品上部の右側の半径20の円弧表面である。

この円弧表面が、この場合の理論的に正確な形体（TEF）である。

これがTEDのR20と指示されていて、明確に定義されている。

※ 左の図面では、TEDとしてR30や10が指示されているが、指示内容には直接的には関係しない。

《 公差域 》

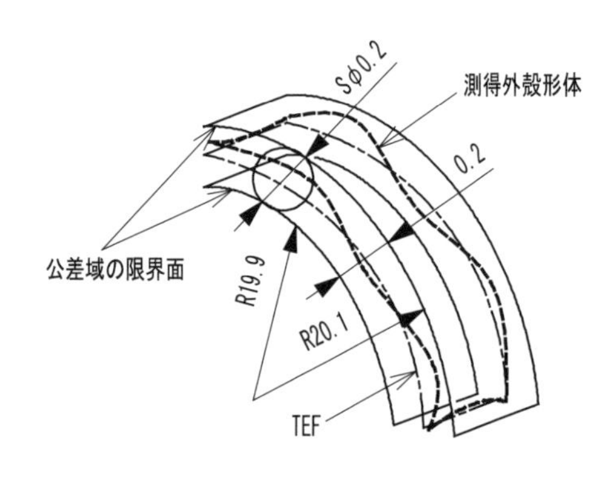


公差域は、TEDで指示された理論的に正確な形体（TEDで指示されたR20円弧面）を中心に、直径0.2の球によって作られる2つの包絡面の内部である。

この場合、TEFが円弧面なので、公差域は、同軸とする半径19.9と半径20.1の2つの円弧面によって囲まれる空間である。

実際の形体は、この空間内であれば、その形状は問われない。

※ この図面指示では、部品の上部のR20の表面だけが規制対象であり、R30の円弧面等は対象外である。

# 5-2 面の輪郭度

## (3) 部品の一方向の全周に対する面の輪郭度指示

**Point**

・部品の一方向の全周にわたる表面に対しての面の輪郭度指示では、複数形体を１つの単一形体と見なす、記号“UF”を使用する。
・全周が、部品のどの方向であるかの基準となるデータムを指定し、その上で、集合平面指示の記号を公差枠に接続して記入する。

**Keyword**

集合平面指示記号（collection plane indicator）：全周記号があるとき用いるもので、その全周に該当する形体が、どのデータム平面に対しての方向（姿勢関係）かを明確にするために用いる指示記号

○|//|A|　←　記号の意味：「規制対象の複数形体は、データムＡに平行な平面上に全周の輪郭が存在する」

《 図面指示 》

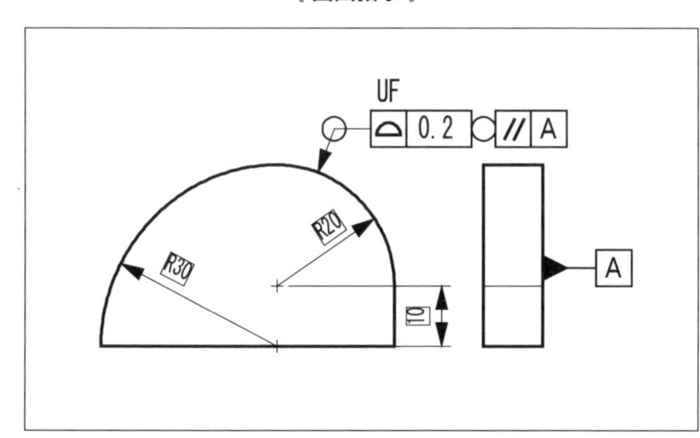


「全周」記号とデータムAが指示されていて、それを参照する“集合平面指示記号”が指示されている。これは、データムAに平行な平面と見なせる部品の周囲を構成する形体が、規制対象の形体であることを示している。

かつ、公差枠の上部に“結合形体”を表す記号“UF”があるので、上記の周囲を構成する4つの形体を1つの単一形体と見なして、それに面の輪郭度0.2が指示されている。

《 公差域 》

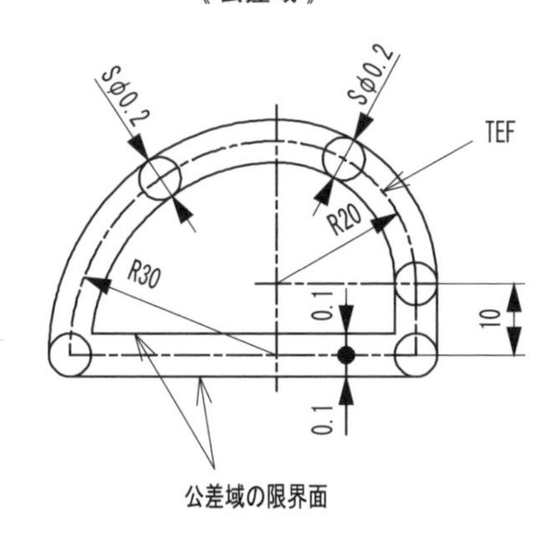


公差域は、TEDで指示された理論的に正確な形体（TEF）を中心に、公差値0.2を直径とする球によって作られる2つの包絡面の内部である。

公差記入枠内で参照するデータムが指定されていないので、この指示では、何らデータムに対する拘束はない。

# (4) 位置公差、姿勢公差としての面の輪郭度指示

**Point**

- 位置公差としての面の輪郭度指示では、基準として参照するデータム系を明確に指示する。
- 対象が複数の形体の場合には、結合記号“UF”、区間指示記号“↔”を公差記入枠の上部に指示する。
- データムに対して、位置の拘束を外し、姿勢のみを指定する場合は、“姿勢限定指示”の記号“><”を指示する。

**Keyword**

姿勢限定指示（orientation only）><：データムを、位置の拘束を外し、姿勢の自由度だけを許す指示を表す記号

《 図面指示① 》

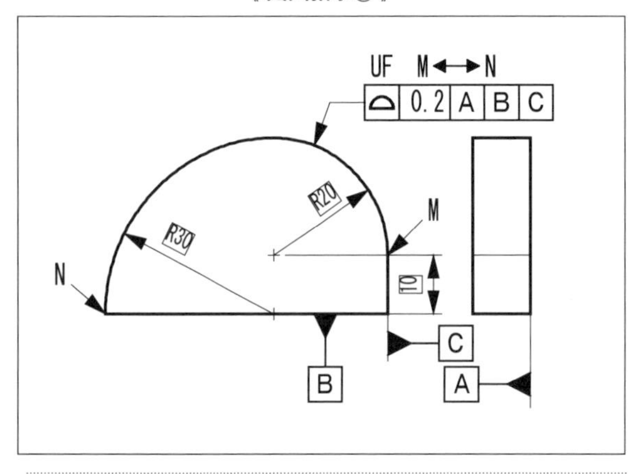


規制対象の形体は、始点Mから終点Nまでの2つの形体。それを結合形体UFとする。

《 公差域 》

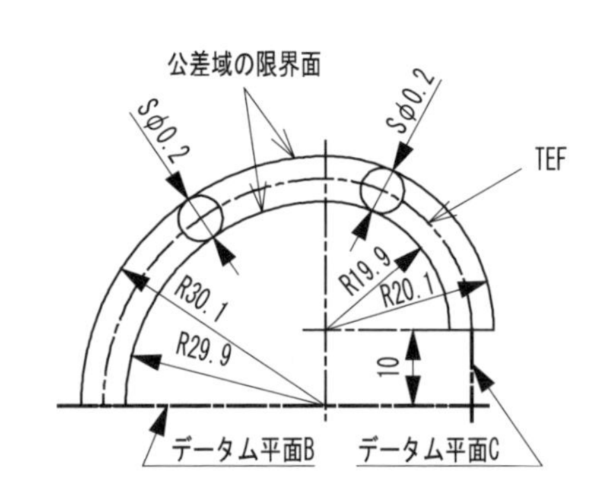


データムBとデータムCとの位置が拘束される。データムAとは直角の姿勢が拘束される。

《 図面指示② 》

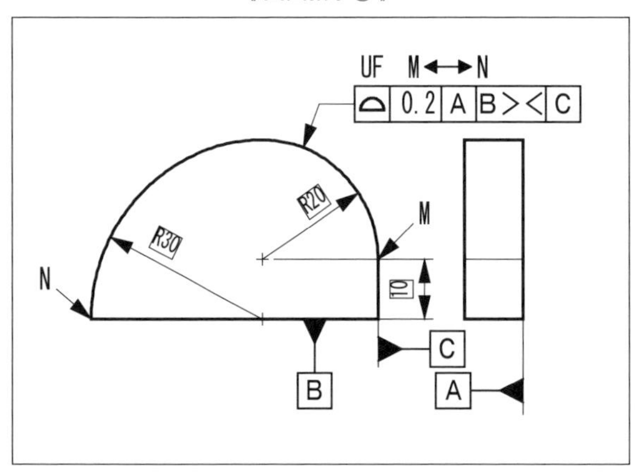


図面指示①との違いは、データムBに対して、“姿勢限定指示”の記号“><”があるところだけ。

《 公差域 》

公差域の限界面 Sφ0.2 Sφ0.2 TEF R30.1 R29.9 R19.9 R20.1 10 可変 データム平面B データム平面C

データムCとの位置は拘束されるが、データムBとは位置の拘束は外され、平行の姿勢関係を保ちながら位置は可変となる。

なお、部品としては、別途、位置公差の指示が必要となる。

# 5-2 面の輪郭度

## (5) 公差域を一様にオフセットさせる面の輪郭度指示

**Point**

・公差域は、TEFを基準に均等に配分するだけではなく、不均等に配分することができる。
・TEFに対して、一定の量だけ基準面をオフセットする場合は、公差値の後に記号“UZ”を付け、その後に、オフセット量を指示する。実体に対して外側にオフセットする場合は＋（プラス)、内側にオフセットする場合は－（マイナス）を表記する。

**Keyword**

指定オフセット公差域（specified tolerance zone offset）：TEFに対して公差域を、所定量だけオフセットした位置を基準とする指示。その記号は“UZ”

《図面指示①》

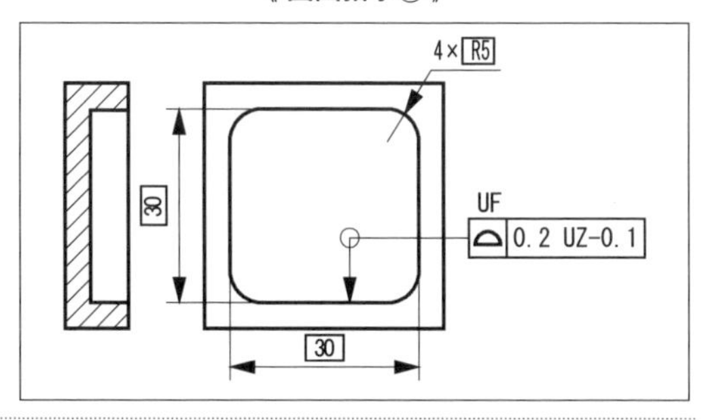


規制対象は、4カ所の角の円弧面部と4つの平面部の複数形体である。全周記号と記号“UF”を用いて、TEDによって指示する。

公差域は、TEFに対して実体の内側にオフセットさせるので、公差値0.2の後に、記号“UZ”を付け、その後に、オフセット量－0.1を指示する。

《公差域》

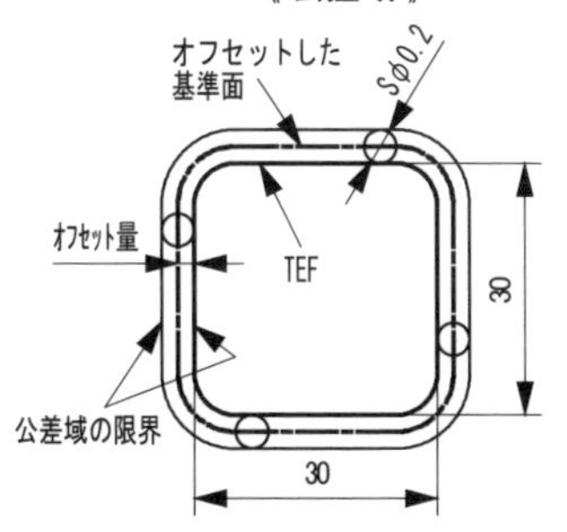


公差域は、TEFから実体の内側（図では外側）に0.1だけオフセットさせた基準面を中心に公差値の0.2を直径とする球によってできる2つの包絡面に囲まれた内部である。

《図面指示②》

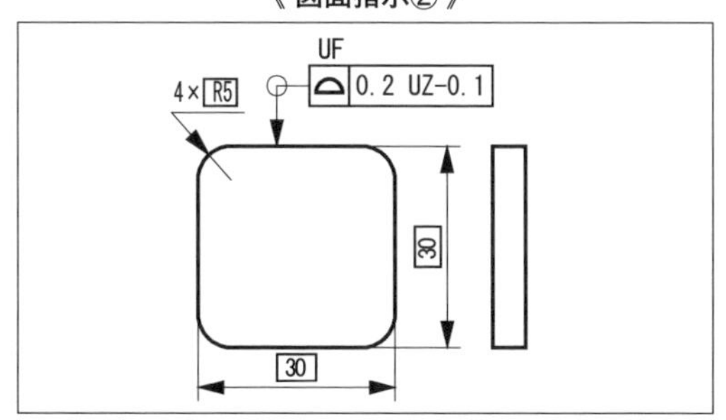


規制対象は、4カ所の角の円弧面部と4つの平面部の複数形体である。全周記号と記号“UF”を用いてTEDによって指示する。

公差域は、TEFに対して実体の内側にオフセットさせるので、公差値0.2の後に、記号“UZ”を付け、その後に、オフセット量－0.1を指示する。

《公差域》

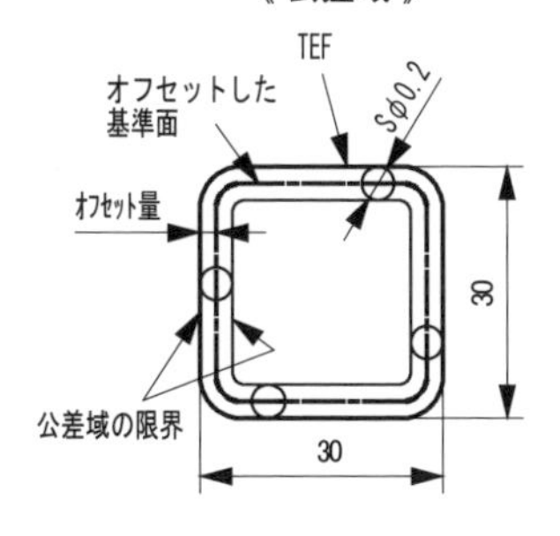


公差域は、TEFから実体の内側（図でも内側）に0.1だけオフセットさせた基準面を中心に公差値の0.2を直径とする球によってできる2つの包絡面に囲まれた内部である。

【注記】 上記の2つの図面指示は、2つの部品のはめあいを達成させることが目的である。はめあいの最小すきまは0（ゼロ）の例になるが、ある程度のすきまを持たせたい場合は、記号“UZ”の後の数値を変更することになる。

## (6) 公差値を一様に変化させる場合の面の輪郭度指示

**Point**

- 要求範囲の始点と終点を指定し、始点の公差値、終点の公差値を指定して、公差値を一様に変化させることができる。
- 公差記入枠の公差値の区画で、始点の公差値と終点の公差値を、記号"−"(ハイフン)を用いて結ぶ。

《 図面指示 》

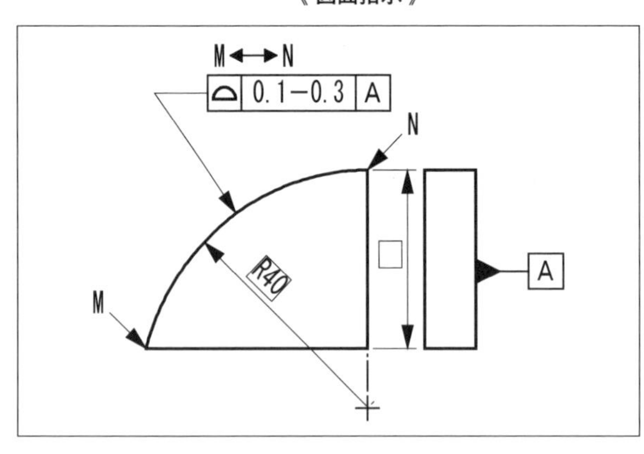


規制対象の形体は、半径40(TED)の円弧面(TEF)の一部である、始点Mから終点Nまでの1つの単一形体である。

公差記入枠の上部に、区間指示記号"↔"を指示する。公差値の区画に、始点公差値0.1と終点公差値0.3をハイフン"−"で結ぶ。

《 公差域 》

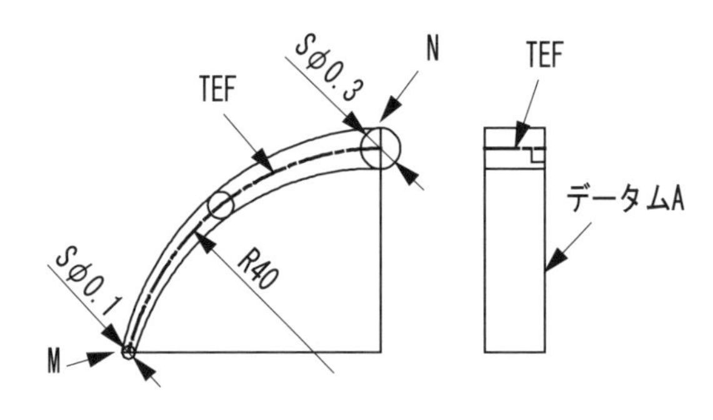


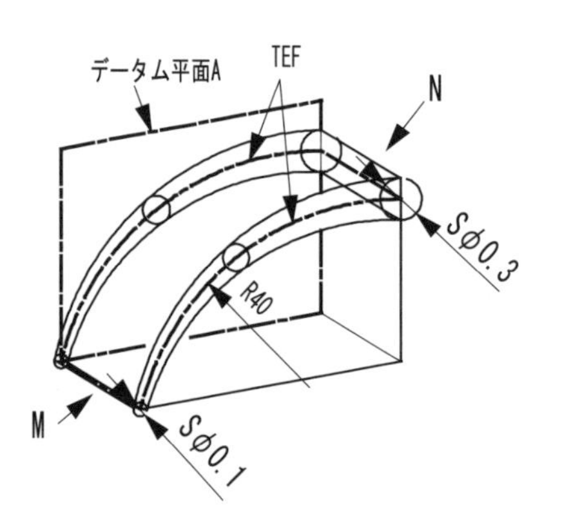


公差域は、TEFの半径40の円弧面上を中心とする、始点Mでは始点公差値の直径0.1の球、終点Nでは終点公差値の直径0.3の球とし、その間を一様に変化する球によって作られる、内外2つの包絡面の内部である。

# 5-2 面の輪郭度

## (7) 固定公差域とオフセット公差域をもつ面の輪郭度指示

**Point**

- 固定公差域の指示を上段に、オフセット公差域の指示を下段に、公差記入枠を重ねて指示する。
- 指示する公差値は、“固定公差域” ＞ “オフセット公差域” の関係とした値にする。
- 下段の公差値の後には、オフセットを意味する記号“OZ” を記入する。

《 図面指示 》

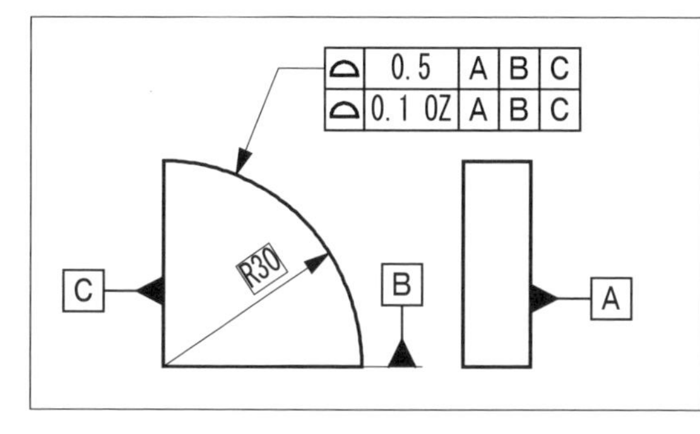


規制対象の形体は、半径30（TED）の円弧面（TEF）の一部である単一形体である。

形状、姿勢、位置の輪郭度なので、データム系（第1次データムA、第2次データムB、第3次データムC）を明確に指示する。

上段の公差記入枠は、固定公差域の指示とし、公差値0.5を指示する。

下段の公差記入枠は、オフセット公差域の指示とし、公差値0.1を指示し、その後にオフセット公差値であることを意味する記号“OZ”を追記する。

《 公差域 》

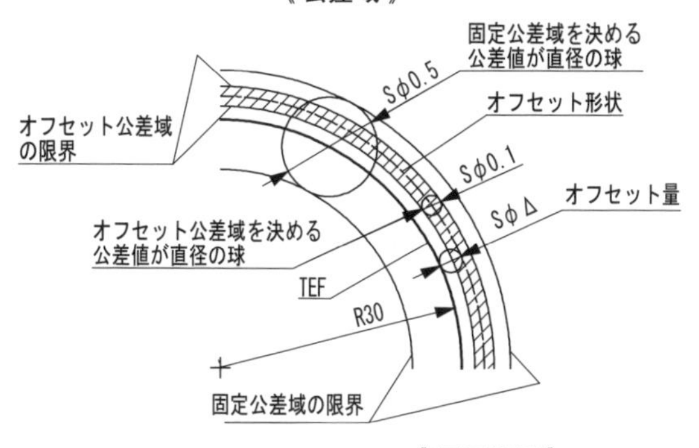


固定公差域は、半径30（TED）の円弧面（TEF）上を中心とする直径0.5の球によって作られる2つの包絡面に囲まれる空間である。

オフセット公差域は、TEFの円弧面からオフセット量を直径とする球の分だけ移動した位置〔この場合は、半径（30＋Δ）〕の円弧面上を中心に、オフセット公差値を直径とする球によって作られる2つの包絡面に囲まれる空間である。

このオフセット公差域は、固定公差域の間を、オフセット基準面の位置を変えながら変動できる。

《 図面指示 》

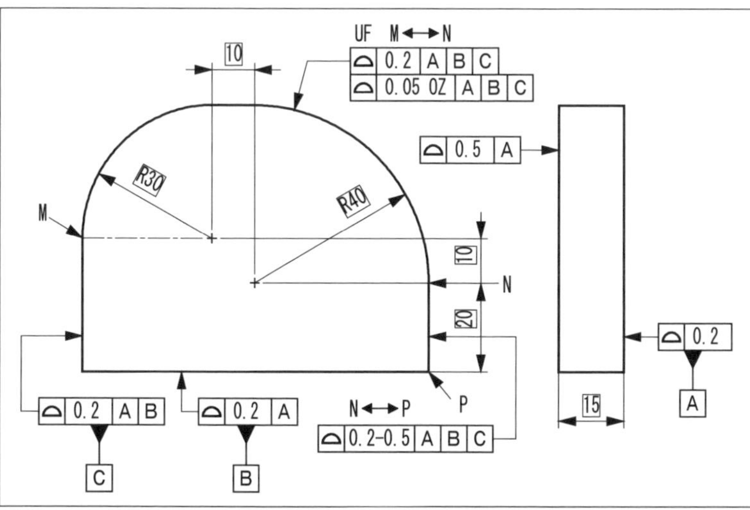


（注記）　範囲を示す記号Nの図示は、ISO 1660に載っている指示方法に拠った。

左図は、固定公差域、オフセット公差域、それに、一様に変化する公差域を組み合わせた図面指示である。

参照するデータムA、B、Cについても、必要な幾何公差が指示されている。

この部品は、8個の形体から構成されていて、部品上部のMからNの範囲には、3つの形体が、1つの“結合形体”として指示されている。

すべて“面の輪郭度”による図面指示となっている。

## COLUMN ⑤

### 〈設計者の意図通りの指示は輪郭度？〉

設計者の欲しい部品が、図aのように一辺をそれぞれ30×20×15（mm）の直方体としよう。これが目標だとしても、許容範囲が必要なので、この理想形状に対して、その表面から外側に0.05mm、内側に0.05mmの範囲まで許容するものとする。

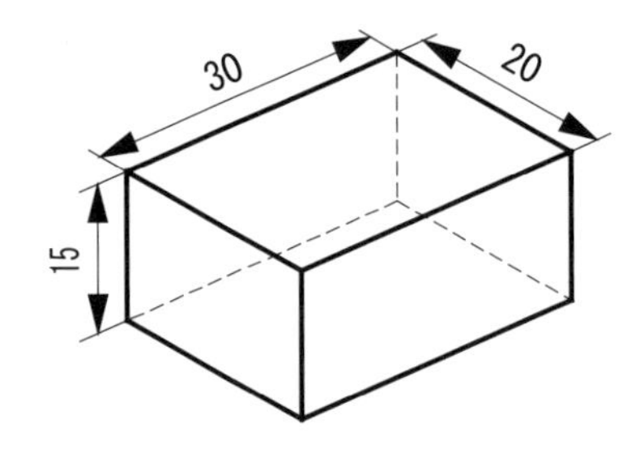


図a　目的の部品

その意味を、最新のISO規格に沿って図面指示するとすれば、設計者は次のように指示することになる。

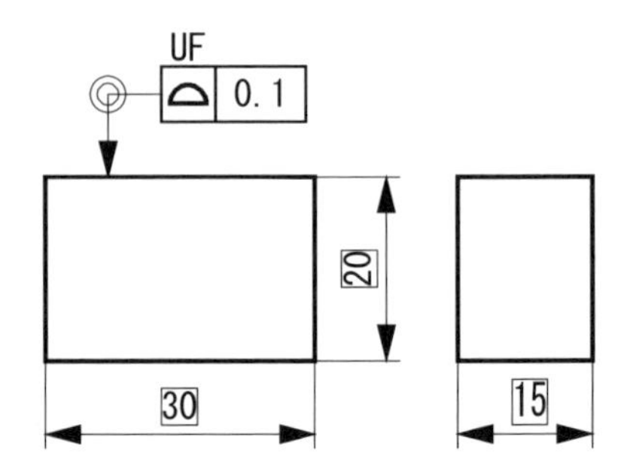


図b　ISOによる表記

このように図面指示すると、下の図cのように、理想とする表面から外側と内側にそれぞれ0.05mmだけ、合わせて0.1mmの領域内を、部品の表面は変動してもよいことになる。これは、全く設計者の当初想定した変動領域を忠実に表現している。

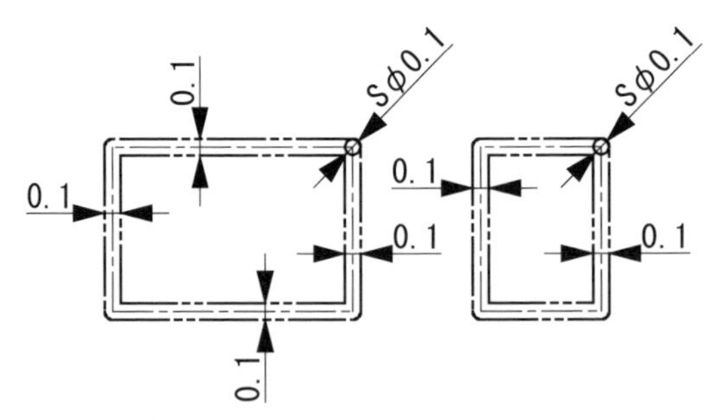


図c　図bの公差域

ただ、注意したいのは、この輪郭度指示では、最大許容状態において、部品のすべてのエッジとコーナに、R0.05が付いていることである。

いずれにしても、図aの部品について、設計者の意図を最も忠実に近い形で表現しているのは、図bの輪郭度指示だといえる。

# 第6章 振れ公差の使い方・表し方



振れ公差は、他の3つの幾何公差（形状公差、姿勢公差、位置公差）とは、大きく異なる性質の幾何公差である。対象の部品を、ある軸を中心に回転させ、そのときの表面の位置の変動の大きさを問題にする。

したがって、振れ公差は、ローラ、コロ、ディスク（円盤）、軸部品など、主に回転させて用いる部品の機能要求には利用効果が高い。

振れ公差は、真円度、円筒度、真直度、平行度などの複合した形状規制である。形状の規制ではあるが、関連形体に指示されるのでデータムを必要とし、回転中心がデータム軸直線として設定される。

振れ公差には、円周振れと全振れの2種類がある。

この2つは、図面指示の上では単に図示記号が異なるだけなので、両者の違いをよく知った上で、使う必要がある。

# 6-1 円周振れ
## （1）４種類の円周振れと公差域

**Point**

・円周振れには、4種類ある。
（1）半径方向の円周振れ、（2）軸方向の円周振れ、（3）斜め法線方向の円周振れ、（4）斜め指定方向の円周振れ

**Keyword**

円周振れ（circular run-out）：データム軸直線を中心に部品を1回転させたときの表面の円要素の振れの最大値

### 4 種類の円周振れの公差域

（1）半径方向の円周振れ

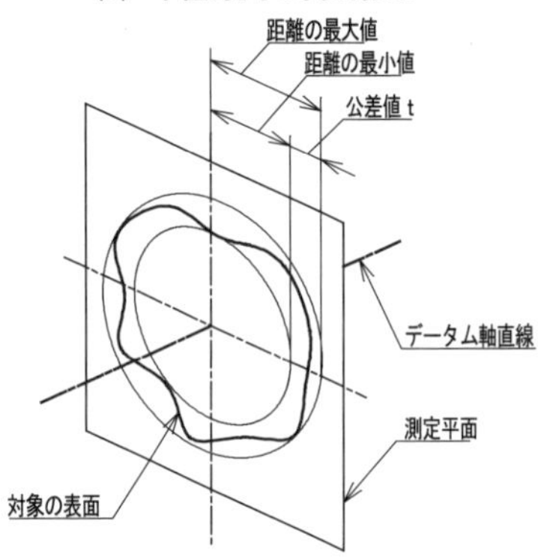


半径方向の円周振れは、データム軸直線に垂直な一平面（測定平面）内で、データム軸直線から対象の表面までの距離の最大値と最小値の差tで表す。

（2）軸方向の円周振れ

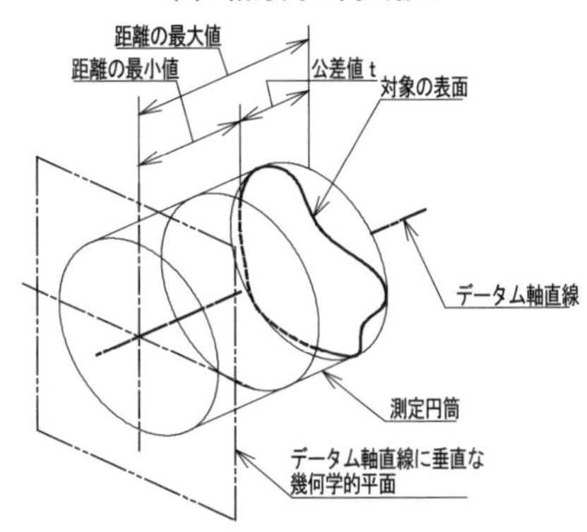


軸方向の円周振れは、データム軸直線から一定の位置にある円筒面（測定円筒）上で、データム軸直線に垂直な1つの幾何学的平面から対象の表面までの距離の最大値と最小値の差tで表す。

（3）斜め法線方向の円周振れ

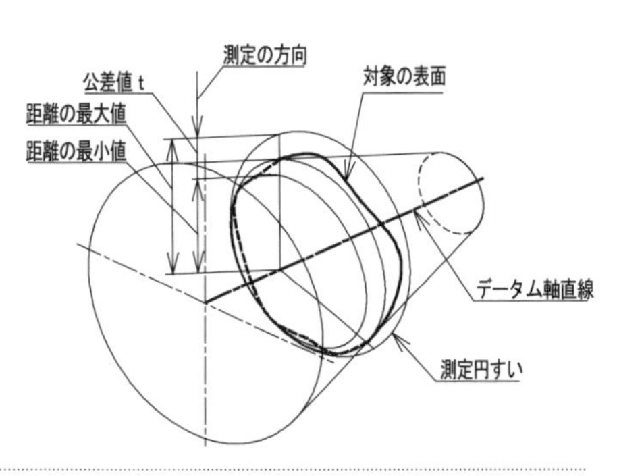


斜め法線方向の円周振れは、対象の表面に対する法線方向が、データム軸直線に対してある角度をもつ場合、その法線方向を母線とし、データム軸直線を軸とする1つの円すい面（測定円すい）上で、頂点から対象の表面までの距離の最大値と最小値の差tで表す。

（4）斜め指定方向の円周振れ

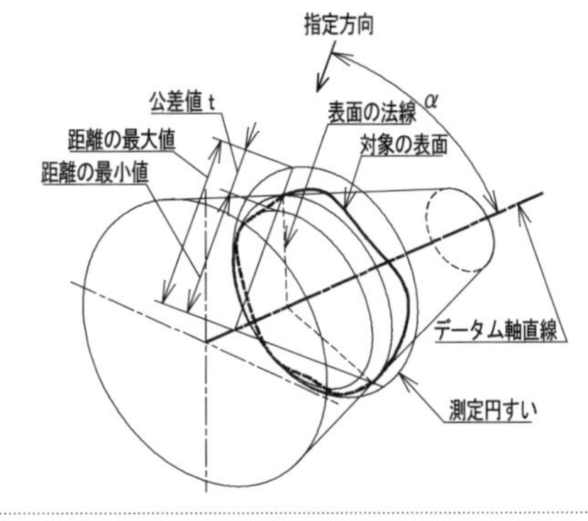


斜め指定方向の円周振れは、指定した方向が対象の法線方向にかかわりなく一定で、かつ、データム軸直線に対してある角度$\alpha$をもつ場合、その方向を与える直線を母線とし、データム軸直線を軸とする1つの円すい面（測定円すい）上で、頂点から対象の表面までの距離の最大値と最小値の差tで表す。

# 6-1 円周振れ
## (2) 半径方向の円周振れ指示

**Point**
- 半径方向の円周振れは、表面の円要素の半径方向の振れの規制である。軸線の規制ではない。
- 部品の回転中心を必ずデータム軸直線に採る。
- 半径方向の円周振れでは、表面の回転中心からの距離は問われていない。

《 図面指示① 》

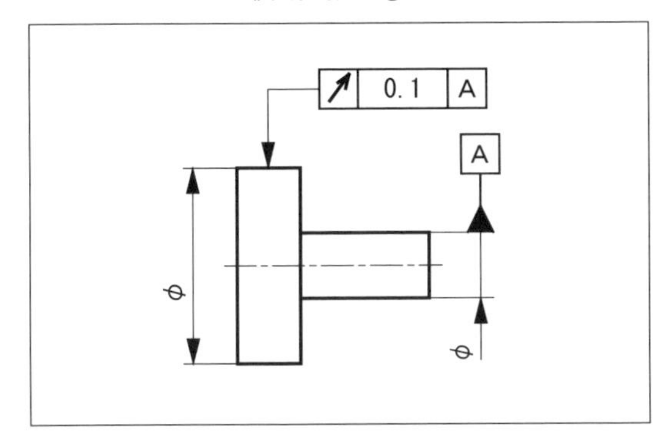


《 ①の公差域 》

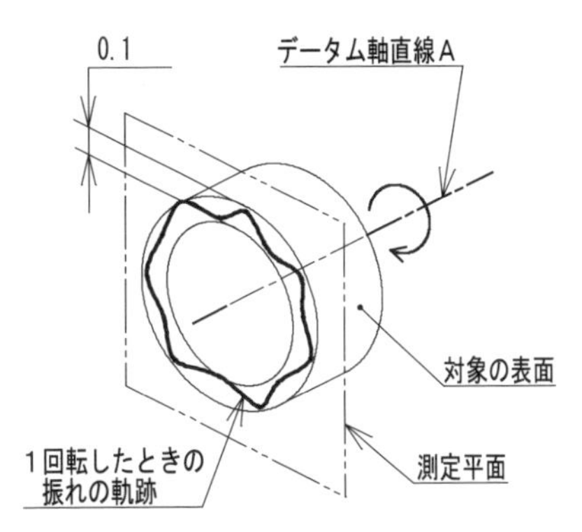


右側の円筒軸の軸線をデータム軸直線Aとして、それを中心に1回転させたとき、左側の円筒軸の表面の半径方向の円周振れを0.1に規制する指示である。

公差記入枠からの矢は、円筒形体の外形に直接指示するか、形体を表す寸法補助線に当てる。

決して、寸法線の延長線上に指してはならない。

《①の検証例》

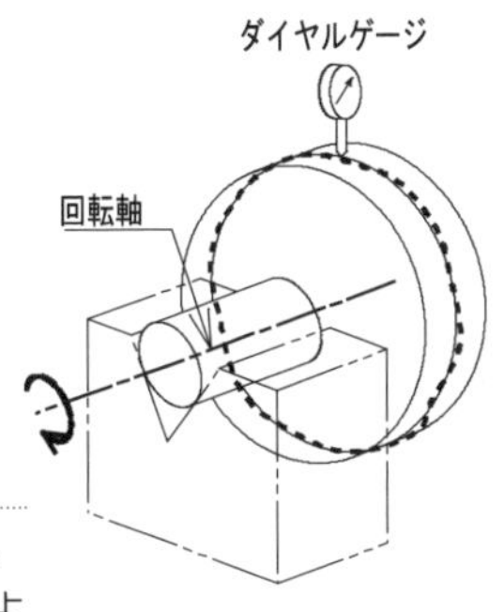


この場合の公差域は、データム軸直線Aに垂直な測定平面を採り、部品を1回転させたときの表面の振れである。それは上の検証例のように周面にダイヤルゲージを当て、振れの値を記録する。そのときの振れ幅が値となる。これを対象の表面の軸方向に渡って行う。

《 図面指示② 》

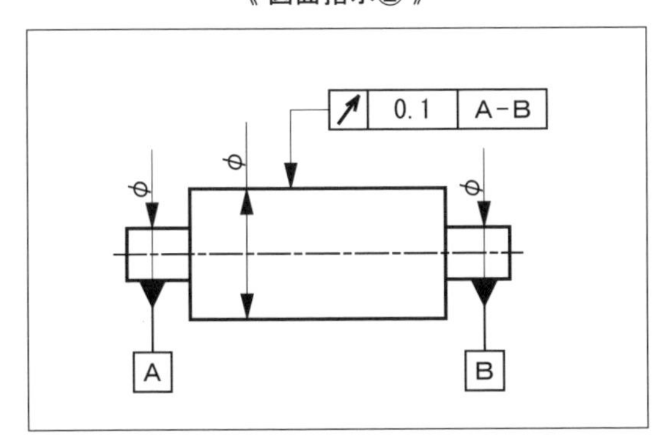


左図のように、両端の円筒軸を回転支持して機能する部品では、それぞれの軸線をデータム軸直線に採り、その共通データム軸直線A－Bを中心に回転させて半径方向の円周振れを規制する図面指示を一般的に行う。

公差域の考え方は、全く図面指示①の場合と同様である。

# 6-1 円周振れ

## (3) 部分的に円筒である部品の半径方向の円周振れ指示

**Point**

- データム軸直線を軸とする回転面をもつ対象物であれば、円周方向に部分的にあるものでも、半径方向の円周振れが適用できる。
- 部分的に複数箇所で円筒面を欠く対象物でも、半径方向の円周振れが適用できる。

《 図面指示① 》

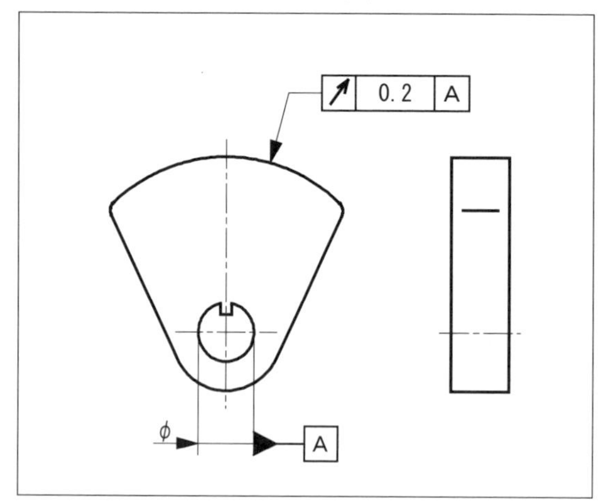


規制の対象表面は、下側の円筒穴の軸線を中心とする円筒面の一部分である。公差記入枠からの矢は中心に向けて指す。

《 ①の公差域 》

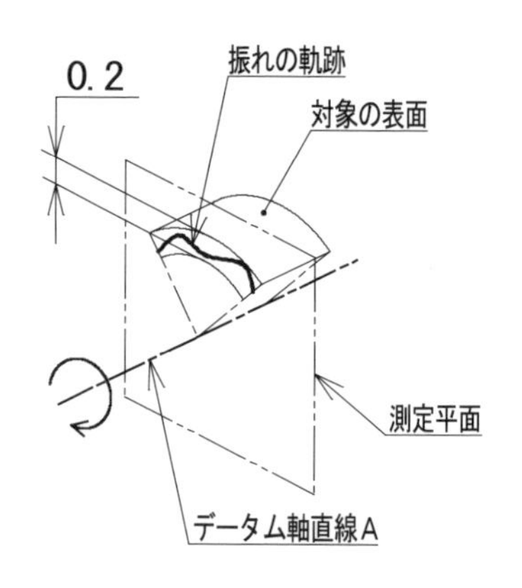


公差域は、データム軸直線Aに垂直な測定平面を採り、データム軸直線を中心に、部分円筒分だけ回転させたときの表面の振れの最大幅である。

《 図面指示② 》

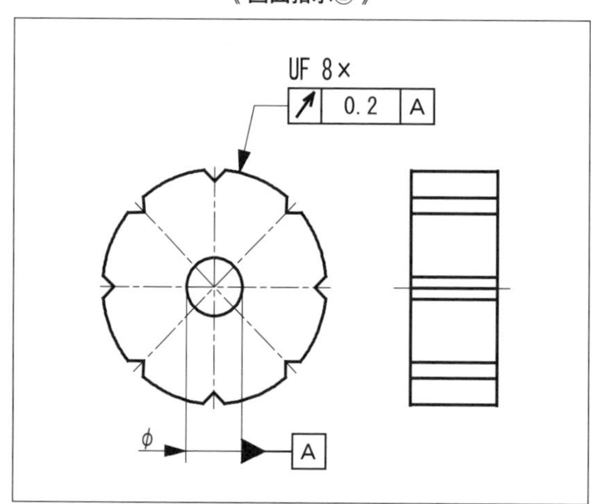


対象の部品がほぼ円筒であるものの、一部にV溝など円筒表面を部分的に欠く対象物も、半径方向の円周振れの規制を適用できる。

# 6-1 円周振れ

## (4) 円筒部品の限定部分への半径方向の円周振れ指示

**Point**

・データム軸直線を軸とする回転面をもつ対象物に対して、その円筒のある限定した部分だけに、半径方向の円周振れを適用することができる。
・その場合、円周上の限定する部分について、基点を示して明確に指示しなければならない。

《 図面指示 》

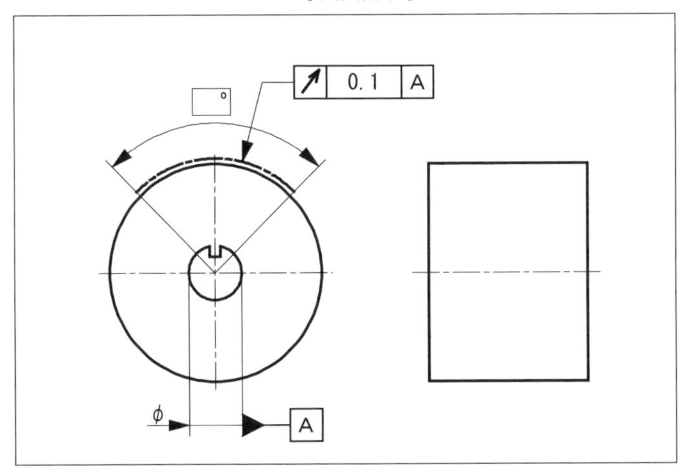


この図面指示では、内側の円筒穴のキー溝を基点に、半径方向の円周振れを要求する限定した範囲を指定している。

《 公差域 》

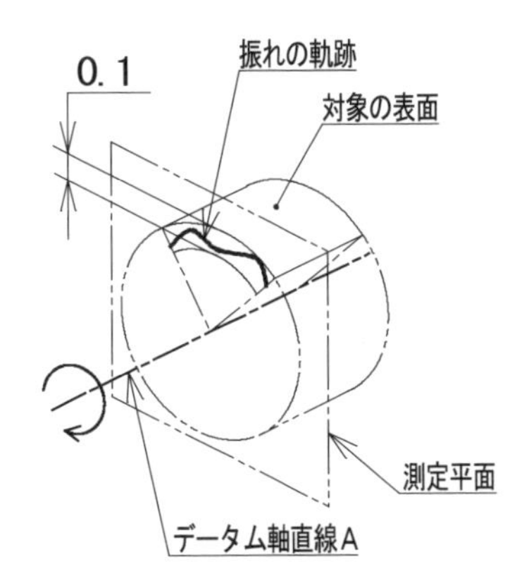


公差域は、データム軸直線Aに垂直な測定平面を採り、データム軸直線を中心に、部分円筒分だけ回転させたときの表面の振れの最大幅である。

なお、検証においては、1回転させて測定し、限定部分のデータのみ判定対象にする方法をとってもよい。

# 6-1 円周振れ

## (5) 回転軸と直角な面への円周振れ指示

**Point**

・回転軸と直角な円形表面の軸方向の振れの規制が、軸方向の円周振れの指示である。
・回転するフランジの表面や軸端面の振れを抑えたいときに用いる。

《 図面指示 》

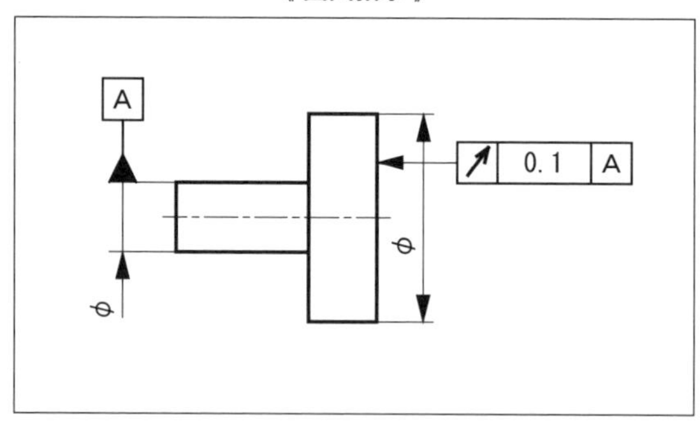


対象物の右側の円形表面は、任意の半径方向の各位置において、回転軸方向の振れを0.1以下とすることを要求した図面指示である。

公差記入枠の矢は回転軸（データム軸直線A）と平行に当てる。

《 公差域 》

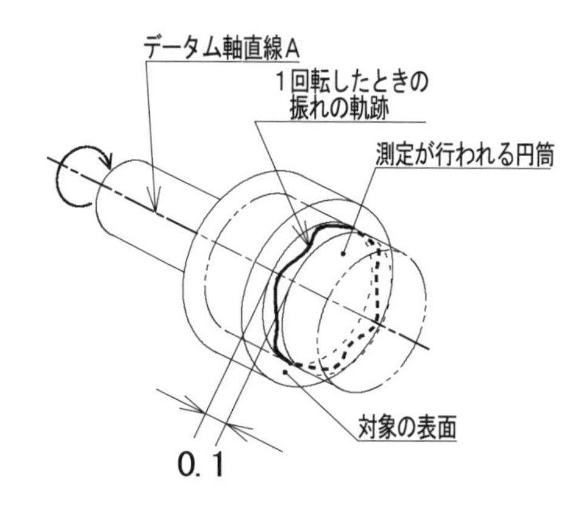


任意の半径方向の位置が測定する円筒となり、データム軸直線を中心に1回転したときの軸方向の振れの最大幅が振れの値である。

これが半径方向に所定の数だけ測定される。

《 検証例 》

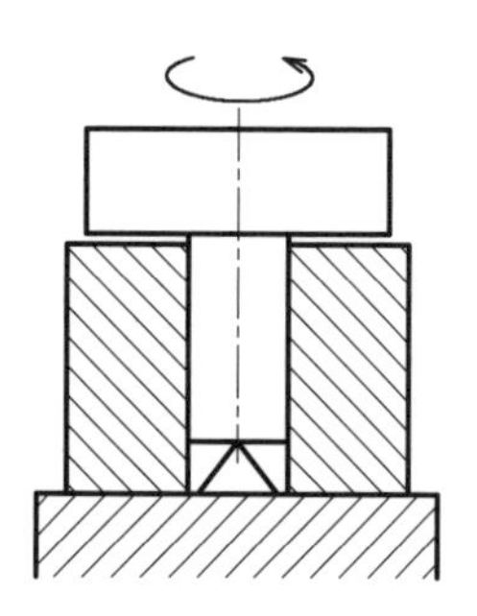

上で示した部品形状の場合、検証では、重力の影響を最小限にするため、一般には、左図のように回転軸を垂直に設定される。

# 6-1 円周振れ
## (6) 部品表面の法線方向の円周振れ指示

**Point**

・円すいや円すい曲面など円筒形体でない部品では、形体の法線方向の円周振れが適用できる。
・形体の法線方向が位置によって変化する形体の場合は、検証にやや困難が伴う。

《 図面指示① 》

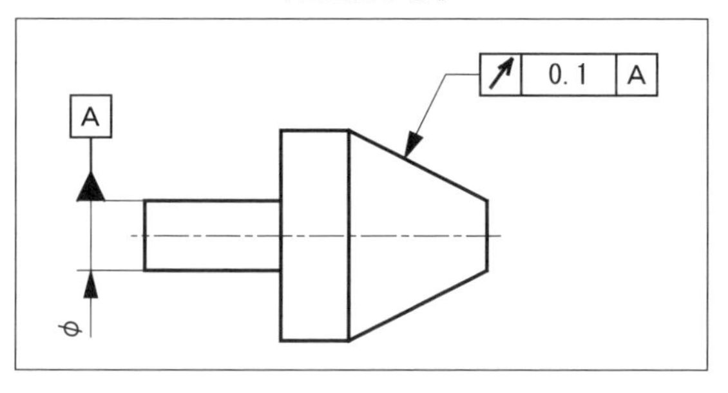


法線方向の円周振れであるから、公差記入枠からの矢は明確に形体に対して直角に当てなければならない。

《 ①の公差域 》

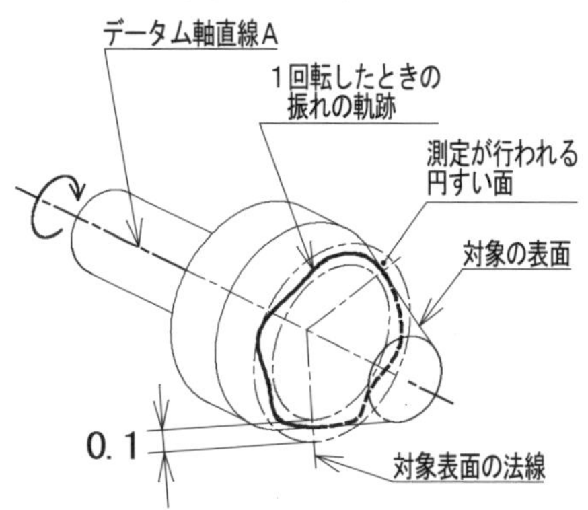


法線方向の円周振れの測定面は、母線が形体の法線となる円すい面である。

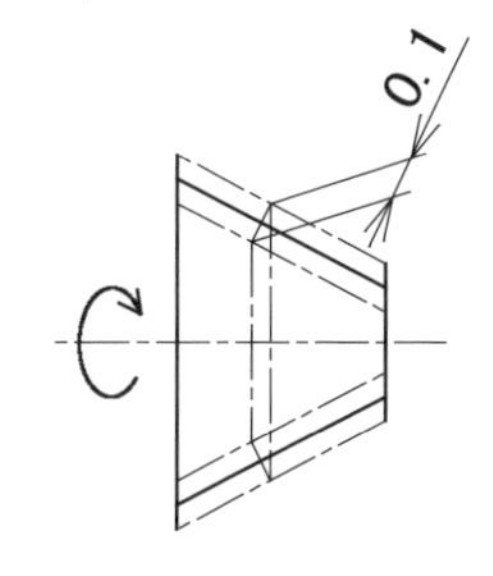


《 図面指示② 》

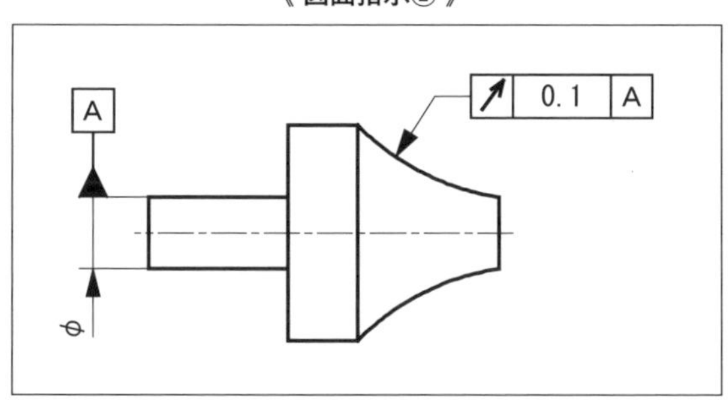


《 ②の公差域 》

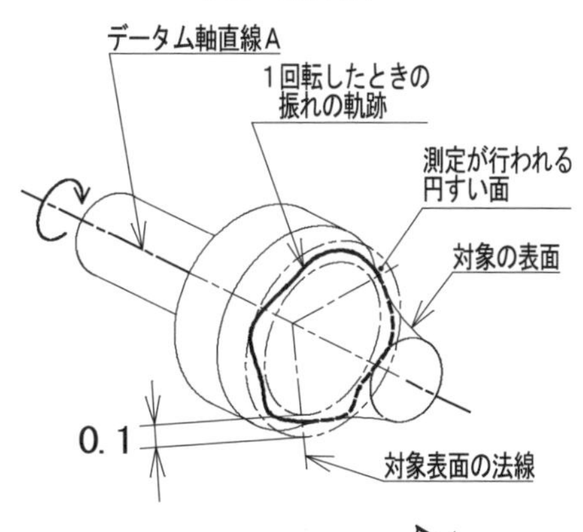


上のような部品の場合、形体の法線方向は連続的に変化する。

したがって、検証においても任意の位置において、常に法線方向になるような配慮を必要とする。

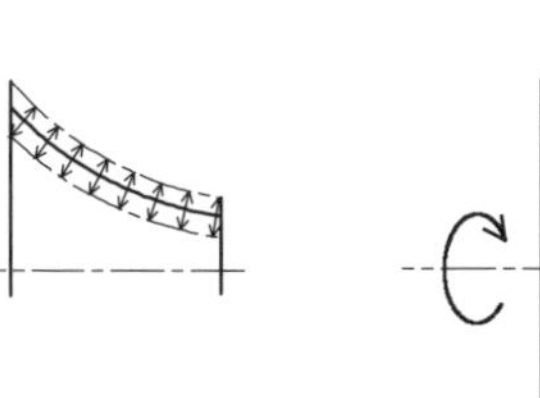

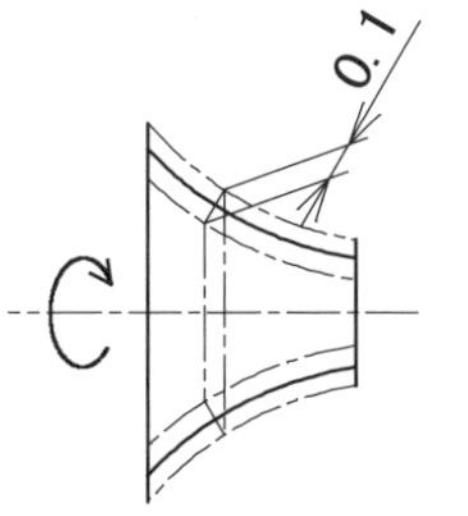

# 6-1 円周振れ

## (7) 部品表面に対して指定方向の円周振れ指示

**Point**

- データム軸直線を軸とする回転面に対して、ある角度方向についての振れを規制するときは、斜め指定方向の円周振れを適用する。
- この場合、指定角度を公差付き角度寸法で指示する。

《 新しい図面指示 》

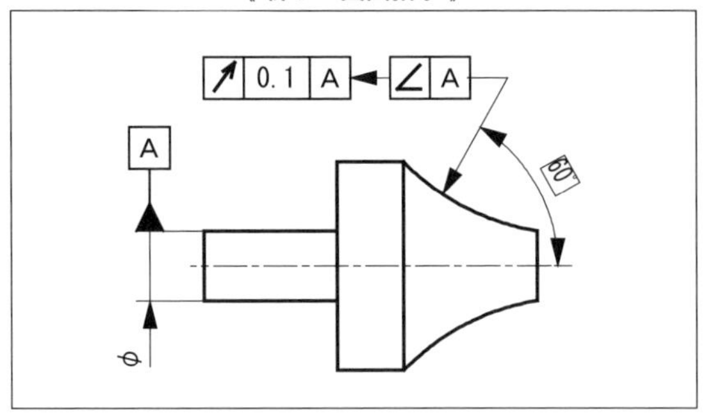


対象物の右側の表面は、任意の位置において、回転軸（データム軸直線A）に対して常にTED60°の方向の振れを0.1以下とすることを要求している。

公差記入枠からの矢はデータム軸直線Aに対して60°の角度で当てる。

公差域の方向が、データム軸直線Aに対して、TED60°の傾斜した方向であることを示す、方向形体指示記号を付ける。

《 従来の図面指示 》

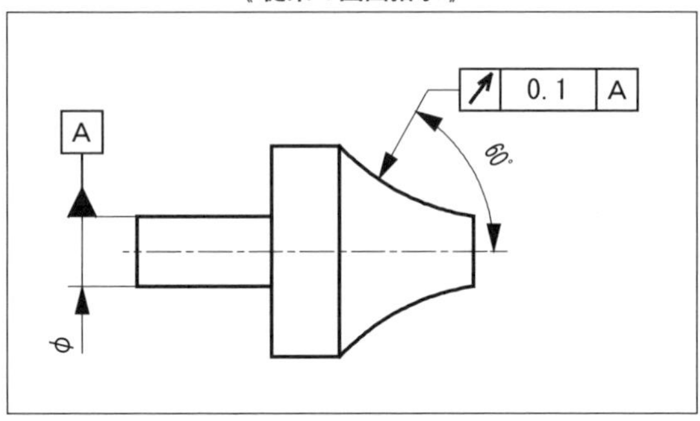


対象物の右側の表面は、任意の位置において、回転軸（データム軸直線A）に対して常に角度60°の方向の振れを0.1以下とすることを要求している。公差記入枠からの矢はデータム軸直線Aに対して60°の角度で当てる。

《 公差域 》

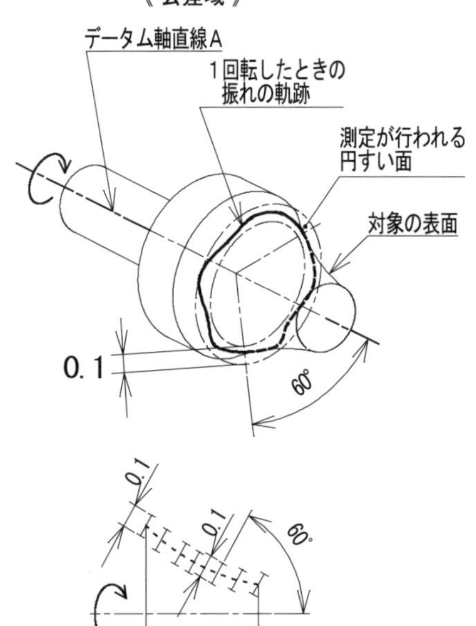


公差域は、規制表面の形状にかかわらず、常にデータム軸直線Aの回転軸に対して60°の指定角度方向にある。

したがって、回転軸と60°をなす線を母線とする円すい面が測定面であり、その面における1回転の振れの最大幅が振れの値である。

この場合の公差域は、回転軸に対して常に60°の指定角度方向にあるので、その方向での振れが検出できるように測定機器を設置しなければならない。

# 6-2 全振れ

## (1) 2種類の全振れと公差域

**Point**

・全振れには、2種類がある。
　(1) 半径方向の全振れ：これが規制する対象は、データム軸直線を軸とする円筒面をもつ対象物。
　(2) 軸方向の全振れ：これが規制する対象は、データム軸直線に垂直な円形平面をもつ対象物。

**Keyword**

全振れ（total run-out）：データム軸直線を中心に部品を1回転させたときの表面全体の振れの最大値

### ＜2種類の全振れの公差域＞

(1) 半径方向の全振れ

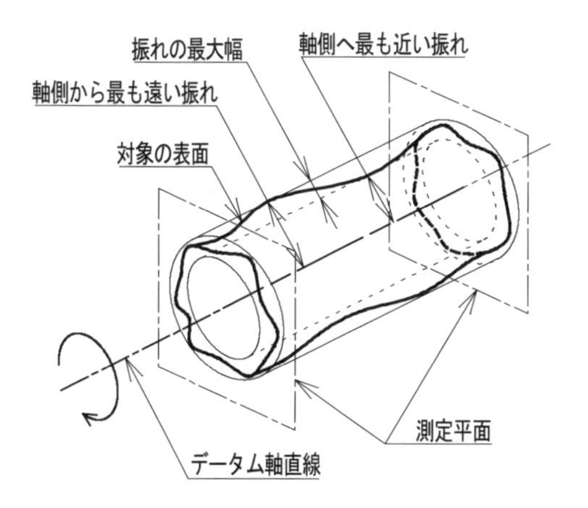


規制できる形体は、データム軸直線を軸とする円筒面をもつ対象物である。

半径方向の全振れは、データム軸直線に垂直な方向で、データム軸直線から対象とする表面までの距離の最大値と最小値との差で表す。

(2) 軸方向の全振れ

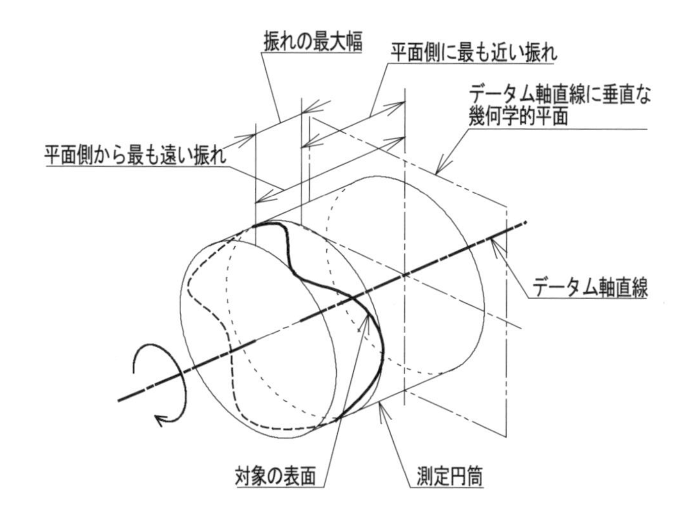


規制できる形体は、データム軸直線に対して垂直な円形平面の対象物である。

軸方向の全振れは、データム軸直線に平行な方向で、データム軸直線に垂直な1つの幾何学的平面から対象とする表面までの距離の最大値と最小値との差で表す。

# 6-2 全振れ
## （2）半径方向の全振れ指示

**Point**

- 軸を中心に回転したとき円筒面を表面にもつ部品は、半径方向の全振れが適用できる。
- 指示した表面全体における軸外側への最大振れと軸内側への最大振れの幅が全振れの値である。

《 図面指示 》

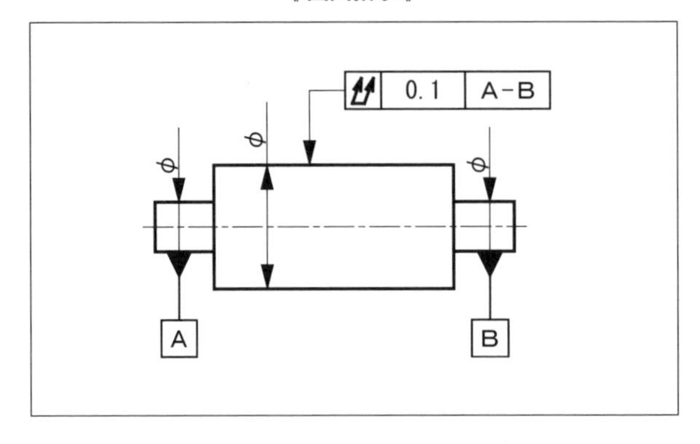


半径方向の全振れ指示は、半径方向の円周振れ指示と、幾何公差の図示記号が異なるだけで、その他の指示は全く同じである。

全振れは形体表面の規制であるから、形体に直接指示する。寸法線の延長上には矢を指さない。

この図面指示は、共通データム軸直線A－Bを中心に回転したとき、円筒表面全体において、軸から最も遠く振れた位置と軸から最も近くに振れた位置の差が0.1以下であることを要求している。

《 公差域 》

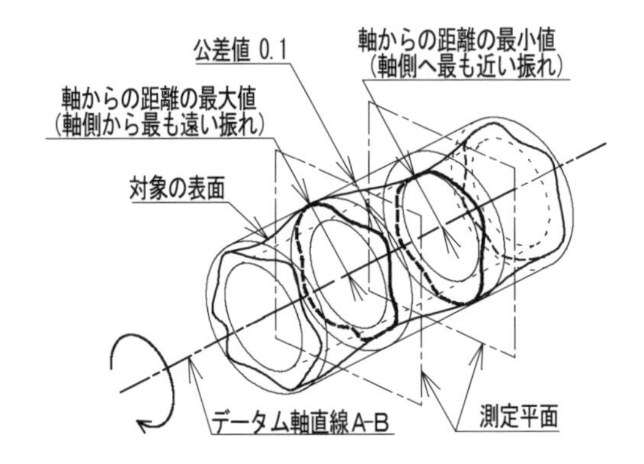

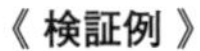


この場合の公差域は、円筒表面に対して、データム軸直線A－Bに垂直な任意の測定平面における軸1回転での表面の振れの軌跡から、軸から最も遠く振れた位置のものと、軸から最も近くに振れた位置のものとにより得られる位置の差（距離）である。

別の言い方をすると、1回転したとき、対象の円筒表面が、同軸の半径が異なる2円筒の、どれだけの半径差に収まるかを表している。

《 検証例 》

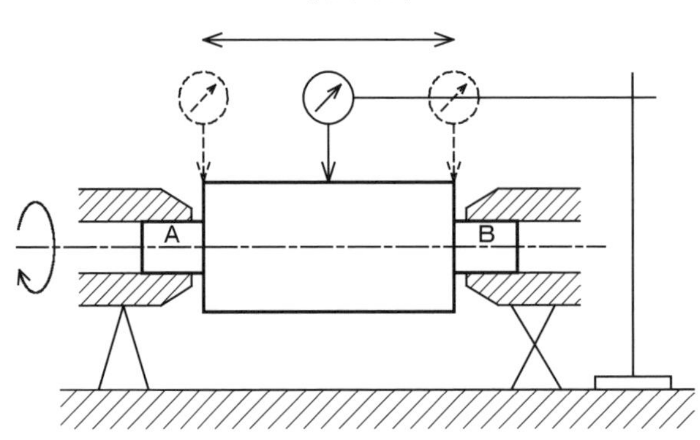


検証例としては、左図のように、データムとして設定した軸A、Bを回転自在につかみ、対象の円筒表面の端から端まで、1回転における振れの位置を記録する。

記録した値のうち、回転軸に対して最も遠くに振れた位置と最も近くに振れた位置の差を全振れの値とする。

# 6-2 全振れ
## (3) 半径方向の全振れと円周振れの違い

**Point**

- **半径方向の全振れは、軸方向に測定した値のうちで、軸からの距離の最大値と最小値の幅であるが、半径方向の円周振れは、1回転ごとに測定した中の最大値である。**
- **全振れは、回転軸（データム軸直線）からの距離を正確に測る必要がある。**

半径方向の円周振れは、軸方向全域にわたって、任意の軸方向位置での、半径方向の「振れの大きさ」そのものが指示した公差値内であるか否かを要求している。

ここでは、データム軸直線の回転軸からの距離の値自体は問われていない。

一方、半径方向の全振れは、軸方向全域にわたって、任意の軸方向位置での、半径方向の「回転軸からの振れの大きさ」と「その位置」の両方を測定し、その測定値の中から、最も大きい値と最も小さい値を探し出し、それが幾つであるかが問われている。

**《 測定値と円周振れと全振れの関係 》**

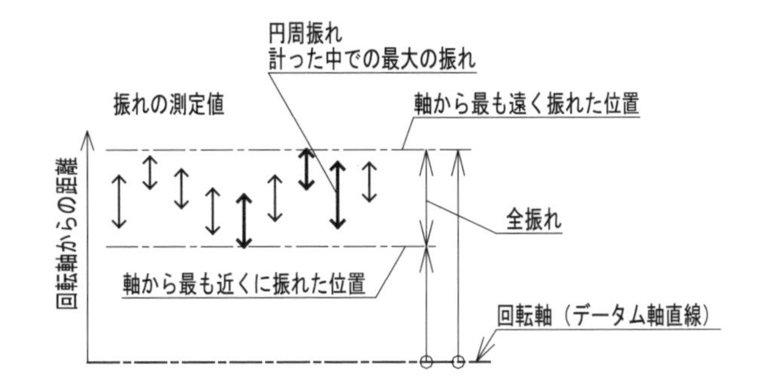


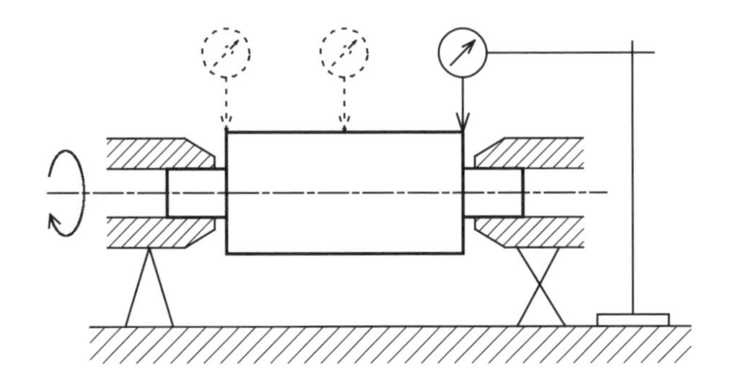

**検証方法の難易度は、明らかに「全振れ」の方が高い。したがって、「全振れ」を指示する場合は、製作先が十分に検証できることを確認する配慮も必要となる。**

**製作先によっては、「円周振れ」は測れるが、「全振れ」は測れない、ということもまま起こる。**

# 6-2 全振れ

# (4) 離れて複数ある円筒形体への全振れ指示

**Point**

・軸方向に離れて複数ある円筒面への半径方向の全振れには、2種類の指定がある。
(1) 1つ1つに同じ公差を指示する場合。
(2) 複数あるものすべてに共通の公差を指示する場合。

(1) CZの付かない半径方向の全振れ

《図面指示①》

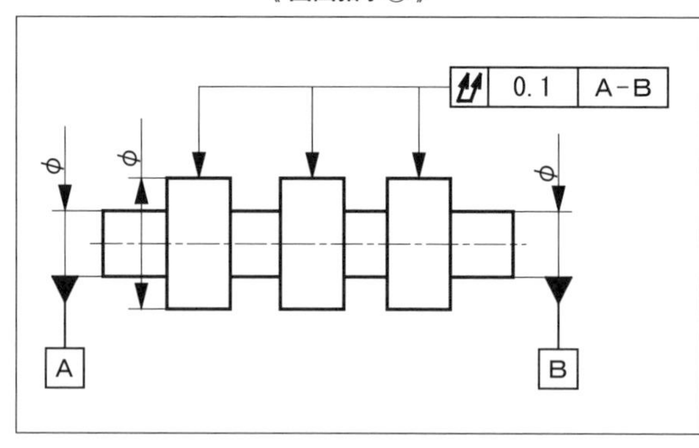


《①の公差域》

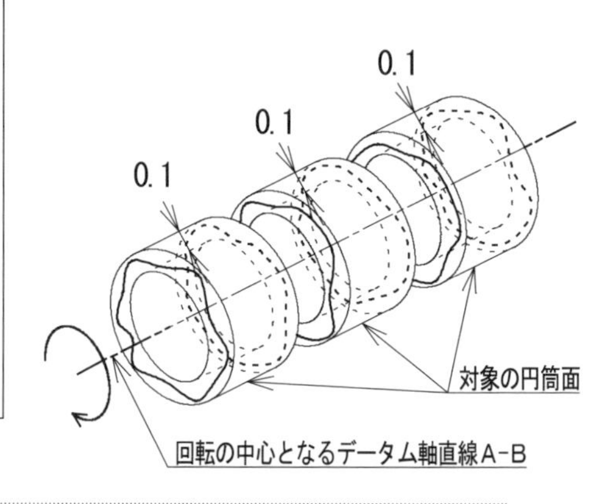


この指示は、3つの円筒形体に対して個々に全振れを指示するべきところを、公差記入枠を1つで3つ分をまかなった簡略図示方法といえる。

1つ1つの円筒形体が寸法公差を満たすと同時に、その表面が全振れ0.1を満足すればよい。

(2) CZの付いた半径方向の全振れ

《図面指示②》

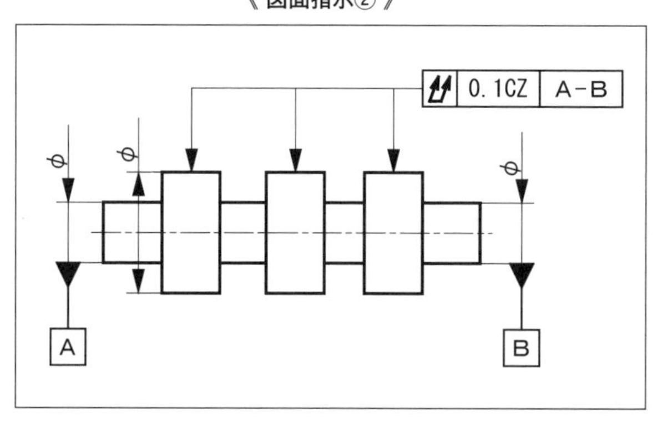


《②の公差域》

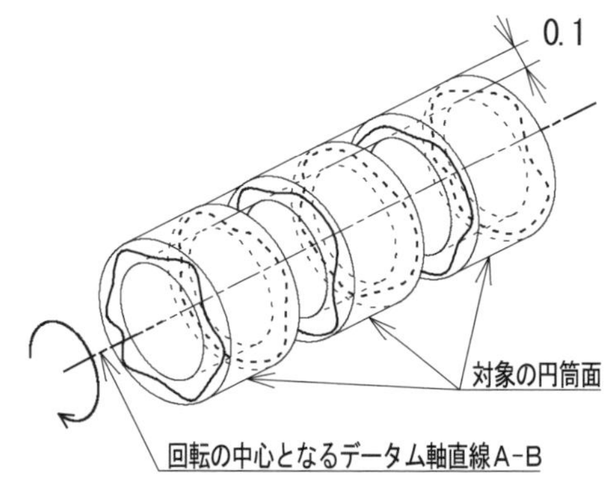


こちらの指示は、離れた3つの円筒形体があるものの、1つの円筒形体のごとくに見なし、それを1つの公差域の中に収めたいときの指示である。

3つの形体を全体と見なし、その中で最も遠くに振れた値と最も近くに振れた値を全振れの測定値として採用する。

対象の形体の幾何特性としては、図面指示②が図面指示①よりも厳しいものが要求される。

# 6-2 全振れ
## (5) 軸方向の全振れ指示

**Point**

- 回転軸と直角な円形表面全体の軸方向の振れの規制が、軸方向の全振れの指示である。
- 回転したとき指定の円形表面が、公差値の厚さの円板内に収まっていることを要求している。

《 図面指示 》

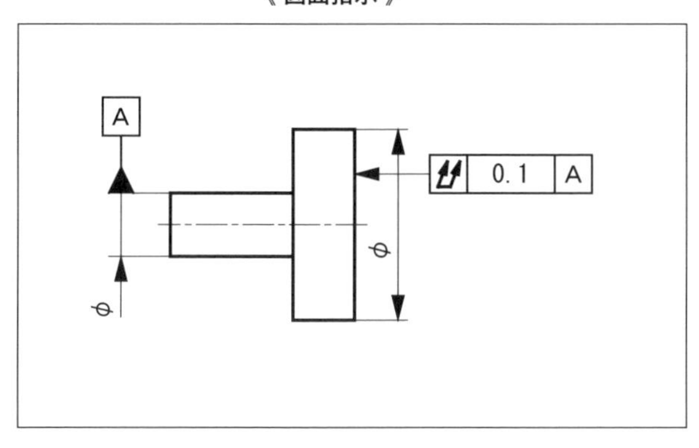


軸方向の全振れ指示も、軸方向の円周振れ指示と、幾何公差の図示記号が異なるだけで、その他の指示は全く同じである。

全振れは形体表面の規制であるから、形体に直接指示する。

この図面指示は、データム軸直線Aを中心に回転したとき、右側の円形表面全体において、軸に垂直な平面から最も遠く振れた位置と平面から最も近くに振れた位置の差が0.1以下であることを要求している。

《 公差域 》

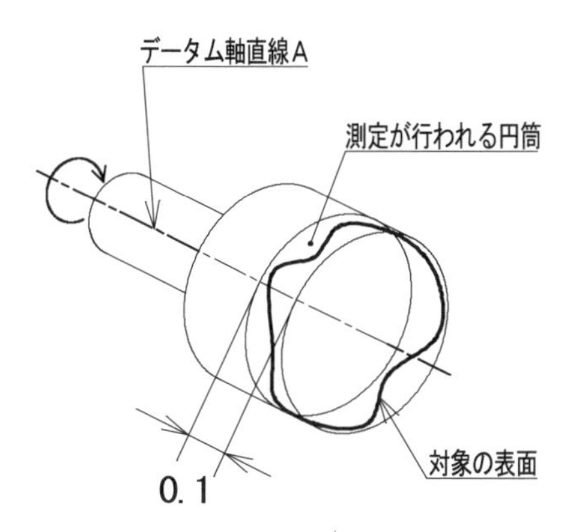


この場合の公差域は、円形表面に対して、データム軸直線Aに平行な任意の測定円筒における軸1回転での表面の振れの軌跡から、軸に垂直な平面から最も遠く振れた位置のものと、平面から最も近くに振れた位置のものとにより得られる位置の差（距離）である。

別の言い方をすると、1回転したとき、対象の円形表面が、軸方向にどれだけの幅の円板内に収まるかを表している。

《 検証例 》

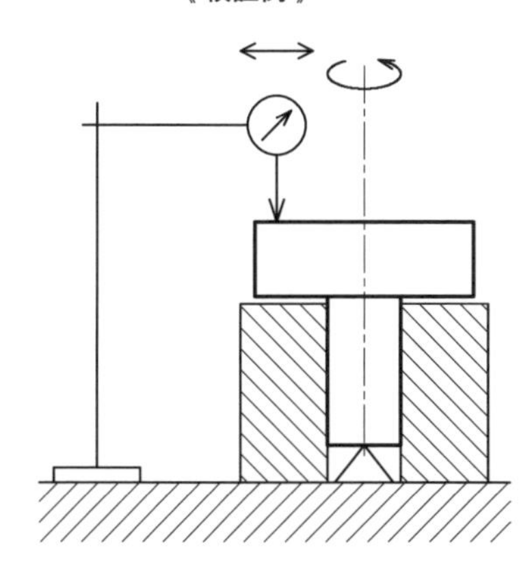

上の図面指示の対象物の場合の検証方法は、軸方向の円周振れと同様に、重力の影響を最小限とするため、左図のように軸を立てて行うことが一般的である。

対象物をデータム軸回りに1回転させせつつ、円形形体の縁から中心にわたって、その振れを測定する。

その測定値の最大値と最小値の差が全振れの値となる。

## COLUMN ⑥

### 〈将来の図面指示の姿は？〉

設計すべき部品が、下の図aのようなものとしよう。

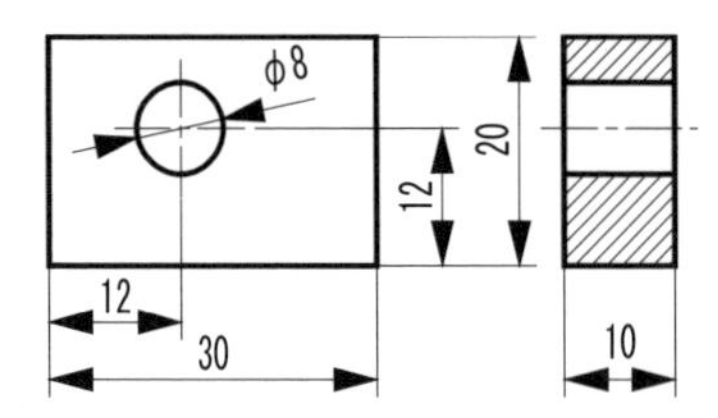


図a　設計すべき部品と寸法

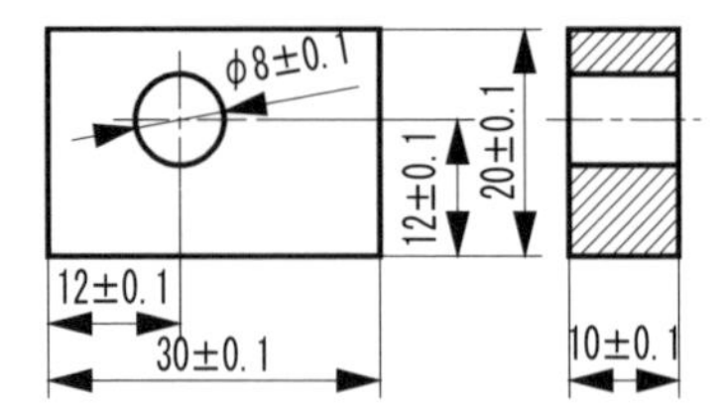


図b　寸法公差で指示した図面

従来からの「寸法公差」を使った指示であれば、上の図bのようになるだろう。

現在では、「サイズ形体」については、「サイズ公差」で指示してもよいが、その他は、指示が明確でないということになっている。

これに対して、国際的に通用する図面指示は、どうなるか。ここでは、「輪郭度」公差を使っての図面指示の例を2つ示す。

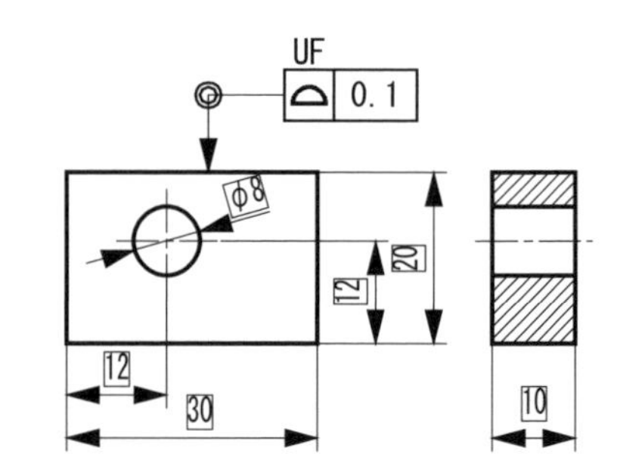


図c　「面の輪郭度」だけを用いた図面指示例

（φ8の円筒穴の円筒面も全面記号の指示の対象に含まれる）

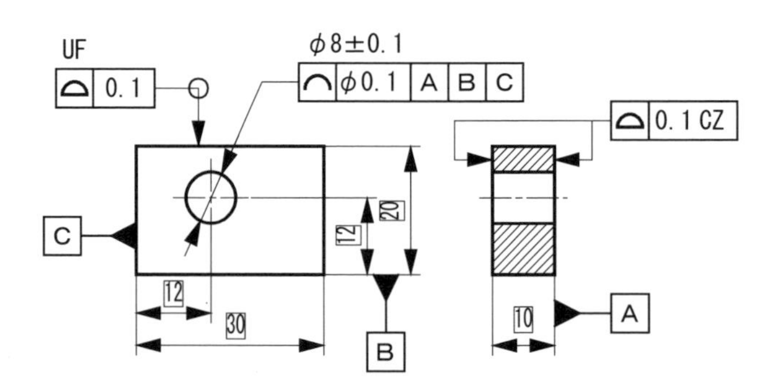


図d　「輪郭度」を用いた図面指示例

（φ8の円筒穴の直径だけがサイズ公差で指示されている）

これからわかるように、ここでは、従来の「寸法公差」の出番はない。遠くない将来、「寸法公差」を用いた図面指示は、図面上から姿を消すことになるのかも知れない。

# 第7章 特別な公差方式の使い方・表し方

Geometrical Tolerance



ここでは、サイズ公差に形状規制を加える場合の指示方法、サイズ公差と幾何公差との間に何らかの相互依存関係がある場合の公差指示方法について扱う。

“包絡の条件”は、指示したサイズの最大実体サイズの完全形状の包絡面を越えないことを条件とするもので、主に相手部品とのはめ合いを問題なく達成しようというものである。

最大実体公差方式は、幾何公差で規制する形体のサイズ公差の仕上がり状態によっては、指示した公差値を増加させながら、組立性は達成させるものである。公差値を広げることができるので、不良率を減らして部品を経済的に製作できる利点がある。

最小実体公差方式は、部材の肉厚に関与する形体等の最悪状態において最小厚さを確保することを目的としている。したがって、その最悪状態から離れたときには、その分を幾何公差に加えて、公差値を増加させ部品を経済的に製作できるようにするものである。

最大実体公差方式（MMR）と最小実体公差方式（LMR）は、いずれも、サイズ公差の仕上がり状況によって幾何公差の側を変化させるものである。

この他に、サイズ公差と幾何公差の双方の仕上がり状況によって相手の公差を変化させて、機能を果たすならばできるだけ大きな公差を与え部品を経済的に造る、という交互公差方式（RPR）もあるが、ここでは割愛する。

# 7-1 包絡の条件

## (1) 包絡の条件とは

**Point**

- “包絡の条件” が適用される形体は、単独形体である。
  つまり、円筒面あるいは平行二平面によって決められる1つのサイズ形体（＊）である。
- この条件とは、「形体がその “最大実体サイズ” における完全形状の包絡面を越えてはならない」、というものである。
- この条件の指示は、長さサイズ公差の後に記号 “Ⓔ”（マルE）を付けることで行う。
- この条件指示によって、サイズ公差が形状規制を持っていることを示す。
- この条件は、最大実体サイズの完全形状の円筒穴、あるいは円筒軸の “限界ゲージ” によって検証できる。

（＊） 英語では、“feature of size”。サイズ形体は、円筒軸、円筒穴、球体、平行キー、平行溝、くさびなどである。

《 図面指示 》

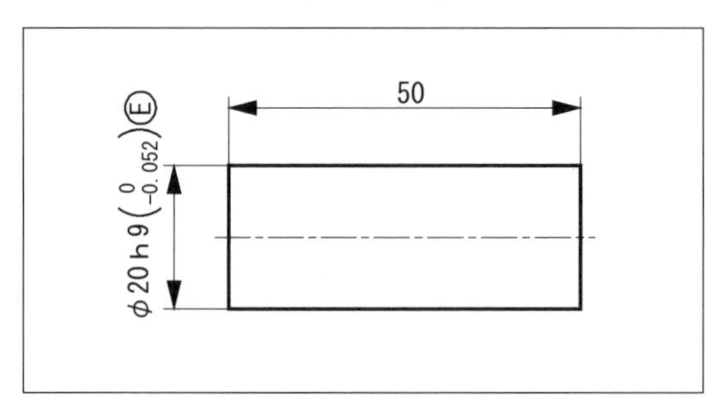


《 図面指示が要求していること 》

- 円筒形体のすべての表面は、最大実体サイズφ20における完全形状の包絡面を越えないこと。
- いずれの実体もφ19.948より小さくないこと。

図面指示していることを詳細にみると、次のようになる。

(1) $\phi 20\mathrm{h}9\left(^{\ \ 0}_{-0.052}\right)$ の意味

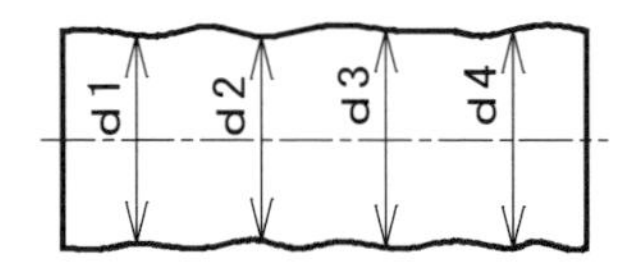


d1、d2、d3、d4：2点間直径

- 円筒軸のそれぞれの2点間直径は、サイズ公差0.052内に収まっていること。つまり、2点間サイズがφ19.948からφ20との間にあればよい。

**Keyword**

包絡の条件（envelope requirement）：円筒面や平行二平面からなる単独形体の実体が、最大実体サイズをもつ完全形状の包絡面を越えてはならないという条件
最大実体サイズ（maximum material size, MMS）：形体の最大実体状態を定めるサイズ。つまり、外側形体では最大許容サイズ、内側形体では最小許容サイズ
完全形状（perfect form）：幾何学的に偏差をもたない形状
限界ゲージ（limit gauge）：最大実体サイズの完全形状の包絡面を越えていないことを検証するゲージ。一般には、許容限界を越えているか否かを、測定でなく、通り止り操作によって検証するゲージをいう

(2) Ⓔ（マルE）が付加されていることの意味

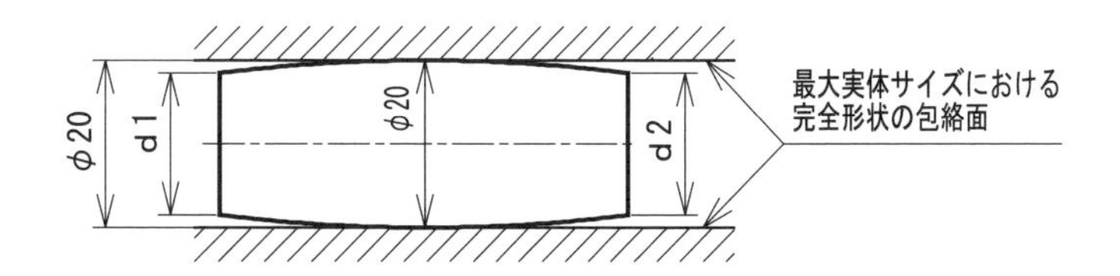


・円筒軸全体が、完全形状でφ20の包絡円筒の境界の内部にあること。
d1、d2はφ20からφ19.948までに収まっていればよい。

・したがって、仮に円筒軸のどこにおいても2点間直径が最大実体サイズのφ20であるときは、幾何学的な円筒形状でなければならない（下図）。

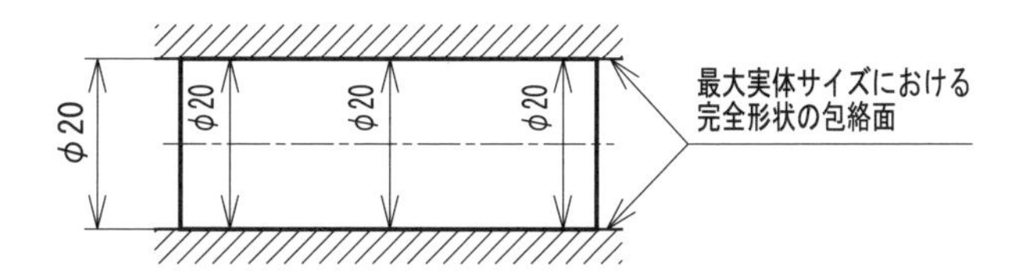


・仮に、この円筒軸のどこにおいても2点間直径が最小実体サイズのφ19.948であったならば、軸は0.052まで軸線の曲がりが許される（下図）。

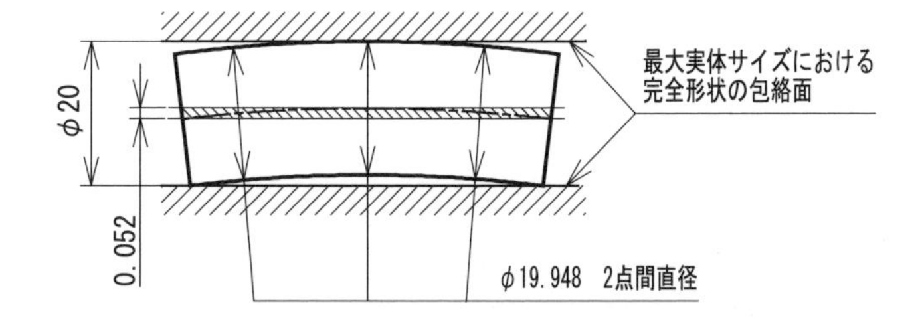

# 7-1 包絡の条件
## (2) 外側形体への適用例

**Point**

- 記号“Ⓔ”(マルE)を指示した円筒軸は、相手の円筒穴とのはめ合いを問題なく行うためである。
- その円筒軸は、どんな場合においても最大実体サイズの完全形状の包絡面を越えて外側にはみ出すことはない。
- 包絡面を越えないことの検証は、限界ゲージによって行うことができる。

《 図面指示 》

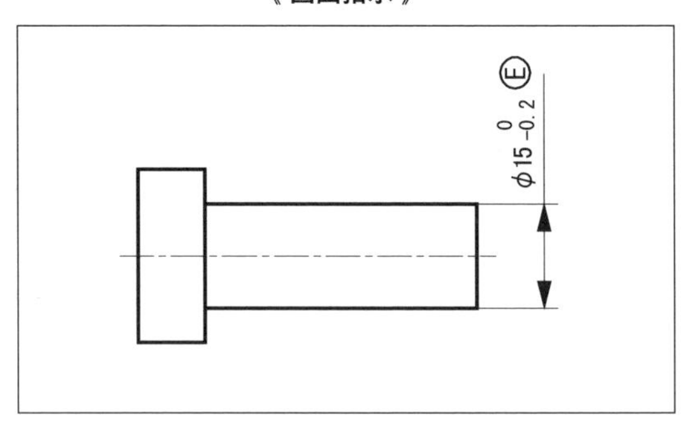


《 図面指示が要求していること 》

・φ15の円筒軸部分は、いかなる場合でも、その長さのすべてにおいて、下図に示すように、円筒の包絡面を越えて外側に出ないこと。

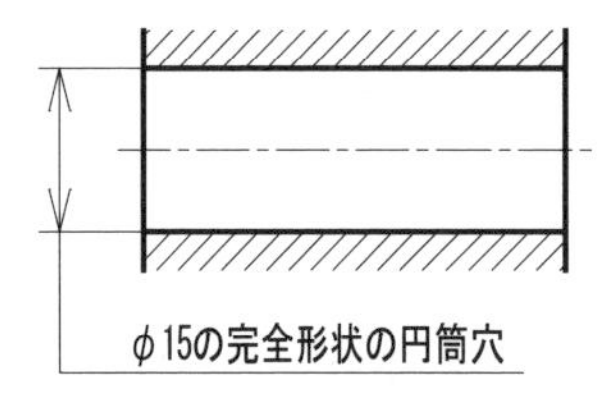


直径15の幾何学的な円筒穴
(包絡面となる形状)

・φ15の円筒軸の直径は、14.8より下回らないこと。つまり、直径のサイズは14.8と15との間にあること。

この場合、対象の円筒形体のすべての2点間直径がφ14.8だったときはどうなるか。

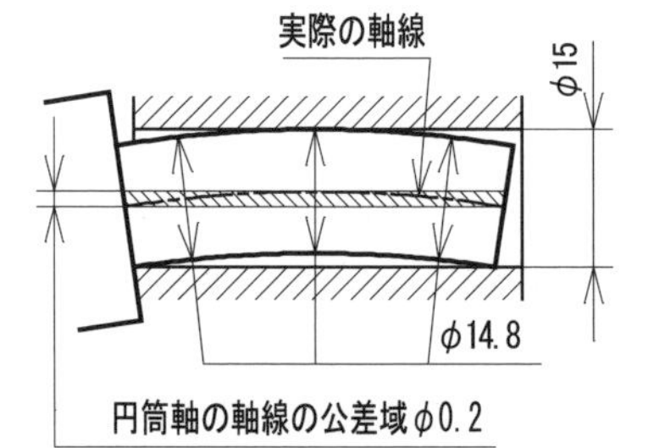


この場合の限界ゲージは、φ15の円筒穴となる。

上図のようになり、円筒の軸線の曲がりは0.2まで許されることになる。

**重 要**

**Ⓔ(マルE)の指示の主目的は、φ15の軸とはまり合う相手部品の穴部と、問題なく組み立てられることにある。**

# 7-1 包絡の条件
## （3）内側形体への適用例

**Point**

- 記号“Ⓔ”（マルE）を指示した円筒穴は、相手の円筒軸とのはめ合いを問題なく行うためである。
- その円筒穴は、どんな場合においても最大実体サイズの完全形状の包絡面を越えて内側に入り込むことはない。
- 包絡面を越えないことの検証は、限界ゲージによって行うことができる。

《 図面指示 》

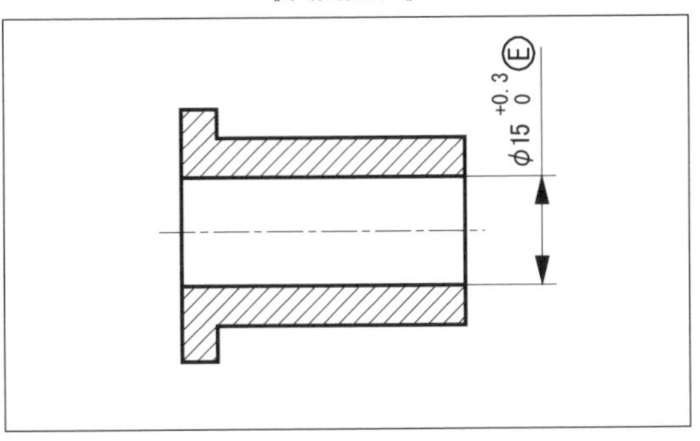


《 図面指示が要求していること 》

・φ15の円筒穴部分は、いかなる場合でも、その長さのすべてにおいて、下図に示すように、円筒の包絡面を越えて内側に入り込まないこと。

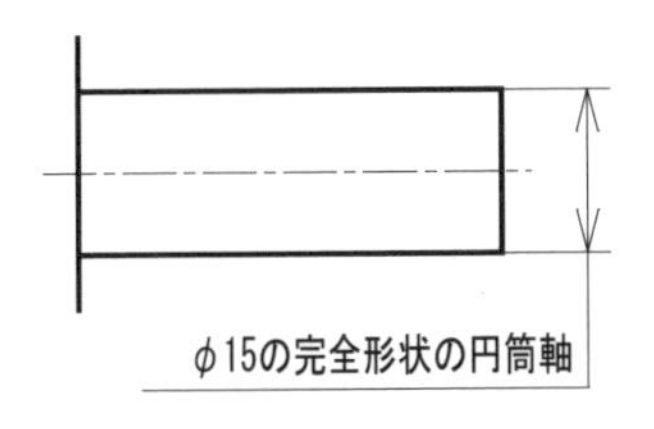


直径15の幾何学的な円筒軸
（包絡面となる形状）

・φ15の円筒穴の直径は、15.3より上回らないこと。つまり、直径のサイズは15と15.3との間にあること。

この場合、対象の円筒形体のすべての2点間直径がφ15.3だったときはどうなるか。

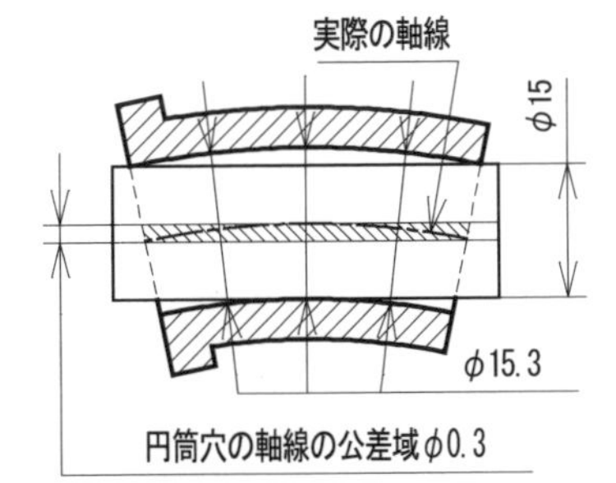


この場合の限界ゲージは、φ15の円筒軸となる。

上図のようになり、円筒の軸線の曲がりは0.3まで許されることになる。

**重 要**

**Ⓔ（マルE）の指示の主目的は、φ15の穴とはまり合う相手部品の軸部と、問題なく組み立てられることにある。**

MMR

# 7-2 (1) 最大実体公差方式（MMR）とは

**Point**

・最大実体公差方式（MMR）は、サイズ公差と幾何公差との間に特別な関係をもたせる方法である。
・相手部品とのはめ合いを達成したい場合に用いることで、部品を経済的に製作できるので有用である。
・このMMRのねらいは、サイズ公差の仕上がり状態に応じて、幾何公差の公差値を広げることができるところにある。
サイズが最大実体状態のとき指示した幾何公差の公差値が適用されるが、サイズが最大実体状態から離れたときは、その分だけ幾何公差の公差値に加えられる。
・その公差値が広がった分だけ部品の製作が容易になるので、製作側にとって好都合である。
・この方式を要求する場合、公差値の後に記号“Ⓜ”（マルM）を付けて表す。
・部品の検証において、“機能ゲージ”を使用できるので、検査にとっても好都合である。

**Keyword**

最大実体公差方式（maximum material requirement, MMR）：サイズ公差と幾何公差との間の相互依存関係を、最大実体状態を基にして与える公差方式

《用語の理解》　・MMRを使うためには言葉の理解がまずだいじである

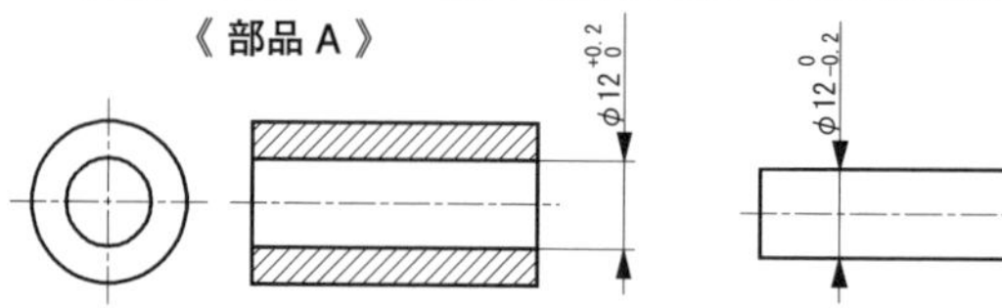


・互いにはまり合う、内径φ12 ＋0.2/0の円筒穴の部品Aと外径φ12 0/-0.2の円筒軸の部品Bがある。
・このとき円筒穴を内側形体、円筒軸を外側形体という。
・内側形体か外側形体かによって実体状態は異なるので注意する。

《内側形体：円筒穴》

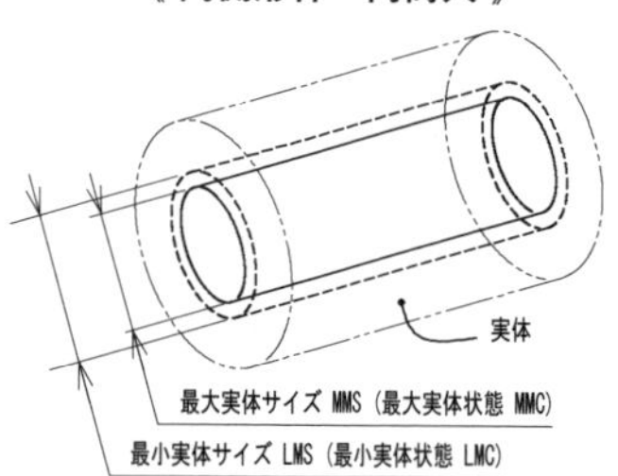


《外側形体：円筒軸》

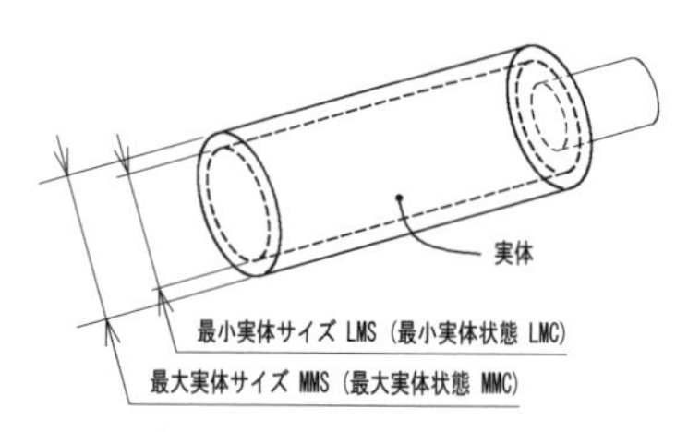


※1　左の図は円筒形の形状偏差がない状態で簡易的に示している。
※2　外側形体であっても内側形体であっても、その部品の体積が最も大きくなるときが最大実体状態で、その体積が最も小さくなるときが最小実体状態である。

《内側形体の場合》
・内径が最小許容サイズのときを、最大実体状態（MMC）といい、そのときのサイズを最大実体サイズ（MMS）という。
・内径が最大許容サイズのときを、最小実体状態（LMC）といい、そのときのサイズを最小実体サイズ（LMS）という。

《外側形体の場合》
・外径が最大許容サイズのときを、最大実体状態（MMC）といい、そのときのサイズを最大実体サイズ（MMS）という。
・外径が最小許容サイズのときを、最小実体状態（LMC）といい、そのときのサイズを最小実体サイズ（LMS）という。

**リンク機構、歯車中心、ねじ穴、しまりばめの穴など、公差を増加することによって機能が損なわれる場合には、この最大実体公差方式（MMR）の適用には、十分な検討が必要である。その場合は、ゼロ幾何公差方式の活用を推奨する。**

**Keyword**

最大実体状態（maximum material condition, MMC）：形体の実体が最大となるような許容限界サイズをもつ形体の状態

最大実体サイズ（maximum material size, MMS）：形体の最大実体状態を定めるサイズ。つまり、外側形体では最大許容サイズ、内側形体では最小許容サイズ

最大実体実効状態（maximum material virtual condition, MMVC）：形体の最大実体状態と幾何公差との総合効果によって得られる完全形状の限界の状態

最大実体実効サイズ（maximum material virtual size, MMVS）：形体の最大実体実効状態を決めるサイズ。外側形体では最大許容サイズに幾何公差を加えたサイズ、内側形体では最小許容サイズから幾何公差を引いたサイズ

最小実体状態（least material condition, LMC）：形体の実体が最小となるような許容限界サイズをもつ形体の状態

最小実体サイズ（least material size, LMS）：形体の最小実体状態を定めるサイズ。つまり、外側形体では最小許容サイズ、内側形体では最大許容サイズ

機能ゲージ（functional gauge）：はまり合う相手部品の最悪状態を再現した検証ゲージ。最大実体実効サイズ（MMVS）が、ゲージの設計寸法となる

《 図面指示 》

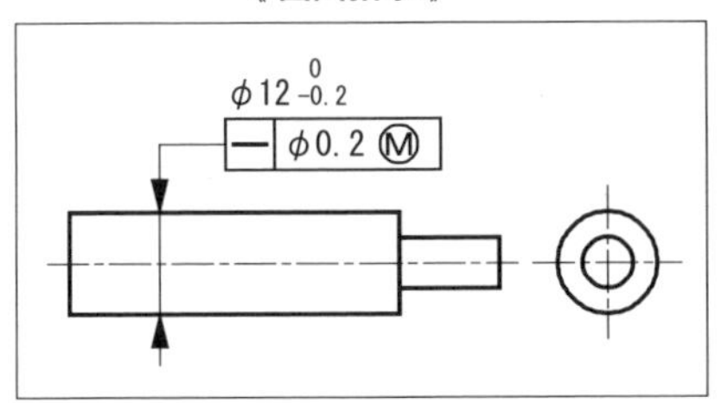


《 図面指示が要求すること 》

①形体の個々の2点間直径は0.2のサイズ公差内にあること。φ11.8とφ12との間の変動が許される。

②公差付き形体は、最大実体実効状態（＊1）のφ12.2の完全形状の包絡円筒内にあること。

（＊1）この場合の最大実体実効状態とは、最大実体サイズφ12に幾何公差（真直度）φ0.2を加えたサイズ、φ12.2となる。

（注）サイズ公差の指示が要求の①を表し、幾何公差の公差値の後の記号Ⓜが要求の②を表している。

《 最大実体状態 》

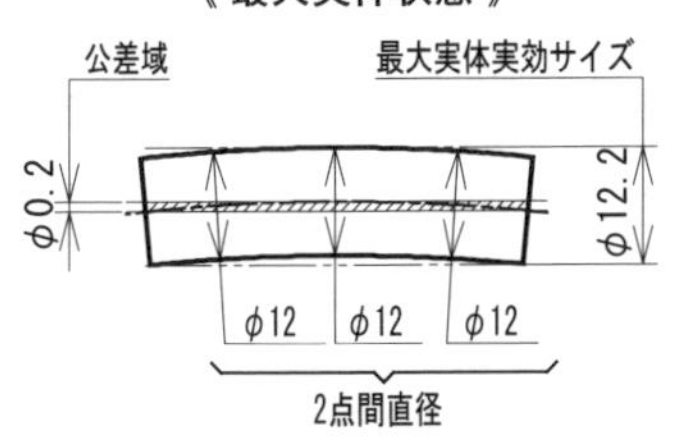


《 形体が最大実体状態のとき 》

これは形体の個々の2点間直径がいたるところでφ12の場合である。最大実体実効サイズはφ12.2であり、この完全形状の円筒境界面を越えなければよいので、この円筒軸は、最大φ0.2まで軸線の曲がりが許される。

《 最小実体状態 》

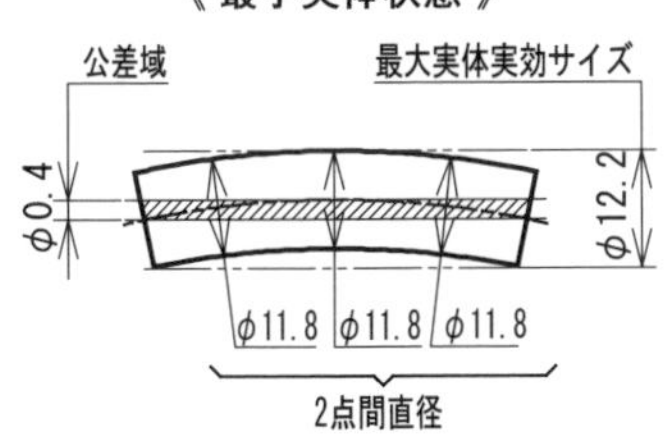


《 形体が最小実体状態のとき 》

これは形体の個々の2点間直径がいたるところでφ11.8の場合である。最大実体実効サイズはφ12.2であり、この完全形状の円筒境界面を越えなければよいので、この円筒軸は、最大φ0.4まで軸線の曲がりが許される。

円筒軸の2点間直径が幾つになっているかによって、真直度をφ0.2からφ0.4まで変化させることができ、φ12.2の完全形状の円筒境界面を越えることはないから、相手の円筒穴とは問題なくはまり合うことができる。

《 機能ゲージ 》

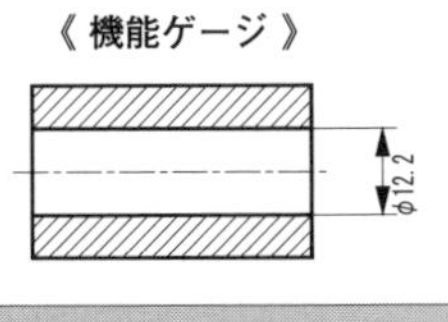


※　製作公差は含まれていない。

《 機能ゲージ　＝　相手部品の最悪状態を再現したもの 》

MMRを用いるねらいは、より経済的に問題なくはめ合う部品を製作することである。このはまり合う相手部品の最悪状態を再現したものが"機能ゲージ"であり、この場合は左のような部品となる（直径が12.2の真円で軸の曲がりの一切ない円筒穴）。このゲージに円筒軸が挿入できれば、最大実体実効状態の完全形状の円筒境界面を越えていないことが判定できたことになる。なお、機能ゲージも一種の限界ゲージである。

# 7-2 MMR
## （2）真直度への最大実体公差方式（MMR）の適用

**Point**

・真直度には、MMR（マルM）が適用できる。
・単にはまり合えばよい部品の場合には、MMR（マルM）を適用した真直度指示を行うのがよい。
・機能ゲージがどのようになるか考慮してみる。

《 図面指示 》

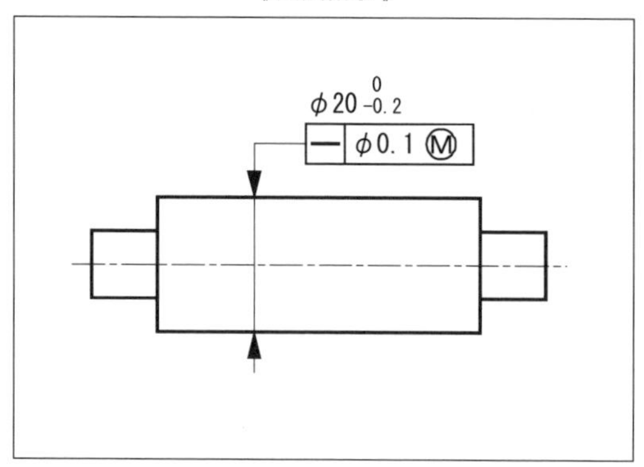


《 図面指示が要求すること 》
中央部の円筒軸について
①形体の個々の2点間直径は0.2のサイズ公差内にあること。φ19.8とφ20との間の変動が許される。
②公差付き形体は、最大実体実効状態のφ20.1の完全形状の包絡円筒内にあること。

（注）MMR指示の場合、公差記入枠で示している公差値φ0.1は、最大実体状態のときの値であり、最大実体状態から離れているときは、指示した公差値よりも大きくなることを表している。サイズが最小実体状態のとき、幾何公差（真直度）は最大になる。

《 最大実体状態 》

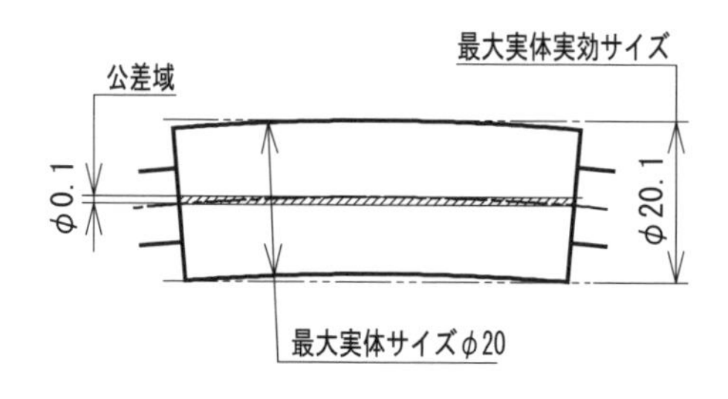


《 最小実体状態 》

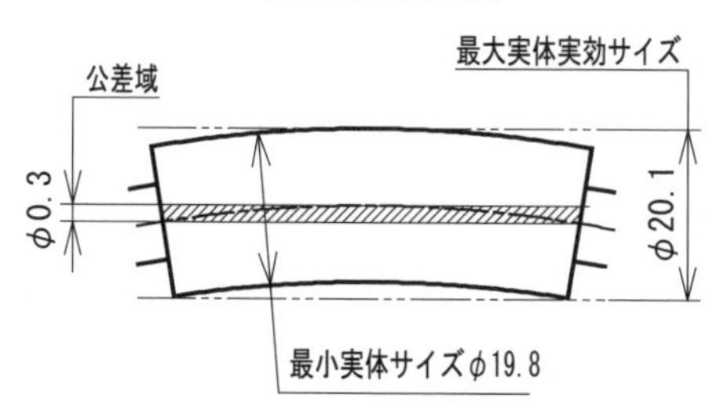


この場合、はまり合う相手部品の最悪状態とは、φ20.1の完全形状の円筒穴である。この穴に問題なくこの円筒軸が挿入されれば、はめ合いは問題なく達成されるのである。

**Keyword**

**動的公差線図（dynamic tolerance diagram）：公差付き形体の仕上がりサイズから許容される幾何公差の公差値を知り、組み付けの際の干渉の有無が検討できる線図**

《 動的公差線図 》

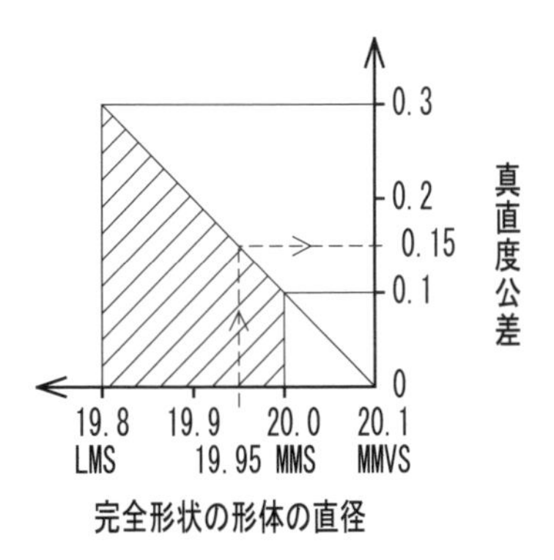


・左の線図を、動的公差線図という。
・これは形体のサイズと幾何公差（この場合真直度）との間の相互関係を可視化したものである。
・形体のサイズが幾つに仕上がったときの真直度として、幾つが許されるかがわかるものである。
・例えば、形体のサイズが $\phi$ 19.95 に仕上がったときは、真直度は0.15まで許容できることを示している。

《 機能ゲージ 》

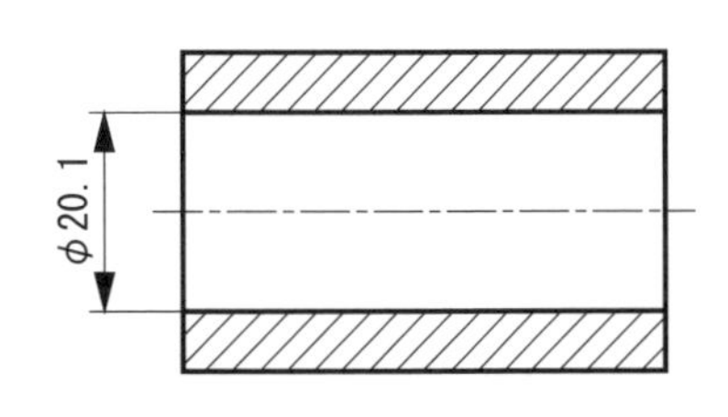


※　製作公差は含まれていない。

この場合の機能ゲージは、左図のように、内径の直径を最大実体実効サイズ $\phi$ 20.1 とする円筒穴となる。

軸方向の長さサイズについては、相手の円筒軸の全体が十分収まるサイズでなくてはならない。

# (3)-1　平行度へのMMRの適用

**Point**

・平行度には、MMR（マルM）が適用できる。
・単にはまり合えばよい部品の場合には、MMR（マルM）を適用した平行度指示を行うのがよい。
・機能ゲージがどのようになるか考慮してみる。

《 図面指示 》

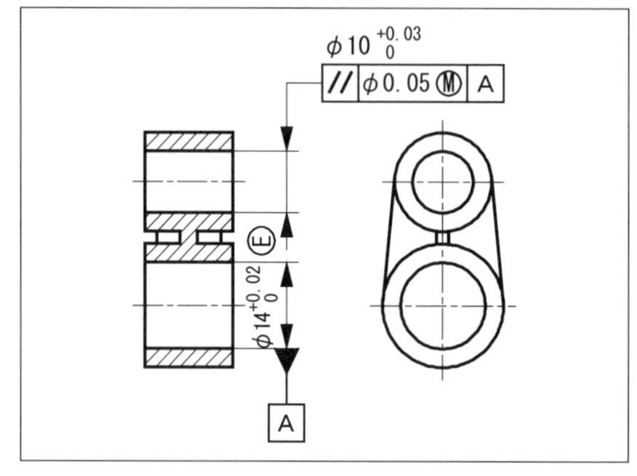


《 図面指示が要求すること 》

公差付き形体のφ10の円筒穴は

①形体の個々の2点間直径は0.03のサイズ公差内にあること。つまり、φ10とφ10.03との間の変動が許される。

②公差付き形体は、データム軸直線Aに平行で、最大実体実効サイズのφ9.95の完全形状の包絡円筒の境界外にあること。

つまり、形体が最大実体サイズφ10のとき、平行度φ0.05となる。

<形体のすべての直径がφ10の最大実体サイズであるとき>

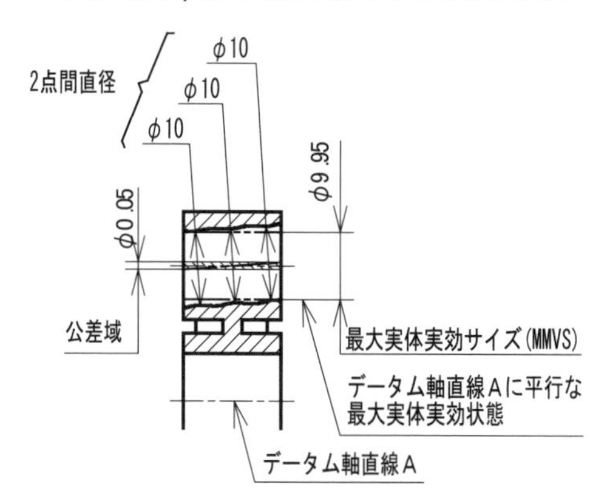


この場合、公差付き形体のいかなる部分も2点間直径はφ10である。

最大実体実効サイズ（MMVS）はφ9.95（＝φ10－φ0.05）なので、

平行度はφ0.05(＝φ10－φ9.95）まで許されることになる。

これがこの場合の公差値である。

<形体のすべての直径がφ10.03の最小実体サイズであるとき>

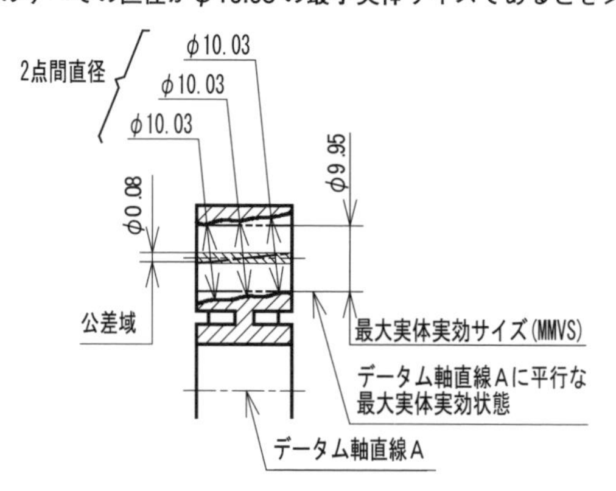


この場合は、公差付き形体のいかなる部分も2点間直径はφ10.03である。

最大実体実効サイズ（MMVS）はφ9.95（＝φ10－φ0.05）なので、

平行度はφ0.08(＝φ10.03－φ9.95）まで許されることになる。

これがこの場合の公差値である。

# 7-2 MMR (3)-2 平行度へのゼロ幾何公差方式の適用

**Point**

・平行度公差には、ゼロ幾何公差方式（ゼロ・マルＭ）が適用できる。
・公差付き形体が、①最大実体サイズのときは幾何公差（平行度公差）はゼロであり、②最小実体サイズのときは幾何公差（平行度公差）はサイズ公差の値となる。

**Keyword**

ゼロ幾何公差方式（zero geometrical tolerancing）：公差付き形体が最大実体状態で幾何公差にゼロを要求する方法。最大実体サイズ（MMS）と最大実体実効サイズ（MMVS）はともに等しく、そのときの幾何公差がゼロである

《図面指示》

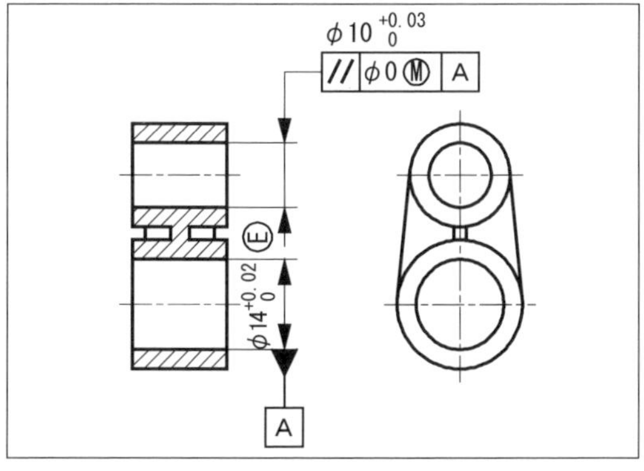


《図面指示が要求すること》

公差付き形体のφ10の円筒穴は
①形体の個々の2点間直径は0.03のサイズ公差内にあること。つまり、φ10とφ10.03との間の変動が許される。
②公差付き形体は、データム軸直線Aに平行で、最大実体実効サイズのφ10の完全形状の包絡円筒の境界外にあること。

<形体のすべての直径がφ10の最大実体サイズであるとき>

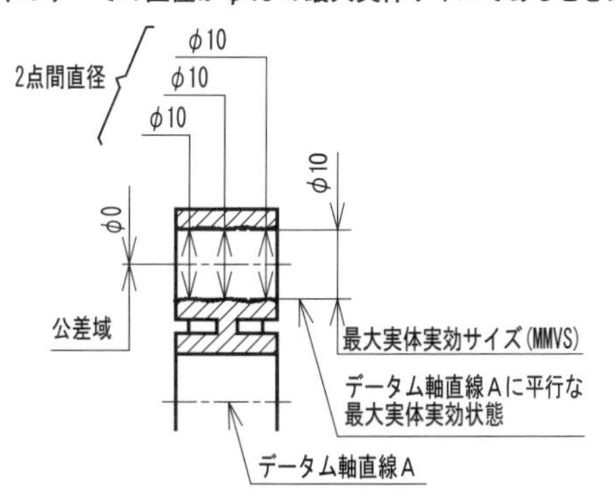


この場合、公差付き形体のいかなる部分も直径φ10である。

したがって、最大実体サイズの完全形状の包絡面を越えていない。（＊）

最大実体実効サイズ（MMVS）はφ10（＝φ10－φ0）なので、

平行度はφ0（＝φ10－φ10）となり、軸線の倒れは、一切許されない。

（＊）この状態を満たしているか否かは、データム軸直線Aに平行に保持されたφ10の円筒軸の限界ゲージを用いて検証できる。

<形体のすべての直径がφ10.03の最小実体サイズであるとき>

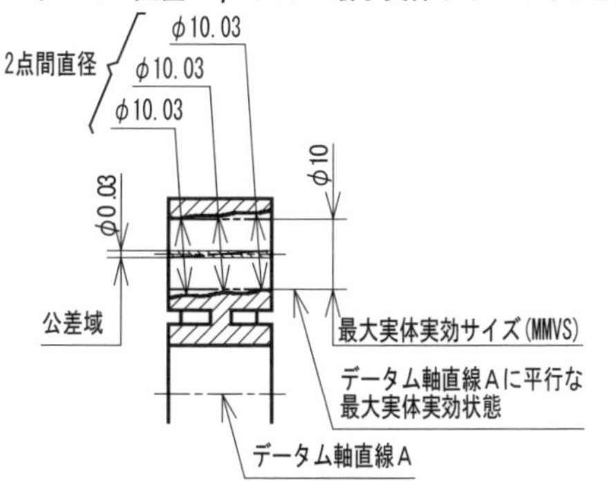


この場合は、公差付き形体のいかなる部分も直径φ10.03である。

したがって、こちらも最大実体サイズの完全形状の包絡面を越えていない。

最大実体実効サイズ（MMVS）は、φ10なので、

平行度はφ0.03（＝φ10.03－φ10）まで許されることになる。

# 7-2 MMR

## (4)-1　直角度へのMMRの適用

**Point**

・直角度には、MMR（マルM）が適用できる。
・単にはまり合えばよい部品の場合には、MMR（マルM）を適用した直角度指示を行うのがよい。
・機能ゲージがどのようになるか考慮してみる。

《図面指示〈1〉》

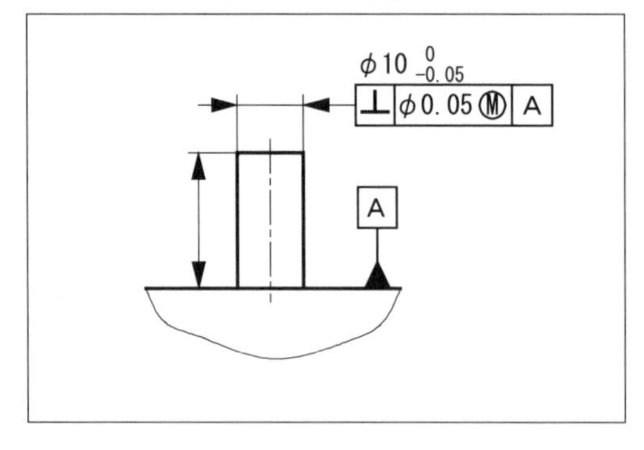


《 図面指示〈1〉が要求すること 》

公差付き形体のφ10の円筒軸は

①形体の個々の2点間直径は0.05のサイズ公差内にあること。つまり、φ9.95とφ10との間の変動が許される。

②公差付き形体は、データム平面Aに直角で、最大実体実効サイズのφ10.05の完全形状の包絡円筒の境界内にあること。

つまり、形体が最大実体サイズのとき、直角度φ0.05となる。

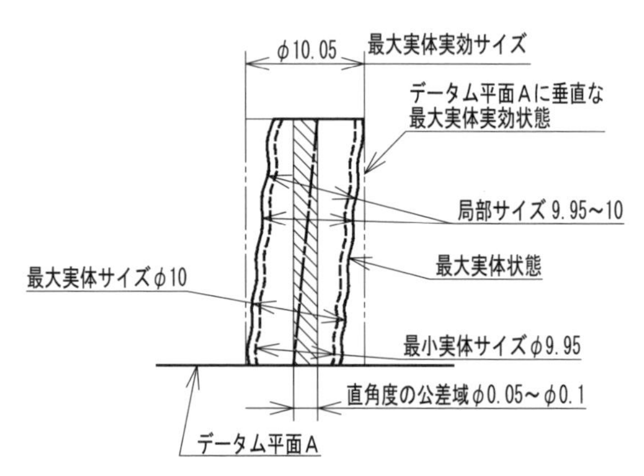


この場合の最大実体実効サイズ（MMVS）は対象の形体が外側形体なので

「最大実体サイズ＋幾何公差（直角度）」

となる。

つまり、φ10.05(＝φ10＋φ0.05) となる。

したがって、形体が、データム平面Aに垂直なφ10.05の円筒の境界面を侵害しなければ問題ない。

・直角度の公差域は、形体の2点間直径によってφ0.05からφ0.1まで変動する。

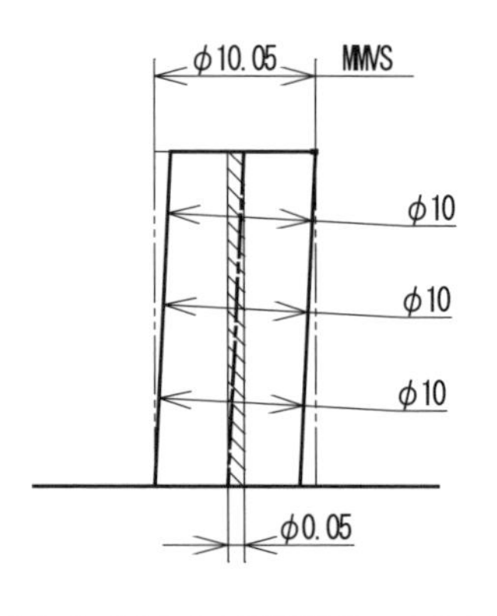


(a) すべての2点間直径がφ10のとき

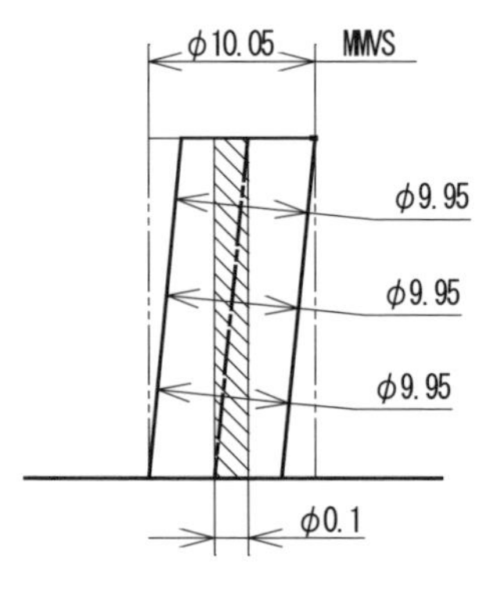


(b) すべての2点間直径がφ9.95のとき

《図面指示〈1〉の機能ゲージ例》

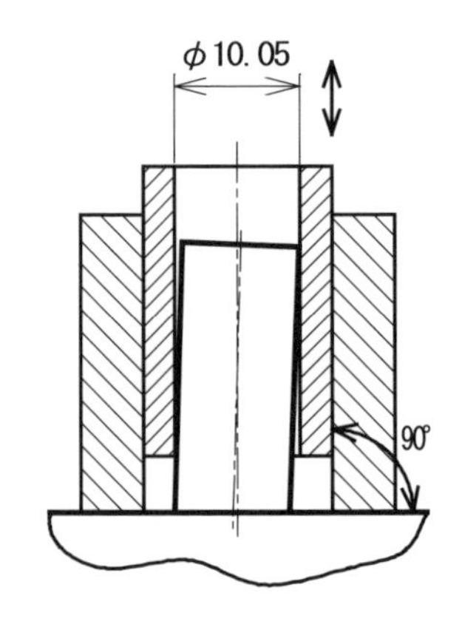

# 7-2 MMR

## (4)-2　直角度へのゼロ幾何公差方式の適用

**Point**

- 直角度公差には、ゼロ幾何公差方式（ゼロ・マルM）が適用できる。
- 公差付き形体が、①最大実体サイズのときは幾何公差（直角度公差）はゼロであり、②最小実体サイズのときは幾何公差（直角度公差）はサイズ公差の値となる。

《図面指示〈2〉》

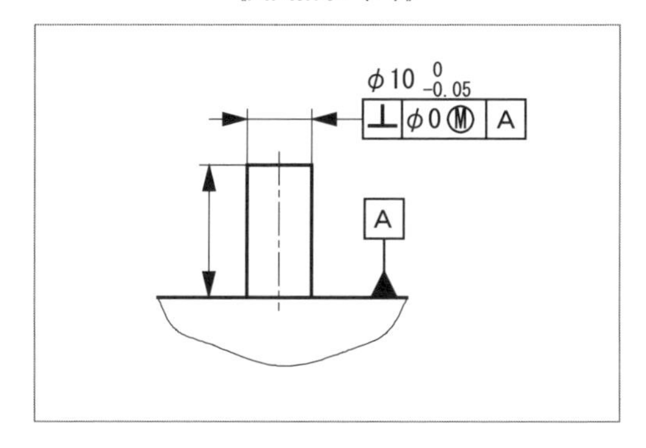


《 図面指示〈2〉が要求すること 》

公差付き形体のφ10の円筒軸は

①形体の個々の2点間直径は0.05のサイズ公差内にあること。つまり、φ9.95とφ10との間の変動が許される。

②公差付き形体は、データム平面Aに直角で、最大実体実効サイズのφ10の完全形状の包絡円筒の境界内にあること。

つまり、形体が最大実体サイズのとき、直角度φ0であり、形体が最小実体サイズのとき、直角度φ0.05である。

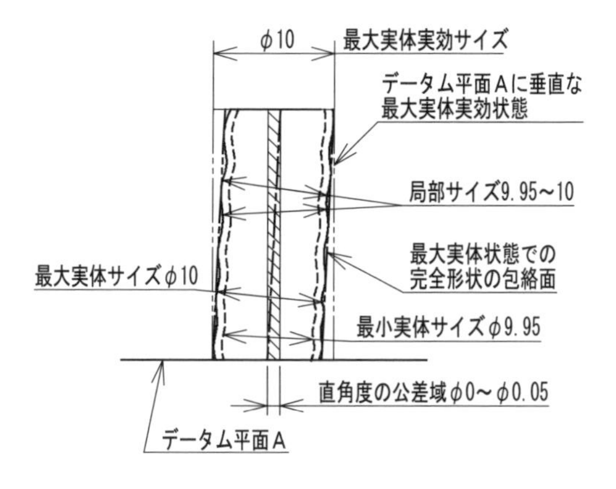


この場合、形体の最大実体寸法φ10の完全形状の包絡円筒の境界面を越えないことが要件である。

最大実体実効サイズ（MMVS）は、対象の形体が外側形体なので

「最大実体サイズ＋幾何公差（直角度）」

となる。つまり、φ10(＝φ10＋φ0）となる。

したがって、形体が、データム平面Aに垂直なφ10の円筒の境界面を侵害せず、下の許容サイズがφ9.95を下回らなければ問題ない。

《図面指示〈2〉の機能ゲージ例》

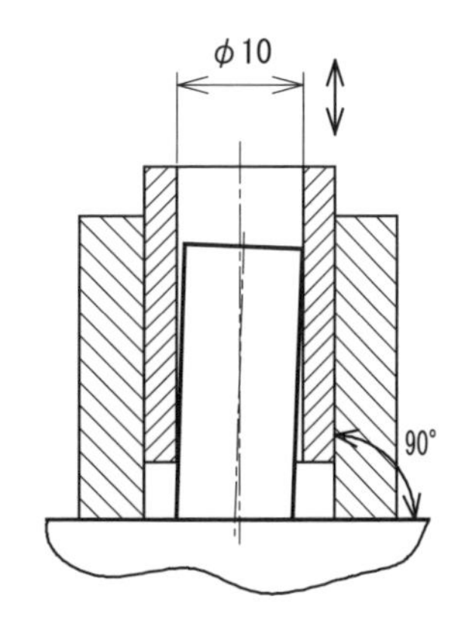

**前頁のようにⓂ（マルM）だけの指示とするか、本頁のようにゼロⓂ（ゼロ・マルM）指示するかは、相手部品と、どの程度の精度のはめあいにするかによって判断する。**

**サイズ公差は変えずに、はめあいのすき間を極力少なくしたい場合には、こちらのゼロⓂ（ゼロ・マルM）指示が妥当である。**

# (5)-1 位置度へのMMRの適用（内側形体の例）

**Point**

- 位置度には、MMR（マルM）が適用できる。
- 単にはまり合えばよい部品の場合には、MMR（マルM）を適用した位置度指示を行うのがよい。
- 規制対象の形体が複数あっても、MMR（マルM）は適用できる。
- データムを参照する場合と参照しない場合のいずれでも可能なので、機能要求に照らして選択する。
- 機能ゲージがどのようになるか考慮してみる。

《 図面指示 》

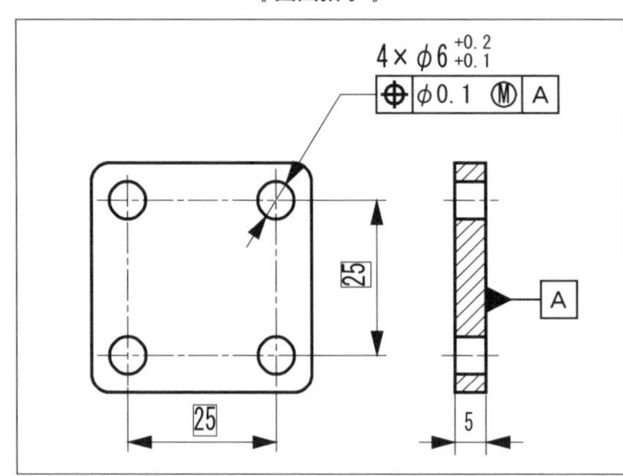


《 図面指示が要求すること 》

指示している形体の4つのφ6の穴は
①形体の個々の2点間直径は0.1のサイズ公差内にあること。つまり、φ6.1とφ6.2との間にあること。
②4つの公差付き形体は、データム平面Aに垂直で、それぞれが他の円筒（正確に90°に配置された間隔25の形体）に対して、理論的に正確な位置にあって、φ6（＝φ6.1－φ0.1）の完全形状の内接円筒の境界の外側にあること。

(a) 4つの穴のそれぞれの直径がφ6.1の最大実体サイズであるとき

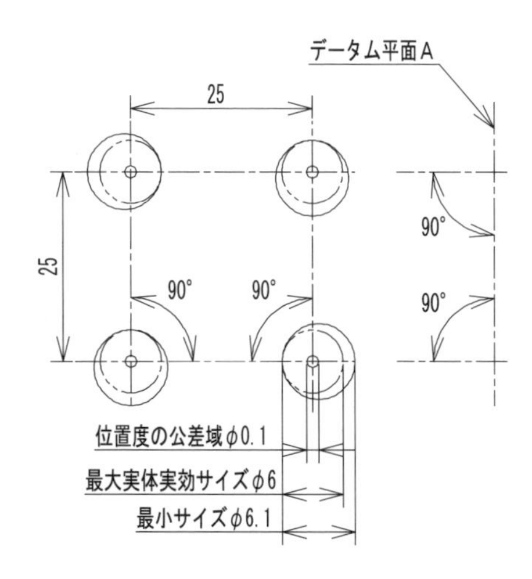


(b) 4つの穴のそれぞれの直径がφ6.2の最小実体サイズであるとき

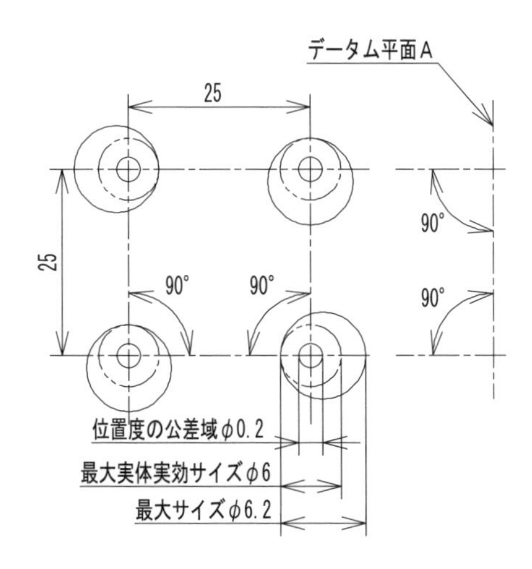


この場合の要求内容を別な言い方をすれば、
4つの穴のサイズがいかなる場合でも、その円筒穴の縁が、理論的に正確な位置を中心とする直径φ6の円筒の境界面を越えて入り込まなければよい、ということになる。

《 穴の直径と位置度公差の関係 》

| 完全形状の穴の直径 | 位置度公差 |
|---|---|
| 6.1 MMS | 0.1 |
| 6.12 | 0.12 |
| 6.14 | 0.14 |
| 6.16 | 0.16 |
| 6.18 | 0.18 |
| 6.2 LMS | 0.2 |

《 動的公差線図 》

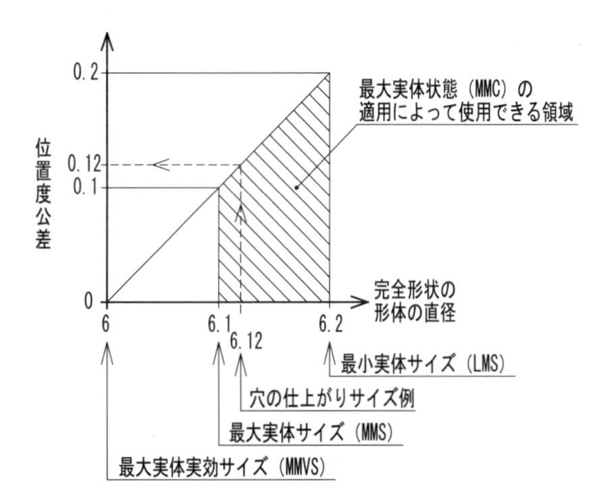


この線図は、穴の直径が最大実体サイズφ6.1から離れた分だけの値が位置度公差に追加されることを示している。

穴の直径が最小実体サイズのφ6.2になったときは、位置度公差は最大の0.2まで許容される。

例えば、穴の直径が6.12に仕上がったときは、その位置度は0.12まで許容される。

《 この場合の機能ゲージ例 》

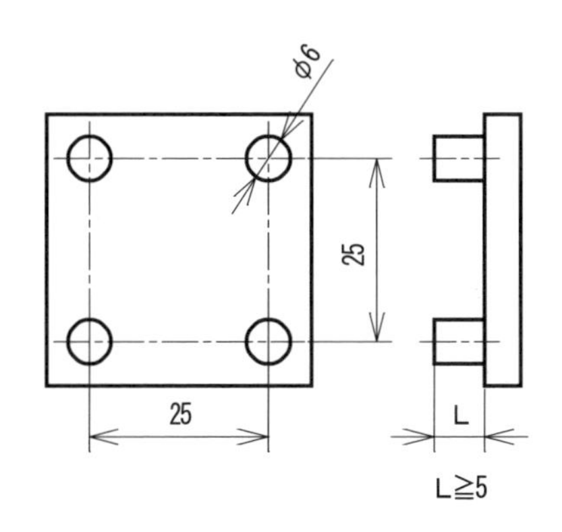


※　機能ゲージの4つのピン径の製作サイズは、最大実体実効サイズのφ6となる。ただし、ここには製作公差は含まれていない。

# 7-2 MMR

## (5)-2　位置度へのMMRの適用（外側形体の例）

**Point**

- 位置度には、MMR（マルM）が適用できる。
- 単にはまり合えばよい部品の場合には、MMR（マルM）を適用した位置度指示を行うのがよい。
- 規制対象の形体が複数あっても、MMR（マルM）は適用できる。
- データムを参照する場合と参照しない場合のいずれでも可能なので、機能要求に照らして選択する。
- 機能ゲージがどのようになるか考慮してみる。

《 図面指示 》

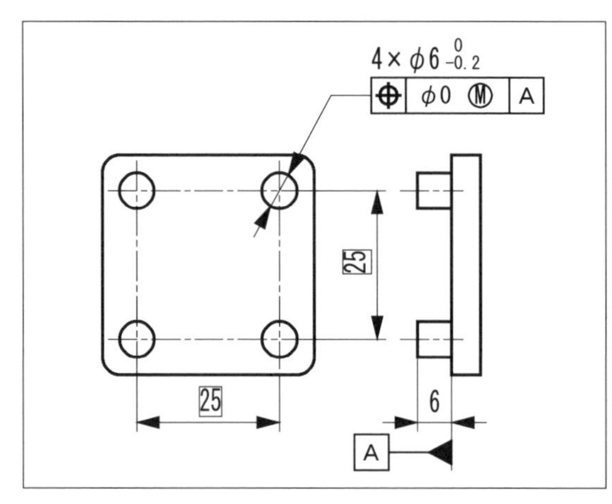


《 図面指示が要求すること 》

指示している形体の4つのφ6の軸は

①形体の個々の2点間直径は0.2のサイズ公差内にあること。つまり、φ5.8とφ6との間にあること。

②4つの公差付き形体は、データム平面Aに垂直で、それぞれが他の円筒（正確に90°に配置された間隔25の形体）に対して、理論的に正確な位置にあって、φ6（＝φ6＋φ0）の完全形状の外接円筒の境界の内側にあること。

(a)　4つの軸のそれぞれの直径がφ6の最大実体サイズであるとき

データム平面A

25

25

90°

90°

90°

90°

位置度の公差値φ0

最大実体サイズ&
最大実体実効サイズφ6

(b)　4つの軸のそれぞれの直径がφ5.8の最小実体サイズであるとき

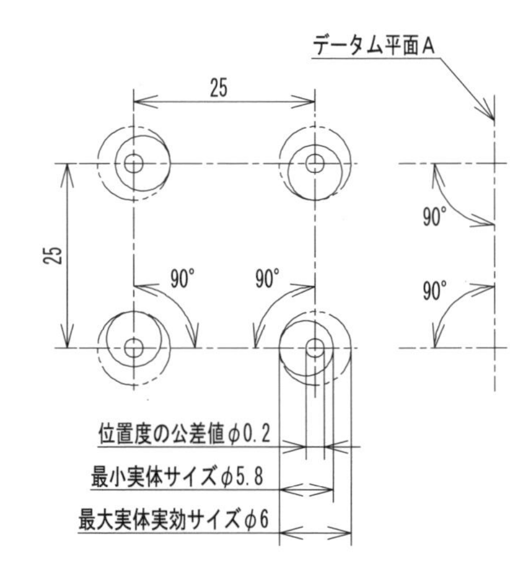


この場合の要求内容を別な言い方をすれば、

4つの軸のサイズがいかなる場合でも、その円筒軸の外周が、理論的に正確な位置を中心とする直径φ6の円筒の境界面を越えて出なければよい、ということになる。

《 軸の直径と位置度公差の関係 》

| 完全形状の軸の直径 | 位置度公差 |
|---|---|
| 6　MMS | 0 |
| 5.96 | 0.04 |
| 5.92 | 0.08 |
| 5.88 | 0.12 |
| 5.84 | 0.16 |
| 5.8　LMS | 0.2 |

《 動的公差線図 》

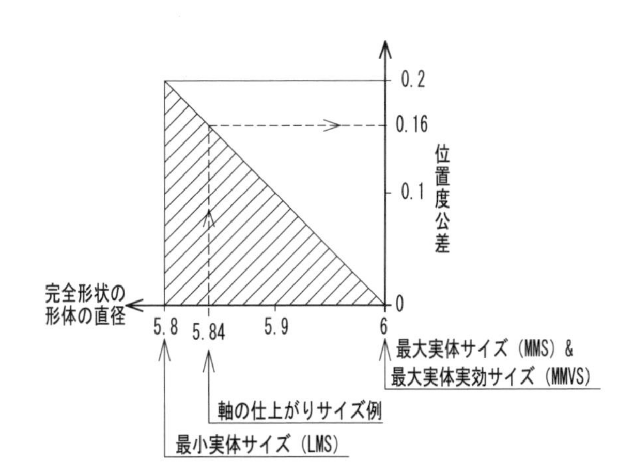


この線図は、軸の直径が最大実体サイズφ6から離れたとき、そのサイズ分だけ位置度公差として与えることができることを示している。

軸の直径が最小実体サイズのφ5.8になったときは、位置度公差は最大の0.2まで許容されることを示している。

例えば、軸の直径が5.84に仕上がったときは、その位置度は0.16まで許容される。

《 この場合の機能ゲージ例 》

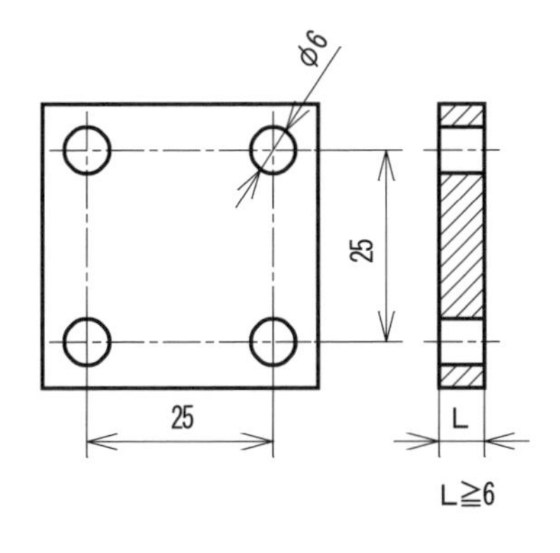


※　機能ゲージの4つの穴の製作サイズは、最大実体実効サイズのφ6となる。ただし、機能ゲージの製作公差は含まれていない。

## 7-2 MMR

# (5)-3　位置度へのMMRの適用

**Point**

- 部品内部に、相手部品とはまり合う基準があり、部品内部の複数の形体が、相手部品とはまり合えばよい場合は、MMR “Ⓜ” の全面的な適用を考える。
- 部品の底面を第1次データム平面に設定し、第2次以降のデータムを、部品内の円筒穴（内側形体）に設定する場合は、次のようにする。
  - ①部品内部に設定する第2次データムの円筒穴は、第1次データム平面に対する直角度で規制する。
  - ②部品内部に設定する第3次データムの円筒穴は、データム平面Aとデータム軸直線Bに関する位置度で規制する。このとき、データムBはサイズ形体なので、参照するデータムに記号Ⓜを付ける。
  - ③データム系（三平面データム系）を参照して規制する、部品内部の公差付き形体に対しては、公差値とデータムに対して、Ⓜ付きの位置度公差で規制する。

《 図面指示 》

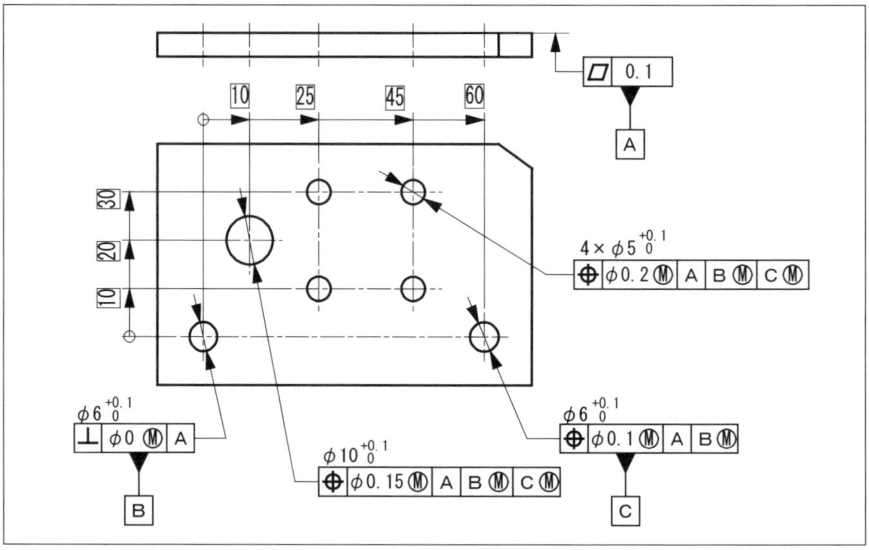

《 図面指示が要求すること 》

・（データム形体Bに設定している）左下のφ6の穴は、

①形体の個々の2点間直径は、0.1のサイズ公差内にあること。つまり、φ6とφ6.1との間にあること。

②形体が最大実体状態（MMC）にあるときは、データム平面Aに対して直角度φ0のこと。ただし、最小実体状態（LMC）のときには、直角度φ0.1まで許される。

・（データム形体Cに設定している）右下のφ6の穴は、

①形体の個々の2点間直径は、0.1のサイズ公差内にあること。つまり、φ6とφ6.1との間にあること。

②形体が最大実体状態（MMC）にあるときは、データム平面A、データム軸直線Bに関して位置度φ0.1のこと。ただし、最小実体状態（LMC）のときには、位置度φ0.2まで許される。

・（公差付き形体である）左上のφ10の穴は、

①形体の個々の2点間直径は0.1のサイズ公差内にあること。つまり、φ10とφ10.1との間にあること。

②形体が最大実体状態（MMC）にあるときは、データムA、B、Cに関して位置度φ0.15のこと。ただし、最小実体状態（LMC）のときには、位置度φ0.25まで許される。

**Keyword**

**浮動（floating）：データム形体がその最大実体サイズから離れたサイズ分だけ、対象の部品を移動できることをいう。ただし、関連する公差付き形体の公差には、それは加えない**

《図面指示が要求すること（続き）》

・（公差付き形体である）右上のφ5の4つの穴は、それぞれ
①形体の個々の2点間直径は0.1のサイズ公差内にあること。つまり、φ5とφ5.1との間にあること。
②形体が最大実体状態（MMC）にあるときは、データムA、B、Cに関して位置度φ0.2のこと。ただし、最小実体状態（LMC）のときには、位置度φ0.3まで許される。

《この部品の検証をするゲージ例》

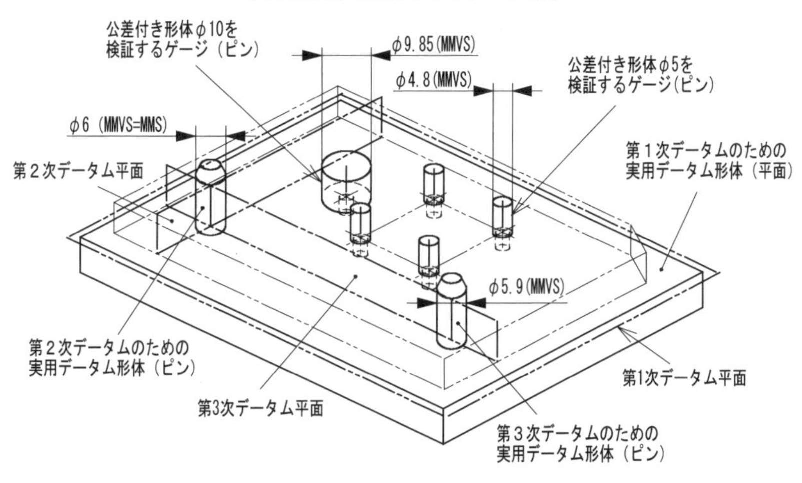


・この部品のデータム系について：
三平面データム系は、平面をもつ実用データム形体がデータム形体Aを支持し、次にこの平面に垂直に立てられた円筒ピン2つ（データムBとC）によって拘束して、構成される（上図参照）。
・第2次データム形体（左のφ6）に対するデータム設定ゲージ：
幾何公差がφ0なので、この場合のMMVSはMMSと同じ値になり、φ6がゲージ直径になる。
・第3次データム形体（右のφ6）に対するデータム設定ゲージ：
幾何公差がφ0.1なので、この場合のMMVSはφ5.9(＝φ6－φ0.1）となり、これがゲージ直径となる。
・規制形体であるφ10の穴に対する検証ゲージ：
幾何公差がφ0.15なので、MMVSはφ9.85(＝φ10－φ0.15）となり、これがゲージ直径である。
・規制形体である4つのφ5の穴に対する検証ゲージ：
幾何公差がφ0.2なので、MMVSはφ4.8(＝φ5－φ0.2）となるので、これがゲージ直径となる。

★データム形体の“浮動”について：上記のように、データムBとデータムCのゲージの直径は、それぞれφ6とφ5.9で固定なので、穴とゲージの間には、最大でデータムBは0.1、データムCは0.2のすき間が発生する。それが浮動量であり、それを含めて、対象部品に対する検証が行われることに留意する。

**重要**

**相手部品と単にはまり合えばよいという場合には、公差付き形体とデータム形体の両方にMMR“Ⓜ”を適用するのが、より経済的に部品を製作する上で妥当なので、採用を検討すべきである。**

# 7-2 MMR
## (6) 同軸度へのMMRの適用

**Point**

- 同軸度には、MMR（マルM）が適用できる。公差付き形体とデータム形体がともにサイズ形体なので、双方にMMR（マルM）を適用できる。
- 単にはまり合えばよい部品の場合には、公差付き形体とデータム形体の双方にMMR（マルM）を適用した同軸度指示を行うのがよい。
- 機能ゲージがどのようになるか考慮してみる。

《 図面指示 》

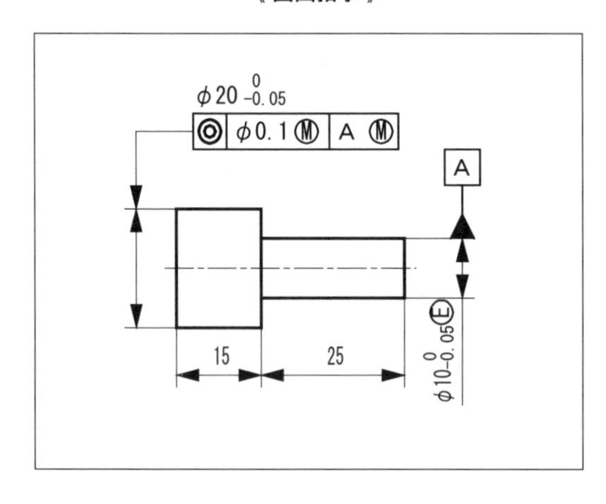


《 図面指示が要求すること 》

規制したい公差付き形体のφ20の軸は
①形体の個々の2点間直径は0.05のサイズ公差内にあること。つまり、2点間サイズでφ19.95とφ20との間にあること。
また、データム形体のφ10の軸は
②形体の個々の2点間直径は0.05のサイズ公差内にあること。つまり、φ9.95とφ10との間にあること。さらに、
③その形体表面は最大実体サイズの完全形状の包絡面を越えないこと。
それらを満たしながら
④データム形体が最大実体状態（φ10）で、公差付き形体（φ20）が最大実体状態のとき、同軸度φ0.1であること。

このような場合は、
公差付き形体とデータム形体の両方について、許容の限界である、最大実体サイズと最小実体サイズのそれぞれにおいて、互いにどのような姿勢関係になるか検討してみる。

(a) データム形体と公差付き形体が、ともに最大実体サイズであるとき同軸度はφ0.1となる。

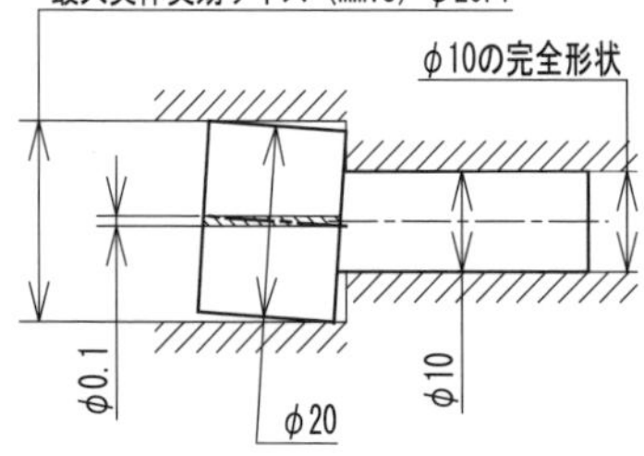


(b) データム形体が最大実体サイズで、公差付き形体が最小実体サイズであるとき同軸度はφ0.15となる。

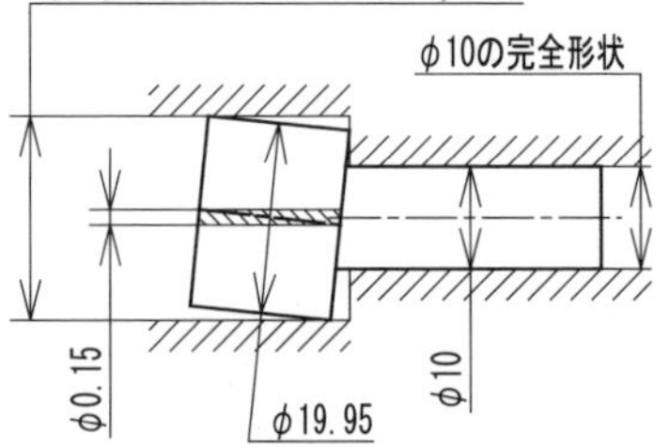

（c）データム形体と公差付き形体が、
ともに最小実体サイズで、
データム形体が図で上方に浮動したとき

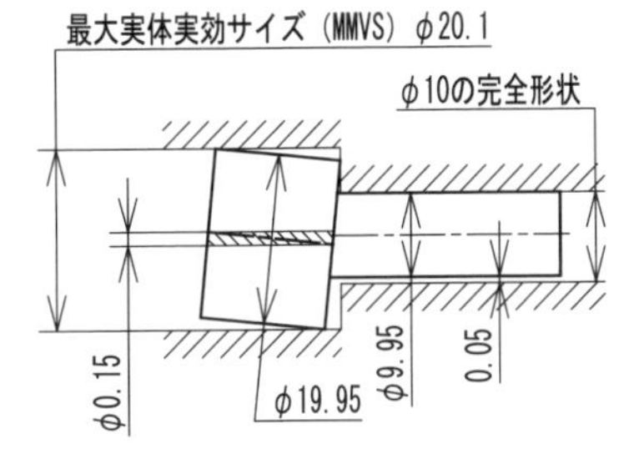


(d) データム形体と公差付き形体が、
ともに最小実体サイズで、
データム形体が図で下方に浮動したとき

最大実体実効サイズ（MMVS）φ20.1
φ10の完全形状
φ0.15
φ19.95
φ9.95
0.05

(e) データム形体と公差付き形体が、ともに最小実体サイズで、データム形体と公差付き形体とが互いに最も傾いたときの状態

最大実体実効サイズ（MMVS）φ20.1
φ10の完全形状
φ0.15
φ19.95
φ0.05
φ9.95
データム形体の軸線

※　この場合、データム軸直線Aに対する公差付き形体（軸線）の傾きは、φ0.15とφ0.05の和のφ0.2を越えることになる。

《この場合の機能ゲージ例》

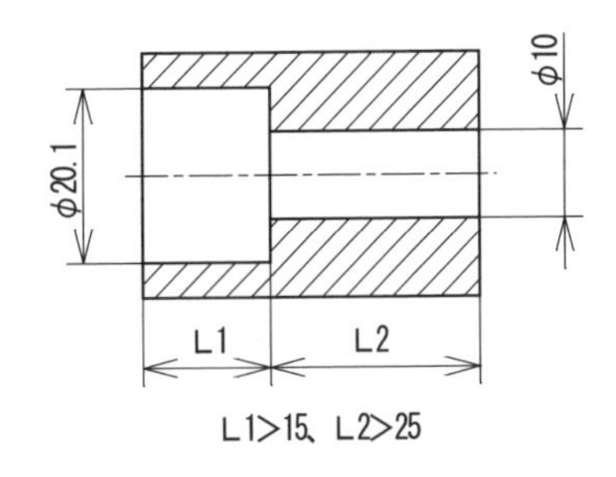


L1>15、L2>25

※　ただし、機能ゲージの製作公差は含まれていない。

**重要**

**相手部品と単にはまり合えばよいという場合には、公差付き形体とデータム形体の両方にMMR（マルM）を適用するのが、より経済的に部品を製作する上で妥当なので、採用を検討すべきである。**

# 7-2 MMR

## (7) 対称度へのMMRの適用

**Point**

・対称度には、MMR（マルM）が適用できる。なお、公差付き形体とデータム形体がともにサイズ形体の場合は、双方にMMRを適用できる。
・公差付き形体とデータム形体の両方へのMMR の適用、公差付き形体のみにMMRの適用、さらにデータム形体のみへのMMRの適用と、使い分けができるので、設計要求と照らして適切な選択をすること。
・機能ゲージがどのようになるか考慮してみる。

### 〈1〉公差付き形体とデータム形体の両方へのMMRの適用の場合

《図面指示》

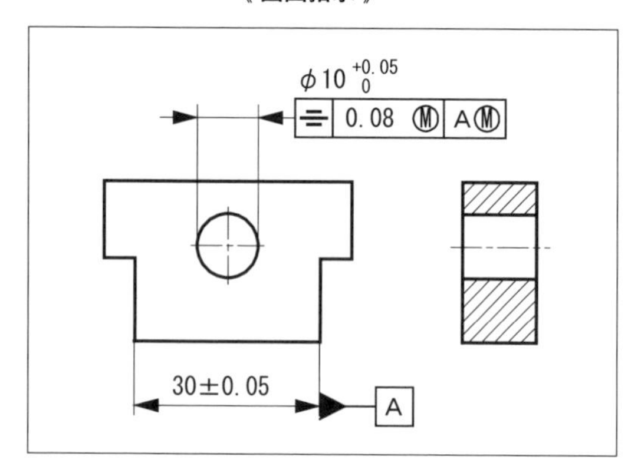


《図面指示が要求すること》

公差付き形体のφ10の穴は
①形体の個々の2点間直径は0.05のサイズ公差内にあること。つまり、2点間サイズでφ10とφ10.05との間にあること。
また、データム形体の幅30の2つの表面は
②個々の2点間距離は0.1のサイズ公差内にあること。つまり、2点間サイズで29.95と30.05との間にあること。そのうえで、
③データム形体が最大実体状態（30.05）で、公差付き形体が最大実体状態（φ10）のとき、データム中心平面Aに対して水平方向に、対称度0.08であること。

《機能ゲージ例》

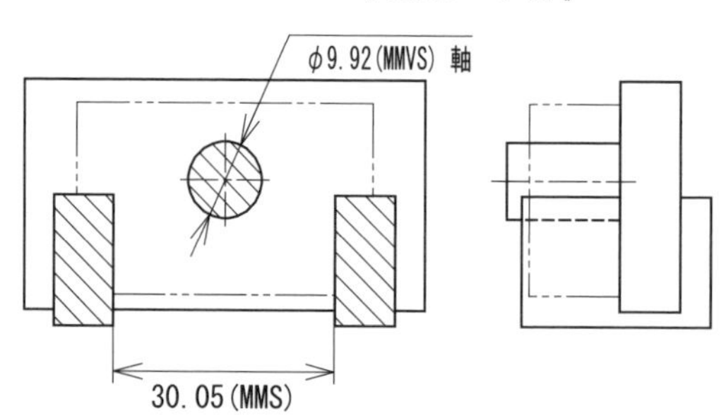


※　間隔30.05は固定で、軸φ9.92は常に調心される。

**重 要**

この〈1〉の指示が、公差付き形体とデータム形体がともに最大実体状態のときに、指示した幾何公差（対称度）を満足すればよいという設計要求の場合で、最も一般的な指示といえる。また、機能ゲージが最も簡素になるという利点がある。

**Keyword**

2点間距離（two-point distance）：2つの相対する平面から得られる2点間サイズのこと

## 〈2〉公差付き形体のみへのMMR適用の場合

《 図面指示 》

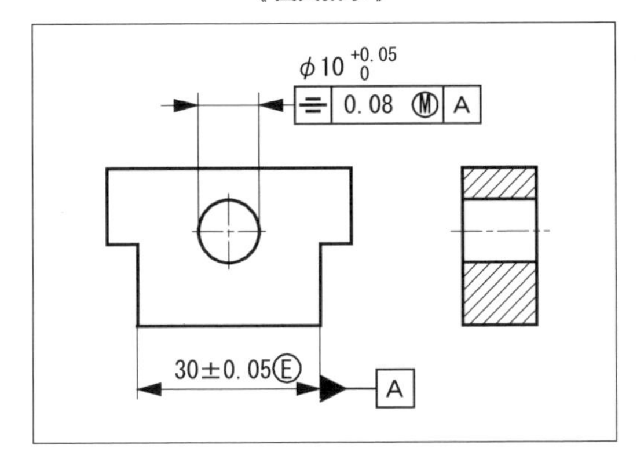


《 図面指示が要求すること 》

公差付き形体のφ10の穴は

①形体の個々の2点間直径は0.05のサイズ公差内にあること。つまり、φ10とφ10.05との間にあること。

②公差付き形体が最大実体状態（φ10）のとき、データム中心平面Aに対して水平方向に、対称度0.08であること。

また、データム形体の幅30の2つの表面は個々の2点間距離が0.1のサイズ公差内にあること。つまり、29.95と30.05との間にあること。

なお、記号Ⓔが付いているので、MMCの間隔30.05の平行二平面の境界を越えて外側に越えて出ることはできない。

《 機能ゲージ例 》

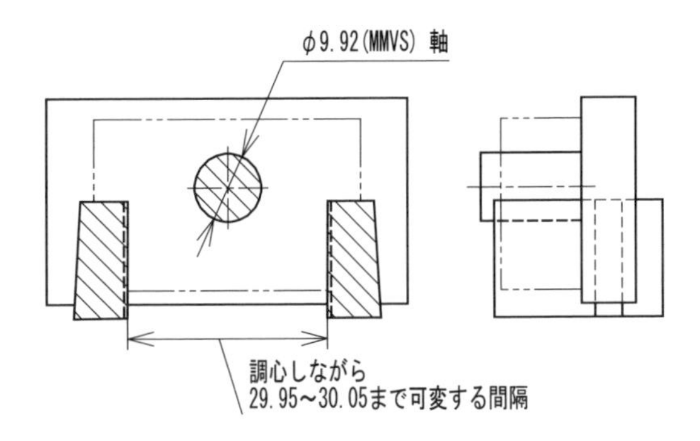

**前頁の図面指示〈1〉とこの頁の図面指示〈2〉との違いは、データム形体と係合する機能ゲージの幅が、最大実体状態のサイズのままで接触させる〈1〉か、データム形体のサイズに対応してすき間なく接触させる〈2〉か、の違いである。**

**したがって、機能ゲージの構造は、図面指示〈1〉に比べて、図面指示〈2〉のものは複雑になる。**

# 7-3 LMR

## （1）最小実体公差方式（LMR）とは

**Point**

・最小実体公差方式（LMR）は、サイズ公差と幾何公差との間に特別な関係をもたせる方法である。
・部品の肉厚の最小値を管理し、強度維持、破断防止に有用である。
・このLMRのねらいは、サイズ公差の仕上がり状態に応じて、幾何公差の公差値を広げるところにある。
　サイズが最小実体状態のときは、指示した幾何公差の値が適用されるが、サイズが最小実体状態から離れたときは、その分だけ幾何公差の公差値に加えられる。
・公差値を広げられることが、部品の製作を容易にし、部品を経済的に造ることにつながる。
・この方式を要求する場合は、公差値の後に記号 Ⓛ（マルL）を付けて表す。
・このLMRは、MMRと違って、機能ゲージによって検証することはできない。

　穴が最小実体状態（LMC）のとき、つまり穴の径が最大径のときは、指示した幾何公差（t）が公差域である。
　穴が最小実体状態（LMC）、つまり最大径から離れて、穴径が小さくなったときは、その公差域（t）よりも大きな公差域としても、部材の壁の位置は変わらない。
　つまり、部材の肉厚は維持される。これが管理したい最小厚さであったとすれば、最小厚さは常に確保されることになる。

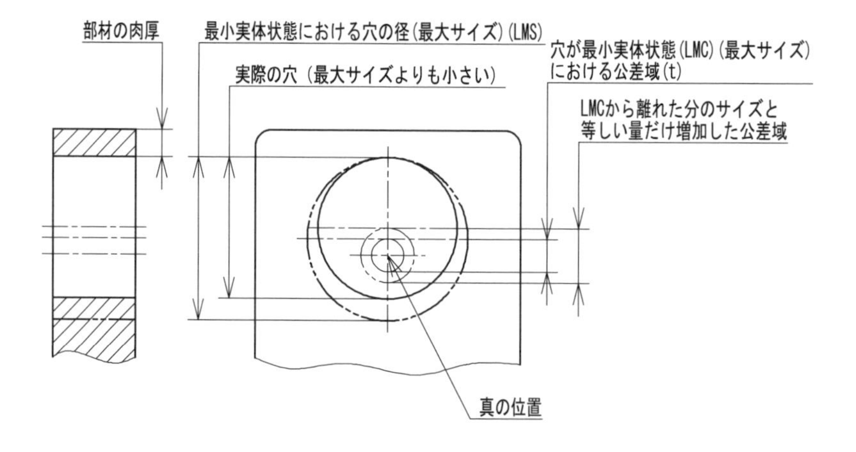

**Keyword**

**最小実体公差方式（least material requirement, LMR）：サイズ公差と幾何公差との間の相互依存関係を、最小実体状態を基にして与える公差方式**

**最小実体実効状態（least material virtual condition, LMVC）：形体の最小実体状態と幾何公差との総合効果によって得られる完全形状の限界の状態**

**最小実体実効サイズ（least material virtual size, LMVS）：形体の最小実体実効状態を決めるサイズ。外側形体では最小許容サイズから幾何公差を引いたサイズ、内側形体では最大許容サイズに幾何公差を加えたサイズ**

《 適用できる部品例 》

・部品内に外側形体と内側形体があって、部材の肉厚を形成している部分がある場合

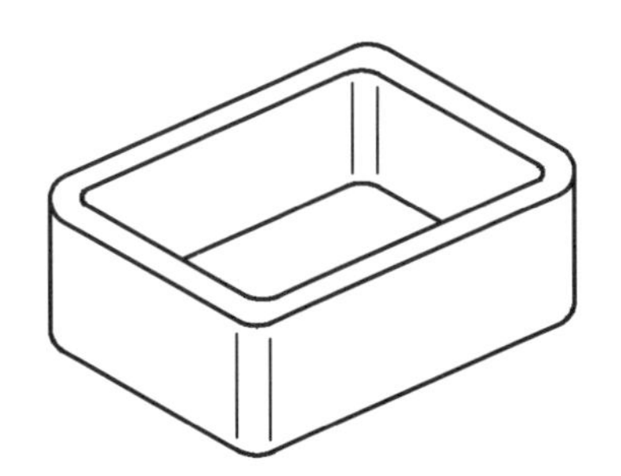

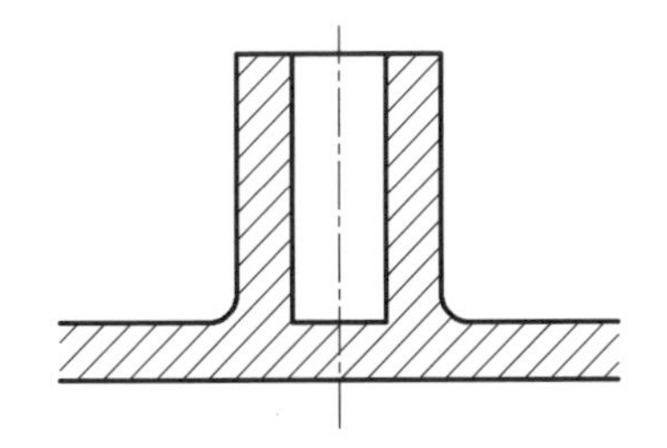

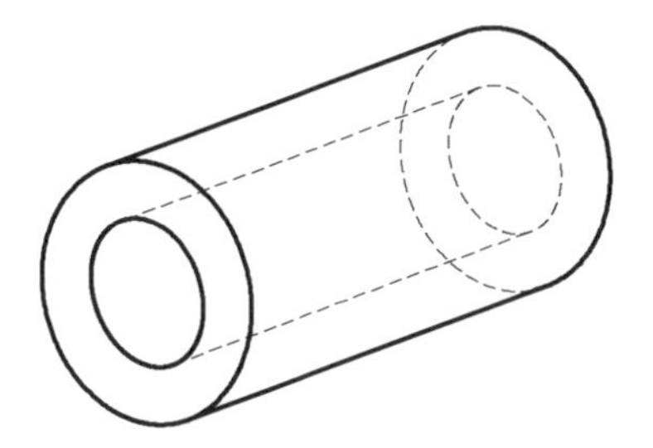

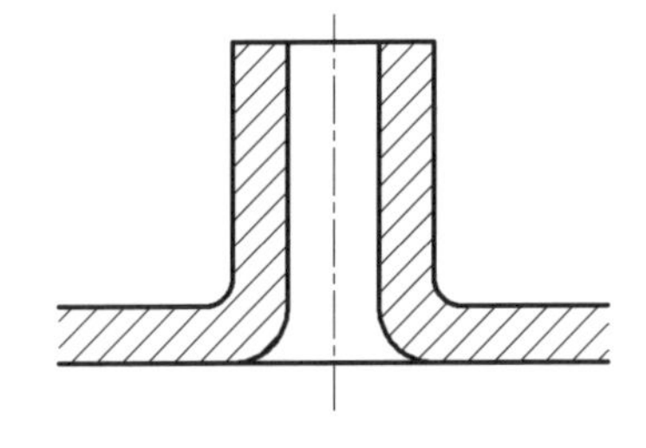

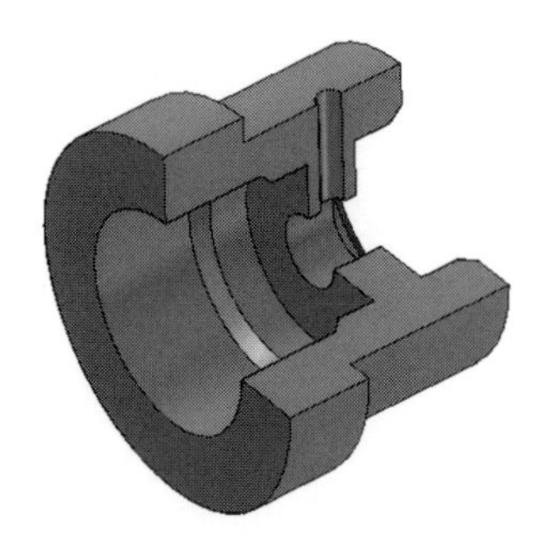

# (2) 位置度へのLMRの適用

**Point**

**・位置度には、最小実体公差方式（LMR）が適用できる。**
**・外側形体（ボスや板厚など）と内側形体（穴や溝など）のある場所で、最小厚さを管理したい場合に用いる。**

《 図面指示 》

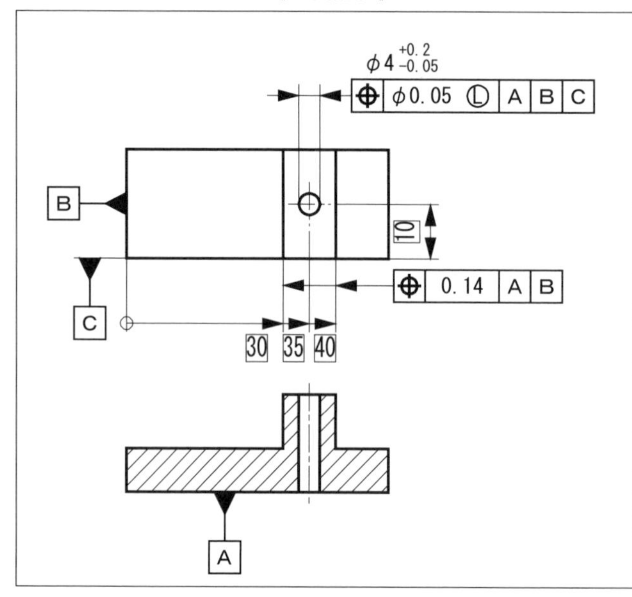


《 図面指示が要求すること 》

・形体φ4の穴（内側形体）は
①形体の個々の2点間直径は0.25のサイズ公差内にあること。つまり、φ3.95とφ4.2との間にあること。
②形体が最小実体状態、つまり直径がφ4.2のときは、データム平面A、B、Cに関して、位置度はφ0.05のこと。
③直径が最小実体状態から離れ、最大実体状態では、最大0.25を加えた、位置度φ0.3が許される。

・両側の表面形体（外側形体）のそれぞれの位置は、指示した方向に、データム平面Bに関して、位置度0.14のこと。

この場合、両側の壁表面（外側形体）と穴（内側形体）の肉厚が最小になる場合は、左側の壁が最も右で、右側の壁が最も左に位置したときである。

この状態で、穴の最小実体状態と最大実体状態とを検討することで、穴の位置度がどこまで増加しても、最小厚さが確保できるかがわかる。

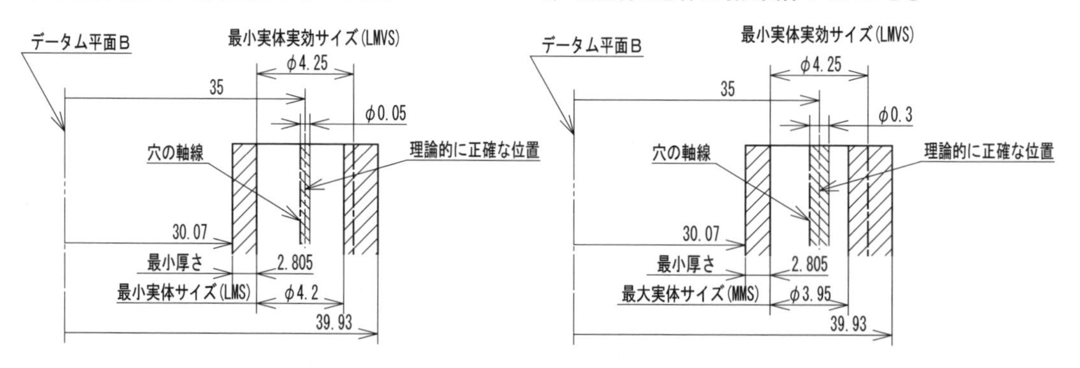


ここでの判断の基準となるのは、最小実体実効サイズ（LMVS）であり、穴のような内側形体の場合は、LMVS＝LMS＋幾何公差（位置度）となる。

この場合は、φ4.25（＝φ4.2＋φ0.05） である。

# 7-3 LMR
## (3) 同軸度へのLMRの適用

**Point**
- 同軸度には、最小実体公差方式（LMR）が適用できる。
- 公差付き形体とデータム形体のいずれもサイズ形体なので、両方にLMRを適用できる。

《図面指示》

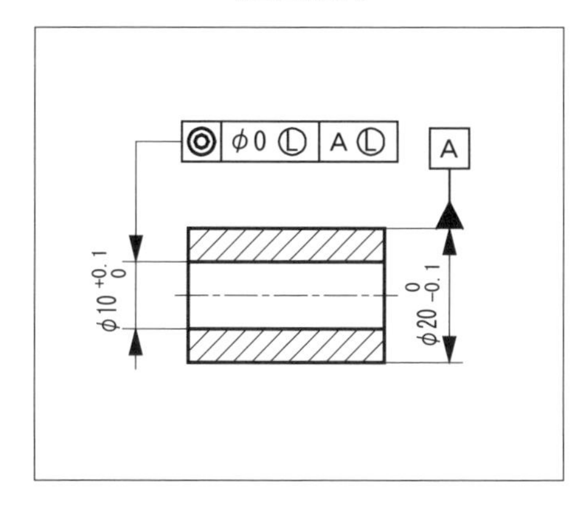


《図面指示が要求すること》

・データム形体のφ20の軸（外側形体）は

①形体の個々の2点間直径が0.1のサイズ公差内にあること。つまり、φ19.9とφ20との間にあること。

・公差付き形体のφ10の穴（内側形体）は

②形体の個々の2点間直径が0.1のサイズ公差内にあること。つまり、φ10とφ10.1との間にあること。

③公差付き形体が最小実体状態、つまり直径がφ10.1で、データム形体が最小実体状態、つまり直径がφ19.9のときは、データム軸直線Aに関して、同軸度はφ0のこと。

④公差付き形体の直径が最小実体状態から離れた分、最大0.1まで加えた同軸度が許される。

⑤データム形体の直径が最小実体状態から離れた分、最大0.1まで軸線同士の変動が許される。

この場合、直径サイズだけで見れば、円筒部材の肉厚が薄くなる状態は、外側の軸の径が最小で、内側の円筒穴の径が最大のときである。

内側の公差付き形体である円筒穴の最小実体状態と最大実体状態とを検討することで、穴の同軸度がどこまで増加しても最小厚さが確保できることがわかる。

〈データム形体が最小実体状態において〉

a）公差付き形体が最小実体サイズのとき

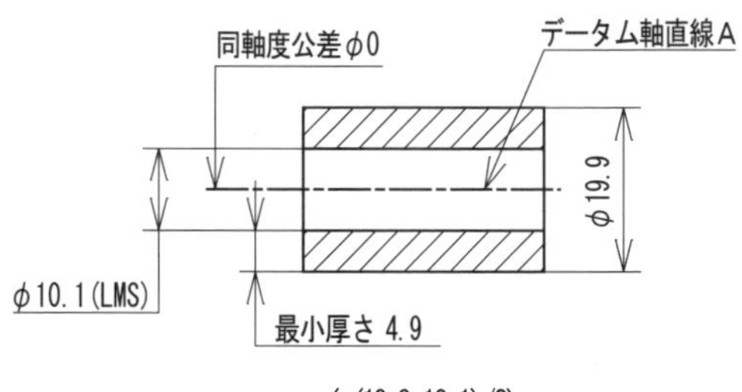


b）公差付き形体が最大実体サイズのとき

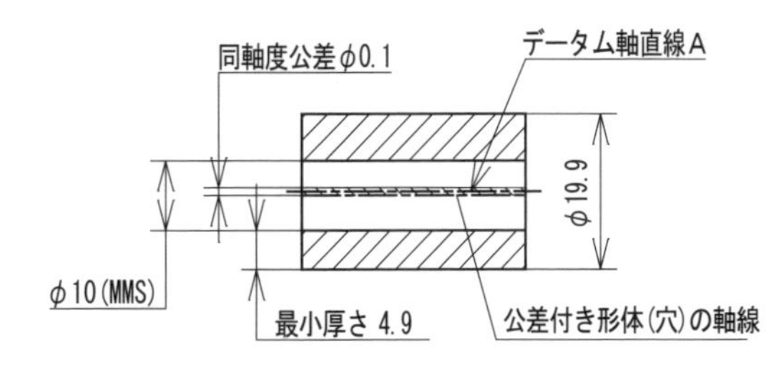


上の図では、データム形体が最小実体状態であるが、データム形体が最小実体サイズから離れて出来上がった場合は、その分だけ公差付き形体の軸線の変動が増加する。

なお、上記b）において、データム形体が最大実体サイズφ20のときは、規制対象の軸線は、φ0.2（＝φ20－φ19.9＋φ0.1）まで変動しても最小厚さ4.9は確保される。

**この部品の場合、データム形体と公差付き形体は一対一の関係にあるので、“データム形体がMMSのとき、同軸度はφ0.2まで許容される”ともいえる。**

**C O L U M N ⑦**

## 〈3D-CADと幾何公差〉

多くの設計の現場では、3D-CADを用いた設計が行われている。そのなかで、2次元の図面の必要性は低下している。では、部品製作における幾何公差の指示は不要になっていくであろうか。答えは否である。

部品に対する要求機能において、幾何特性の要求は厳しくなることはあっても、なくなることはない。部品情報としてもっていなければならない属性として幾何公差の指示は不可欠である。ただし、現在のように2次元図面を前提とした記入方法の一部は変わっていくであろう。

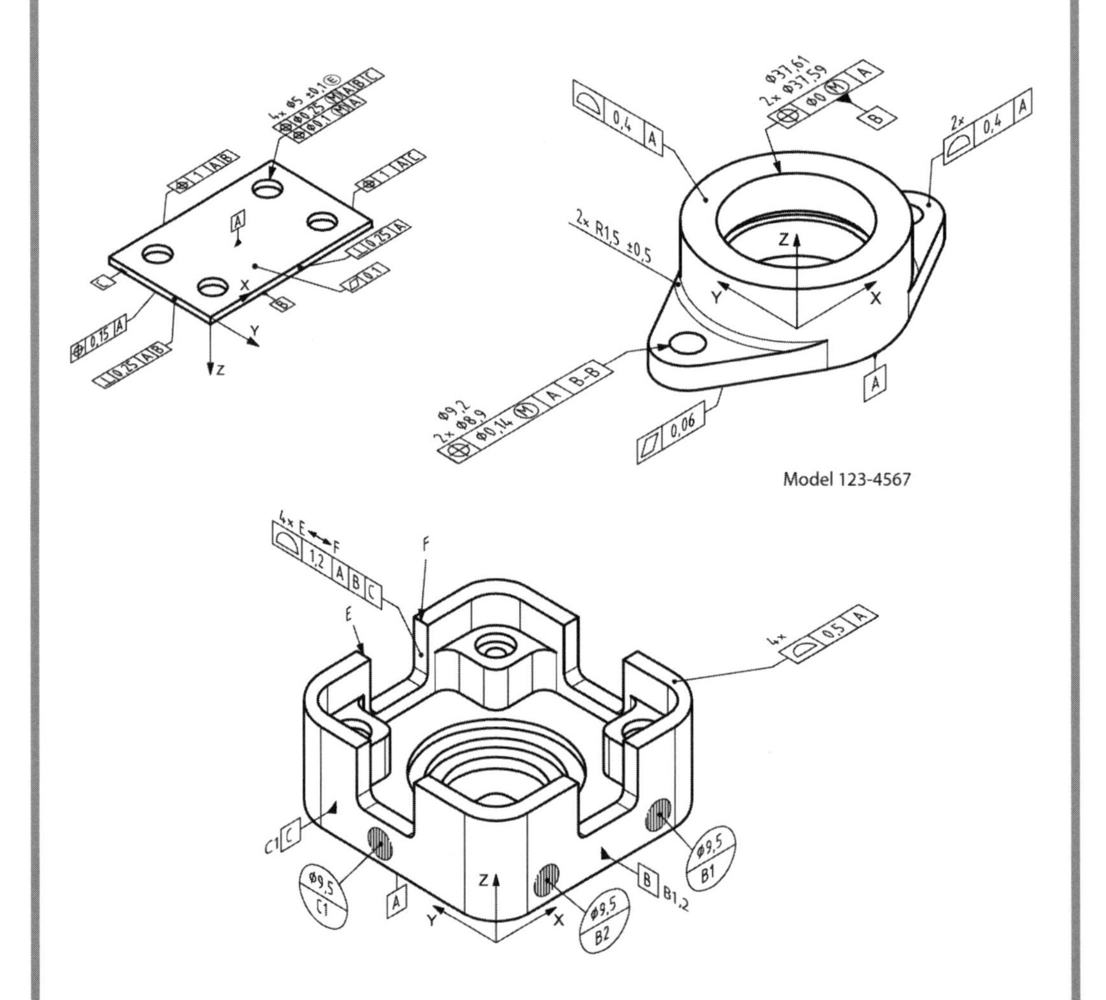


上の図は、ISO 16792：2015に載っている図だが、一般には「3DAモデル」（3Dアノテーションモデル）といわれているものである。

3D-CADによる部品設計が行われるようになっても、指示する描画面（アノテーション平面）を決めて、このように必要な幾何公差指示はしなければならないのである。つまり、幾何公差指示の重要性はいささかも変わらない。

# 第8章 普通幾何公差の使い方・表し方

## 8　普通幾何公差

公差表示方式が独立の原則のもとでは、幾何特性は幾何公差によって指示しなければならない。しかし、図面の中の個々の形体に対して、いちいち個々に幾何公差を図示記号をもって指示すると、それだけで図面は非常に煩雑としたものになってしまう。それを避けるために用いられるのが、この普通幾何公差という考え方である。

現在JISで規定されている普通幾何公差（*）は、次に示す7種類である。

形状公差　：　真直度、平面度、真円度
姿勢公差　：　平行度、直角度
位置公差　：　対称度
振れ公差　：　円周振れ

これ以外については、図中に個々に指示しなければならない。

また、指示できる等級は、H、K、Lの3等級の公差値が用意されている。

しかし、このJISの普通幾何公差は、『主に除去加工によって製作した形体に適用する。他の加工方法によって製作した形体にこれを適用することができる』としているが、実際のところ、他の加工方法、例えば板金プレス部品や樹脂成形部品などへの適用は難しいと思われる。

JISでは、『通常の工場で得られる加工精度がこの規格に規定された普通幾何公差内にあるかどうかを確認することが必要』としている。したがって、普通幾何公差を実際に図面で用いる場合は、扱う製品、部品、加工方法に応じて適切な等級と公差値を設定して運用するなどの努力を必要としている。

そのようなことを念頭に置きながら、JISの普通幾何公差のポイントを説明する。

（*）JIS B 0419-1991「普通公差－第2部：個々に公差の指示がない形体に対する幾何公差」

8 普通幾何公差

# (1) JIS普通幾何公差とは

**Point**

- 普通幾何公差とは、図面の中に個々に幾何公差の指示がない形体を規制するために用いるものである。
- 指示する公差値は、個々の工場で通常得られる加工精度を考慮して指示される。
- この指示方法は、図面を簡潔にするために、表題欄や注記等で一括して指示する。
- 普通幾何公差が適用できる幾何公差は、次の7種類である。
  形状公差：真直度、平面度、真円度。　姿勢公差：平行度、直角度。　位置公差：対称度。
  振れ公差：円周振れ。
  これ以外の幾何公差は、図面中に個々に指示することになる。

**普通幾何公差を用いる上で注意することは、仮に、この普通幾何公差を超えた部品であっても、機能を損なわない場合には、自動的に不採用としないことになっていることである。**

## 1. 真直度、平面度の普通公差

表1　真直度および平面度の普通公差

単位mm

| 公差等級 | 呼び長さの区分 | | | | | |
|---|---|---|---|---|---|---|
| | 10以下 | 10を超え 30以下 | 30を超え 100以下 | 100を超え 300以下 | 300を超え 1 000以下 | 1 000を超え 3 000以下 |
| | 真直度公差および平面度公差 | | | | | |
| H | 0.02 | 0.05 | 0.1 | 0.2 | 0.3 | 0.4 |
| K | 0.05 | 0.1 | 0.2 | 0.4 | 0.6 | 0.8 |
| L | 0.1 | 0.2 | 0.4 | 0.8 | 1.2 | 1.6 |

・真直度における“呼び長さ”は、該当する長さを基準とする。
・平面度における“呼び長さ”は、
　長方形の場合は、長い方の辺の長さを
　円形の場合は、直径を基準とする。

【注記】 この章における“寸法公差”は、正確には“サイズ公差”に相当するものが多くあるが、JIS規格の引用であるので、ここでは、すべて“寸法公差”のままとする。

**Keyword**
普通幾何公差（general geometrical tolerance）：図の中の個々の形体に幾何公差を直接指示しないで、一括して指示する幾何公差

## 2. 真円度の普通公差

公差値：直径の寸法公差の値
　　ただし、次頁に示す表4の半径方向の円周振れの公差の値を超えないこと。
例：直径の寸法公差　$\phi$ 40＋0.05/0　⇒　真円度　0.05
　　　　　　　　　　$\phi$ 10±0.05　⇒　真円度　0.1

## 3. 平行度の普通公差

公差値：(a) 寸法公差
　　　　(b) 平面度公差
　　　　(c) 真直度公差　　のうちの大きい方の値

・2つの形体のうち、長い方をデータムとする。
（この場合、平面度、真直度については、データムとしない短い方の形体が、規制対象である）

## 4. 直角度の普通公差

表2　直角度の普通公差

単位mm

| 公差等級 | 短い方の辺の呼び長さの区分 | | | |
|---|---|---|---|---|
| | 100以下 | 100を超え 300以下 | 300を超え 1 000以下 | 1 000を超え 3 000以下 |
| | 直角度公差 | | | |
| H | 0.2 | 0.3 | 0.4 | 0.5 |
| K | 0.4 | 0.6 | 0.8 | 1 |
| L | 0.6 | 1 | 1.5 | 2 |

・直角を形成する2つの形体のうち、長い方をデータムとする。
（データムとしない短い方の形体の長さが、“呼び長さ”となる）

# (1) JIS普通幾何公差とは(続き)

## 5. 対称度の普通公差

次の条件を満たす場合に適用する。
① 少なくとも2つの形体の1つが中心平面をもつとき
② 2つの形体の軸線が互いに直角であるとき

対称度公差は、表3を用いる。

2つの形体のうち長い方をデータムとする。これらの形体が等しい呼び長さの場合には、いずれの形体をデータムとしてもよい。

表3 対称度の普通公差

単位mm

| 公差等級 | 呼び長さの区分 | | | |
|---|---|---|---|---|
| | 100以下 | 100を超え300以下 | 300を超え1 000以下 | 1 000を超え3 000以下 |
| | 対称度公差 | | | |
| H | 0.5 | | | |
| K | 0.6 | | 0.8 | 1 |
| L | 0.6 | 1 | 1.5 | 2 |

## 6. 円周振れの普通公差

・適用する円周振れは、半径方向、軸方向、斜め法線方向の3つである。
・図面上に支持面が指定されている場合は、その面をデータムとする。
支持面が指定されていない場合は、半径方向の円周振れは、2つの形体のうちの長い方をデータムとする。
・2つの形体の呼び長さが等しい場合には、いずれの形体をデータムとしてもよい。

円周振れ公差は、表4を用いる。

表4 円周振れの普通公差

単位mm

| 公差等級 | 円周振れ公差 |
|---|---|
| H | 0.1 |
| K | 0.2 |
| L | 0.5 |

# 8 普通幾何公差

## (2) 図面への普通公差の指示方法

**Point**

・普通幾何公差を、普通寸法公差（JIS B 0405）とともに適用する場合は、表題欄の中、あるいはその付近、または注記などにより、次のいずれかで指示する。

**Keyword**

普通寸法公差（general dimension tolerance）：図の中の個々の寸法に許容差を直接記入しないで、一括して指示する寸法許容差

(1) 適用規格と等級を指示する場合

| JIS B 0419-K | 普通幾何公差 K級　を表す |
|---|---|

(2) (1) に加えて、普通寸法公差も指示する場合

| JIS B 0419-mK | 普通幾何公差 K級<br>普通寸法公差 m級 | を表す |
|---|---|---|

(3) (2) に加えて、すべての単一のサイズ形体に「包絡の条件」Ⓔを指示する場合

| JIS B 0419-mK-E | 普通幾何公差 K級<br>普通寸法公差 m級<br>包絡の条件　指示 | を表す |
|---|---|---|

※　普通幾何公差の等級指示は、大文字であるので注意する。

＜参考＞JIS B 0405「普通公差－第１部：個々に公差の指示がない長さ寸法及び角度寸法に対する公差」

表1　面取り部分を除く長さ寸法に対する許容差

単位mm

| 公差等級 | | 基準寸法の区分 | | | | | | | |
|---|---|---|---|---|---|---|---|---|---|
| 記号 | 説明 | 0.5（※）以上 3以下 | 3を超え 6以下 | 6を超え 30以下 | 30を超え 120以下 | 120を超え 400以下 | 400を超え 1 000以下 | 1 000を超え 2 000以下 | 2 000を超え 4 000以下 |
| | | 許容差 | | | | | | | |
| f | 精級 | ±0.05 | ±0.05 | ±0.1 | ±0.15 | ±0.2 | ±0.3 | ±0.5 | － |
| m | 中級 | ±0.1 | ±0.1 | ±0.2 | ±0.3 | ±0.5 | ±0.8 | ±1.2 | ±2 |
| c | 粗級 | ±0.2 | ±0.3 | ±0.5 | ±0.8 | ±1.2 | ±2 | ±3 | ±4 |
| v | 極粗級 | － | ±0.5 | ±1 | ±1.5 | ±2.5 | ±4 | ±6 | ±8 |

※　0.5 mm 未満の基準寸法に対しては、その基準寸法に続けて許容差を個々に指示する。

# (3) 図面指示例(その1)

《 図面指示例 》

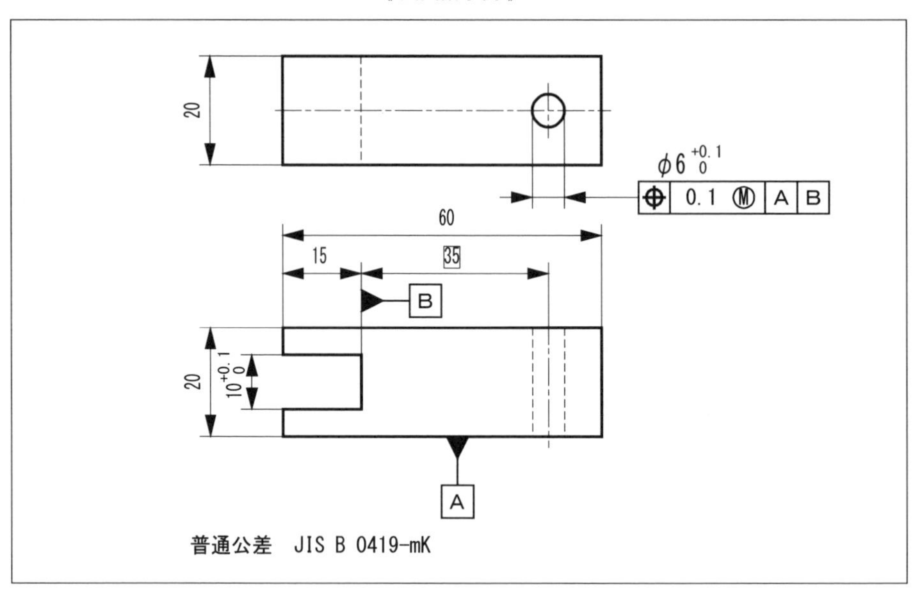


《 図面解釈 》

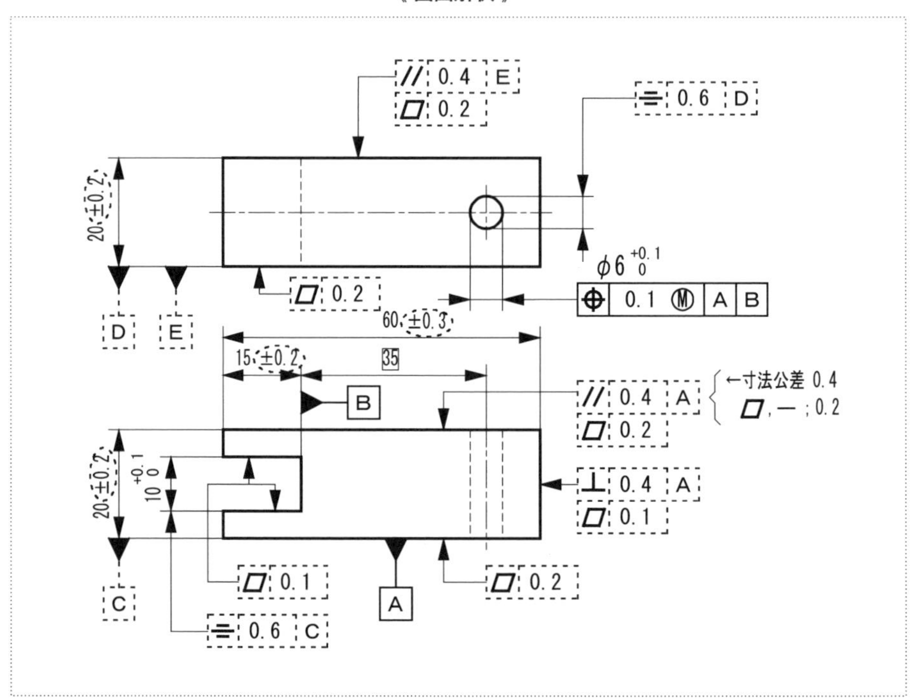

図面解釈の図の中で、公差記入枠やデータム記号を破線で囲んで表しているのは、図面の中に実際に表記されるものではないことを示すためのものである。

# 8 普通幾何公差

## （3）図面指示例（その２）

《 図面指示例 》

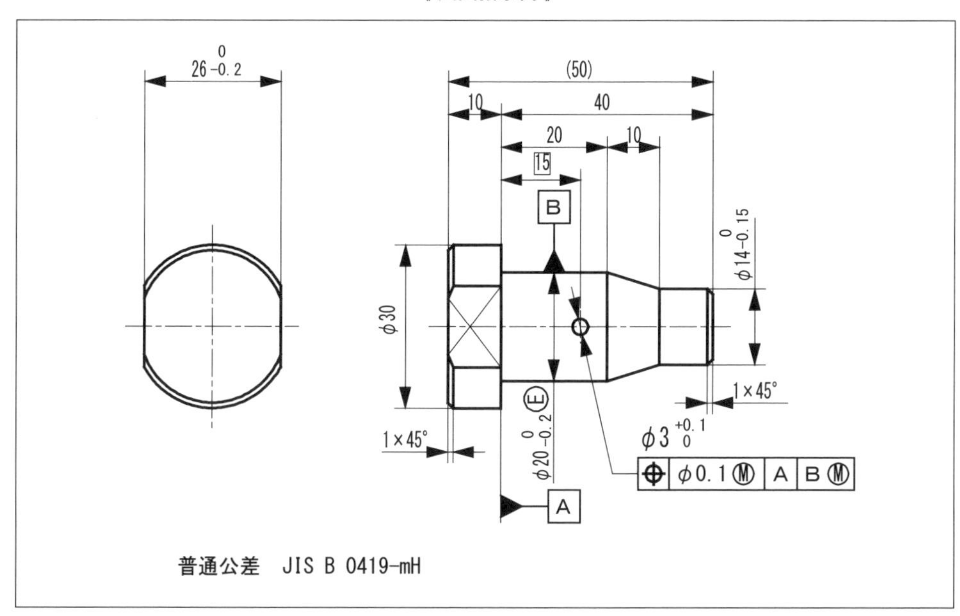


《 図面解釈 》

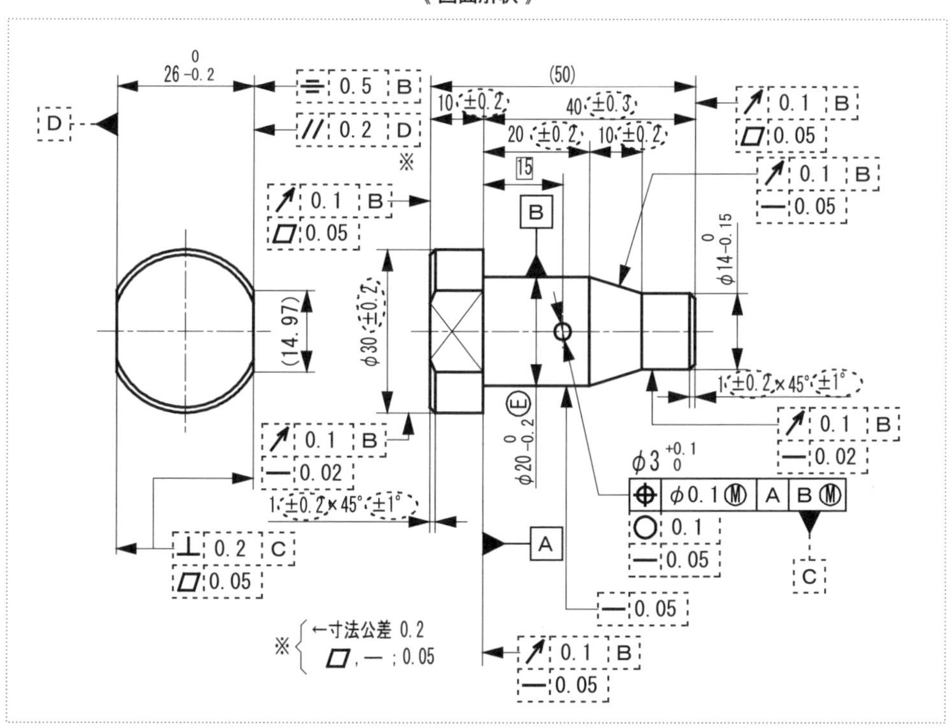


※　なお、面取り部分の長さ寸法に対する許容差は、m級の場合、0.5以上3以下では±0.2。角度寸法の許容差は、m級では長さ10以下で±1°となっている（JIS B 0405）。
※　いずれの図も、すべての普通公差を表しているわけではない。

## あとがき

国立科学博物館での「日本を変えた千の技術博」を見る機会があった。現在までの150年におよぶ先輩技術者たちの偉大な業績の数々に触れた。それぞれの技術や製品について感服したのはもちろんだが、私が特に感銘を受けたのは、多くの技術者によって書き残されたノートと、そこに丁寧に書かれた文章や細かく綿密に描かれた図表だった。手書きによってしか書き残す手段がなかった時代とはいえ、人間の素晴らしい特性をそこに見る思いがした。それに比べ結構ぞんざいにやってきた、自身のノートのとり方、書き方について反省した。

新しい“モノ”を創り、それを更に発展させるためには、その過程において、どのように取り組んできたかの記録は重要である。まして、それが図面であれば、何にも増してのことだ。その非常に重要な図面が、現在、果たして「設計意図が明確に指示されている」といえるだろうか。まだまだ道半ば、というところがあるように思えてならない。

新たにISOで規定された指示規則を、多くの方々に、早く伝えたいという思いで、この改訂版に取り組んだ。今後も、製図規則に関するISO規格は、次々に発行されていくことと思うのだが、対応するJIS規格の発行が、なかなか行われていないのが、非常に残念である。

このような状況なので、これからも、ISO規格の中で実用性の高いものについて、できるだけ早く、日本の機械技術者に送り届けたいと思っている。本書によって、読者の皆さんが、新しい情報に触れられた、と少しでも思っていただければ幸いである。

著者

## 《参考規格》

ISO 1101：2017 Geometrical product specifications (GPS)-Geometrical tolerancing-Tolerances of form, orientation, location and run-out

ISO 1660：2017 Geometrical product specifications (GPS)-Geometrical tolerancing-Profile tolerancing

ISO 2692：2014 Geometrical product specifications (GPS)-Geometrical tolerancing-Maximum material requirement (MMR), least material requirement (LMR) and reciprocity requirement (RPR)

ISO 5458：1998 Geometrical product specifications (GPS)-Geometrical tolerancing-Positional tolerancing

ISO 5459：2011 Geometrical product specifications (GPS)-Geometrical tolerancing-Datums and datum systems

ISO 8015：2011 Geometrical product specifications (GPS)-Fundamentals-Concepts, principles and rules

ISO 14405-1：2016 Geometrical product specifications (GPS)-Dimensional tolerancing-Part1：Linear sizes

ISO 16792：2015 Technical product documentation-Digital product definition data practices

JIS B 0001：2010「機械製図」

JIS B 0021：1998「製品の幾何特性仕様（GPS）-幾何公差表示方式-形状、姿勢、位置及び振れの公差表示方式」

JIS B 0022：1984「幾何公差のためのデータム」

JIS B 0023：1996「製図-幾何公差表示方式-最大実体公差方式及び最小実体公差方式」

JIS B 0024：1988「製図-公差表示方式の基本原則」

JIS B 0025：1998「製図-幾何公差表示方式-位置度公差方式」

JIS B 0026：1998「製図-寸法及び公差の表示方式-非剛性部品」

JIS B 0029：2000「製図-姿勢及び位置の公差表示方式-突出公差域」

JIS B 0405：1991「普通公差-第1部：個々に公差の指示がない長さ寸法及び角度寸法に対する公差」

JIS B 0419：1991「普通公差-第2部：個々に公差の指示がない形体に対する幾何公差」

JIS B 0621：1984「幾何偏差の定義及び表示」

JIS B 0420-1：2016「製品の幾何特性仕様(GPS)-寸法の公差表示方式-第1部：長さに関わるサイズ」

JIS Z 8317-1：2008「製図-寸法及び公差の記入方法-第1部：一般原則」

TR B 0003：1998「製図-幾何公差表示方式-形状、姿勢、位置及び振れの公差方式-検証の原理と方法の指針」

ASME Y14.5-2009 Dimensioning and Tolerancing

ASME Y14.41-2012 Digital Product Definition Data Practices

# 索　引

**<た行>**



**<な行>**



**<は行>**



**<ま行>**



**<や行>**



**<ら行>**



**<数字・欧文>**

## 著　者

**小池 忠男**（こいけ　ただお）
長野県生まれ。
1973年からリコーで20年以上にわたり複写機の開発・設計に従事。その後、3D CADによる設計プロセス改革の提案と推進、および社内技術標準の作成と制定・改定などに携わる。また、社内技術研修の設計製図講師、TRIZ講師などを10年以上務め、2010年に退社。
ISO/JIS規格にもとづく機械設計製図、およびTRIZを活用したアイデア発想法に関する、教育とコンサルティングを行う「想図研」を設立し、代表。
現在、企業への幾何公差主体の機械図面づくりに関する技術指導、幾何公差に関する研修会、講演等の講師活動に注力。
著書に、
・「幾何公差 データムとデータム系 設定実務」
・「幾何公差 見る見るワカル 演習100」
・「わかる！使える！製図入門」
・「“サイズ公差”と“幾何公差”を用いた機械図面の表し方」
・「これならわかる幾何公差」
・「はじめよう！カンタンTRIZ」（共著）
・「はじめよう！TRIZで低コスト設計」（共著）
（いずれも日刊工業新聞社刊）。

実用設計製図
幾何公差の使い方・表し方　第2版　NDC531.98

2009年11月30日　初版1刷発行
2017年9月29日　初版8刷発行
2019年4月26日　第2版1刷発行
2025年6月20日　第2版9刷発行
（定価はカバーに表示してあります）

©著　者　小池　忠男
発行者　井水　治博
発行所　日刊工業新聞社
〒103-8548　東京都中央区日本橋小網町14-1
電　話　書籍編集部　03（5644）7490
販売・管理部　03（5644）7403
FAX　03（5644）7400
振替口座　00190-2-186076
URL　https://pub.nikkan.co.jp/
e-mail　info_shuppan@nikkan.tech
制　作　日刊工業出版プロダクション
印刷・製本　新日本印刷㈱

落丁・乱丁本はお取り替えいたします。
2019　Printed in Japan
ISBN 978-4-526-07971-9